"十四五"职业教育国家规划教材

住房和城乡建设部"十四五"规划教材

建筑地基与基础

（含项目指导书与工作册）

（第二版·增订版）

马 宁 主编

钟芳林 主审

科学出版社

北 京

内 容 简 介

本书由基本知识、基础工程、基坑与边坡工程三部分组成，内容包括：建筑地基与基础概论，工程地质基本知识，土的性质与分类，地基勘察与勘察报告；基础工程概述，基础沉降计算与控制，浅基础底面积确定及剖面设计，桩基的受力与构造，基坑验槽，局部地基处理，填土压实质量的控制，软弱土地基处理；基坑与边坡工程概述，开挖边坡与土坡稳定性分析，排桩、地下连续墙的受力与设计概要，土钉墙的工作机理与设计概要，水泥土墙的受力与设计概要，基坑工程监测。每章均有教学目标，后附小结、练习题等。

本书可作为高等职业教育建筑工程技术类专业及相关专业的教学用书，也可供工程技术人员参考使用。

图书在版编目（CIP）数据

建筑地基与基础：含项目指导书与工作册/马宁主编. —2 版. —北京：科学出版社，2019.11

（"十四五"职业教育国家规划教材·住房和城乡建设部"十四五"规划教材）

ISBN 978-7-03-063417-7

Ⅰ.①建… Ⅱ.①马… Ⅲ.①地基-高等职业教育-教材 ②基础（工程）-高等职业教育-教材 Ⅳ.①TU47②TU753

中国版本图书馆 CIP 数据核字（2019）第 255086 号

责任编辑：万瑞达 李 雪／责任校对：赵丽杰
责任印制：吕春珉／封面设计：曹 来

科 学 出 版 社 出版

北京东黄城根北街 16 号
邮政编码：100717
http://www.sciencep.com

三河市骏杰印刷有限公司印刷

科学出版社发行 各地新华书店经销

*

2016 年 10 月第 一 版 2025 年 2 月第五次印刷
2019 年 11 月第 二 版 开本：787×1092 1/16
2023 年 8 月第二版增订版 印张：27 1/2
字数：642 000

定价：**69.00 元**（共两册）
（如有印装质量问题，我社负责调换）

销售部电话 010-62136230 编辑部电话 010-62130874（VA03）

第二版增订版前言

高等职业教育土建施工类专业的人才培养目标决定了本课程为建筑工程地基基础的施工提供有关土的技术理论和技能支持的定位。因此，本书强调基本概念、基本原理、基本方法以及工程经验的传授，弱化理论推导和计算设计，突出岗位的针对性和知识的实用性，引导学生建立理论知识与实际工程的有效联系，提高学生对知识的实际应用能力。本课程以此为原则，深度开展校企合作，打破学科框架，采取与岗位典型工作相对应，同时关注理论关联性的课程内容开发方法，重构了新的课程内容体系，设立了学习单元和项目任务，以项目任务的训练加深对本书内容的理解，自主学习建构知识，培养相关职业能力，力求符合专业人才培养的需要。

本书编制期间，编者会同河北金地工程勘察设计有限责任公司等企业开展了岗位典型工作分析，反复研讨课程涉及的行业技术状况，及时掌握新修订颁布的国家和行业技术规范，关注新技术发展动态并搜集资料，引入了"螺纹桩技术""劲性复合管桩技术""自密实回填土技术""基坑在线自动化监测技术"等多项新技术，对书中原有内容进行了全面修订。与企业的深度合作使得教材在教学内容的把握上跟上了目前国内专业技术的发展，确保了内容的先进性，在内容的选取与编写上更加科学、合理、实用。

为全面推进高校课程思政建设，落实立德树人根本任务，发挥好课程的育人作用，提高人才培养质量，本书就课程思政的融入进行了整体设计，基本形成系统化的课程思政体系和内容。结合专业内容挖掘课程思政元素，明确了每个单元的课程思政目标。将思政内容嵌入到教材内容、微课视频、小贴士、练习题等当中，推进习近平新时代中国特色社会主义思想和党的二十大精神进教材、进课堂、进头脑。

本次修订依据课程标准，分析了课程的基本内容和拓展内容，对基本内容进行了精简，对拓展内容进行了适量删减和多媒体化处理，减少了教材篇幅。另外，开发增补了大量教学和现场微课视频及其他数字化资源，通过网上平台服务于拓展学习和翻转课堂教学。上述大量多媒体教学资源以"二维码"的方式嵌入教材。

本次修订以突出重点难点、加深对知识的理解、提升岗位能力、加强思政教育为目标，多形式、多角度提问，对练习题进行了重新编写，丰富了练习题题目样式。

本书在版式设计方面，针对不同内容，设置"重要提示""重要说明""讨论一下""拓展知识""探究一下""案例"等模块，引导学生主动思考、自主学习、拓展视野，以加深读者对相关知识的理解。体现了教材内容的延展性和形式的活泼性。

本书依据《建筑地基基础设计规范》（GB 50007—2011）、《建筑基坑支护技术规程》（JGJ 120—2012）等现行国家标准、行业标准编写。侧重与实际工程紧密联系的理论公式的运用、土的各种力学指标的应用；着重讲授各类基坑支护的特点和需解决的问题、各类基础的受力及构造要求、常用地基处理方法的原理和选用、地基勘察报告的阅读及验槽、常见土的识别、刚性基础和扩展基础的设计等。

本书由校企双元合作开发（合作企业为河北金地工程勘察设计有限责任公司），由马宁主编。具体编写分工为：邯郸职业技术学院马宁编写单元 1、单元 3、单元 13～单元 17，马彩霞编写单元 2 和单元 14，张建军编写单元 5 和单元 6，杨卫国编写单元 7 和单元 8，鲍艳卫编写单元 10；邢台职业技术学院崔立杰编写单元 11 和单元 12；河北金地工程勘察设计有限责任公司刘素娟编写单元 4、单元 9 和单元 18。全书由马宁统稿，邯郸职业技术学院钟芳林担任主审。

邯郸市恒达岩土工程有限公司傅建忠高工和中煤邯郸设计工程有限责任公司张国欢高工参加了本课程教材编写的研讨，并提供了技术资料，同时提出了建设性的意见，在此表示感谢。

配合项目教学，本书还编有辅助用书《建筑地基与基础项目指导书与工作册》。

限于编者水平有限，书中难免有疏漏之处，恳请读者批评指正。

编　者

第二版前言

高等职业教育土建施工类专业的人才培养目标决定了本课程作用应为：为室外设计地坪以下建筑工程的施工和监理提供有关土的技术理论和技能的支持。因此，本书强调基本概念、基本原理、基本方法以及工程经验的传授，弱化理论推导和计算设计，突出岗位的针对性和知识的实用性，引导学生建立理论知识与实际工程的有效联系，提高学生对知识的实际应用能力。本课程以此为原则，深度开展校企合作，打破学科框架，采取与岗位典型工作相对应，同时关注理论关联性的课程内容开发方法，重构了新的课程内容体系，并据此进行教材的编写，力求符合专业人才培养的需要。

本书依据《建筑地基基础设计规范》（GB 50007—2011）、《建筑基坑支护技术规程》（JGJ 120—2012）等现行国家标准、行业标准编写。侧重与实际工程紧密联系的理论公式的运用、土的各种力学指标的应用；着重讲授各类基坑支护的特点和需解决的问题、各类基础的受力及构造要求、常用地基处理方法的原理和选用、地基勘察报告的阅读及验槽、常见土的识别、刚性基础和扩展基础的设计等。同时注重新技术、新工艺的引入。

本书为校企双元合作开发，合作企业为河北金地工程勘察设计有限责任公司，由马宁主编。邯郸职业技术学院的马宁编写单元1、单元3、单元13～单元17，马彩霞编写单元2和单元14，张建军编写单元5和单元6，杨卫国编写单元7和单元8，鲍艳卫编写单元10；邢台职业技术学院崔立杰编写单元11和单元12；河北金地工程勘察设计有限责任公司刘素娟编写单元4、单元9和单元18。全书由马宁统稿。由邯郸职业技术学院钟芳林担任主审。

教材开发期间，编者会同河北金地工程勘察设计有限责任公司等企业开展了岗位典型工作分析，反复研讨课程涉及的行业技术状况和动态并搜集资料。与企业的深度合作使得教材在教学内容的把握上跟上了目前国内专业技术的发展，在内容的选取与编写上更加科学、合理、实用。

邯郸市恒达岩土工程有限公司傅建忠高工和中煤邯郸设计工程有限责任公司张国欢高工参加了课程和教材的研讨，提供了技术资料，提出了建设性的意见，在此表示感谢。

配合项目教学，本书还编有辅助用书《建筑地基与基础项目指导书与工作册》。

限于编者水平有限，书中难免有疏漏之处，恳请读者批评指正。

编　者

2022 年 11 月

目　　录

第1部分　基本知识

第3部分　基坑与边坡工程

第1部分

基本知识

单元 1

建筑地基与基础概论

知识目标

　　1. 知晓课程构架和课程内容，知晓地基基础的基本概念，知晓建筑工程对地基基础的要求。

　　2. 理解课程的知识、能力和素质目标。

　　3. 了解本学科的发展状况。

　　4. 了解本课程的特点和学习方法。

能力目标

　　能叙述和解释课程的定位以及学习单元与岗位典型工作任务的关系。

思政目标

　　通过对地基基础事故的分析与归纳，培养学生对国家和人民负责的工程伦理和职业素养，对待工作严谨、严格的工匠精神；通过对土力学理论发展历史的学习，弘扬科学家精神，激发学生的爱国情、强国志、报国行。引导学生深入理解党的二十大关于"着力推动高质量发展"和"实施科教兴国战略"的精神。

1.1　本课程的重要作用

　　地基与基础是建筑物的重要组成部分，又属于地下隐蔽工程，基础工程的费用占建筑物总造价的 10%～30%，一旦发生事故难以补救，有时会造成重大经济损失甚至人员伤亡。实践证明，建筑工程中出现的很多事故均与地基基础有关，相关事故归纳如下。

比萨斜塔故事
（视频）

　　1. 地基变形事故

　　（1）建筑物倾斜

　　基础承受偏心荷载、邻近建筑物荷载在地基中扩散、地基土各部分软硬不同、高压缩性土层厚薄不均等原因均可导致高耸结构发生倾斜，倾斜严重时还可导致结构物的开裂，如意大利比萨斜塔（图1.1）和我国苏州的虎丘塔。

比萨斜塔位于意大利比萨市北部，是比萨大教堂的一座钟塔，建成于公元1370年，石砌建筑，塔身为圆筒形，全塔共8层，高55m。基础底面平均压力高达500kPa，地基持力层为粉砂，下面为粉土和饱和黏土层。其建造过程中发生倾斜，目前塔向南倾斜，塔北侧沉降量约0.9m，南侧沉降量约2.7m，南北两端沉降差1.80m，塔顶偏离中心线达5.27m，倾斜5.5°。该塔倾斜原因较复杂，历史上曾采用挖环形基坑卸载、基坑防水处理、基础环周灌水泥浆加固等处理方法，1992年对塔身进行了加固，用压重法和取土法进行了地基处理，但效果并不明显。

虎丘塔位于苏州市西北虎丘公园山顶，建成于公元961年，砖塔平面呈八角形，全塔共7层，高47.5m。塔身向东北方向严重倾斜，塔顶偏离竖直中心线达2.31m，同时底层塔身出现不少裂缝。地基覆盖层厚度相差悬殊是虎丘塔倾斜的主要原因。后来经地基加固，虎丘塔塔身倾斜得到了控制。

（2）建筑物局部倾斜

由于地基的不均匀沉降，砖墙承重的条形基础发生局部倾斜，常导致砖墙墙体开裂，影响房屋的安全和正常使用，如图1.2所示。

图1.1　比萨斜塔　　　　　　　图1.2　某砖混房屋墙体开裂

（3）建筑地基严重下沉

地基严重下沉多因存在高压缩性软弱土，这可导致散水倒坡，室内地坪低于室外地坪，水、暖、电等内外网连接管道断裂等问题，不同程度地影响建筑物的使用。

例如，墨西哥市艺术宫，1904年落成，历经几十年，地基下沉量高达4m，邻近公路也下沉2m，这是由地基超高压缩性淤泥的压缩变形所造成的。

2. 建筑物基础开裂

当一幢建筑物的基础位于软硬突变的地基上时，在软硬突变处基础往往发生开裂。作为建筑物的根基，这比墙体的开裂更严重，处理起来也更困难。在池塘、古河道、防空洞等不良场地上修建建筑物，需特别注意基础开裂。

3. 建筑物地基滑动

图 1.3　特朗斯康谷仓事故

当建筑物施加到地基上的荷载超过地基极限承载力时，地基发生强度破坏，整幢建筑物就会沿着地基中某一薄弱面发生滑动而倾倒，这往往是灾难性的事故，典型案例为加拿大特朗斯康谷仓事故（图 1.3）。

该谷仓有 5 排圆筒仓，每排 13 个，共 65 个圆筒仓组成整体，平面呈矩形，长59.44m，宽 23.47m，高 31m，总容积 36 368m³。基础为钢筋混凝土筏板基础，厚度61cm，埋深 3.66m。1913 年秋完工，10 月，当装载 31 822m³ 谷物时，谷仓发生严重下沉，1h 内竖向沉降达 30.5cm，结构物向西倾斜并在 24h 内倾倒。谷仓西端下沉7.32m，东端上抬 1.52m，仓身倾斜 27°，上部钢筋混凝土筒仓完好。

事故原因为事前不了解基础下埋藏厚达 16m 的软黏土层，谷仓地基因超载发生强度破坏而滑动。

4. 建筑物地基溶蚀

当地下水流速较大时，如果土体粗粒孔隙中充填的细粒土被水冲走，则产生潜蚀，长期潜蚀会形成地下土洞并导致地表塌陷。在石灰岩溶洞发育地区或矿产开采采空区，在地下水渗流作用下，溶洞或采空区顶部土体不断塌落或潜蚀，最终也可导致地表塌陷。

例如，徐州市黄河故道区域，沉积有较厚的粉砂和粉土，其底部即为古生代奥陶系灰岩，中间缺失老黏土隔水层，灰岩中存在大量溶洞与裂隙，过量开采地下水引起的水位下降导致在覆盖层粉砂和粉土中引起潜蚀与空洞，并不断扩大，最终引起多处地面塌陷事故，导致塌陷区房屋倒塌，邻近区域房屋开裂。

5. 建筑物基槽变位滑动

人工边坡如深基基槽，由于边坡设计施工不当，将导致基槽变位滑动，对工程施工造成影响，严重的会导致邻近建筑物开裂或倒塌。例如，2005 年 7 月，广州市海珠区某建筑工地基坑南端约 100m 挡土墙坍塌，造成 5 人被困，工地边上的平房倒塌，邻近两幢建筑物出现不同程度的倾斜，部分墙体开裂，如图 1.4 所示。

6. 土坡滑动

在山麓或山坡上建房，由于切削坡脚，使土坡增加荷载或雨水入渗，导致山坡失稳滑动，房屋倒塌。例如，1972 年 7 月，香港发生一起大滑坡，位于山坡上的一幢高层住宅——宝城大厦被冲毁倒塌，同时砸毁邻近一幢住宅楼一角约 5 层住宅，造成大量人员伤亡，如图 1.5 所示。事故的原因是山坡上的残积土本身强度较低，加之雨水入渗，使其强度进一步降低，土体滑动力超过土的强度，导致山坡土体发生滑动。

图 1.4　广州某建筑工地挡土墙坍塌　　　　图 1.5　香港宝城滑坡

基坑支护坍塌 1　　　　基坑支护坍塌 2　　　　基坑支护坍塌 3
（视频）　　　　　　（视频）　　　　　　（视频）

7. 建筑物地基震害

（1）地基液化

饱和状态的疏松粉、细砂或粉土，在强烈地震作用下产生液化，地基土呈液态，失去承载力，导致建筑物的倾斜、开裂等事故发生。例如，1964 年 6 月，日本新潟发生 7.5 级强烈地震，导致大面积饱和砂土地基液化，许多建筑物倾斜，如图 1.6 所示。

（2）地基震沉

当建筑物地基为软弱黏性土时，在强烈地震作用下，由于土质强度降低，基础底部软土侧向挤出，会产生严重的震沉。例如，唐山矿冶学院图书馆书库，在 1976 年 7 月唐山地震时，震沉一层楼，室外地面与二层楼地板相近，如图 1.7 所示。

图 1.6　日本新潟 1964 年震害　　　　图 1.7　唐山矿冶学院图书馆书库震沉

8. 冻胀事故

寒冷地区可能导致冻胀，导致墙体开裂。

　　建筑工程室外设计地坪以下施工的内容包括土方开挖、基坑降水、基坑支护或放坡、地基处理、基础施工、土方回填等分项工程，这些分项工程与地基土和地下水相关联，具有特殊性。其中对于基础施工，施工和监理人员需要理解基础的设计意图，包含基础的受力、结构、构造等，而这些与地基土有着密不可分的关系，地基同时需要满足相关技术条件（强度、变形、稳定性）；其他分项工程则直接与地基土相关，需要根据土层分布和土性的不同设计采取相应的技术措施（包括处理方法、施工工艺、施工机具等）。对上述设计意图和技术措施选择的正确理解是进行事前控制、保障施工质量和监理成效的必备条件。"建筑地基与基础"就是研究以上相关内容的课程，它是对地基基础工程中出现问题的研究成果以及经验教训的积累，属于认识建筑的课程，是建筑工程技术专业和工程监理等专业的一门核心职业基础课程。

　　本课程的作用是：为室外设计地坪以下建筑工程的施工和监理提供有关土的技术理论和技能的支持。具体作用有以下两点：

　　1）针对室外设计地坪以下建筑工程，使学生明白基础设计、基坑支护或放坡设计的意图以及地基处理方法的原理。

　　2）为土方开挖、基坑降水、基坑支护或放坡、地基处理、基础施工、土方回填等施工方案的制订、施工和监理提供必备的有关土和地下水的基础理论知识和技能。

1.2　地基与基础学科发展概况

　　世界文化古国的远古先民，在史前的建筑活动中就已创造了自己的地基基础工艺，我国西安半坡遗址新石器时代的考古发掘都发现有土台和石础。举世闻名的长城、大运河蜿蜒万里，如果处理不好有关岩土问题，就不能穿越涵盖多种复杂地质条件的广阔地区，成为亘古奇观。作为本学科理论基础的土力学，始于 18 世纪兴起工业革命的欧洲。1773 年，法国的库仑（Coulomb）通过试验创立了著名的砂土抗剪强度公式，提出了计算挡土墙土压力理论。1857 年，英国的朗肯（Rankine）又从另一途径提出了挡土墙土压力理论。1885 年，法国的布辛奈斯克（Boussinesq）得到弹性半空间在竖向集中力作用下的应力和变形的理论解答。1922 年，瑞典人费伦纽斯（Fellenius）为解决铁路塌方提出土坡稳定分析法。这些古典的理论和方法至今仍在广泛使用。

　　1925 年，美国的太沙基（Terzaghi）于 1925 年、1929 年相继出版了专著《土力学》和《工程地质学》。在其研究的基础上，土力学与基础工程逐渐成为一门独立的学科，并得到不断发展。

　　20 世纪 60 年代后期，由于计算机的出现、计算方法的改进与测度技术的发展以及本构模型的建立等，土力学发展迎来了新时期。现代土力学主要表现为一个模型（即本构模型）、三个理论（即非饱和土的固结理论、液化破坏理论和逐渐破坏理论）、四个分支（即理论土力学、计算土力学、实验土力学和应用土力学，其中，理论土力学是龙头，计算土力学是筋脉，实验土力学是基础，应用土力学是动力）。近年来，我国在工程地质勘察，室内及现场土工试验，地基处理新设备、新材料、新工艺的研究和应用方面取得了很大的进展。在大量理论研究与实践经验的基础上，有关基础工程的各种设计与施工规范或规程等也相应问世并日臻完善。由于土性的复杂，目前的土力学地基基础理论仍需不断完善。相信随着我国深入实施科教兴国战略、人才强国战略、创新驱动发展战略，不断完善科技创新体系，在坚持培育创新文化、弘扬科学家精神、涵养优良学风、营造创新氛围的努力下，我国一定能够在地基基础学科领域取得丰硕的原创性引领性成果并转化应用，不断提升地基基础工程领域的技术水平。

了解我国在土力学等领域的科学家

20世纪以来，我国涌现出以黄文熙、吴炳焜、卢肇钧、王思敬、周镜等为代表的一批杰出科学家，他们在土力学、基础工程、工程地质等领域研究方面提出了一系列新的理论、模型、技术。他们许多人早年留学，都毅然回国积极参加国家建设，体现出老一辈科学家矢志报国的家国情怀、可贵精神、高尚境界以及知难而上、不断探索的科学精神和担当精神，为学科发展和国家建设做出了重要贡献。

1.3　本课程的知识构架和基本概念

认识本课程
（视频）

本课程的教学内容划分为基本知识、基础工程、基坑与边坡工程三个部分，依据地基基础各分项工程施工需具备的知识和需解决的问题设立教学单元，主要包括土性指标与土力学基本理论、地基基础设计原理与方法、基础和基坑支护的构造措施、土工试验基本方法、岩土工程勘察报告的阅读与应用等。

本课程有关基本概念如下。

1. 地基基础

（1）土的特点

土具有碎散性、压缩性、固体颗粒间的相对移动性及透水性。

（2）土的用途

土可作为地基，也可作为建筑材料（如路基、堤坎）。

（3）地基与基础的概念

地基：支承基础的土体或岩体。

基础：将结构所承受的各种作用传递到地基上的结构组成部分。它是建筑物最底下扩大的这一部分。地基基础示意图如图1.8所示。

图1.8　地基基础示意图

持力层：位于基础底面下的第一层土。

下卧层：持力层下的土层。

（4）地基的分类

1）地基按地质情况分为土基和岩基。

2）地基按设计施工情况分为天然地基和人工地基。

天然地基：不需处理而直接利用的地基。

人工地基：经过人工处理而达到设计要求的地基。

2. 土力学

地基基础设计的主要理论依据为土力学。土力学是利用力学知识和土工试验技术来研究土的强度、变形及其规律等的一门科学，它研究土的本构关系以及土与结构物相互作用的规律，其中土的本构关系即土的应力-应变-强度-时间四变量之间的内在联系。

3. 地基基础设计等级

《建筑地基基础设计规范》（GB 50007—2011）（以下均简称《规范》）规定，地基基础设计应根据地基复杂程度、建筑物规模和功能特征以及由于地基问题可能造成建筑物破坏或影响正常使用的程度分为甲级、乙级、丙级三个设计等级。

地基基础设计
等级（视频）

4. 地基设计的基本原则

（1）地基的强度要求

要求作用于地基的荷载不超过地基的承载力，保证地基在防止整体破坏方面有足够的安全储备。

地基设计的
基本原则
（视频）

（2）地基的变形要求

控制基础沉降，使之不超过地基的变形允许值，保证建筑物不因地基变形而损坏或者影响其正常使用。

（3）地基的稳定性要求

对经常受水平荷载作用的高层建筑、高耸结构和挡土墙等，以及建造在斜坡上或边坡附近的建筑物和构筑物，应验算其稳定性；基坑工程应进行稳定性验算；建筑地下室或地下构筑物存在上浮问题时，应进行抗浮验算。

5. 基础设计中必须满足的技术条件

基础应当具有足够的强度、刚度和耐久性。

1.4　本课程的特点和学习要求

　　本课程涉及工程地质学、土力学、结构设计和施工几个学科领域，内容广泛、综合性强。学习时需面向施工与监理，掌握建筑地基基础领域的基本知识、基本技能和基本分析方法。其中，土力学的学习方法包括理论学习、试验和经验。

　　理论学习：掌握理论公式的意义和应用条件，明确理论的假定条件，掌握理论的适用范围。

　　试验：试验是了解土的物理性质和力学性质的基本手段，重点掌握基本的土工试验技术，尽可能多动手操作，从实践中获取知识，积累经验。

　　经验：经验在工程应用中是必不可少的，工程技术人员要不断从实践中总结经验，以便能切合实际地解决工程实际问题。

　　作为试验性学科，在学习中应注意理论的假设和应用范围；注意理论联系实际。

　　学习本课程后，应达到如表1.1和表1.2所示的知识目标和能力目标。

表 1.1　知识目标

专业知识
1. 能描述理论公式的应用条件、理论的假定条件和理论的适用范围
2. 能描述工程地质、土的类别方面的基本概念，能理解土的物理力学指标的含义，描述土的常规指标的测定方法
3. 能描述常见浅基础设计方法及构造要求、桩基础受力特点及构造要求，理解浅基础设计原理
4. 能描述常见地基问题的处理方法，理解其原理
5. 能描述基坑支护类型和受力特点
6. 能描述基坑降水计算的步骤
7. 能描述并理解基坑常见问题及处理方法，能描述深基坑监测内容和方法
8. 能描述基坑降水带来的问题和防范措施
9. 能描述土方开挖和回填的影响因素，能描述土方回填质量控制指标和标准、质量检查方法、回填方法要求，能描述验槽的目的、内容和方法
10. 经验在工程应用中是必不可少的。教师要尽可能将从实践中总结出的经验知识传授给学生，使学生将理论与工程实际相结合

表 1.2　能力目标

专业能力	1. 具有常见土的识别能力
	2. 具有土工测试的能力 掌握常规指标的土工测试方法和一般土性指标的现场测试方法
	3. 初步具有土性指标的分析能力
	4. 具有地基勘察报告的阅读、使用能力
	5. 具有基槽钎探和检验能力
	6. 具有土方开挖机械选择的能力
	7. 具有基坑边坡方案制定的能力
	8. 具有选择常用基坑降水方案的能力
	9. 根据建筑物具体情况和场地的地质条件，具有选择地基基础方案的能力
	10. 具有一定的地基基础的计算能力 对刚性基础、扩展基础具有设计计算能力，对箱形基础、筏板基础要求了解其设计原理
	11. 具有处理地基局部常见问题（如土质不均匀）的能力
职业核心能力	1. 培养作为工程技术和管理人员应有的职业道德、敬业务实精神
	2. 培养团队协作精神、沟通交流能力
	3. 培养科学的工作态度和严谨的工作作风
	4. 具有节能环保意识和开拓创新精神

练　习　题

1.1　名词解释

1. 地基；2. 基础；3. 持力层；4. 下卧层；5. 天然地基；6. 人工地基；7. 土力学。

1.2　填空题

1. 地基按设计施工情况分为_____和_____。

2. 地基设计的基本原则包括_____、_____、_____。

3. 地基按地质情况分为_____和_____。

4. 党的二十大报告中，针对教育、科技、人才，提出要深入实施_____战略、_____战略、_____战略，开辟发展新领域新赛道，不断塑造发展新动能新优势。

1.3　简答题

1. 与地基基础有关的工程事故主要有哪些？

2. 土与其他建筑材料相比具有哪些独特的性质？

单元 2

工程地质基本知识

知识目标

1. 能叙述地质作用和地质年代的概念。
2. 知晓地下水的埋藏条件和对工程的影响。

能力目标

能描述第四纪沉积物类型及其工程特点。

思政目标

通过对地质作用导致的我国丰富地形地貌的介绍,激发学生对祖国的热爱和自豪感;通过对我国地下水资源匮乏、北方地区地下水严重超采、水污染严重以及地下水综合治理的可喜成就的介绍,激发学生珍惜水资源、保护自然的意识,认同新时代十年的伟大变革,加深对习近平新时代中国特色社会主义思想中"大力推进生态文明建设"的理解,更加深刻地感悟党的二十大关于"推动绿色发展,促进人与自然和谐共生"的精神。

2.1 概　述

了解中国工程院院士、工程地质和岩体力学专家——王思敬

王思敬(1934—)致力于地质与力学、地质与工程相结合的研究,在发展岩体结构理论、创建工程地质力学领域中做出重大贡献。在工程岩体变形破坏机制研究的基础上,发展了岩石工程稳定性分析原理和方法。王思敬提出人类工程活动与地质环境依存关系和相互作用理论,率先开展了工程建设和地质环境相互影响和制约的研究,开拓环境工程地质领域,为工程和城市建设地质环境研究提供理论基础。

2.1.1　地质作用

地质作用与
地形地貌
（视频）

建筑场地的地形、地貌和组成物质（土与岩石）的成分、分布厚度及特性取决于地质作用。地质作用可分为内力地质作用和外力地质作用。

1. 内力地质作用

内力地质作用一般认为是由地球自转产生的旋转能和放射性元素蜕变产生的热能等，引起地壳物质成分、内部构造以及地表形态发生变化的地质作用，表现为岩浆活动、地壳运动（构造运动）和变质作用。

岩浆活动可使岩浆沿着地壳薄弱地带侵入地壳或喷出地表，岩浆冷凝后形成的岩石称为岩浆岩。地壳运动则形成了各种类型的地质构造和地球表面的基本形态。在岩浆活动和地壳运动过程中，原来生成的各种岩石在高温、高压及渗入挥发性物质（如 H_2O、CO_2）的变质作用下生成另外一种新的岩石，称为变质岩。

2. 外力地质作用

外力地质作用是由太阳辐射能和地球重力位能引起的地质作用，如昼夜和季节气温变化，雨雪、山洪、河流、冰川、风及生物等对地壳表层岩石产生的风化、剥蚀、搬运与沉积作用。

不同的风化作用形成不同性质的土。风化作用有以下两种类型。

（1）物理风化

岩石受风霜雨雪的侵蚀，温度、湿度变化，不均匀膨胀与收缩，产生裂隙，崩解为碎块，这个过程称为物理风化。物理风化只改变岩石颗粒的大小和形状，而不改变其矿物成分。其产物的矿物成分与母岩相同，称为原生矿物，如石英、长石和云母等。物理风化生成粗颗粒的无黏性土，如碎石、砾石、砂等。

（2）化学风化

岩石碎屑与周围的水、氧气、二氧化碳等物质接触，并受到动植物、微生物的作用，发生化学反应，生成与原来岩石颗粒成分不同的次生矿物，这个过程称为化学风化。化学风化形成的细粒土颗粒具有黏结力，为黏土矿物，通常称为黏性土，如蒙脱石、伊利石和高岭石等。

外力地质作用过程中的风化、剥蚀、搬运及沉积是彼此密切联系的。风化作用为剥蚀作用创造了条件，而风化、剥蚀、搬运又为沉积作用提供了物质的来源。地表已有的各种岩石，经过风化和侵蚀，在风、流水、冰川、海洋等的作用下，搬运到另一地点堆积起来，经过压密和胶结成为岩石，这种岩石称为沉积岩。

2.1.2　地质年代

土和岩石的性质与其生成的地质年代有关。一般说来，生成年代越久，土和岩石的工程性质越好。

地质年代表
（文本）

地质年代是指地壳发展历史与地壳运动、沉积环境及生物演化相应的时代段落。地球形成至今大约有 60 亿年的历史，在这漫长的地质年代里，地壳经历了一系列复杂的演变过程，形成了各种类型的地质构造和地貌以及复杂多样的岩石和土。地质年代有绝对和相对之分，相对地质年代在地史的分析中广为应用。根据地层对比和古生物学方法，把地质相对年代划分为五大代（太古代、元古代、古生代、中生代和新生代），下分若干纪、世、期，相应的地层单位为界、系、统、阶（层）。地质年代的划分可通过扫描二维码查看。

通常所说的土产生于新生代第四纪（距今 1.2 万～100 万年），更新世又分为早更新世（Q_1）、中更新世（Q_2）、晚更新世（Q_3），其后为全新世（Q_4）。

2.2　第四纪沉积物

地表的岩石是经风化、剥蚀成岩屑，又经搬运、沉积而成的沉积物，年代不长，未经压紧硬结成岩石之前呈松散状态，称为第四纪沉积物，即土。不同成因类型的土各具有一定的分布规律和工程地质特性，根据搬运和沉积的情况不同可分为以下几种类型。

2.2.1　残积物

残积物是残留在原地未被搬运的那一部分原岩风化产物（图 2.1），颗粒未被磨圆或分选，多为棱角状粗颗粒土。残积物与基岩之间没有明显界限，通常经过一个基岩风化带而直接过渡到新鲜岩石，其矿物成分很大程度上与下卧基岩一致。残积物主要分布在岩石出露地表，以及经受强烈风化作用的山区、丘陵地带与剥蚀平原。由于残积物没有层理构造、裂隙多、均质性很差，作为建筑物地基时应注意不均匀沉降和土坡稳定性问题。

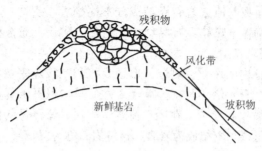

图 2.1　残积物示意图

2.2.2　坡积物

坡积物是雨雪水流的作用力将高处岩石风化产物缓慢地冲刷、剥蚀、顺着斜坡向下移动、沉积在较平缓的山坡上而形成的沉积物，一般分布在坡腰至坡脚（图 2.2），自上而下出现由粗至细的分选现象。其矿物成分与下卧基岩没有直接关系。由于坡积物形成于山坡，常发生沿下卧基岩倾斜面滑动的现象。其组成物质粗细颗粒混杂、土质不均匀、厚度变化大、土质疏松、压缩性高，作为建筑物地基时应注意不均匀沉降和稳定性问题。

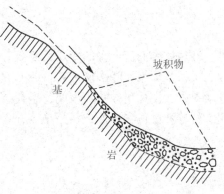

图 2.2　坡积物示意图

2.2.3　洪积物

洪积物与冲积物
（视频）

由暴雨或大量融雪形成山洪急流，冲刷挟带着大量碎屑物质堆积于山谷冲沟出口或山前倾斜平原而形成洪积物（图 2.3）。

山洪流出沟谷口后，由于流速骤减，被搬运的粗颗粒物质首先大量堆积下来，离谷口较远的地方颗粒变细，分布范围逐渐扩大。其地貌特征是：靠谷口处窄而陡，离谷口后逐渐宽而缓，形如扇状，称为洪积扇。由相邻沟谷口的洪积扇组成洪积扇群。

洪积物的颗粒由于搬运距离短，颗粒棱角仍较为明显。此外，山洪是周期性发生的，每次的大小不尽相同，堆积物质也不一样。因此，洪积物常呈现不规则的交替层理构造，如有夹层、尖灭或透镜体等（图 2.4）。

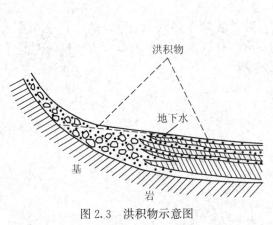

图 2.3　洪积物示意图

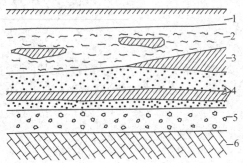

1. 表土层；2. 淤泥夹黏土透镜体；
3. 黏土尖灭层；4. 砂土夹黏土层；
5. 砾石层；6. 石灰岩层。

图 2.4　土的层理构造

靠近山地的洪积物颗粒较粗，地下水位较深；离山较远地段的洪积物颗粒较细，成分均匀，厚度较大，土质密实，这两部分土的承载力一般较高，常为良好的天然地基。上述两部分的过渡地带由于地下水溢出地表造成沼泽地带，土质较软、承载力较低。洪积物作为建筑物地基，应注意土层尖灭和透镜体引起的不均匀沉降。

2.2.4　冲积物

冲积物是河流流水的作用力将河岸基岩及其上部覆盖的坡积物、洪积物剥蚀后搬运、沉积在河流坡降平缓地带而形成的沉积物。其特点是呈现明显的层理构造。由于搬运过程长，棱角颗粒经滚磨、碰撞逐渐形成亚圆或圆形颗粒，其搬运距离越长，沉积颗粒越细。典型的冲积物是形成于河谷内的沉积物，可分为平原河谷冲积物和山区河谷冲积物等。

2.2.5　其他沉积物

除了上述四种类型的沉积物外，还有海洋沉积物、湖泊沉积物、冰川沉积物和风积物等，它们分别由海洋、湖泊、冰川和风等的地质作用形成。

下面仅介绍湖泊沉积物。

湖泊沉积物包括湖边沉积物和湖心沉积物。

湖边沉积物主要由湖浪冲蚀湖岸，破坏岸壁形成的碎屑组成。近岸带沉积的主要是粗颗粒土，远岸带沉积的主要是细颗粒土。作为建筑地基，近岸带具有较高的承载力，而远岸带则差些。

湖心沉积物是由河流和湖流挟带的细小悬浮颗粒到达湖心后沉积形成的，主要是黏土和淤泥，常夹有细砂、粉砂薄层，称为带状黏土。这种黏土压缩性高、强度低。

2.3　地下水分类及对工程的影响

地下水是指存在于地面下土和岩石的孔隙、裂隙或溶洞中的水。建筑场地的水文地质条件主要包括地下水的埋藏条件、地下水位及其动态变化、地下水化学成分及其对混凝土的腐蚀性等。

地下水的赋存
（视频）

2.3.1　地下水分类

地下水按埋藏条件不同分为上层滞水、潜水和承压水三类，如图 2.5 所示。

　1. 上层滞水

上层滞水是地表水下渗积聚在局部透水性小的黏性土隔水层上的水，为雨水补给，有季节性。上层滞水通过蒸发或向隔水底板的边缘下渗排泄。其水量小，动态变化显著且极易遭受污染。

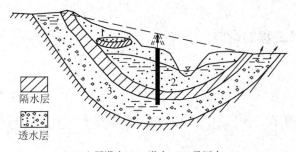

隔水层

透水层

1. 上层滞水；2. 潜水；3. 承压水。

图 2.5　各种类型地下水埋藏示意图

2. 潜水

潜水是埋藏在地表以下第一个连续分布的稳定隔水层以上，具有自由水面的重力水，为雨水、河水补给，水位有季节性变化，一般埋藏在第四纪沉积层及基岩的风化层中，水面标高称为地下水位。

3. 承压水

承压水是埋藏在两个连续分布的隔水层之间，完全充满的有压地下水。承压水通常存在于卵石层中，卵石层呈倾斜式分布，地势高处卵石层中地下水对地势低处产生静水压力。其埋藏区与地表补给区不一致，因此承压水的动态变化受局部气候因素影响不明显。

地下水治理与生态文明建设

白洋淀

我国是贫水国家，水资源分布非常不均匀，且水污染严重，地下水超采严重。地下水位的下降导致地面沉降、塌陷、地裂缝等地质问题。党的十八大做出了大力推进生态文明建设的战略决策，提出必须树立尊重自然、顺应自然、保护自然的生态文明理念，走绿色发展道路；党的十九大又提出建设美丽中国。"两山理论"已深入人心。近年来，通过综合治理，地下水水位持续下降趋势得到初步扭转。因此，树立节水意识，保护和合理利用地下水应当成为每个人的自觉共识。党的二十大报告在"推动绿色发展，促进人与自然和谐共生"部分提出："我们要推进美丽中国建设，坚持山水林田湖草沙一体化保护和系统治理，统筹产业结构调整、污染治理、生态保护、应对气候变化，协同推进降碳、减污、扩绿、增长，推进生态优先、节约集约、绿色低碳发展。"这对我国发展提出更高要求。唯有踔厉奋发、勇毅前行，才能更好地实现目标。

2.3.2　地下水对工程的影响

1. 基础埋深

通常设计基础埋深应小于地下水位深度，以避免地下水对基槽的影响。

2. 施工排水

当地下水位高，基础埋深大于地下水位深度时，基槽开挖与基础施工必须进行排水。中小工程可以采用挖排水沟与集水井排水；重大工程必要时应采用井点降低地下水位法。排水不好，基槽被踩踏，则会破坏地基土的原状结构，导致地基承载力降低，造成工程隐患。

3. 地下水位升降

地下水位在地基持力层中上升，会导致黏性土软化、湿陷性黄土严重下沉、膨胀土地基吸水膨胀；地下水位在地基持力层中大幅下降，使地基产生附加沉降。

4. 地下室防水

当地下室位于地下水位以下时，应采取各种防水措施，防止地下室底板及外墙的渗漏。

5. 地下水水质侵蚀性

地下水含有各种化学成分，当某些成分含量过多时会腐蚀混凝土、石料及金属管道。

6. 空心结构物浮起

当地下水位高于水池、油罐等结构物基础埋深较多时，水的浮力有可能将空载结构物浮起，该情况应在此类结构物的设计中予以考虑。

7. 承压水冲破基槽

当地基中存在承压水时，基槽开挖应考虑承压水上部隔水层最小厚度问题，以避免承压水冲破隔水层，浸泡基槽。

小　　结

本单元主要从工程地质的角度介绍了土的生成、土层的类型和特点、地下水分类和对工程的影响等基本概念，这些内容是分析与解决地基基础工程问题时所需的基本知识。

1. 地质相对年代：划分为五大代（太古代、元古代、古生代、中生代和新生代），下分若干纪、世、期。通常所说的土产生于新生代第四纪（距今 1.2 万～100 万年），更新世又分为早更新世（Q_1）、中更新世（Q_2）、晚更新世（Q_3），其后为全新世（Q_4）。

2. 土的定义：地表岩石经风化、搬运、沉积而形成的松散集合物，即第四纪沉积物。不同成因类型的土各具有一定的分布规律和工程地质特性。根据搬运和沉积的情况不同，可分为残积物、坡积物、洪积物、冲积物、其他沉积物等类型。

3. 地下水分为上层滞水、潜水和承压水。

4. 地下水对地基承载力、地基沉降、基础防水、抗浮、地下设施耐久性、基槽施工等都有影响。

练 习 题

2.1 名词解释

1. 地质作用；2. 地质年代；3. 第四纪沉积物（土）；4. 地下水。

2.2 单项选择题

1. 埋藏在地表以下第一个连续分布的稳定隔水层以上且具有自由水面的地下水称为（　　）。

A. 潜水　　　　　　B. 上层滞水　　　　C. 裂隙水　　　　　D. 承压水

2. 雨雪水流的地质作用将高处岩石风化产物缓慢地洗刷剥蚀，顺着斜坡向下逐渐移动，沉积在较平缓的山坡而形成的沉积物称为（　　）。

A. 残积物　　　　　B. 坡积物　　　　　C. 洪积物　　　　　D. 冲积物

3. 未经搬运作用的沉积物为（　　）。

A. 坡积物　　　　　B. 残积物　　　　　C. 洪积物　　　　　D. 冲积物

4. 靠近山区坡底的洪积土，具有的特点是（　　）。

A. 颗粒细小、地下水位较深　　　　　　B. 颗粒较粗、地下水位较深

C. 颗粒细小、地下水位较浅　　　　　　D. 颗粒较粗、地下水位较浅

2.3 简答题

1. 什么是相对地质年代？它分为哪五大代？

2. 根据搬运和沉积条件不同，第四纪沉积物可分为哪几种类型？

3. 地下水对建筑工程的影响，包括哪些方面？怎样消除地下水的不良影响？

4. 如何理解地下水治理与绿色发展、人与自然和谐共生的关系？

单元 3

土 的 性 质 与 分 类

教学目标

知识目标

1. 能叙述和理解土的三相组成的基本概念(如土的粒组、颗粒级配),知晓三相组成对土性的影响。

2. 能描述土的三种结构和三种构造及特点。

3. 能叙述和理解土的物理性质指标、物理状态指标、压缩性指标、抗剪强度指标、渗透性指标的含义及表达式。

4. 能描述指标的测定方法;知晓指标的工程应用。

5. 能描述并理解地基破坏的基本形式;知晓地基承载力确定的方法;能解释地基承载力修正公式中各参数的含义。

6. 能叙述流土、管涌概念,描述防治流土、管涌的措施。

7. 能描述《规范》中有关土的分类和土的工程分类,知晓分类依据和标准,知晓各类土的特点。

能力目标

1. 能根据指标大小判别土的性状。

2. 能使用设备测定土的密度、含水量、塑限、液限、压缩指标和强度指标;能根据工程实际情况选择不同排水条件的强度指标测定方法。

3. 能通过计算分析,初步判断基坑出现流土、管涌的可能性,并根据现场实际情况初步提出流土、管涌解决方案。

4. 能判别常见土的类别。

思政目标

通过土性指标的测定试验和土渗流破坏的案例分析,培养学生严谨、认真、负责的职业素养和诚信的职业操守,提高学生的自主学习能力、团队意识、协作和沟通表达能力;通过讨论压缩模量和变形模量理论关系与实测关系的差别、管涌发生的水力条件的不成熟,激发学生追求真理、探索科学的精神;通过对抗剪强度构成的内外因素的分析,引导学生树立马克思辩证唯物主义哲学思想,领悟党的二十大"实施科教兴国战略,强化现代化建设人才支撑"和"开辟马克思主义中国化时代化新境界"等精神。

土是岩石在风化作用下形成的大小不同的颗粒，经过不同方式的搬运，在各种自然环境中生成的沉积物。土是由作为土骨架的固态矿物颗粒、孔隙中的水及其溶解物质以及气体组成的。因此，土是由颗粒（固相）、水（液相）和气体（气相）所组成的三相体系。不同土的颗粒大小和矿物成分差异很大，三相间的数量比例也各不相同。土的结构与构造也有多种类型。

土的物理性质，如轻重、松密、干湿、软硬等在一定程度上决定了土的力学性质，而土的力学性质是土的最基本的工程特性。土的物理性质由三相组成物质的性质、相对含量以及土的结构构造等因素决定。在处理地基基础问题时，不但要知道土的物理性质特征及其变化规律，了解土的工程特性，还应当熟悉表示土的物理性质的各种指标的测定方法，能够按土的有关特征和指标对地基土进行分类，初步判定土的工程性质。

3.1 土的三相组成

中国科学院院士、我国土力学学科奠基人——黄文熙

黄文熙（1909—2001），水工结构和岩土工程专家，新中国水利水电科学研究事业的开拓者。他在国内第一个开设土力学课程，建立了国内大学中的第一个土工实验室。他善于抓住生产实践中的关键性学术问题进行创造性的基本研究，十分注意引进和推广国内外先进技术。例如，他创建了地基沉降与地基中应力分布新的计算方法，倡议用振动三轴仪研究液化问题，用砂井预压法加固软土地基等。他既教书又育人，成为几代工程技术人员的表率和楷模。真正体现出"自强不息，厚德载物"的人文精神，矢志报国的家国情怀以及严谨求实的科学精神。

土是由固体颗粒、液体和气体三部分组成的，通常称为土的三相组成。随着三相物质的质量和体积的比例不同，土的性质也将不同。

3.1.1 土的固体颗粒

土的固相物质包括无机矿物颗粒和有机质，是构成土的骨架最基本的物质，称为土中的固体颗粒（土粒）。

1. 土粒的矿物成分

土粒的矿物成分主要取决于母岩的成分及其所经受的风化作用。不同的矿物成分对土的性质有着不同的影响。粗大土粒往往是岩石经物理风化后形成的碎屑，即原生矿物；而细小土粒主要是化学风化作用形成的次生矿物和生成过程中混入的有机物质。

粗大土粒呈块状或粒状，而细小土粒主要呈片状。

2. 土的颗粒级配

土的颗粒级配
（视频）

天然土是由大小不同的颗粒组成的。随着土粒的粒径由粗变细，土的性质相应地发生很大的变化，如土的渗透性由大变小，由无黏性变为有黏性等。因此，工程中可用不同粒径颗粒的相对含量来描述土的颗粒组成情况。

对土中不同粒径的土颗粒，按适当的粒径范围划分为若干小组，称为粒组。划分粒组的分界尺寸称为界限粒径，划分时应使粒组界限与粒组性质的变化相适应。

目前土的粒组划分方法并不完全一致，国内外均有多种。我国《土的工程分类标准》(GB/T 50145—2007) 的划分标准见表 3.1。表中根据界限粒径 200mm、60mm、2mm、0.075mm 和 0.005mm 把土粒分为六种颗粒（可看作六个粒组）：漂石（块石）、卵石（碎石）、砾粒（含圆砾或角砾）、砂粒、粉粒和黏粒。进一步可归纳为三大粒组：巨粒、粗粒和细粒。

表 3.1　土粒粒组划分

粒组	颗粒名称		粒径 d 的范围/mm	一般特征
巨粒	漂石（块石） 卵石（碎石）		$d>200$ $60<d\leqslant200$	透水性很大，无黏性，无毛细水
粗粒	砾粒	粗砾 中砾 细砾	$20<d\leqslant60$ $5<d\leqslant20$ $2<d\leqslant5$	透水性大，无黏性，毛细水上升高度不超过粒径大小
	砂粒	粗砂 中砂 细砂	$0.5<d\leqslant2$ $0.25<d\leqslant0.5$ $0.075<d\leqslant0.25$	易透水，当混入云母等杂质时透水性减小，而压缩性增加；无黏性，遇水不膨胀，干燥时松散；毛细水上升高度不大，随粒径变小而增大
细粒	粉粒		$0.005<d\leqslant0.075$	透水性小；湿时稍有黏性，遇水膨胀小，干时稍有收缩；毛细水上升高度较大较快，极易出现冻胀现象
	黏粒		$d\leqslant0.005$	透水性很小，湿时有黏性、可塑性，遇水膨胀大，干时收缩显著；毛细水上升高度大，但速度较慢

注：漂石、卵石和圆砾颗粒均呈一定的磨圆形状（圆形或亚圆形）；块石、碎石和角砾颗粒都带有棱角。

土中各个粒组的相对含量（各粒组占土粒总重的百分比）称为土的颗粒级配，这是决定无黏性土工程性质的主要因素，是确定土的名称和选用建筑材料的重要依据。

土的颗粒级配是通过土的颗粒分析试验测定的。对于粒径为 0.075～60mm 的土采用筛析法；粒径小于 0.075mm 的土采用密度计法或移液管法。筛析法就是将风干、分散的代表性土样放进一套按孔径大小排列的标准筛（有粗筛和细筛，另外还有顶盖和底盘各一个）顶部，经振摇后，分别称出留在各筛子及底盘上的土量，即可求得各粒组的相对含量。

常用的颗粒级配的表示方法是累计曲线法。根据颗粒分析试验成果，通常用半对数纸绘制。横坐标（按对数比例尺）表示粒径，纵坐标表示小于某粒径的土粒占土总重的百分比，如图 3.1 所示。由曲线的陡缓大致可以判断土的均匀程度。若曲线较陡，则表示粒径大小相差不多，土粒均匀，即级配不良；若曲线平缓，则表示粒径大小相差悬殊，土粒不均匀，即级配良好。

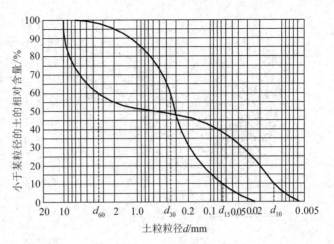

图 3.1　颗粒级配曲线

在颗粒级配累计曲线上，可确定两个描述土的级配的指标，即不均匀系数 C_u 和曲率系数 C_v，表示如下：

$$C_u = \frac{d_{60}}{d_{10}} \tag{3.1}$$

$$C_v = \frac{d_{30}^2}{d_{60} d_{10}} \tag{3.2}$$

式中：d_{10}——小于某粒径土粒重量占总土重的 10% 时的粒径，称为有效粒径，mm；

　　　d_{30}——小于某粒径土粒重量占总土重的 30% 时的粒径，mm；

　　　d_{60}——小于某粒径土粒重量占总土重的 60% 时的粒径，称为限定粒径，mm。

不均匀系数反映不同粒组的分布情况，C_u 越大，表示颗粒大小分布范围越广，越不均匀，土的级配越良好。但如果缺失中间粒径，土粒大小不连续，则形成不连续级配，此时需同时考虑曲率系数，曲率系数 C_v 是描述累计曲线整体形状的指标。一般工程中将 $C_u < 5$ 的土称为匀粒土，属级配不良；$C_u > 10$ 的土称为级配良好土。考虑累计曲线整体形状，一般认为，砾类土或砂类土同时满足 $C_u > 5$ 及 $C_v = 1 \sim 3$ 两个条件时，称为级配良好。

颗粒级配可以在一定程度上反映土的某些性质。级配良好的土，较粗颗粒间的孔隙被较细的颗粒所填充，易被压实，因而土的密实度较好，相应地基土的强度和稳定性也较好，透水性和压缩性也较小，适于做地基填方的土料。

3.1.2　土中水

土中水是指存在于土孔隙中的水。土中细粒越多，水对土的性质影响越大。按照水与土相互作用程度的强弱，可将土中水分为结合水和自由水两大类。

1. 结合水

结合水是指在电分子引力下吸附于土粒表面的水。由于土粒表面一般带有负电荷，围绕土粒形成电场，在土粒电场范围内的水分子和水溶液中的阳离子一起被吸附在土

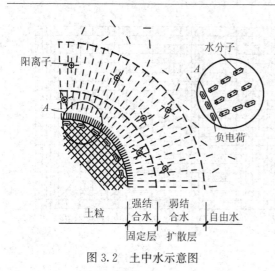

图 3.2　土中水示意图

粒表面。极性水分子被吸附后呈定向排列，形成结合水膜，如图 3.2 所示。在靠近土粒表面处，静电引力最强，能把水化离子和极性水分子牢固地吸附在颗粒表面上形成固定层。在固定层外围，静电引力较小，水化离子和极性水分子活动性比在固定层中大些，形成扩散层。固定层与扩散层中的水分别称为强结合水和弱结合水。

（1）强结合水

强结合水因受到表面引力的控制而不能传递静水压力，只有吸热变为蒸汽时才能移动，没有溶解盐类的能力，性质接近于固体，密度约为 1.2～2.4g/cm³，冰点为 −78℃，具有极大的黏滞性、弹性和抗剪强度。当黏土只含有强结合水时呈固体状态；砂土只含有强结合水时呈散粒状态。

（2）弱结合水

弱结合水仍然不能传递静水压力，但可以从较厚水膜处缓慢地迁移到较薄的水膜处。其密度约为 1.0～1.7g/cm³。当土中含有较多的弱结合水时，土具有一定的可塑性。砂土的比表面积较小，几乎不具有可塑性，但黏性土的比表面积较大，弱结合水含量较多，其可塑性范围较大。

弱结合水离土粒表面越远，其受到的电分子引力就越弱，并逐渐过渡为自由水。

2. 自由水

自由水是存在于土孔隙中土粒表面电场影响范围以外的水。它的性质与普通水一样，能传递静水压力，具有溶解能力，冰点为 0℃。按照其移动所受作用力的不同，可分为重力水和毛细水。

（1）重力水

重力水是存在于地下水位以下透水层中的地下水，在重力或压力差作用下能够在土孔隙中自由流动，对土粒具有浮力作用。重力水对土的应力状态以及基坑开挖时的排水、地下构筑物的防水等产生较大影响。

毛细水及其对工程的影响（视频）

（2）毛细水

毛细水是受到水与空气交界面处表面张力作用的自由水，能沿着土的细孔隙从潜水面上升到一定的高度，存在于地下水位以上的透水土层中。

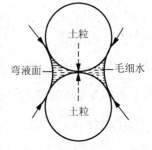

图 3.3　毛细黏聚力示意图

当土孔隙中局部存在毛细水时，毛细水的弯液面和土粒接触处的表面张力反作用于土粒上，使土粒之间由于这种毛细压力而挤紧，土呈现黏聚现象，这种力称为毛细黏聚力（图 3.3）。在施工现场可以看到稍湿状态的砂堆，能保持垂直陡壁达数十厘米高，就是因为砂粒间具有毛细黏聚力的缘故。在饱和的砂或干砂中，土粒之间无毛细黏聚力，便不会出现垂直陡壁。在工程中，应特别注意毛细水上升对建筑物地下部分的防潮措施、地基土的浸湿以及地基与基础的冻胀的重要影响。

3.1.3   土中气体

土中气体是指填充在土的孔隙中的气体，包括与大气连通的和不连通的两类。

与大气连通的气体对土的工程性质没有多大的影响，当土受到外力作用时，这种气体很快从孔隙中挤出；但是密闭的气体对土的工程性质有很大的影响，密闭气体的成分可能是空气、水气或天然气等。在压力作用下这种气体可被压缩或溶解于水中，而当压力减小时，气泡会恢复原状或重新游离出来。封闭气体的存在增大了土的弹性和压缩性，降低了土的透水性。

3.1.4   土的结构

土的结构是指土粒的大小、形状、相互排列及其联结关系的综合特征，一般分为单粒结构、蜂窝结构和絮状结构三种基本类型，如图 3.4 所示。

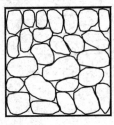 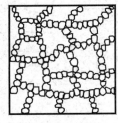 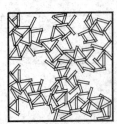

（a）单粒结构   （b）蜂窝结构   （c）絮状结构

图 3.4   土的结构

1. 单粒结构

单粒结构是无黏性土的结构特征，是由粗大土粒在水或空气中下沉而形成的。其特点是土粒间没有联结存在，或联结非常微弱，可以忽略不计。疏松状态的单粒结构在荷载作用下，特别在振动荷载作用下会趋向密实，土粒移向更稳定的位置，同时产生较大的变形。这种土不宜作为天然地基；密实状态的单粒结构，其土粒排列紧密，强度较大，压缩性小，是较为良好的天然地基。单粒结构的紧密程度取决于矿物成分、颗粒形状、颗粒级配。片状矿物颗粒组成的砂土最为疏松；浑圆的颗粒组成的土比带棱角的容易趋向密实；土粒的级配愈不均匀，结构愈紧密。

2. 蜂窝结构

蜂窝结构是以粉粒为主的土的结构特征。粒径为 $0.075\sim0.005\text{mm}$ 的土粒在水中沉积时，基本上是单个颗粒下沉，当碰上已沉积的土粒时，由于土粒间的引力大于其重力，颗粒就停留在最初的接触点上不再下沉，形成大孔隙的蜂窝状结构。

3. 絮状结构

絮状结构是黏土颗粒特有的结构特征。悬浮在水中的黏粒（≤0.005mm）被带到电解质浓度较大的环境中（如海水），黏粒间的排斥力因电荷中和而破坏，土粒互相聚合，形成絮状物下沉，沉积为大孔隙的絮状结构。

具有蜂窝结构和絮状结构的土，存在大量的细微孔隙，渗透性小，压缩性大，强度低，土粒间连接较弱，受扰动时土粒接触点可能脱离，导致结构强度损失，强度迅速下降；而后随着时间的推移，强度还会逐渐恢复。其土粒之间的联结强度往往由于长期的压密作用和胶结作用而得到加强。

3.1.5　土的构造

土的构造是指同一土层中土颗粒之间的相互关系特征，通常分为层状构造、分散构造和裂隙构造（图3.5～图3.7）。

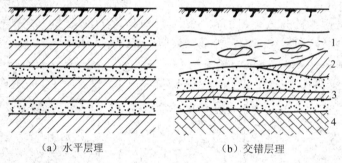

（a）水平层理　　　　　（b）交错层理

1. 淤泥夹黏土透镜体；2. 黏土尖灭；3. 砂土夹黏土层；4. 基岩。

图 3.5　层状构造

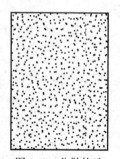

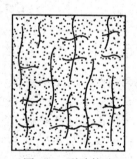

图 3.6　分散构造　　　　　图 3.7　裂隙构造

层状构造，即土粒在沉积过程中，由于不同阶段沉积的物质成分、粒径大小或颜色不同，沿竖向呈现层状特征。层状构造反映不同年代不同搬运条件形成的土层，是细粒土的一个重要特征。

分散构造，即土层中的土粒分布均匀，性质相近，常见于厚度较大的粗粒土，通常其工程性质较好。

裂隙构造，即土体被许多不连续的小裂隙所分割形成的构造形式。某些硬塑或坚硬状态的黏性土具有此种构造。裂隙的存在大大降低了土体的强度和稳定性，增大了透水性，对工程不利。

3.2　土的物理性质指标

土的物理性质指标反映土的工程性质。土的三相组成物质的性质、三相之间的比例关系以及相互作用决定了土的物理性质。土的三相组成物质在体积和质量上的比例关系称为三相比例指标。三相比例指标反映土的干燥与潮湿、疏松与紧密程度，是评价土的工程性质的最基本的物理性质指标，也是工程地质勘察报告中的基本内容。

3.2.1　土的三相草图

土的三相物质是混杂在一起的，为了便于计算和说明，工程中常将三相分别集中起来，称为土的三相组成草图，如图 3.8 所示。图的左边标出各相的质量，图的右边标出各相的体积。

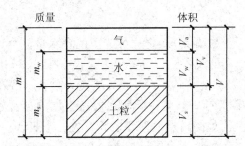

m_s 为土粒质量；m_w 为土中水质量；m 为土的总质量；V_s 为土粒体积；V_w 为土中水体积；

V_a 为土中气体体积；V_v 为土中孔隙体积；V 为土的总体积。

图 3.8　土的三相组成草图

3.2.2　由试验直接测定的指标

通过试验直接测定的指标有土的密度 ρ、土粒相对密度 d_s 和含水量 w，它们是土的三项基本物理性质指标。

1. 土的密度 ρ 和重力密度 γ

单位体积土的质量称为土的密度（单位为 g/cm³），即

$$\rho = \frac{m}{V} \tag{3.3}$$

单位体积土受到的重力称为土的重力密度，简称重度（单位为 kN/m³），即

$$\gamma = \rho g$$

式中：g——重力加速度，$g=9.81\text{m/s}^2$，工程中可取 $g=10\text{m/s}^2$。

天然状态下，土的密度变化范围较大，一般介于 $1.60\sim2.20\text{g/cm}^3$ 之间。

土的密度的测定方法有环刀法和灌水法，其中环刀法适用于黏性土、粉土与砂土，灌水法适用于卵石、砾石与原状砂。

2. 土粒相对密度 d_s

土粒的密度与4℃时纯水的密度的比值称为土粒相对密度（量纲为1），即

$$d_s=\frac{\rho_s}{\rho_w}=\frac{m_s}{V_s\rho_w}\qquad(3.4)$$

式中：ρ_w——4℃时纯水的密度，$\rho_w=1\text{g/cm}^3$。

ρ_s——土粒密度，即单位体积土颗粒的质量。

土粒相对密度取决于土的矿物成分，不同土类的土粒相对密度变化幅度不大，在有经验的地区可按经验值选用。一般砂土为 $2.65\sim2.69$，粉土为 $2.70\sim2.71$，黏性土为 $2.72\sim2.75$。

土粒相对密度的测定方法有相对密度瓶法和经验法等。

3. 土的含水量 w

土中水的质量 m_w 与土粒质量 m_s 之比称为土的含水量，以百分数表示，即

$$w=\frac{m_w}{m_s}\times100\%\qquad(3.5)$$

含水量是表示土的湿度的一个重要指标。天然土层的含水量变化范围很大，它与土的种类、埋藏条件及其所处的自然地理环境等有关。一般砂土为 $0\sim40\%$，黏性土为 $20\%\sim60\%$。一般来说，同一类土含水量越大，则其强度就越低。

含水量的测定方法一般采用烘干法，适用于黏性土、粉土和砂土的常规试验。

3.2.3 换算指标

除了上述三个试验指标之外，还有六个可以通过计算求得的指标，称为换算指标，包括特定条件下土的密度（重度），即干密度（干重度）、饱和密度（饱和重度）、有效密度（有效重度）；反映土的松密程度的指标，即孔隙比、孔隙率；反映土的含水程度的指标，即饱和度。

1. 特定条件下土的密度（重度）指标

（1）土的干密度 ρ_d 和干重度 γ_d

单位体积土中土颗粒的质量称为土的干密度或干土密度，即

$$\rho_d=\frac{m_s}{V}\qquad(3.6)$$

单位体积土中土颗粒受到的重力称为土的干重度或干土的重力密度，即

$$\gamma_d = \rho_d g$$

土的干密度一般为 $1.3 \sim 2.0 \text{g/cm}^3$。工程中常用土的干密度作为填方工程土体压实质量控制的标准。土的干密度越大，土体压得越密实，土的工程质量就越好。

（2）土的饱和密度 ρ_{sat} 和饱和重度 γ_{sat}

当土孔隙中充满水时单位体积土的质量称为土的饱和密度，即

$$\rho_{sat} = \frac{m_s + V_v \rho_w}{V} \tag{3.7}$$

单位体积土饱和时受到的重力称为土的饱和重度，即

$$\gamma_{sat} = \rho_{sat} g$$

土的饱和密度一般为 $1.8 \sim 2.3 \text{g/cm}^3$。

（3）土的有效密度 ρ' 和有效重度 γ'

地下水位以下，土体受到水的浮力作用时，扣除水的浮力后单位体积土的质量称为土的有效密度或浮密度，即

$$\rho' = \frac{m_s - V_s \rho_w}{V} = \rho_{sat} - \rho_w \tag{3.8}$$

地下水位以下，土体受到水的浮力作用时，扣除水的浮力后单位体积土受到的重力称为土的有效重度或浮重度，即

$$\gamma' = \rho' g = \gamma_{sat} - \gamma_w$$

式中：$\gamma_w = 10 \text{kN/m}^3$。

土的有效密度一般为 $0.8 \sim 1.3 \text{g/cm}^3$。

2. 反映土松密程度的指标

（1）土的孔隙比 e

土中孔隙体积与土颗粒体积之比称为土的孔隙比，以小数表示，即

$$e = \frac{V_v}{V_s} \tag{3.9}$$

孔隙比可用来评价天然土层的密实程度。一般砂土为 $0.5 \sim 1.0$，黏性土为 $0.5 \sim 1.2$。当砂土 $e < 0.6$ 时，呈密实状态，为良好地基；当黏性土 $e > 1.0$ 时，为软弱地基。

（2）土的孔隙率 n

土中孔隙体积与土总体积之比称为土的孔隙率，以百分数表示，即

$$n = \frac{V_v}{V} \times 100\% \tag{3.10}$$

孔隙率反映土中孔隙大小的程度，一般为 $30\% \sim 50\%$。

3. 反映土的含水程度的指标——饱和度 S_r

土中水的体积与孔隙体积之比称为土的饱和度，以百分数表示，即

$$S_r = \frac{V_w}{V_v} \times 100\% \tag{3.11}$$

砂土与粉土以饱和度作为湿度划分的标准。当 $S_r \leqslant 50\%$ 时，土为稍湿的；当

$50\%<S_r\leqslant80\%$时，土为很湿的；当$S_r>80\%$时，土为饱和的。

讨　论

1. 对土的天然重度、干重度、有效重度、饱和重度的大小进行比较排序。
2. 列出常见建筑材料的重度值，并与土的重度进行比较，以利记忆。
3. 孔隙比、孔隙率、饱和度能否超过 1 或 100%？

土的三相比例指
标换算公式表
（文本）

3.2.4　三相比例指标的换算关系

利用试验指标替换三相草图中的各符号，所有三相比例指标之间可以建立相互换算的关系。具体换算时，可假设 $V_s=1$（$V=1$），解出各相物质的质量和体积，利用定义式即可导出所求的物理性质指标。

土的三相比例指标换算公式可通过扫描二维码查看。

3.3　土的物理状态指标

土的物理状态指标用以研究土的松密和软硬状态。由于无黏性土与黏性土的颗粒大小相差较大，土粒与土中水的相互作用各不相同，即影响土的物理状态的因素不同，需分别进行阐述。

3.3.1　无黏性土的密实度

无黏性土为单粒结构，土粒与土中水的相互作用不明显，影响其工程性质的主要因素是密实度。若土颗粒排列紧密，呈密实状态，则其结构稳定，压缩变形小，强度高，属良好的天然地基；反之，土呈松散状态，其结构不稳定，压缩变形大，强度低，属不良地基。

土的密实度通常是指单位体积中固体颗粒的含量。衡量无黏性土密实度的方法如下。

1. 砂土的密实度

（1）孔隙比确定法

当 $e<0.6$ 时，为密实状态；当 $e>0.95$ 时，为松散状态。这种方法比较简单，但却无法考虑土颗粒级配的影响。例如，孔隙比相同的的两种砂土，颗粒均匀的较密实，颗粒不均匀的较疏松。

（2）相对密实度法

为了考虑颗粒级配的影响，引入砂土相对密实度的概念，即用天然孔隙比 e 与该砂土的最松状态孔隙比（最大孔隙比）e_{max}和最密实状态孔隙比（最小孔隙比）e_{min}进行对比，比较 e 靠近 e_{max} 或靠近 e_{min}，以此来判别砂土的密实度，表达式为

$$D_r = \frac{e_{max} - e}{e_{max} - e_{min}} \qquad (3.12)$$

砂土的最小孔隙比 e_{min} 和最大孔隙比 e_{max} 采用一定的方法进行测定。

由上式可以看出，当砂土的天然孔隙比 e 接近 e_{min}，相对密实度 D_r 接近 1，表明砂土接近最密实的状态；当 e 接近 e_{max} 时，相对密实度 D_r 接近 0，表明砂土处于最松散的状态。根据 D_r 值将砂土密实度划分为密实、中密、松散三种状态，具体如下：

$0.67 < D_r \leqslant 1$，密实；

$0.33 < D_r \leqslant 0.67$，中密；

$0 < D_r \leqslant 0.33$，松散。

相对密实度 D_r 在理论上较为完善，但由于砂土的原状土样很难取得，天然孔隙比难以准确测定，故相对密实度的精度也就无法保证。目前，它主要用于填方质量的控制。

（3）现场标准贯入试验法

《规范》采用未经修正的标准贯入试验锤击数 N 来划分砂土的密实度，见表 3.2。N 是用质量 63.5kg 的重锤自由下落 76cm，使贯入器竖直击入土中 30cm 所需的锤击数（详见后续章节），它综合反映了土的贯入阻力的大小，亦即密实度的大小。

表 3.2　砂土的密实度

标准贯入试验锤击数 N	$N \leqslant 10$	$10 < N \leqslant 15$	$15 < N \leqslant 30$	$N > 30$
密实度	松散	稍密	中密	密实

2. 碎石土的密实度

碎石土既不易获得原状土样，也难以将贯入器击入土中。对于平均粒径小于或等于 50mm 且最大粒径不超过 100mm 的卵石、碎石、圆砾、角砾，《规范》采用重型圆锥动力触探锤击数 $N_{63.5}$ 来划分其密实度，见表 3.3。

表 3.3　碎石土的密实度

重型圆锥动力触探锤击数 $N_{63.5}$	$N_{63.5} \leqslant 5$	$5 < N_{63.5} \leqslant 10$	$10 < N_{63.5} \leqslant 20$	$N_{63.5} > 20$
密实度	松散	稍密	中密	密实

注：表内 $N_{63.5}$ 为经综合修正后的平均值。

对于平均粒径大于 50mm 或最大粒径大于 100mm 的碎石土，《规范》要求按野外鉴别方法来划分其密实度。

碎石土密实度的
野外鉴别方法
（视频）

3.3.2　黏性土的稠度

1. 黏性土的状态

黏性土的颗粒很细，土粒与土中水的相互作用很显著。随着含水量的不断增加，黏性土的状态变化为固态—半固态—可塑状态—流动状态，相应土的承载力逐渐下降。所谓可塑状态，就是当黏性土在某含水量范围内，可用外力塑成各种形状而不发生裂纹，并在去除外力后仍能保持既得的形状，土的这种性能叫作可塑性。将黏性土对外力引起的变化或破坏的抵抗能力（即软硬程度）称为黏性土的稠度。因此，可用稠度表示黏性土的物理特征。

2. 界限含水量

黏性土从一种状态过渡到另一种状态的分界含水量称为界限含水量。流动状态与可塑状态间的界限含水量称为液限 w_L；可塑状态与半固态间的界限含水量称为塑限 w_p；半固态与固体状态间的界限含水量称为缩限 w_s，如图 3.9 所示。界限含水量均以百分数表示。它对黏性土的分类及工程性质的评价有重要意义。

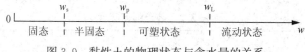

图 3.9　黏性土的物理状态与含水量的关系

塑限和液限的
测定方法（视频）

3. 界限含水量的测定方法

（1）液限 w_L

1）锥式液限仪，如图 3.10 所示。用锥式液限仪测定液限的工作过程是：将调成均匀的浓糊状试样装满盛土杯内（盛土杯置于底座上），刮平杯口表面，提住锥体上端手柄，使锥尖正好接触土样表面中部，松手，使质量为 76g 的锥体在其自重作用下沉入土中。若圆锥体经 5s 沉入土中的深度恰好为 17mm，则杯内土样的含水量就是液限 w_L 值。如果沉入土中的深度超过或低于 17mm，则表示试样的含水量高于或低于液限，则取出土样使水分蒸发或加蒸馏水重新调匀，重新试验至满足要求。需要特别指出的是，目前还有一种液限标准：76g 圆锥式液限仪贯入 10mm 所得含水量称为 10mm 液限。

由于该法采用手工操作，人为因素影响较大，故《土工试验方法标准》（GB/T 50123—2019）规定采用碟式液限仪测定法和液限、塑限联合测定法测定界限含水量。

2）碟式液限仪，如图 3.11 所示。美国、日本等国家使用碟式液限仪来测定黏性土的液限。其工作过程是：将调成浓糊状的试样装在碟内，刮平表面，使最厚处为 10mm，用切槽器在土中切成 V 形槽，以 2rad/s 的速度转动摇柄，使碟反复起落，坠击于底座上，连续下落 25 次后，如土槽合拢长度为 13mm，这时试样的含水量就是液限。

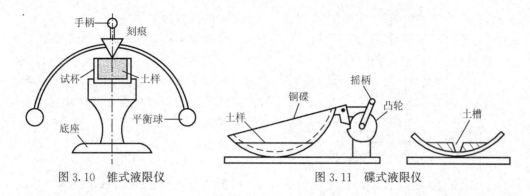

图 3.10   锥式液限仪　　　　　图 3.11   碟式液限仪

（2）塑限 w_p

1）搓滚法（搓条法）。取接近塑限的试样一块，先用手捏成橄榄球形，然后用手掌在毛玻璃板上轻轻滚搓。手掌的压力要均匀地施加在土条上，不得使土条在毛玻璃板上无力滚动。当土条搓成 3mm 直径时，出现裂纹并开始断裂，此时土条的含水量就是塑限。若土条搓至 3mm 直径时仍未出现裂纹和断裂，则表示此时试样的含水量高于塑限；若土条直径大于 3mm 时即断裂，则表示试样的含水量低于塑限。遇此两种情况，均应重取试样进行试验。若土条在任何含水率下始终不能搓至 3mm 直径即开始断裂，则该土无塑性。

搓滚法与碟式液限仪法配套使用。由于搓滚法采用手工操作，人为因素影响较大，故成果不稳定。

2）液限、塑限联合测定法。该方法是根据圆锥仪的圆锥入土深度与其相应的含水量在双对数坐标上具有线性关系的特性来进行的。利用圆锥质量为 76g 的液限、塑限联合测定仪（图 3.12）测得 3 个土试样在不同含水量时的圆锥入土深度，并绘制其关系直线图（图 3.13），在图上查得圆锥下沉深度为 17mm 所对应的含水量即为液限，查得圆锥下沉深度为 10mm 所对应的含水量为 10mm 液限，查得圆锥下沉深度为 2mm 所对应的含水量为塑限。

图 3.12　光电式液限、
塑限联合测定仪

4. 塑性指数 I_p 与液性指数 I_L

（1）塑性指数 I_p

可塑性是黏性土区别于无黏性土的重要特征。可塑性的大小用土处在可塑状态的含水量变化范围——塑性指数来衡量，即

$$I_p = w_L - w_p \tag{3.13}$$

塑性指数习惯上用不带百分号的数值表示。塑性指数越大，则土处在可塑状态的含水量范围越大，土的可塑性愈好。也就是说，塑性指数的大小与土可能吸附的结合水的多少有关，一般土中黏粒含量越高或矿物成分吸水能力越强，则塑性指数越大。《规范》用 I_p 作为黏性土与粉土的定名标准。

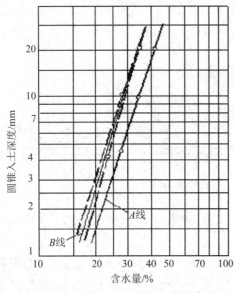

图 3.13　圆锥入土深度与含水量关系

（2）液性指数 I_L

液性指数是指黏性土的天然含水量与塑限的差值和塑性指数之比。它是表示天然含水量与界限含水量相对关系的指标，反映黏性土天然状态的软硬程度，又称相对稠度，其表达式为

$$I_L = \frac{w - w_p}{I_p} = \frac{w - w_p}{w_L - w_p} \qquad (3.14)$$

可塑状态土的液性指数 I_L 在 $0 \sim 1$ 之间，I_L 越大，表示土越软；I_L 大于 1 的土处于流动状态；I_L 小于 0 的土则处于固体状态或半固体状态。建筑工程中将液性指数 I_L 用作确定黏性土承载力的重要指标。

《规范》按 I_L 的大小将黏性土划分为五种软硬状态，见表 3.4。

表 3.4　黏性土软硬状态的划分

液性指数	$I_L \leqslant 0$	$0 < I_L \leqslant 0.25$	$0.25 < I_L \leqslant 0.75$	$0.75 < I_L \leqslant 1.0$	$I_L > 1.0$
状态	坚硬	硬塑	可塑	软塑	流塑

5. 灵敏度 S_t

天然状态的黏性土通常都具有一定的结构性，当受到外来因素的扰动时，其结构被破坏，强度降低，压缩性增大。土的结构性对强度的这种影响通常用灵敏度来衡量。原状土无侧限抗压强度与原状土结构完全破坏的重塑土（含水量与密度不变）的无侧限抗压强度之比称为土的灵敏度 S_t，即

$$S_t = \frac{q_u}{q_u'} \qquad (3.15)$$

式中：q_u——原状土的无侧限抗压强度，kPa；

q_u'——重塑土的无侧限抗压强度，kPa。

根据灵敏度的大小，可将黏性土分为低灵敏（$1 < S_t \leqslant 2$）、中灵敏（$2 < S_t \leqslant 4$）和高灵敏（$S_t > 4$）三类。土体灵敏度越高，其结构性越强，受扰动后强度降低越多，所以在施工时应特别注意保护基槽，尽量减少对土体的扰动（如人为践踏基槽）。

黏性土的结构受到扰动后，强度降低，但静置一段时间，土的强度会逐渐增长，这种性质称为土的触变性。这是由于土粒、离子和水分子体系随时间而逐渐趋于新的平衡状态。例如，在黏性土地基中打桩时，桩周土的结构受到破坏而强度降低，但施工结束后，土的部分强度逐渐恢复，桩的承载力提高。

3.4 土的压缩性指标

3.4.1 基本概念

1. 土的压缩性

土的压缩性是指地基土在压力作用下体积减小的特性。土体积缩小包括两个方面：一是土中水、气从孔隙中排出，使孔隙体积减小；二是土颗粒本身、土中水及封闭在土中的气体被压缩，这部分很小，可以忽略不计。

2. 固结

土的压缩随时间增长的过程称为固结。对于透水性大的无黏性土，其压缩过程在很短时间内就可以完成。透水性小的黏性土，其压缩稳定所需的时间要比砂土长得多。

土体固结时间长短与哪些因素有关？

3.4.2 室内压缩试验与压缩性指标

1. 室内压缩试验

土的室内压缩试验也称固结试验，它是研究土压缩性的常用方法。

室内压缩试验采用的试验装置为压缩仪，也称固结仪，如图 3.14 所示。试验时将切有土样的环刀置于刚性护环中，由于金属环刀及刚性护环的限制，土样在竖向压力作用下只能发生竖向变形，而无侧向变形。在土样上下放置的透水石是土样受压后排出孔隙水的两个界面。压缩过程中竖向压力通过刚性板施加给土样，土样产生的压缩量可通过百分表量测。常规压缩试验通过逐级加荷进行试验，常用的分级加荷量 p 为 50kPa、100kPa、200kPa、400kPa。

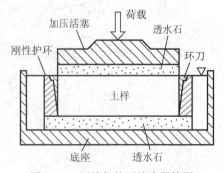

图 3.14 压缩仪的压缩容器简图

根据压缩过程中土样变形与土的三相指标的关系，可以导出试验过程孔隙比 e 与压缩量 Δs 的关系，即

$$e = e_0 - \frac{\Delta s}{H_0}(1 + e_0) \tag{3.16}$$

式中：e_0——土样受压前的初始孔隙比；

H_0——土样初始高度，mm；

Δs——土样压缩量，mm。

这样，根据式（3.16）即可得到各级荷载下对应的孔隙比，从而可绘制出土样压缩试验的 $e\text{-}p$ 曲线及 $e\text{-}\lg p$ 曲线。

2. 压缩性指标

（1）压缩系数 a

通常可将常规压缩试验所得的 e、p 数据采用普通直角坐标绘制成 $e\text{-}p$ 曲线，如图 3.15（a）所示。曲线越陡，则土的压缩性越高。设压力由 p_1 增至 p_2，相应的孔隙比由 e_1 减小到 e_2，当压力变化范围不大时，可将 $M_1 M_2$ 一小段曲线用割线来代替，用割线 $M_1 M_2$ 的斜率来表示土在这一段压力范围的压缩性，即

$$a = \tan\alpha = \frac{\Delta e}{\Delta p} = \frac{e_1 - e_2}{p_2 - p_1} \tag{3.17}$$

式中：a——压缩系数，MPa^{-1}。

由图 3.15（a）可见，压缩系数越大，则在一定压力范围内孔隙比变化越大，土的压缩性越高。但压缩系数为变量，它与所取的起始压力 p_1 以及最终压力 p_2 有关。而在实际工程中地基土所受压力为由土的自重应力 p_1 增加到 p_1 与建筑物附加应力之和的 p_2，为便于应用和比较，《规范》规定，地基土的压缩性可按 $p_1 = 100\mathrm{kPa}$，$p_2 = 200\mathrm{kPa}$ 时相对应的压缩系数 a_{1-2} 划分为低、中、高压缩性，并符合以下规定：

- 当 $a_{1-2} < 0.1\mathrm{MPa}^{-1}$ 时，为低压缩性土。
- 当 $0.1\mathrm{MPa}^{-1} \leqslant a_{1-2} < 0.5\mathrm{MPa}^{-1}$ 时，为中压缩性土。
- 当 $a_{1-2} \geqslant 0.5\mathrm{MPa}^{-1}$ 时，为高压缩性土。

（2）压缩指数 C_c

如采用 $e\text{-}\lg p$ 曲线，如图 3.15（b）所示，可以看到，当压力较大时，$e\text{-}\lg p$ 曲线接近直线。

将 $e\text{-}\lg p$ 曲线直线段的斜率用 C_c 来表示，称为压缩指数，则

$$C_c = \frac{e_1 - e_2}{\lg p_2 - \lg p_1} \tag{3.18}$$

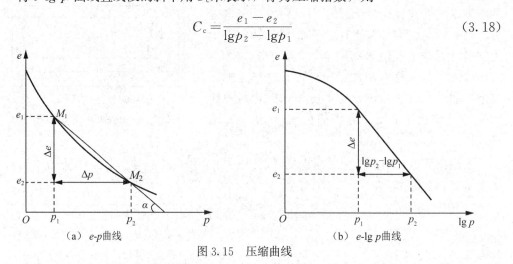

（a）$e\text{-}p$ 曲线　　　　　　（b）$e\text{-}\lg p$ 曲线

图 3.15　压缩曲线

压缩指数 C_c 与压缩系数 a 不同，它在压力较大时为常数，不随压力变化而变化。C_c 值越大，土的压缩性越高。一般认为，$C_c < 0.2$ 时，为低压缩性土；$C_c = 0.2 \sim 0.4$ 时，为中压缩性土；$C_c > 0.4$ 时，为高压缩性土。

讨　论

压缩曲线如何绘制？有何特点？

（3）压缩模量 E_s

根据 $e\text{-}p$ 曲线，可以得到另一个重要的侧限压缩指标——侧限压缩模量，简称压缩模量，用 E_s 来表示，其定义为土在完全侧限条件下竖向应力增量 Δp 与相应的应变增量 $\Delta \epsilon$ 的比值。

压缩模量与压缩系数的关系

压缩系数 a 与压缩模量 E_s 之间的关系为

$$E_s = \frac{\Delta p}{\dfrac{\Delta s}{H_1}} = \frac{\Delta p}{\dfrac{\Delta e}{1+e_1}} = \frac{1+e_1}{a} \qquad (3.19)$$

同压缩系数 a 一样，压缩模量 E_s 也不是常数，而是随着压力大小而变化。因此，在运用到沉降计算中时，比较合理的做法是根据实际竖向应力的大小在压缩曲线上取相应的孔隙比计算这些指标。用压缩模量划分压缩性等级和评价土的压缩性可按表 3.5 的规定。

表 3.5　地基土按 E_s 值划分压缩性等级的规定

室内压缩模量 E_s/MPa	压缩等级	室内压缩模量 E_s/MPa	压缩等级
$E_s \leqslant 2$	特高压缩性	$7.5 < E_s \leqslant 11$	中压缩性
$2 < E_s \leqslant 4$	高压缩性	$11 < E_s \leqslant 15$	中低压缩性
$4 < E_s \leqslant 7.5$	中高压缩性	$E_s > 15$	低压缩性

3.4.3　现场载荷试验及变形模量

室内侧限压缩试验从现场采集土样，存在不同程度的土样扰动问题，软土更是无法提取。另外，试验环境与条件也与现场天然土的状况存在差异。鉴于此，可以采用现场原位测试，包括载荷试验和旁压试验等。以下介绍《规范》中浅层平板载荷试验，它适用于确定浅部地基土层的承载板下应力主要影响范围内岩土承载力和变形模量。

1. 试验装置

试验装置如图 3.16 和图 3.17 所示，一般由加荷稳定装置、反力装置和观测装置三部分组成。加荷稳压装置包括承压板、千斤顶和稳压器等；反力装置常用平台堆载或地锚；观测装置包括指示表及固定支架等。

地锚施工（现场）

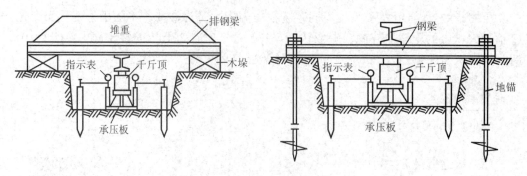

图 3.16　载荷试验装置

图 3.17　载荷试验

2. 试验方法

现场载荷试验方法（视频）

现场载荷试验是在工程现场通过千斤顶逐级对置于地基土上的承压板施加荷载，观测记录沉降随时间的发展以及稳定时的沉降量 s，将上述试验得到的各级荷载与相应的稳定沉降量绘制成 p-s 曲线，即获得了地基土载荷试验的结果。

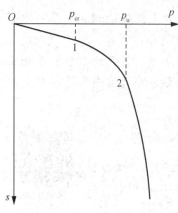

图 3.18　p-s 曲线

根据试验结果可绘制 p-s 曲线，图 3.18 为有明显陡降段的曲线。p-s 曲线通常可分为三个阶段，即直线变形阶段、局部剪切阶段和完全破坏阶段。其中直线变形阶段与局部剪切阶段的界限点 1 处荷载称为比例界限荷载（或称临塑荷载 p_{cr}），局部剪切阶段与完全破坏阶段的界限点 2 处荷载即为极限荷载 p_u（图 3.18）。

3. 变形模量 E_0

土的变形模量是指土体在无侧限条件下的应力与应变的比值，用 E_0 表示，其大小可由载荷试验结果求得。在 p-s 曲线的直线段或接近于直线段任选一压力 p 和它所对应的沉降 s，根据弹性理论计算沉降的公式反求地基的变形模量 E_0（MPa）。

　　4. 变形模量 E_0 与压缩模量 E_s 的关系

　　压缩模量 E_s 是土在完全侧限的条件下得到的，为竖向正应力与相应的正应变的比值。变形模量 E_0 是根据现场载荷试验得到的，它是指土在侧向自由膨胀条件下正应力与相应的正应变的比值。

　　根据三向应力条件下的广义胡克定律，从理论上可以得到压缩模量与变形模量之间的换算关系为

$$E_0 = \beta E_s \tag{3.20}$$

式中：β—— 换算系数，$\beta = 1 - \dfrac{2\mu^2}{1-\mu}$。

　　由于 $0 \leqslant \mu \leqslant 0.5$，因而 $0 \leqslant \beta \leqslant 1$。

　　由于土体不是完全弹性体，加之上述两种试验的影响因素较多，理论关系与实测关系有一定差距。实测资料表明，E_0 与 E_s 的比值并不像理论得到的在 $0 \sim 1$ 之间变化，可能出现 E_0/E_s 超过 1 的情况，且土的结构性越强或压缩性越小，其比值越大。

3.5　土的抗剪强度指标与地基承载力

　　土的抗剪强度是指土体抵抗剪切破坏的极限能力。建筑物地基在外荷载作用下，将产生剪应力和剪切变形。当土体中某点的剪应力达到土的抗剪强度时，土将沿剪应力作用方向产生相对滑动，形成滑动面，该点便发生剪切破坏。随着外荷载的增大，剪切破坏的范围（即塑性变形区）不断扩大，最后在地基中形成连续的滑动面，地基发生整体剪切破坏而丧失稳定性。因此，土的强度问题实质上就是土的抗剪强度问题。

　　工程中涉及土的抗剪强度的问题主要有三类：第一类是土坝、路堤等填方边坡以及天然土坡等的稳定性问题 [图 3.19（a）]；第二类是土压力问题，如挡土墙和地下结构等的周围土体，它的强度破坏将造成对墙体过大的侧向土压力，可能导致这些工程构筑物发生滑动、倾覆等破坏事故 [图 3.19（b）]；第三类是土作为建筑物地基的承载力问题，如果基础下的地基土体产生整体滑动或因局部剪切破坏而导致过大的地基变形，将会造成上部结构的破坏或影响其正常使用功能 [图 3.19（c）]。

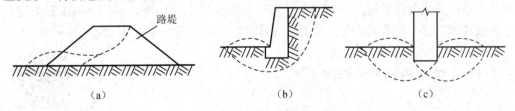

图 3.19　土的抗剪强度问题

3.5.1 库仑定律

1776 年，法国学者库仑（C. A. Coulomb）根据砂土剪切试验，将土的抗剪强度表达为滑动面上法向总应力的函数，即

$$\tau_f = \sigma \tan\varphi \tag{3.21}$$

后来又根据黏性土的试验结果，提出更为普遍的抗剪强度表达公式，即

$$\tau_f = c + \sigma \tan\varphi \tag{3.22}$$

式中：τ_f ——土的抗剪强度，kPa；

σ ——剪切滑动面上的法向总应力，kPa；

c ——土的黏聚力，kPa，对无黏性土，$c=0$；

φ ——土的内摩擦角，(°)。

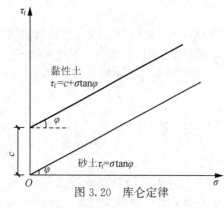

图 3.20 库仑定律

式（3.21）和式（3.22）统称为库仑公式或库仑定律，如图 3.20 所示。它表明土的抗剪强度不是定值，而与剪切滑动面上的法向应力 σ 有关。土的抗剪强度与滑动面上的法向应力成正比，其中 c、φ 称为土的总应力抗剪强度指标。这一基本关系式能满足一般工程的精度要求，是目前研究土的抗剪强度的基本定律。

上述土的抗剪强度表达式中采用的法向应力为总应力 σ，称为总应力表达式。根据有效应力原理，饱和土中某点的总应力 σ 等于有效应力 σ' 和孔隙水压力 u 之和，即 $\sigma = \sigma' + u$，而只有有效应力的变化才能引起强度的变化（有效应力才是引起土体变形、产生强度变化的直接原因。）

若法向应力采用有效应力 σ'，则可以得到如下抗剪强度的有效应力表达式，即

$$\tau_f = c' + \sigma' \tan\varphi' = c' + (\sigma - u)\tan\varphi' \tag{3.23}$$

式中：σ' ——剪切破坏面上的法向有效应力，kPa；

c' ——有效黏聚力，kPa；

φ' ——有效内摩擦角，(°)；

u ——土中的超静孔隙水压力，kPa。

对于同一种土，c'、φ' 接近于常数，与试验方法无关，而 c、φ 则随试验方法、土样排水条件的变化产生较大的差异。但由于孔隙水压力难以准确测定，故工程中往往选择最接近实际条件的试验方法取得总应力强度指标，用于地基强度问题的分析。

3.5.2 土的抗剪强度的构成

由库仑定律可以看出，土的抗剪强度由内摩阻力 $\sigma\tan\varphi$ 和黏聚力 c 两部分构成。

土抗剪强度的
影响因素
（视频）

内摩阻力包括土粒之间的表面摩擦力和由于土粒之间相互嵌入和连锁作用而产生的咬合力，其大小取决于土粒表面的粗糙度、密实度、土颗粒的大小以及颗粒级配等因素。

黏聚力是由于黏性土粒之间的胶结作用和电分子吸引力作用等形成的，其大小与土的矿物组成和压密程度有关。土粒越细，塑性越大，其黏聚力就越大。

3.5.3 莫尔-库仑强度理论

1910 年，莫尔（Mohr）提出材料的破坏是剪切破坏，在破坏面上的剪应力是法向应力的函数，即

$$\tau_f = f(\sigma) \tag{3.24}$$

此函数关系所确定的曲线称为莫尔破坏包线，如图 3.21 所示。理论和实验证明，莫尔理论对土比较适合。实际上，库仑定律是莫尔强度理论的特例。当莫尔包线采用库仑定律表示的直线关系时，即形成了土的莫尔-库仑强度理论。

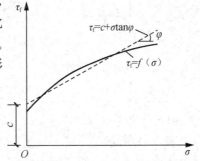

图 3.21 莫尔破坏包线

土的极限平衡
（视频）

3.5.4 土的极限平衡

当土体中任意一点在某一平面上的剪应力等于土的抗剪强度时，该点即处于极限平衡状态。此时，土中大、小主应力与土的抗剪强度指标之间的关系称为土的极限平衡条件。通常需先研究土中任一点的应力状态。

中国科学院院士、土力学专家——沈珠江

沈珠江（1933—2006），长期从事土力学理论及其在工程实践中的应用研究，建立了土体极限分析理论，提出了软土地基稳定分析的有效固结应力法。提出了新的胶结杆元件和一种基于损伤概念的双弹簧模型，建立了新型的实用的土体弹塑性本构模型，建立了非饱和土固结理论的基本框架，还提出建立现代土力学的设想。他晚年以病弱之躯仍坚持向高难度课题挑战，是鞠躬尽瘁、献身科学的楷模。他为中国土力学及岩土工程的理论发展、学术创新作出了卓越贡献。

---

1. 土中任一点的应力状态

为简单起见，以下仅研究平面应变问题。在土体中任取一微单元体，如图 3.22（a）所示。设作用在该单元体上的大、小主应力分别为 σ_1 和 σ_3，在微单元体内与主应力 σ_1 作用平面成任意角 α 的 mn 平面上有正应力 σ 和剪应力 τ。取楔形脱离体 abc 如图 3.22（b）

所示，沿水平和垂直方向根据静力平衡条件建立如下方程组，即

$$\sigma_3 \mathrm{d}s \sin\alpha - \sigma \mathrm{d}s \sin\alpha + \tau \mathrm{d}s \cos\alpha = 0$$

$$\sigma_1 \mathrm{d}s \cos\alpha - \sigma \mathrm{d}s \cos\alpha - \tau \mathrm{d}s \sin\alpha = 0$$

联立求解可得 mn 平面上的应力为

$$\sigma = \frac{1}{2}(\sigma_1 + \sigma_3) + \frac{1}{2}(\sigma_1 - \sigma_3)\cos 2\alpha \tag{3.25}$$

$$\tau = \frac{1}{2}(\sigma_1 - \sigma_3)\sin 2\alpha \tag{3.26}$$

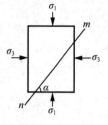 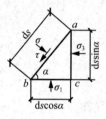 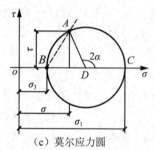

（a）微单元体上的应力　　（b）隔离体上的应力　　（c）莫尔应力圆

图 3.22　土体中任意点的应力

　　由材料力学可知，以上 σ、τ 和 σ_1、σ_3 之间的关系也可以用莫尔应力圆表示，如图 3.22（c）所示，即在 σ-τ 直角坐标系中，按一定的比例尺，沿 σ 轴截取 OB 和 OC 分别表示 σ_3 和 σ_1，以 D 点为圆心，$(\sigma_1 - \sigma_3)$ 为直径作圆，从 DC 开始逆时针旋转 2α 角，得 DA 线。可以证明，A 点的横坐标即为斜面 mn 上的正应力 σ，纵坐标即为斜面 mn 上的剪应力 τ。因此，莫尔应力圆就可以表示土体中一点的应力状态，圆周上各点的坐标表示该点土体相应斜面上的正应力和剪应力，该斜面与大主应力作用面的夹角为 α。

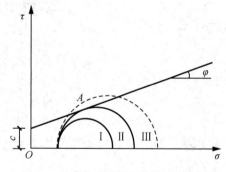

图 3.23　莫尔应力圆与抗剪强度的关系

2. 土的极限平衡条件

　　将抗剪强度包线与莫尔应力圆画在同一坐标图上，观察应力圆与抗剪强度包线之间的位置变化，如图 3.23 所示。随着土中应力状态的改变，应力圆与强度包线之间的位置关系将发生三种变化情况，土中也将出现相应的三种平衡状态：

　　1）整个莫尔应力圆位于抗剪强度包线的下方（圆Ⅰ），表明通过该点的任意平面上的剪应力都小于土的抗剪强度，此时该点处于稳定平衡状态，不会发生剪切破坏。

　　2）莫尔应力圆与抗剪强度包线相切（圆Ⅱ），表明在相切点所代表的平面上，剪应力正好等于土的抗剪强度，此时该点处于极限平衡状态，相应的应力圆称为极限应力圆。

3）莫尔应力圆与抗剪强度包线相割（圆Ⅲ），表明该点某些平面上的剪应力已超过了土的抗剪强度，此时该点已发生剪切破坏。由于此时地基应力将发生重分布，事实上该应力圆所代表的应力状态并不存在。

如图 3.24 所示，黏性土微单元体中 mn 面为破裂面，根据其莫尔应力圆与抗剪强度线相切的几何关系，在直角三角形 ARD 中

$$\sin\varphi = \frac{AD}{RD} = \frac{(\sigma_1 - \sigma_3)/2}{c\cot\varphi + \frac{1}{2}(\sigma_1 + \sigma_3)}$$

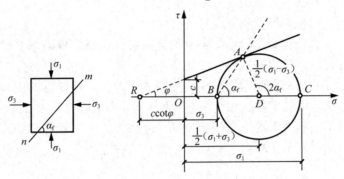

（a）微单元体　　　　（b）极限平衡状态时的莫尔圆

图 3.24　土体中一点达到极限平衡状态时的莫尔圆

利用三角函数整理得黏性土极限平衡条件为

$$\sigma_1 = \sigma_3 \tan^2\left(45° + \frac{1}{2}\varphi\right) + 2c\tan\left(45° + \frac{1}{2}\varphi\right) \tag{3.27}$$

或

$$\sigma_3 = \sigma_1 \tan^2\left(45° - \frac{1}{2}\varphi\right) - 2c\tan\left(45° - \frac{1}{2}\varphi\right) \tag{3.28}$$

对无黏性土，由于 $c = 0$，由式（3.27）、式（3.28）得无黏性土极限平衡条件为

$$\sigma_1 = \sigma_3 \tan^2\left(45° + \frac{1}{2}\varphi\right) \tag{3.29}$$

或

$$\sigma_3 = \sigma_1 \tan^2\left(45° - \frac{1}{2}\varphi\right) \tag{3.30}$$

由三角形 ARD 的内角与外角关系可得

$$2\alpha_f = 90° + \varphi$$

即破裂面与最大主应力 σ_1 作用面的夹角

$$\alpha_f = 45° + \frac{1}{2}\varphi \tag{3.31}$$

土的极限平衡条件同时表明，土体剪切破坏时的破裂面不是发生在最大剪应力 τ_{max} 的作用面 $\alpha = 45°$ 上，而是发生在与大主应力的作用面成 $\alpha = 45° + \varphi/2$ 的平面上。

3.5.5　土的抗剪强度指标的测定

土的抗剪强度指标的测定可采用原状土室内剪切试验、无侧限抗压强度试验、现场剪切试验、十字板剪切试验等方法。

直接剪切试验
剪切破坏标准
（视频）

1. 直接剪切试验

直接剪切试验，简称直剪试验。

（1）直剪试验原理

直接剪切试验是测定土的抗剪强度的最简单的方法。直剪试验所使用的仪器称为直剪仪，按加荷方式的不同，直剪仪可分为应变控制式和应力控制式两种。我国普遍使用的是应变控制式直剪仪，该仪器的主要部件由固定的上盒和活动的下盒组成，试样放在盒内上下两块透水石之间（图 3.25）。试验时，由杠杆系统通过加压活塞和透水石对试样施加某一垂直应力 σ，然后等速推动下盒，使试样在沿上下盒之间的水平接触面上受剪直至破坏，剪应力 τ 的大小可借助与上盒接触的量力环测定。

试验中通常对同一种土取 4 个试样，分别在不同的垂直应力下剪切破坏，可将试验结果绘制成抗剪强度 τ_f 与垂直应力 σ 之间的关系，即如图 3.20 所示的抗剪强度曲线。

土样的抗剪强度可根据一定垂直应力 σ 作用下，试样剪切位移 Δl（上下盒水平相对位移）与剪应力 τ 的关系曲线来确定。对密实砂土、坚硬黏土等，其 τ-Δl 曲线将出现峰值（图 3.26 中曲线 2），可取峰值剪应力作为该级法向应力 σ 下的抗剪强度 τ_f；对松砂、软土等，τ-Δl 曲线一般无峰值出现（图 3.26 中曲线 1），可取剪切位移 $\Delta l = 4\text{mm}$ 时所对应的剪应力作为该级法向应力 σ 下的抗剪强度 τ_f。

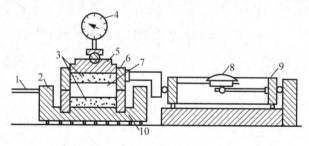

1. 轮轴；2. 底座；3. 透水石；4. 测微表；5. 活塞；
6. 上盒；7. 土样；8. 测微表；9. 量力环；10. 下盒。

图 3.25　应变控制式直接剪切仪

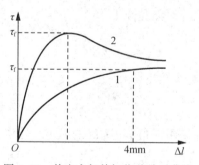

图 3.26　剪应力与剪切位移关系曲线

直接剪切试验
方法的选择
（视频）

（2）直剪试验方法

大量的试验和工程实践都表明，土的抗剪强度与土受力后的排水固结状况有关，故测定抗剪强度指标的试验方法应与现场的施工加荷条件一致。直剪试验由于其仪器构造的局限无法做到任意控制试样的排水条件，为了在直剪试验中能尽量考虑实际工程中存在的不同固结排水条件,通常采用不同加荷速率的试验方法来近似模拟土体在受剪时的不同排水条件,由此产生了三种不同的直剪试验方法,即快剪、固结快剪和慢剪。

快剪:快剪试验是在对试样施加竖向压力后立即以 0.8~1.2mm/min 的剪切速率快速施加水平剪应力,使试样剪切破坏。一般从加荷到土样剪坏只用 3~5min。该方法适用于渗透系数小于 10^{-6} cm/s 的细粒土。

固结快剪:固结快剪是在对试样施加竖向压力后,让试样充分排水固结,待沉降稳定后再以 0.8~1.2mm/min 的剪切速率快速施加水平剪应力,使试样剪切破坏。它适用于渗透系数小于 10^{-6} cm/s 的细粒土。

慢剪:慢剪是在对试样施加竖向压力后,让试样充分排水固结,待沉降稳定后,以小于 0.02mm/min 的剪切速率施加水平剪应力直至试样剪切破坏,使试样在受剪过程中一直充分排水和产生体积变形。

比较三种试验方法得到的黏聚力 c 值和内摩擦角 φ 值的大小。

(3)直剪试验的优缺点

直剪试验具有设备简单,土样制备及试验操作方便等优点,但也存在不少缺点,主要有:

1)剪切面限定在上下盒之间的平面,而不是沿土样最薄弱的面剪切破坏。

2)剪切面上剪应力分布不均匀,土样剪切破坏先从边缘开始,在边缘产生应力集中现象。

3)在剪切过程中,土样剪切面逐渐缩小,而在计算抗剪强度时仍按土样的原截面面积计算。

4)试验时不能严格控制排水条件,并且不能测量孔隙水压力;尤其是对饱和黏性土,其抗剪强度受排水条件影响较大,故试验会产生较大的偏差。

2. 三轴压缩试验

(1)三轴压缩试验仪器

三轴压缩试验所使用的仪器是三轴压缩仪(也称三轴剪切仪),其结构示意图如图 3.27 所示,主要由压力室、轴向加压系统、周围压力系统以及孔隙水压力测量系统组成。

压力室是三轴压缩仪的主要组成部分,它是一个由金属上盖、底座以及透明有机玻璃圆筒组成的密闭容器;轴向加压系统用以对试件施加轴向附加压力,并可控制轴向应变的速率;周围压力系统则通过液体(通常是水)对试样施加周围压力;孔隙水压力量测系统则可在试验时分别测出试样受力后土中排出的水量变化以及土中孔隙水压力的变化。对于试样的竖向变形,则利用置于压力室上方的测微表或位移传感器测读。

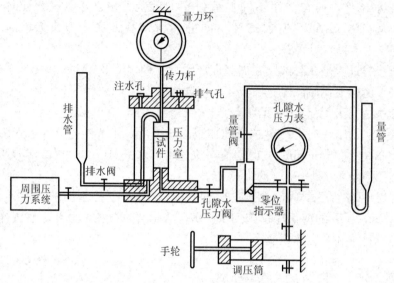

图 3.27　三轴压缩仪结构示意图

（2）三轴压缩试验的过程及基本原理

常规三轴压缩试验一般按如下步骤进行：

第一步　将土样切制成圆柱体并套在橡胶膜内，放在密闭的压力室中，根据试验排水要求启闭有关的阀门开关。

第二步　向压力室内注入气压或液压，使试样承受周围压力 σ_3 作用，并使该周围压力在整个试验过程中保持不变。

第三步　通过活塞杆对试样施加竖向压力（$\sigma_1 - \sigma_3$），随着竖向压力逐渐增大，试样最终因受剪而破坏。

上述试验过程依据试验要求不同而有所变化。

用同一种土样的若干个试件（一般 3～4 个）分别在不同的周围压力 σ_3 下进行试验，可得一组极限应力圆，如图 3.28 中的半圆Ⅰ、半圆Ⅱ和半圆Ⅲ。作出这些极限应力圆的公切线，即为该土样的抗剪强度包线，由此便可求得土样的抗剪强度指标 c、φ 值。

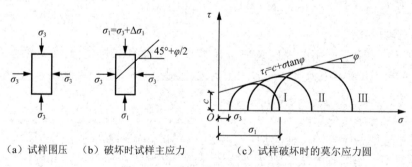

（a）试样围压　（b）破坏时试样主应力　　　　（c）试样破坏时的莫尔应力圆

图 3.28　三轴压缩试验基本原理

（3）三轴压缩试验方法

通过控制土样在周围压力作用下固结条件和剪切时的排水条件，可形成如下三种三轴压缩试验方法：

1）不固结不排水剪（unconsolidated undrained，UU）。试样在施加周围压力和随后施加轴向压应力直至剪坏的整个试验过程中都不允许排水，相当于饱和软黏土中快速加荷时的应力状况。分析土层较厚、渗透性较小、施工速度较快工程的施工期或竣工时，可采用不固结不排水剪的强度指标。

三轴压缩试验
方法的选择
（视频）

2）固结不排水剪（consolidated undrained，CU）。在施加周围压力 σ_3 时，将排水阀门打开，允许试样充分排水，待固结稳定后关闭排水阀门，然后再施加轴向压应力，使试样在不排水的条件下剪切破坏。在剪切过程中，试样没有任何体积变形。若要在受剪过程中量测孔隙水压力，则要打开试样与孔隙水压力量测系统间的管路阀门。其适用的实际工程条件为一般正常固结土层在工程竣工或在使用阶段受到大量、快速的活荷载或新增荷载的作用下所对应的受力情况。

3）固结排水剪（consolidated drained，CD）。在施加周围压力及随后施加轴向压应力直至剪坏的整个试验过程中都将排水阀门打开，并给予充分的时间让试样中的孔隙水压力能够完全消散。其适应的实际工程条件为地基土透水性较好，排水条件良好，以及加荷速率较慢的情况。

（4）三轴压缩试验的优缺点

三轴压缩试验的突出优点是能够控制排水条件以及可以量测土样中孔隙水压力的变化。此外，三轴压缩试验中试样的应力状态也比较明确，剪切破坏时的破裂面在试样的最弱处，而不像直剪试验那样限定在上下盒之间。一般来说，三轴压缩试验的结果还是比较可靠的。三轴压缩试验的主要缺点是试验操作比较复杂，对操作技术要求比较高。另外，常规三轴压缩试验中的试样所受的力是轴对称的，与工程实际中土体的受力情况仍有差异，要满足土样在三向应力条件下进行剪切试验，就必须采用更为复杂的真三轴仪进行试验。

从不同试验方法的试验结果可以看到，同一种土施加的总应力相同而试验方法或者说控制的排水条件不同时，所得的强度指标不相同，故土的抗剪强度与总应力之间没有唯一的对应关系。因此，若采用总应力方法表达土的抗剪强度，则其强度指标应与相应的试验方法（主要是排水条件）相对应。理论上说，土的抗剪强度与有效应力之间具有很好的对应关系，若在试验时量测土样的孔隙水压力，据此算出土中的有效应力，则可以采用与试验方法无关的有效应力指标来表达土的抗剪强度。

讨　论

对室内剪切试验，《规范》为何推荐三轴压缩试验的自重压力下预固结的不固结不排水试验？

3. 无侧限抗压强度试验

无侧限抗压强度试验是三轴压缩试验中周围压力 $\sigma_3 = 0$ 的一种特殊情况，所以又称单轴试验。无侧限抗压强度试验使用无侧限压缩仪，也常使用三轴压缩仪做该项试验。

试验时，在不加任何侧向压力的情况下，对圆柱体试样施加轴向压力，直至试样剪切破坏为止。试样破坏时的轴向压力以 q_u 表示，称为无侧限抗压强度。

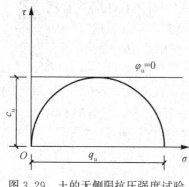

图 3.29　土的无侧限抗压强度试验

由于不能施加周围压力，根据试验结果，只能作一个极限应力圆，难以得到破坏包线，如图 3.29 所示。饱和黏性土的三轴不固结不排水试验结果表明，其破坏包线为一水平线，即土的不排水内摩擦角 $\varphi_u = 0$。因此，对于饱和黏性土的不排水抗剪强度，可利用无侧限抗压强度 q_u 来得到，即

$$\tau_f = c_u = \frac{q_u}{2} \tag{3.32}$$

式中：τ_f——土的不排水抗剪强度，kPa；
　　　c_u——土的不排水黏聚力，kPa；
　　　q_u——无侧限抗压强度，kPa。

无侧限抗压强度试验除了可以测定饱和黏性土的抗剪强度指标外，还可以测定饱和黏性土的灵敏度。

4. 十字板剪切试验

十字板剪切试验是一种土的抗剪强度的原位测试方法，适合在现场测定饱和黏性土的原位不排水抗剪强度，特别适用均匀饱和软黏土。

十字板剪切试验采用的试验设备主要是十字板剪力仪（图 3.30），主要由十字板头、扭力装置和测量装置三部分组成。试验时，先把套管打到拟测试深度以上 75cm，将套管内的土清除，再通过套管将安装在钻杆下的十字板压入土中至测试的深度。加荷则由地面上的扭力装置对钻杆施加扭矩，使埋在土中的十字板扭转，直至土体剪切破坏，形成圆柱面破坏面。

3.5.6　地基的破坏形式

实践表明，建筑地基在荷载作用下往往由于承载力不足而产生剪切破坏，其破坏形式可以分为整体剪切破坏、冲剪破坏和局部剪切破坏三种。

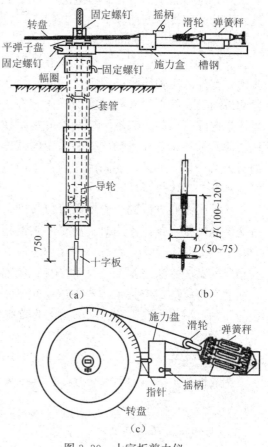

图 3.30　十字板剪力仪

1. 整体剪切破坏

整体剪切破坏的荷载与沉降关系曲线即 p-s 曲线（图 3.31）中的曲线 A，地基破坏过程可分为三个阶段。

（1）压密阶段（或称线弹性变形阶段）

这一阶段，p-s 曲线接近直线（oa 段），土中各点的剪应力均小于土的抗剪强度，土体处于弹性平衡状态，地基的沉降主要是由土的压密变形引起的。相应于 a 点的荷载称为比例界限荷载（临塑荷载），以 p_{cr} 表示。

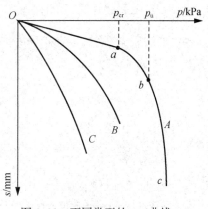

图 3.31　不同类型的 p-s 曲线

（2）剪切阶段（或称弹塑性变形阶段）

这一阶段 p-s 曲线已不再保持线性关系（ab 段），沉降的增长率随荷载的增大而增加，地基土中局部范围内（首先在基础边缘处）的剪应力达到土的抗剪强度，土体发生剪切破坏，这些区域也称塑性区。随着荷载的继续增加，土中塑性区的范围也逐步扩大，直到土中形成连续的滑动面。b 点对应的荷载称为极限荷载，以 p_u 表示。

（3）完全破坏阶段

当荷载超过极限荷载后，土中塑性区范围不断扩展，最后在土中形成连续滑动面，基础急剧下沉或向一侧倾斜，土从基础四周挤出，地面隆起，地基发生整体剪切破坏。通常称为完全破坏阶段。p-s 曲线陡直下降（bc 段）。

2. 冲剪破坏

冲剪破坏一般发生在基础刚度较大且地基土十分软弱的情况下。其 p-s 曲线如图 3.31 中的曲线 C。冲剪破坏的特征是：随着荷载的增加，基础下土层发生压缩变形，基础随之下沉。当荷载继续增加，基础四周的土体发生竖向剪切破坏，基础刺入土中。冲剪破坏时，地基中没有出现明显的连续滑动面，基础四周地面不隆起，而是随基础的刺入微微下沉；伴随有过大的沉降，没有倾斜的发生，p-s 曲线无明显拐点。

3. 局部剪切破坏

局部剪切破坏是介于整体剪切破坏与冲剪破坏之间的一种破坏形式，其破坏过程与整体剪切破坏有类似之处，但 p-s 曲线无明显的三阶段，如图 3.31 中的曲线 B。局部剪切破坏的特征是：p-s 曲线从一开始就呈非线性关系；地基破坏从基础边缘开始，但是滑动面未延伸到地表，而是终止在地基土内部某一位置；基础两侧的土体微微隆起，基础一般不会发生倒塌或倾斜破坏。

地基的三种破坏形式如图 3.32 所示。

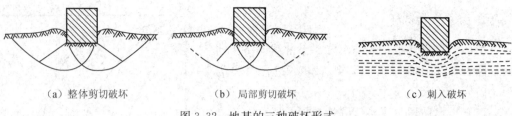

（a）整体剪切破坏　　　　　（b）局部剪切破坏　　　　　（c）刺入破坏

图 3.32　地基的三种破坏形式

重要提示

　　地基的破坏形式主要与土的压缩性有关，一般来说，对于密实砂土和坚硬黏土等低压缩性土会出现整体剪切破坏，而对于压缩性比较大的松砂和软黏土，可能出现局部剪切或冲剪破坏。此外，破坏形式还与基础埋深、加荷速率等因素有关。目前尚无合理的理论作为统一的判别标准。当基础埋深不大、荷载不急剧施加且不会引起土体积的变化时，地基中将趋向于发生整体剪切破坏；若基础埋深较大，加荷速率可以产生土体压缩变形或者是冲击荷载，则可能产生冲剪破坏。当处在两者之间的情况时，可能产生局部剪切破坏。

3.5.7　地基承载力的理论计算

重要说明

　　地基承载力是指地基承受荷载的能力。虽然土的压力-变形曲线是非线性的，但是由于在理论计算中，对于压缩性地基破坏模型和相应的土的力学模型，目前尚不能很好解决，现有的理论公式都是假设土为刚塑性体（即在剪切破坏以前不显示出变形，而在剪切破坏后表现为压力不变条件下的塑性流动），按弹性—塑性平衡问题求解，考虑的都是整体剪切破坏。因此本节所述计算公式，均是在整体剪切破坏的条件下导出的。对于局部剪切和冲剪破坏的情况，目前尚无理论公式可循。

1. 临塑荷载

临塑荷载是地基土中将要出现但尚未出现塑性变形区时的基底压力。

2. 临界荷载

　　工程实践表明，即使地基中存在塑性区的发展，只要塑性区范围不超出某一限度，就不致影响建筑物的安全和正常使用。因此，以 p_{cr} 作为地基土的承载力偏于保守。地基塑性区发展的允许深度与建筑物类型、荷载性质以及土的特性等因素有关，目前尚无统一意见。一般认为，在中心垂直荷载作用下，塑性区的最大发展深度 Z_{max} 可控制在基础宽度的 1/4，即 $Z_{max}=b/4$；而对于偏心荷载作用的基础，可取 $Z_{max}=b/3$，与它们相对应的荷载分别用 $p_{1/4}$、$p_{1/3}$ 表示，称为临界荷载。

　　需要指出，上述 p_{cr}、$p_{1/4}$、$p_{1/3}$ 计算公式，都是在均布条形荷载条件下推得的，应用于矩形基础或圆形基础，其结果偏于安全。另外，公式的推导中采用了弹性理论计算土中应力，对于已出现塑性区的塑性变形阶段，其推导是不够严格的。

　　3. 极限荷载

　　地基的极限荷载是指地基在外荷作用下产生的应力达到极限平衡时的荷载。求解极限荷载的方法很多，分为两类。一类是根据土体的极限平衡理论和已知的边界条件计算出各点达到极限平衡时的应力及滑动方向，求得极限荷载。该法理论严密，但求解复杂，故不常用。另一类是通过模型试验，研究地基的滑动面形状并进行简化，根据滑动土体的静力平衡条件求解极限荷载。后者推导时的假定条件不同，则得到的极限荷载公式就不同。该法应用广泛。

　　极限荷载是地基开始滑动破坏的荷载，因此用作地基承载力特征值时必须以一定的安全度予以折减。安全系数 K 值的大小与上部结构的类型、荷载的性质与组合、建筑物的安全等级、抗剪强度指标的试验方法与取值、是否考虑破坏形态而作折减等有关，通常可取 2～3。

3.5.8　地基承载力的确定

　　地基承载力的确定是地基基础设计中一个非常重要而又复杂的问题，它不仅与土的物理力学性质有关，而且还与基础的类型、底面尺寸与形状、埋深、建筑类型、结构特点以及施工速度等有关。

　　地基承载力特征值是指由载荷试验测定的地基土压力变形曲线线性变形段内规定的变形所对应的压力值，其最大值为比例界限值，实际即为地基承载力的允许值。《规范》规定，地基承载力特征值可由载荷试验或其他原位测试、公式计算并结合工程实践经验等方法综合确定。

　　现场原位测试有载荷试验、静力触探试验、动力触探试验、标准贯入试验、十字板剪切试验、旁压试验等。

　　当地基宽度大于 3m 或埋置深度大于 0.5m 时，通过载荷试验或其他原位测试、经验值等方法确定的地基承载力特征值，尚应按下式修正，即

地基承载力
特征值的修正
（视频）

$$f_a = f_{ak} + \eta_b \gamma (b - 3) + \eta_d \gamma_m (d - 0.5) \qquad (3.33)$$

式中：f_a——修正后的地基承载力特征值，kPa；

　　　　f_{ak}——地基承载力特征值，kPa；

　　　　η_b、η_d——基础宽度和埋深的地基承载力修正系数，按基底下土的类别查表 3.6 取值；

　　　　γ——基础底面以下土的重度，地下水位以下取有效重度；

　　　　b——基础底面宽度，m，当基础底面宽度小于 3m 时按 3m 取值，大于 6m 时按 6m 取值；

　　　　γ_m——基础底面以上土的加权平均重度，位于地下水位以下的土层取有效重度；

d——基础埋置深度，m，宜自室外地面标高算起。在填方整平地区可自填土地面标高算起，但填土在上部结构施工后完成时应从天然地面标高算起。对于地下室，当采用箱形基础或筏基时，基础埋置深度自室外地面标高算起，当采用独立基础或条形基础时应从室内地面标高算起。

表 3.6　承载力修正系数

土的类别		η_b	η_d
淤泥和淤泥质土		0	1.0
人工填土：e 或 I_L 大于或等于 0.85 的黏性土		0	1.0
红黏土	含水比 $\alpha_w > 0.8$	0	1.2
	含水比 $\alpha_w \leqslant 0.8$	0.15	1.4
大面积压实填土	压实系数大于 0.95、黏粒含量 $\rho_c \geqslant 10\%$ 的粉土	0	1.5
	最大干密度大于 2100kg/m³ 的级配砂石	0	2.0
粉土	黏粒含量 $\rho_c \geqslant 10\%$ 的粉土	0.3	1.5
	黏粒含量 $\rho_c < 10\%$ 的粉土	0.5	2.0
e 及 I_L 均小于 0.85 的黏性土		0.3	1.6
粉砂、细砂（不包括很湿与饱和时的稍密状态）		2.0	3.0
中砂、粗砂、砾砂和碎石土		3.0	4.4

注：1) 强风化和全风化的岩石，可参照所风化成的相应土类取值，其他状态下的岩石不修正。

2) 地基承载力特征值按《规范》附录 D 深层平板载荷试验确定时，η_d 取 0。

3) 含水比是指土的天然含水量与液限的比值。

4) 大面积压实填土是指填土宽度大于基础宽度两倍的质量控制严格的填土地基，质量控制不满足要求的填土地基深度修正系数应取 1.0。

3.6　土的渗透性指标与渗流破坏

3.6.1　土的渗透性

1. 土的渗透性概念

地下水通过土颗粒之间的孔隙流动，土体可以被水透过的性质称为土的透水性。它表明水通过孔隙的难易程度。

土的渗透性
（视频）

工程应用：工程设计中，计算地基沉降速率，或地下水位以下施工需计算地下水的涌水量，选择排水措施等均应用渗透性指标。

2. 土的渗透性规律

（1）达西定律

法国工程师达西（H. Darcy）根据砂土渗透试验于 1856 年得到水在土中的渗透定律，即达西定律。达西渗透试验示意如图 3.33 所示。

土的渗透性规律
（视频）

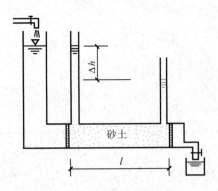

图 3.33　达西渗透试验示意

达西发现水在砂土中渗透的渗流量 q 与试样断面积 A 及水头损失 Δh 成正比，与渗流长度 l 成反比，即

$$\frac{Q}{t} = q = kA\frac{\Delta h}{l} = kAi \tag{3.34}$$

或

$$v = \frac{q}{A} = ki \tag{3.35}$$

式中：Q——渗透水量，cm^3；

　　　t——渗流时间，s；

　　　v——渗透速度，cm/s；

　　　i——水力梯度或称水力坡降，$i = \Delta h/l$；

　　　k——土的渗透系数，cm/s。

土的渗透系数 k 表示单位水力梯度（$i=1$）时的渗透速度，其值大小与土粒的粗细、粒径级配及孔隙比等有关。

式（3.35）表示水的渗透速度与水力梯度成正比，此规律称为达西定律，它是渗透的基本定律。

（2）达西定律的适用范围

在一般情况下，砂土、黏土中的渗透速度很小，其渗流可以看作一种水流流线互相平行的流动——层流，渗流运动规律符合达西定律，渗透速度 v 与水力梯度 i 的关系可在 v-i 坐标系中表示成一条直线，如图 3.34（a）所示。粗颗粒土（如砾、卵石等）的试验结果如图 3.34（b）所示，由于其孔隙很大，当水力梯度较小时流速不大，渗流可认为是层流，v-i 关系呈线性变化，达西定律仍然适用。当水力梯度较大时流速增大，渗流将过渡为不规则的相互混杂的流动形式——紊流，这时 v-i 关系呈非线性变化，达西定律不再适用。

密实黏土的渗透试验表明，它们的渗透存在一个起始水力梯度 i_b，这种土只有在达到起始水力梯度后才能发生渗透。这类土在发生渗透后，其渗透速度仍可近似地用直线表示，即 $v = k(i - i_b)$，如图 3.34（a）中曲线 2 所示。

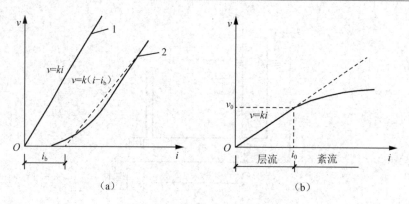

1. 砂土，一般黏土；2. 颗粒极细的黏土。

图 3.34　土的 v-i 关系

需要注意的是，达西定律中，v 不是某个土孔隙中水的渗流速度，而是水流通过的整个断面上的平均渗流速度。

3. 渗流力 G_D

水在土中渗流时，水流与土颗粒之间产生作用力与反作用力，我们把水流作用在单位体积土体中土颗粒上的力称为动水力，即渗流力 G_D（kN/m³），它是水流对土体施加的一种体积力。在工程实践中，如深基坑支护结构设计、防洪堤坝的抢险加固等都要考虑渗流力的影响。

沿地下水流方向取出一个土柱体，如图 3.35 所示，长度为 L，横断面积为 A，则土柱所受的力为：

1）两端点 M_1、M_2 的静水压力 $\gamma_w h_1 A$、$\gamma_w h_2 A$。

2）与土柱同体积水柱的重量 $\gamma_w LA$。

3）土骨架对渗流水的总阻力 TLA（T 为单位体积土对渗流水的阻力，它与渗流力 G_D 大小相等、方向相反）。

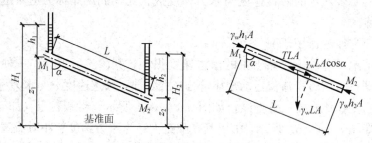

图 3.35　饱和土体动水力计算

在渗流方向，由静力平衡条件得

$$\gamma_w h_1 A - \gamma_w h_2 A + \gamma_w LA\cos\alpha - TLA = 0$$

除以 A，并以 $h_1 = H_1 - z_1$，$h_2 = H_2 - z_2$，$\cos\alpha = (z_1 - z_2)/L$ 代入上式，得

$$T = \gamma_w \frac{H_1 - H_2}{L} = \gamma_w i$$

即

$$G_D = T = \gamma_w i \tag{3.36}$$

式中：γ_w——水的重度，一般为 $9.8\mathrm{kN/m^3}$，近似取 $10\mathrm{kN/m^3}$；

　　　　i——水力梯度。

3.6.2　渗流破坏及防治措施

1. 流土

渗流水流自下而上运动时，渗流力方向与土重力方向相反，土粒间的压力将减小。当渗流力等于或大于土的有效重度 γ'（去除水的浮力后土的重度）时，土粒间压力被抵消，土粒处于悬浮状态而失去稳定，土粒随水流动，这种现象称为流土。流土发生在黏性土和无黏性土土体表面渗流逸出处，而不发生在土体内部。例如，基坑开挖时，从基坑中直接抽水以及堤坝下游处均有可能出现流土。在非黏性土中流土表现为颗粒群的同时运动，如泉眼群、沙沸、土体翻滚等，最终被渗流托起；在黏性土中，表现为土块隆起、膨胀、浮动、断裂等险情。发生流土破坏的土体，其中的土颗粒之间都是相互紧密结合的，相互之间具有较强的约束力，可以承受的水头较大。但是流土破坏的危害性却是最大的。因为流土破坏一旦发生，它是土体的整体破坏，流土通道会迅速向上游或横向延伸，一旦抢险不及时或措施不得当，就有造成土体结构破坏、引发溃堤灾难发生的危险。

如图 3.36 所示，上海轨道交通 4 号线越江隧道施工时，大量流沙涌入隧道，造成隧道部分塌陷，地面沉降，建筑倾斜。

图 3.36　流土引发的事故

流土濒临发生时的水力坡降叫作临界水力坡降 i_{cr}，由流土概念及渗流力计算公式得

$$G_D = \gamma_w i_{cr} = \gamma'$$

即

$$i_{cr} = \frac{\gamma'}{\gamma_w} \tag{3.37}$$

防治流土的关键是控制渗流逸出处的水力坡降，使其小于允许水力坡降。

防治流土的措施主要有：

- 减少或消除坑内外地下水的水头差，如采用井点降水法降低地下水位或采取水下挖掘。
- 增长渗流路径，如基坑边坡打板桩。
- 在向上渗流出口处地表用透水材料覆盖压重，以平衡渗流力。

2. 管涌

当土中渗流的水力坡降小于临界水力坡降时，虽不致诱发流土，但在渗流力作用下，无黏性土中的细颗粒在粗颗粒形成的孔隙中移动，以致流失；随着土的孔隙不断扩大，渗透流速不断增加，较粗的颗粒也相继被水流逐渐带走，最终导致土体中形成贯通的渗流管道，造成土体塌陷，这种现象称为管涌或潜蚀。因此，管涌破坏一般有个时间发展过程，属于渐进性破坏。管涌可能发生在渗流逸出处，也可能发生在土体内部。管涌的发生表明土体内有一部分细颗粒没有紧密接触，甚至是处于自由状态，粗颗粒无法制约细颗粒。管涌破坏不会直接造成土体结构破坏。

管涌发生的条件是：

- **土质条件**　不均匀系数 $C_u > 10$ 的无黏性土。
- **水力条件**（目前研究还不成熟）　与土的结构状态等关系密切，其水力坡降远小于 1。

防治管涌的措施主要有：

- 降低水力坡降，如打板桩。
- 在渗流逸出部位铺设反滤层。

图 3.37 所示为发生在湖南望城湘江大堤最大的管涌。图中的土袋形成围井，用以提高逸出口水位，降低水力坡降；围井中抛填砂卵石以形成反滤层。设置反滤围井要求围井高度以能使冒水不挟带泥沙为宜，在井口安设排水管使渗出清水排走，以防溢流冲塌井壁；围井中反滤层分层铺设，自下而上要求滤料粒径由小至大，如铺填粗砂、碎石、块石。

图 3.37　湘江大堤管涌

某工程基坑管涌
分析与处理
（视频）

九江大堤管涌引发决口

1998年夏，我国江南、华南等地遭受了百年未遇的特大洪涝灾害。在党中央坚强领导下，全国上下众志成城，在中华大地上谱写了一曲威武雄壮的抗洪壮歌，使这场特大自然灾害的损失减少到最小程度，赢得了抗洪救灾的伟大胜利。

在江西九江，市区长江防洪墙4～5号闸口间出现泡泉，突发大管涌，随之塌陷溃决，决口宽度最后发展到62m。在党中央、国务院直接关怀下，经过2万多名战士、水利专家、广大干群团结奋战、顽强拼搏，五天五夜堵口成功。在这场抗洪抢险斗争中形成了"万众一心、众志成城，不怕困难、顽强拼搏，坚韧不拔、敢于胜利"的伟大抗洪精神。

 案例

某工程基坑施工管涌分析与处理

1. 工程概况

某工程基坑宽18.9m，深约18.0m，围护结构采用ϕ1000@750钻孔咬合灌注桩，插入比约为1：0.8。

2. 工程地质和水文地质

地层自上而下分别为杂填土、砂质粉土、砂质粉土夹粉砂、淤泥质粉质黏土、粉质黏土。

场区地下水分布为浅层潜水，主要赋存于上部①层填土和②层粉土、粉砂中，地下水位埋深0.85～3.45m。

3. 管涌情况

管涌点位于基坑南侧11号和12号桩间坑底，涌水前基坑已基本开挖到设计标高，开始进行清底。

管涌造成基坑南侧（距基坑边约20m）1幢三层居民楼向北侧倾斜，围墙出现裂缝，裂缝宽度最大达10cm左右；南侧路面下沉，最大下沉量约50cm；道路地下水管开裂。管涌波及范围：向南最远达44.5m，向东约39.7m，向西约12m。

4. 管涌原因分析

主要原因为咬合桩开叉，根据施工记录，11号、12号桩成孔过程中因套管钻头变形，造成桩垂直度偏差。8m以后两桩之间出现开叉，开挖到坑底后开叉量达15cm左右。根据施工记录和实际开挖情况，基坑开挖到7m后，即提出在桩后施作3根高压旋喷桩，旋喷深度根据经验确定为基底下3m的止水加固方案，如图3.38所示。可通过下式验算基坑底部稳定性，即

$$\frac{i_{cr}}{i} \geqslant k_f$$

式中：k_f——流土稳定性安全系数，安全等级为一级、二级、三级的支护结构，k_f 分别不应小于 1.6、1.5、1.4。

i_{cr}——坑底土体临界水力梯度，$i_{cr} = \dfrac{\gamma'}{\gamma_w} = \dfrac{d_s - 1}{1 + e}$。其中，$d_s$ 为土粒相对密度，根据勘察报告取 2.7；e 为坑底土体天然孔隙比，根据勘察报告取 0.85。

i——坑底土体渗流水力梯度，$i = \dfrac{H}{l}$。

H——基坑内外土体的渗流水头，m，根据现场降水情况取 $H = 14$m。

l——最短渗径流线总长度，m，$l = 0.8H + 2l_d = 0.8 \times 14 + 2 \times 3 = 17.2$m（旋喷桩深入基底下 3m）。

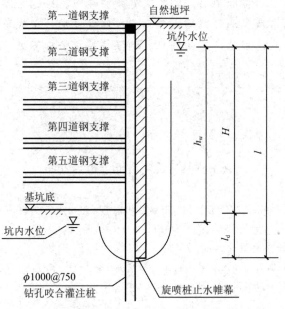

图 3.38 坑底土体渗透计算简图

因此，当旋喷桩深入基坑底下 3m 时，有

$$\frac{i_{cr}}{i} = \frac{0.919}{0.814} = 1.129 < (1.4 \sim 1.6)$$

验算结果表明，咬合桩开叉处旋喷桩止水帷幕的深度没有满足抗渗流稳定性要求（经验算止水帷幕深度应伸入基坑底以下不小于 5m）。显然，咬合桩开叉以及旋喷加固措施不够是发生管涌的主要原因。

5. 处理措施

为防止管涌对周围环境造成大的影响，暂停基坑开挖，采用"支、补、堵、降"等措施，迅速控制了险情。

1）对支撑结构（钢支撑、钢围檩等）进行排查补强，确保围护的整体安全。

2）以渗漏点为中心，在四周堆码土袋墙反压封堵。

3）加强坑内降水措施，降低水头差。

4）基坑南侧道路禁止施工车辆通行。

5）现场持续监测，为进一步采取措施提供依据。

抢补措施完成后，及时采取高压旋喷及注浆的方法，对围护结构渗漏点外侧进行加固。

6. 结语

1）粉土、粉砂地层中基坑围护结构的止水效应对基坑安全和环境保护至关重要，围护体一旦出现涌水、涌砂，波及范围多在 2~4 倍基坑开挖深度，对环境危害极大。

2）制订围护体渗漏点的补强加固方案，需进行抗渗流稳定性验算分析，不能仅凭经验。

3.7 地基土(岩)的基本分类

地基土（岩）根据用途和土（岩）的各种性质的差异将其划分为一定的类别，其意义在于根据分类名称可以大致判断土（岩）的工程特性，评价土（岩）作为建筑材料的适宜性以及结合其他指标来确定地基的承载力等。

地基土（岩）的分类方法很多，我国不同行业根据其用途对土采用各自的分类方法。作为建筑地基的岩土可分成岩石、碎石土、砂土、粉土、黏性土和人工填土六大类。

3.7.1 岩石

1. 定义

岩石是指颗粒间牢固联结，形成整体或具有节理、裂隙的岩体。

2. 分类

1）根据岩石的成因分为岩浆岩、沉积岩和变质岩。

2）根据岩石的坚硬程度划分为坚硬岩、较硬岩、较软岩、软岩和极软岩。

3）根据岩体完整程度划分为完整、较完整、较破碎、破碎和极破碎。不同规范和标准的具体划分标准有所不同。

4）根据风化程度划分为未风化、微风化、中等风化、强风化、全风化和残积土。

3. 工程性质

微风化的硬质岩石为最优良的地基；强风化的软质岩石工程性质差，这类地基的承载力不如一般卵石地基承载力高。

3.7.2 碎石土

1. 定义

碎石土是指粒径大于 2mm 的颗粒含量超过全重 50% 的土。

2. 分类

根据土的粒径级配中各粒组含量和颗粒形状分为漂石、块石、卵石、碎石、圆砾和角砾，见表 3.7。

表 3.7 碎石土的分类

土的名称	颗粒形状	粒组含量
漂石	圆形及亚圆形为主	粒径大于 200mm 的颗粒含量超过全重 50%
块石	棱角形为主	
卵石	圆形及亚圆形为主	粒径大于 20mm 的颗粒含量超过全重 50%
碎石	棱角形为主	
圆砾	圆形及亚圆形为主	粒径大于 2mm 的颗粒含量超过全重 50%
角砾	棱角形为主	

注：分类时应根据粒组含量栏从上到下以最先符合者确定。

3. 工程性质

常见的碎石土强度大，压缩性小，渗透性大，为优良地基。其中，密实碎石土为优等地基；中密碎石土为优良地基；稍密碎石土为良好地基。

3.7.3 砂土

1. 定义

砂土是指粒径大于 2mm 的颗粒含量不超过全重 50%、粒径大于 0.075mm 的颗粒含量超过全重 50% 的土。

2. 分类

砂土根据粒组含量可分为砾砂、粗砂、中砂、细砂和粉砂，见表 3.8。

表 3.8 砂土的分类

土的名称	粒组含量
砾砂	粒径大于 2mm 的颗粒含量占全重 25%～50%
粗砂	粒径大于 0.5mm 的颗粒含量超过全重 50%
中砂	粒径大于 0.25mm 的颗粒含量超过全重 50%
细砂	粒径大于 0.075mm 的颗粒含量超过全重 85%
粉砂	粒径大于 0.075mm 的颗粒含量超过全重 50%

注：分类时应根据粒组含量栏从上到下以最先符合者确定。

3. 工程性质

1）密实与中密状态的砾砂、粗砂、中砂为优良地基；稍密状态的砾砂、粗砂、中砂为良好地基。

2）粉砂与细砂要具体分析：密实状态时为良好地基；饱和疏松状态时为不良地基。

3.7.4　粉土

1. 定义

粉土是指粒径大于 0.075mm 的颗粒含量不超过全重 50%，且塑性指数 $I_p \leqslant 10$ 的土。需要注意的是，这里的塑性指数是由质量为 76g 圆锥体沉入土样中深度为 10mm 时测定的液限计算而得。

2. 分类

粉土的性质介于砂土和黏性土之间，它具有砂土和黏性土的某些特征，不同地区的粉土中砂粒、粉粒、黏粒含量所占比例相差较大，因此工程特性也有所差别，但目前由于经验积累的不同和认识上的差别，尚难确定一个能被普遍接受的划分亚类标准。

3. 工程性质

密实的粉土为良好地基。饱和稍密的粉土，地震时易产生液化。砂粒含量较多的粉土，地震时可能产生液化，类似于砂土的性质。黏粒含量较多（>10%）的粉土不会液化，性质近似于黏性土。

3.7.5　黏性土

1. 定义

黏性土是指塑性指数 $I_p > 10$ 的土。这里的塑性指数仍是由质量为 76g 圆锥体沉入土样中深度为 10mm 时测定的液限计算而得。

2. 分类

根据塑性指数大小，黏性土分为黏土和粉质黏土，当 $10 < I_p \leqslant 17$ 时为粉质黏土，当 $I_p > 17$ 时为黏土。

3. 工程性质

黏性土的工程性质与其含水量的大小密切相关。密实硬塑的黏性土为优良地基；疏松流塑状态的黏性土为软弱地基。

3.7.6　人工填土

1. 定义

人工填土是指由于人类活动而堆积的土，其成分复杂，均质性差。

2. 分类

人工填土根据组成与成因分为素填土、压实填土、杂填土和冲填土四类，如表 3.9 所示。

表 3.9　人工填土按组成物质分类

土的名称	组成物质
素填土	由碎石土、砂土、粉土、黏性土等组成
压实填土	经过压实或夯实的素填土
杂填土	含有建筑物垃圾、工业废料、生活垃圾等杂物
冲填土	由水力冲填泥沙形成

根据人工填土的堆积年代分为老填土和新填土。通常黏性土堆填时间超过 10 年，粉土堆填时间超过 5 年的称为老填土；黏性土堆填时间少于 10 年，粉土堆填时间少于 5 年的称为新填土。

3. 工程性质

通常人工填土的工程性质不良，强度低，压缩性大且不均匀。其中，压实填土相对较好。杂填土因成分复杂，平面与立面分布很不均匀、无规律，工程性质较差。

3.7.7　特殊土

特殊土是指在特定的地理环境下形成的具有特殊性质的土，它的分布一般具有明显的区域性，包括淤泥、淤泥质土、泥炭、泥炭质土、红黏土、湿陷性土、膨胀土、多年冻土等。

1. 淤泥和淤泥质土

在静水或缓慢的流水环境中沉积，并经生物化学作用形成，其天然含水量大于液限（$w > w_L$），天然孔隙比 $e \geqslant 1.5$ 的黏性土为淤泥；天然含水量大于液限（$w > w_L$）而天然孔隙比 $1.0 \leqslant e < 1.5$ 的黏性土或粉土为淤泥质土。

工程性质：压缩性高、强度低、透水性低，为不良地基。

2. 泥炭和泥炭质土

在湖相和沼泽静水、缓慢的流水环境中沉积，经生物化学作用形成，含有大量未分解的腐殖质，有机质含量大于 60% 的土为泥炭，有机质含量大于或等于 10% 且小于或等于 60% 的土为泥炭质土，呈深褐色～黑色，具有含水量高、孔隙比高、天然密度低的特点。

工程性质：压缩性高、不均匀、强度低、透水性低，不应直接作为建筑物的天然地基持力层，应根据地区经验处理。

3. 红黏土和次生红黏土

为碳酸盐岩系的岩石经红土化作用形成的高塑性黏土，其液限 w_L 一般大于 50%。红黏土经再搬运后仍保留其基本特征，其液限 w_L 大于 45% 的土为次生红黏土，以贵州、云南、广西等省区最为典型。

工程性质：强度高、压缩性低，上硬下软，具有明显的收缩性。

4. 湿陷性土

在一定压力下浸水后产生附加沉降，其湿陷系数大于或等于 0.015 的土为湿陷性土。根据上覆土自重压力下是否发生湿陷变形，可划分为自重湿陷性土和非自重湿陷性土。

5. 膨胀土

土中黏粒成分主要由亲水性矿物组成，同时具有显著的吸水膨胀和失水收缩特性，其自由膨胀率大于或等于 40% 的黏性土。

6. 多年冻土

多年冻土是指土的温度等于或低于 0℃、含有固态水且这种状态在自然界连续保持 3 年或 3 年以上的土，当自然条件改变时，产生冻胀、融陷、热融滑塌等特殊不良地质现象及发生物理力学性质的改变。

【例 3.1】 某土样，测定其土粒相对密度 $d_s=2.73$，天然密度 $\rho=2.09\text{g/cm}^3$，含水量 $w=24.2\%$，液限 $w_L=34\%$，塑限为 $w_p=19.8\%$。试确定：土的干密度；土的名称和软硬状态。

解　1）土的干密度。
$$\rho_d = \frac{\rho}{1+w} = \frac{2.09}{1+0.242} = 1.683(\text{g/cm}^3)$$

2）土的塑性指数。
$$I_p = w_L - w_p = 34 - 19.8 = 14.2, \quad 10 < I_p < 17$$
故该土为粉质黏土。

3）土的液性指数。
$$I_L = \frac{w - w_p}{w_L - w_p} = \frac{24.2 - 19.8}{34 - 19.8} = 0.31, \quad 0.25 < I_L < 0.75$$
故该土处于可塑状态。

【例 3.2】 某砂土，标准贯入试验锤击数 $N=28$，土样筛析试验结果如表 3.10 所示，试确定该土的名称和状态。

表 3.10　某砂土土样筛析试验结果

筛孔直径/mm	20	2	0.5	0.25	0.075	<0.075（底盘）	总计
留筛土重/g	0	30	120	160	150	40	500
占全部土重/%	0	6	24	32	30	8	100
大于某筛孔径的土重/%	0	6	30	62	92		

解　按照定名时以粒组含量由大到小最先符合者为准的原则：

粒径大于 0.25mm 的颗粒占全部土重的百分比为 62%，大于 50%。同时，按表 3.8 排列的名称顺序又是第一个适合规定的条件，所以该砂土定名为中砂。

3.8　地基土（岩）的工程分类与性质

3.8.1　土的工程分类

土的工程分类将土分为八类，如表 3.11 所示。

表 3.11　土的工程分类

土的分类	土的级别	土的名称	坚实系数 f	密度/(t/m³)	开挖方法及工具
一类土（松软土）	I	砂土、粉土、冲积砂土层，疏松的种植土、淤泥（泥炭）	0.5～0.6	0.6～1.5	用锹、锄头挖掘，少许用脚蹬
二类土（普通土）	II	粉质黏土，潮湿的黄土，夹有碎石、卵石的砂，粉土混卵（碎）石，种植土、填土	0.6～0.8	1.1～1.6	用锹、锄头挖掘，少许用镐翻松
三类土（坚土）	III	软及中等密实黏土，重粉质黏土、砾石土，干黄土、含有碎石卵石的黄土、粉质黏土，压实的填土	0.8～1.0	1.75～1.9	主要用镐，少许用锹、锄头挖掘，部分用撬棍
四类土（砂砾坚土）	IV	坚硬密实的黏性土或黄土，含碎石卵石的中等密实的黏性土或黄土，粗卵石，天然级配砂石，软泥灰岩	1.0～1.5	1.9	整个先用镐、撬棍，后用锹挖掘，部分用楔子及大锤
五类土（软石）	V～VI	硬质黏土，中密的页岩、泥灰岩、白垩土，胶结不紧的砾岩，软石灰及贝壳石灰石	1.5～4.0	1.1～2.7	用镐或撬棍、大锤挖掘，部分使用爆破方法

续表

土的分类	土的级别	土的名称	坚实系数 f	密度/ (t/m^3)	开挖方法及工具
六类土 (次坚石)	Ⅶ～Ⅸ	泥岩、砂岩、砾岩，坚实的页岩、泥灰岩，密实的石灰岩，风化花岗岩、片麻岩及正长岩	4.0～10.0	2.2～2.9	用爆破方法开挖，部分用风镐
七类土 (坚土)	Ⅹ～ⅩⅢ	大理石，辉绿岩，玢岩，粗、中粒花岗岩，坚实的白云岩、砂岩、砾岩、片麻岩、石灰岩，微风化安山岩，玄武岩	10.0～18.0	2.5～3.1	用爆破方法开挖
八类土 (特坚土)	ⅩⅣ～ⅩⅥ	安山岩，玄武岩，花岗片麻岩，坚实的细粒花岗岩、闪长岩、石英岩、辉长岩、辉绿岩、玢岩、角闪岩	18.0～25.0 以上	2.7～3.3	用爆破方法开挖

注：1) 土的级别相当于一般 16 级土石分类级别。
　　2) 坚实系数 f 相当于普氏岩石强度系数。

3.8.2 土的工程性质

1. 土的可松性

土的可松性为土经挖掘以后组织破坏、体积增加的性质，以后虽然回填压实，仍不能恢复成原来的体积。土的可松性程度一般以可松性系数表示，它是挖填土方时计算土方机械生产率、回填土方量、运输机具数量，进行场地平整规划竖向设计、土方平衡调配的重要参数。土的可松性系数参考值参见《建筑施工手册》中的图表。

2. 土的压缩性

取土回填或者移挖作填，松土经运输、填压以后，均会压缩，一般土的压缩性以土的压缩率表示，土的压缩率参考值参见《建筑施工手册》中的图表。

一般可按填方截面（方数）增加 10%～20% 考虑。

土的压缩率 p（%）亦可用下列公式计算，即

$$土压缩率 \ p = \frac{\rho - \rho_d}{\rho_d} \times 100\% \tag{3.38}$$

式中：ρ——土压实后的干密度，g/m^3；

ρ_d——原状土的干密度，g/m^3。

小　结

本单元主要讨论了土的三相组成与表示土的性质和状态的概念和指标，介绍了地下水的渗流、渗流造成的破坏及防治等基本概念。这些内容是评价土的工程性质、分

析与解决地基基础工程问题时所需的基本知识。

1. 土的组成。

(1) 固体颗粒：颗粒的形状、大小、矿物成分及组成情况是决定土的物理力学性质的主要因素。土的颗粒级配是决定无黏性土工程性质的主要因素，是确定土的名称和选用建筑材料的重要依据。

(2) 土中水：土中水是指存在于土孔隙中的水。土中细粒越多，水对土的性质影响越大。按水与土相互作用程度的强弱，土中水分为在电分子引力下吸附于土粒表面的结合水和存在于土孔隙中土粒表面电场影响范围以外的自由水。当土中含有较多的弱结合水时，土具有一定的可塑性。在工程中，应特别注意毛细水上升对建筑物地下部分的防潮措施、地基土的浸湿以及地基与基础的冻胀的重要影响。

(3) 土中气体：根据存在形式分为与大气连通的气体和不连通的密闭气体两类。

2. 土的物理性质指标。

(1) 通过试验直接测定的指标：土的密度 ρ、土粒相对密度 d_s 和含水量 w。

(2) 间接换算的指标：ρ_d、ρ_{sat}、ρ'、e、n、S_r。

3. 土的物理状态指标。

(1) 无黏性土的密实度。衡量砂土密实度的方法有孔隙比确定法、相对密实度法和《规范》采用的现场标准贯入试验法；衡量碎石土密实度的方法有《规范》采用的适用于卵石、碎石、圆砾、角砾的重型圆锥动力触探锤击法和适用于碎石土的野外鉴别方法。

(2) 黏性土的稠度。

1) 黏性土的界限含水量（液限 w_L、塑限 w_p、缩限 w_s）以及 w_L、w_p 的测定方法。界限含水量均以百分数表示。它对黏性土的分类及工程性质的评价有重要意义。

2) 塑性指数 I_p。《规范》用 I_p 作为黏性土与粉土的定名标准。

3) 液性指数 I_L。反映黏性土天然状态的软硬程度，又称相对稠度。建筑工程中将液性指数 I_L 用作确定黏性土承载力的重要指标。《规范》按 I_L 的大小将黏性土划分为 5 种软硬状态——坚硬、硬塑、可塑、软塑、流塑。

4) 地基土的压缩性指标分为由室内压缩试验得到的 a、E_s、C_c 等指标和通过室外现场原位试验得到的 E_0。

5) 土的抗剪强度理论是研究与计算地基承载力和分析地基承载稳定性的基础。土的抗剪强度可以采用库仑公式表达，土的极限平衡条件是判定土中一点平衡状态的基准。

土的抗剪强度指标 c、φ 值一般通过试验确定，试验条件尤其是排水条件对强度指标将带来很大的影响，故在选择抗剪强度指标时应尽可能符合工程实际的受力条件和排水条件。

6) 地基破坏形式可以分为整体剪切破坏、局部剪切破坏和冲剪破坏三种。当基础宽度大于 3m 或深度大于 0.5m 时，从载荷试验或其他原位测试、经验值等方法确定的地基承载力特征值尚应进行深度和宽度修正。

目前，工程实际中使用的许多承载力指标（如载荷试验指标）已经包含了沉降控制的含义，带有较大的经验性，而《规范》推荐的理论公式（3.41）并未考虑地基变形的要求，应用此公式必须进行地基特征变形的验算。

触探法是确定地基承载力的重要手段，但应用时必须有地区经验，即当地的对比资料。

7）水在土中以层流的方式渗透时符合达西定律。渗流力可能导致流土和管涌破坏，降低水力坡降是防治的关键。

8）地基土的基本分类和工程分类。

粗粒土（粒径大于 0.075mm）按各粒组含量和颗粒形状分类；细粒土（粒径小于 0.075mm）按塑性指数分类。但需注意黏性土的工程性质受土的成因、生成年代的影响很大。工程分类是按土的坚实程度划分的。

练 习 题

3.1 名词解释

1. 土的颗粒级配；2. 土的结构；3. 土的构造；4. 土的密实度；5. 黏性土的稠度；6. 土的压缩性；7. 土的极限平衡；8. 土的抗剪强度；9. 地基的极限荷载；10. 土的渗透性。

3.2 填空题

1. 黏粒含量越多，比表面积越_____，亲水性越_____，可吸附弱结合水的含量越_____，黏土的塑性指数越_____。

2. 土的压缩模量越小，其压缩性越_____；土的压缩系数越小，其压缩性越_____。

3. 黏性土中含有强结合水和弱结合水，其中对黏性土物理性质影响较大的是_____。

4. 采用无侧限抗压强度试验测定土的抗剪强度指标时，只适用于_____土。

5. 渗透力是一种_____。它的大小与_____成正比，作用方向与_____相一致。

6. 依据马克思主义唯物辩证法，_____和_____是影响土抗剪强度的内在因素，_____是影响土抗剪强度的外在因素。

7. 目前地基承载能力计算公式均是在_____破坏条件下导出的。对于_____破坏和_____破坏的情况，目前尚无理论公式可循。这激发我们要遵循党的二十大报告所述，"实施科教兴国战略，强化现代化建设人才支撑"，弘扬科学家精神，创新发展。

3.3 单项选择题

1. 土粒均匀，级配不良的砂土应满足的条件是（　　）（C_u 为不均匀系数，C_c 为曲率系数）。

A. $C_u < 5$　　　　　　　　　　　　B. $C_u > 10$

C. $C_u > 5$ 且 $C_c = 1 \sim 3$　　　　　　D. $C_u > 10$ 且 $C_c = 1 \sim 3$

2. 不能传递静水压力的土中水是（　　）。

A. 毛细水　　　　B. 自由水　　　　C. 重力水　　　　D. 结合水

3. 判别黏性土软硬状态的指标是（　　）。

A. 液限　　　　　B. 塑限　　　　　C. 塑性指数　　　　D. 液性指数

4. 根据《规范》进行土的工程分类，黏土是指（　　）。

A. 粒径小于 0.05mm 的土　　　　　　B. 粒径小于 0.005mm 的土

C. 塑性指数大于 10 的土　　　　　　D. 塑性指数大于 17 的土

5. 产生流砂的充分必要条件是动水力（　　　　）。

A. 方向向上且等于或大于土的有效重度　　B. 等于或大于土的有效重度

C. 方向向上　　　　　　　　　　　　　　D. 方向向下

3.4　判断题

1. 土的饱和度不能大于100%。（　　　）

2. 土的液性指数 I_L 会出现 $I_L > 0$ 或 $I_L < 0$ 的情况。（　　　）

3. 土体中发生剪切破坏的平面是剪应力最大的平面。（　　　）

4. 土孔隙中的水压力对测定土的抗剪强度没任何影响。（　　　）

5. 黏性土容易发生管涌现象。（　　　）

3.5　简答题

1. 土体的压缩系数如何反映土的压缩性质？工程中为什么用 a_{1-2} 判断土的压缩性质？

2. 为什么抗剪强度与试验方法有关？工程上如何选用？

3. 试阐述流土和管涌的物理概念和对建筑工程的影响。防治流土和管涌的措施主要是什么？

4. 《规范》将地基土分为哪几大类？各类土划分的依据是什么？

3.6　计算题

1. 某砂土试样，筛分试验结果如表所示，试确定该砂土的名称。

计算题 1 表

粒径/mm	2.0	1.0	0.5	0.25	0.075	<0.075	总计
留筛土重/g	72	96	120	82	94	36	500

2. 某砂土的颗粒分析结果如表所示，要求：

（1）确定该土样的名称；

（2）如果现场标准贯入试验锤击数 $N = 18$，确定该土的密实度。

计算题 2 表

粒径范围/mm	>2	0.5~0.25	0.25~0.075	<0.075
粒组含量/%	8.6	25.4	33.5	12.4

3. 某土样室内压缩试验成果如表所示，试求土的压缩系数 a_{1-2} 和相应的侧限压缩模量 E_{s1-2}，并评价该土样的压缩性。

计算题 3 表

压应力 p/KPa	50	100	200	300	400
孔隙比	0.701	0.675	0.647	0.622	0.601

4. 某地基土，测得其含水量为24.8%，液限为29.6%，塑限为18.4%，试求塑性指数和液性指数，并确定土的名称，判定土的状态。

单元 4

地基勘察与勘察报告

教学目标

知识目标

1. 知晓岩土工程勘察的阶段划分；了解岩土工程勘察等级的确定依据及划分方法。

2. 了解地基勘察的任务和勘察点布置的有关规定；了解地基勘察方法。

3. 了解地基土的野外鉴别方法和描述内容。

4. 能叙述地基勘察报告书（详勘报告）包括的内容。

能力目标

1. 会阅读并使用地基勘察报告，对地基性质有正确全面的了解。

2. 能正确查找和使用土的物理力学指标。

思政目标

通过对地基勘察内容和方法、勘察报告内容的学习，关注相关规范规定，培养学生遵守法规的意识、诚信的职业操守以及严谨、认真、负责的职业素养；通过勘察报告识读训练，提高学生的自主学习能力、团队意识、协作和沟通表达能力。加强"系统观念"，领悟党的二十大"开辟马克思主义中国化时代化新境界"的精神。

4.1 地基勘察基本概念

4.1.1 岩土工程勘察

岩土工程勘察是根据建设工程的要求，查明、分析、评价建设场地的地质、环境特征和岩土工程条件，编制勘察文件的活动。它具有明确的工程针对性。其中，地质、环境特征和岩土工程条件是勘察工作的对象，主要指岩土的分布和工程特征、地下水的贮存及其变化、不良地质作用和地质灾害等。勘察工作的任务是查明情况、提供数据、分析评价和提出处理建议，以保证工程安全，提高投资效益，促进社会和经济的可持续发展。因此，各项建设工程在设计和施工之前必须按基本建设程序进行岩土工程勘察。

认识中国科学院院士、地质学家——李四光

李四光（1889—1971），中国地质力学的创立者、中国现代地球科学和地质工作的主要领导人和奠基人之一，李四光创立了地质力学，并为中国石油工业的发展作出了重要贡献。早年对蜓科化石及其地层分层意义有精湛的研究，提出了中国东部第四纪冰川的存在，建立了新的边缘学科"地质力学"和"构造体系"概念，创建了地质力学学派；提出新华夏构造体系三个沉降带有广阔找油远景的认识，开创了活动构造研究与地应力观测相结合的预报地震途径。

4.1.2　岩土工程勘察阶段的划分

场地是指工程建筑所处的和直接使用的土地，而地基则是指场地范围内直接承托建筑物基础的岩土体。

建筑物的岩土工程勘察宜分阶段进行，一般划分为：

- **可行性研究勘察**（或称选择场址勘察）　应符合选择场址方案的要求，对拟建场地的稳定性或适宜性作出评价。
- **初步勘察**　应符合初步设计的要求，对场地内拟建建筑地段的稳定性作出评价。
- **详细勘察**　应符合施工图设计的要求，对建筑地基作出岩土工程评价。
- **施工勘察**　施工勘察不作为一个固定阶段，视工程的实际情况而定，对场地条件复杂或有特殊要求的工程，宜进行施工勘察。所谓有特殊要求的工程，是指有特殊意义的，一旦损坏将造成生命财产重大损失，或产生重大社会影响的工程。施工勘察包括施工阶段的勘察和竣工后一些必要的勘察（如检验地基加固效果等）。如果地基基础经过检验（天然地基的基坑或基槽开挖后验槽，桩基工程试钻或试打），所揭示的岩土条件与勘察资料不符或发现必须查明的异常情况时，应进行施工勘察。

《建筑地基基础工程施工质量验收标准》（GB 50202—2018）规定，遇到下列情况之一时，应进行专门的施工勘察：

- 工程地质与水文地质条件复杂，出现详勘阶段难以查清的问题时。
- 开挖基槽发现土质、地层结构与勘察资料不符时。
- 施工中地基土受严重扰动，天然承载力减弱，需进一步查明其性状及工程性质时。
- 开挖后发现需要增加地基处理或改变基础形式，已有勘察资料不能满足要求时。
- 施工中出现新的岩土工程或工程地质问题时，已有勘察资料不能判别新情况时。

大型边坡的专门性勘察中，施工勘察应配合施工开挖进行地质编录，核对、补充前阶段的勘察资料，必要时进行施工安全预报，提出修改设计的建议。

　　场地较小且无特殊要求的工程可合并不同的勘察阶段。当建筑物平面布置已经确定，且场地或其附近已有岩土工程资料时，可根据实际情况直接进行详细勘察。

讨　论

　　详细勘察和施工勘察分别在什么阶段进行？

　　各勘察阶段的任务、要求、勘察方法以至具体细则，如勘探线、勘探点的布置，勘探孔的深度，取样数量等详见《岩土工程勘察规范》(GB 50021—2001)(2009 年版)。

4.1.3　岩土工程勘察等级

　　工程建设项目的岩土工程勘察任务、工作内容、勘察方法、工作量的大小等取决于工程的技术要求和规模、工程的重要性、建筑场地和地基的复杂程度等因素。

　　1）根据工程的规模和特征，以及由于岩土工程问题造成的工程破坏或影响正常使用的后果，可分为三个工程重要性等级：

- 一级工程　重要工程，后果很严重。
- 二级工程　一般工程，后果严重。
- 三级工程　次要工程，后果不严重。

　　2）根据场地的复杂程度，可分为三个场地等级：

- 一级场地（复杂场地）。
- 二级场地（中等复杂场地）。
- 三级场地（简单场地）。

　　3）根据地基的复杂程度，可分为三个地基等级：

- 一级地基（复杂地基）。
- 二级地基（中等复杂地基）。
- 三级地基（简单地基）。

　　4）《岩土工程勘察规范》(GB 50021—2001)(2009 年版) 根据工程重要性等级、场地复杂程度等级和地基复杂程度等级，按下列条件划分岩土工程勘察等级：

- **甲级**　在工程重要性、场地复杂程度和地基复杂程度等级中，有一项或多项为一级的项目。
- **乙级**　除勘察等级为甲级和丙级以外的勘察项目。
- **丙级**　工程重要性、场地复杂程度和地基复杂程度等级均为三级的项目。

　　另外，建筑在岩质地基上的一级工程，当场地复杂程度等级和地基复杂程度等级均为三级时，岩土工程勘察等级可定为乙级。

4.1.4　地基勘察

　　本单元所述地基勘察主要是指建筑总平面确定后的施工图设计阶段的勘察，也就是详细勘察，即把勘察工作的主要对象缩小到具体建筑物的地基范围内。由于场地和地基是不可分割的，本单元也涉及场地勘察的内容。

4.2　地基勘察的任务与方法

4.2.1　地基勘察的任务

1. 地基勘察的基本要求

《岩土工程勘察规范》（GB 50021—2001）（2009 年版）以**强制性条文**的方式规定如下：详细勘察应按单体建筑物或建筑群提出详细的岩土工程资料和设计、施工所需的岩土参数；对建筑地基作出岩土工程评价，并对地基类型、基础形式、地基处理、基坑支护、工程降水和不良地质作用的防治等提出建议。主要应进行下列工作：

1）搜集附有坐标和地形的建筑总平面图，场区的地面整平标高，建筑物的性质、规模、荷载、结构特点，基础形式、埋置深度，地基允许变形等资料。

2）查明不良地质作用的类型、成因、分布范围、发展趋势和危害程度，提出整治方案的建议。

3）查明建筑范围内岩土层的类型、深度、分布、工程特性，分析和评价地基的稳定性、均匀性和承载力。

4）对需进行沉降计算的建筑物，提供地基变形计算参数，预测建筑物的变形特征。

5）查明埋藏的河道、沟浜、墓穴、防空洞、孤石等对工程不利的埋藏物。

6）查明地下水的埋藏条件，提供地下水位及其变化幅度。

7）在季节性冻土地区，提供场地土的标准冻结深度。

8）判定水和土对建筑材料的腐蚀性。

除上述强制性条文外，对抗震设防区、建筑物采用桩基础、基坑工程，《岩土工程勘察规范》（GB 50021—2001）（2009 年版）对勘察工作另有规定。

详细勘察应论证地下水在施工期间对工程和环境的影响。对情况复杂的重要工程，需论证使用期间水位变化和需提出抗浮设防水位时，应进行专门研究。

2. 基坑工程勘察的要求

目前，基坑工程的勘察很少单独进行，大多是与地基勘察一并完成的，但由于有些勘察人员对基坑工程的特点和要求不是很了解，因而提供的勘察成果不一定能满足基坑支护设计的要求。例如，采用桩基的建筑地基勘察往往对持力层、下卧层研究较仔细，而忽略浅部土层的划分和取样试验；侧重于针对地基的承载性能提供土质参数，而忽略支护设计所需要的参数；只在规定的建筑物轮廓线以内进行勘探工作，而忽略对周边环境的调查了解等。由于深基坑开挖属于施工阶段的工作，故一般设计人员提供的勘察任务委托书可能不会涉及这方面的内容。本节内容主要适用于土质基坑。对岩质基坑，应根据场地的地质构造、岩体特征、风化情况、基坑开挖深度等，按当地标准或当地经验进行勘察。

（1）勘察阶段

需进行基坑设计的工程，勘察时应包括基坑工程勘察的内容。可分阶段进行，一般分为初步勘察阶段、详细勘察阶段和施工勘察阶段。

（2）勘察要求

在初步勘察阶段，应根据岩土工程条件，初步判定开挖可能出现的问题和需要采取的支护措施；在详细勘察阶段，应针对基坑工程设计的要求进行勘察；在施工阶段，必要时尚应进行补充勘察。

1）工程地质勘察。

① 在受基坑开挖影响和可能设置支护结构的范围内，应查明岩土分布，分层提供支护设计所需的抗剪强度指标。土的抗剪强度试验方法应与基坑工程设计要求一致，符合设计采用的标准，并应在勘察报告中说明。

② 周边环境调查。环境保护是深基坑工程的重要任务之一，在建筑物密集、交通流量大的城区尤其如此。由于对周边建（构）筑物和地下管线情况不了解，盲目开挖造成损失的事例很多，有的后果十分严重。因此，基坑工程勘察应进行环境状况的调查，查明邻近建筑物和地下设施的现状、结构特点以及对开挖变形的承受能力（对地面建筑物可通过观察访问和查阅档案资料进行了解，对地下管线可通过地面标志、档案资料进行了解）。在城市地下管网密集分布区，可通过地理信息系统或其他档案资料了解管线的类别、平面位置、埋深和规模。如确实搜集不到资料，必要时应采取开挖、地球物理勘探、专用仪器或其他有效方法进行地下管线探测。

基坑周边环境调查的范围应符合下列要求：应调查基坑周边 2 倍开挖深度范围内建（构）筑物及设施的状况，当附近有轨道交通设施、隧道、防汛墙等重要建（构）筑物及设施时，或降水深度较大时应扩大调查范围。

基坑周边环境
调查规定
（视频）

2）水文地质勘察。《岩土工程勘察规范》(GB 50021—2001)(2009 年版)以**强制性条文**的方式规定：当场地水文地质条件复杂，在基坑开挖过程中需要对地下水进行控制（降水或隔渗），且已有材料不能满足要求时，应进行专门的水文地质勘察。

深基坑工程的水文地质勘察工作不同于供水水文地质勘察，其目的包括两个方面：一是满足降水设计（包括降水井的布置和井管设计）需要；二是满足对环境影响评估的需要。前者按通常的供水水文地质勘察工作的方法即可满足要求，而后者因涉及的问题很多，要求更高。当基坑开挖可能产生流沙、流土、管涌等渗透性破坏时，应有针对性地进行勘察，分析评价其产生的可能性及对工程的影响。当基坑开挖过程中有渗流时，地下水的渗流作用宜通过渗流计算确定。

应查明场区水文地质资料及与降水有关的参数，并应包括下列内容：

· 地下水的类型、地下水位高程及变化幅度。

· 各含水层的水力联系、补给、径流条件及土层的渗透系数。

- 分析流沙、管涌产生的可能性。
- 提出施工降水或隔水措施以及评估地下水位变化对场区环境造成的影响。

4.2.2　勘探点的布置

1. 勘探点的间距

对土质地基，勘探点的间距可按表 4.1 确定。

表 4.1　勘探点的间距

地基复杂程度等级	勘探点的间距/m
一级（复杂）	10～15
二级（中等复杂）	15～30
三级（简单）	30～50

2. 勘探点布置应符合的规定

详细勘察的勘探点布置应符合下列规定：

1）勘探点宜按建筑物周边线和角点布置，对无特殊要求的其他建筑物可按建筑物或建筑群的范围布置。

2）同一建筑范围内的主要受力层或有影响的下卧层起伏较大时，应加密勘探点，查明其变化。

3）重大设备基础应单独布置勘探点；重大的动力机器基础和高耸构筑物，勘探点不宜少于 3 个。

4）勘探手段宜采用钻探与触探相配合，在复杂地质条件、湿陷性土、膨胀岩土、风化岩和残积土地区，宜布置适量探井。

对基坑工程，其勘察范围应根据场地条件和设计要求确定。勘察的平面范围宜超出开挖边界外开挖深度的 2～3 倍。在深厚软土区，勘察范围尚应适当扩大。在开挖边界外，勘探点布置和勘察深度可能会遇到困难，勘察手段以调查研究、收集已有资料为主，但对于复杂场地和斜坡场地，由于稳定性分析的需要或布置锚杆的需要，必须有实测地质剖面，故应布置适量的勘探点。

基坑工程的勘探点应沿基坑边布置，其间距宜取 15～25m；当场地存在软弱土层、暗沟或岩溶等复杂地质条件时，应加密勘探点并查明其分布情况和工程特性。

3. 勘探孔深度的规定

对基坑工程，勘察深度应根据场地条件和设计要求确定，满足基坑支护稳定性验算、降水或止水帷幕设计的要求。一般土质条件下，悬臂桩墙的嵌入深度大致为基坑开挖深度的 2 倍，因此勘察深度宜为开挖深度的 2～3 倍，在此深度内遇到坚硬黏性土、碎石土和岩层，可根据岩土类别和支护设计要求减小深度，在深厚软土区，勘察深度尚应适当扩大。基坑面以下存在软弱土层或承压水含水层时，勘探孔深度应穿过软弱土层或承压水含水层。

4.2.3 地基勘察的方法

岩土工程勘察中，可采取的勘察方法有工程地质测绘与调查、勘探、室内试验与原位测试等。《规范》对不同地基基础设计等级建筑物的地基勘察方法、测试内容提出了不同的要求：设计等级为甲级的建筑物应提供载荷试验指标、抗剪强度指标、变形参数指标和触探资料；设计等级为乙级的建筑物应提供抗剪强度指标、变形参数指标和触探资料；设计等级为丙级的建筑物应提供触探及必要的钻探和土工试验资料。

1. 工程地质测绘与调查

工程地质测绘与调查的目的是通过对场地的地形地貌、地层岩性、地质构造、地下水与地表水、不良地质现象等进行调查研究与必要的测绘工作，为评价场地工程条件及合理确定勘探工作提供依据。对建筑场地的稳定性和适宜性进行研究是工程地质测绘与调查的重点问题。

工程地质测绘与调查宜在可行性研究或初步勘察阶段进行。在可行性研究阶段收集的资料，宜包括航空照片、卫星相片的解译结果。在详细勘察阶段可对某些专门地质问题（如滑坡、断裂等）做必要的补充调查。

2. 勘探

勘探是查明岩土的性质和分布的必要手段，采取岩土试样测验或进行原位测试时，常用的勘探方法有钻探、井探、槽探、洞探和地球物理勘探等。勘探方法的选取应符合勘察目的和岩土的特性，为达到理想的技术经济效果，宜将多种勘探手段配合使用，如钻探加触探、钻探加地球物理勘探等。

钻探是用钻机在地层中钻孔，以鉴别和划分地层，观测地下水位，并可沿孔深取样，用以测定岩石和土层的物理力学性质。此外，调查土的某些性质时也可直接在孔内进行原位测试。

钻探方法一般分回转式、冲击式、振动式和冲洗式四种。回转式是利用钻机的回转器带动钻具旋转，磨削孔底地层而钻进的方法，通常使用管状钻具获取柱状岩芯标本，如图 4.1 所示；冲击式是利用钻具的重力和向下冲击力，使钻头击碎孔底地层形成钻孔后，以抽筒提取岩石碎块或扰动土样的方法；振动式是将振动器高速振动所产生的振动力，通过连接杆及钻具传到圆筒形钻头周围土中，使钻头依靠钻具和振动器的重量进入土层的钻探方法；冲洗式则是在回转钻进和冲击钻进的过程中使用了冲洗液的方法。《岩土工程勘察规范》（GB 50021—2001）（2009 年版）根据岩土类别和勘察要求，给出了各种钻探方法的适用范围。

另外，对浅部土层的勘探可采用人力钻，如小口径麻花钻（或提土钻）、小口径勺形钻、洛阳铲。

回转钻机钻探
（现场）

图 4.1　回转式钻机

钻探成果可用钻孔野外柱状图或分层记录表示；岩芯样品可根据工程要求保存一定期限或长期保存，也可拍摄岩芯、土芯彩照纳入勘察成果资料。

3. 室内试验与原位测试

在土工实验室或现场原位进行测试工作，可以取得土和岩石的物理力学性质和地下水的水质等定量指标。

室内试验项目应根据岩土类别、工程类型、工程分析计算要求确定。例如，对黏性土、粉土一般应进行天然密度、天然含水量、土粒相对密度、液限、塑限、压缩系数及抗剪强度（采用三轴仪或直剪仪）试验。

原位测试包括触探试验、旁压试验、静载荷十字板剪切试验、土的现场直接剪切试验、地基土的动参数测定等，有时还要进行地下水位变化和抽水试验等测试工作。一般来说，原位测试能在现场条件下直接测定土的性质，避免试样在取样、运输以及室内试验操作过程中被扰动后导致测定结果的失真，因而其结果较为可靠。

触探是通过探杆用静力或动力将金属探头贯入土层，并量测能表征土对触探头贯入的阻抗能力的指标，从而间接地判断土层及其性质的一类勘探方法和原位测试技术。作为勘探手段，触探可用于划分土层，了解地层的均匀性，但应与钻探等其他勘探方法配合使用，以取得良好的效果；作为测试技术，则可估计地基承载力和土的变形指标。

触探分为静力触探和动力触探。

静力触探试验
（CPT）液压式
（现场）

1）静力触探。静力触探试验是用静力匀速将标准规格的探头压入土中，利用电测技术同时量测探头阻力，测定土的力学特性，具有勘探和测试双重功能，适用于软土、一般黏性土、粉土、砂土和含少量碎石的土。

　　静力触探设备的核心部分是触探头。探头按结构分为单桥探头、双桥探头或带孔隙水压力量测的单、双桥探头。触探杆将探头匀速贯入土层时，探头通过安装在其上的电阻应变片可以测定土层作用于探头的锥尖阻力和侧壁阻力。

　　单桥探头所测到的是包括锥尖阻力和侧壁阻力在内的总贯入阻力 Q（kN）。通常用比贯入阻力 p_s（kPa）表示，即

$$p_s = \frac{Q}{A} \qquad (4.1)$$

静力触探试验
（手摇链式）
（现场）

式中：A——探头截面面积，m^2。

　　双桥探头则可同时分别测出锥尖总阻力 Q_c（kN）和侧壁总摩阻力 Q_s（kN）。通常以锥尖阻力 p_c（kPa）和侧壁摩阻力 f_s（kPa）表示，即

$$p_c = \frac{Q_c}{A} \qquad (4.2)$$

$$f_s = \frac{Q_s}{S} \qquad (4.3)$$

式中：S——锥头侧壁摩擦筒的表面积，m^2。

　　根据锥尖阻力 q_c 和侧壁摩阻力 f_s 可计算同一深度处的摩阻比 R_f，即

$$R_f = \frac{f_s}{p_c} \times 100\% \qquad (4.4)$$

　　根据静力触探试验资料，可绘制深度（z）与各种阻力的关系曲线（贯入曲线），包括 p_s-z 曲线、p_c-z 曲线、f_s-z 曲线、R_f-z 曲线。根据贯入曲线的线型特征，结合相邻钻孔资料和地区经验，可划分土层和判定土类；计算各土层静力触探有关试验数据的平均值，或对数据进行统计分析，提供静力触探数据的空间变化规律。另外，根据静力触探资料，利用地区经验，还可进行力学分层，估算土的塑性状态或密实度、强度、压缩性、地基承载力、单桩承载力、沉桩阻力，进行液化判别等。

　　2）动力触探。动力触探是将一定质量的穿心锤以一定高度自由下落，将探头贯入土中，然后记录贯入一定深度的锤击次数，以此判别土的性质。动力触探设备主要由触探头、触探杆和穿心锤三部分组成。根据探头的形式不同，动力触探试验分为标准贯入试验和圆锥动力触探试验两种类型。

　　• **标准贯入试验**　标准贯入试验应与钻探工作相配合。其设备的组成形式是在钻机的钻杆下端连接标准贯入器，将质量为 63.5kg 的穿心锤套在钻杆上端，如图 4.2、图 4.3 所示。试验时，穿心锤以 76cm 的落距自由下落，将贯入器垂直打入土层中 15cm（此时不计锤击数），随后打入土层 30cm 时的锤击数，即标准贯入试验锤击数 N。当锤击数已达 50 击，而贯入深度未达 30cm 时，可记录 50 击的实际贯入深度，按下式换算成相当于 30cm 的标准贯入试验锤击数 N，并终止试验。

图 4.2　标准贯入试验

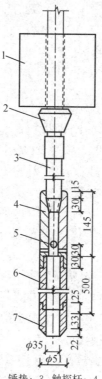

1. 穿心锤；2. 锤垫；3. 触探杆；4. 贯入器头；
5. 出水孔；6. 由两半圆形管合成的贯入器身；
7. 贯入器靴。

图 4.3　标准贯入试验设备（单位：mm）

标准贯入试验
（现场）

$$N = 30 \times \frac{50}{\Delta S} \tag{4.5}$$

式中：ΔS——50 击时的贯入度，cm。

　　试验后拔出贯入器，取出其中的土样进行鉴别描述。根据标准贯入试验锤击数 N，可对砂土、粉土和一般黏性土的物理状态、土的强度、变形参数、地基承载力、单桩承载力、成桩的可能性等作出评价。在《建筑抗震设计规范》(GB 50011—2010)(2016年版)中，以 N 作为判定砂土和粉土是否可液化的主要方法。标准贯入试验不适用于软塑至流塑软土。

- **圆锥动力触探试验**　依据锤击能量的不同分为轻型、重型和超重型三种，其规格和适用土类见表 4.2。其中轻型圆锥动力触探也称轻便触探，其设备如图 4.4 所示。

表 4.2　圆锥动力触探类型

参数		试验数据		
		轻型触探	重型触探	超重型触探
落锤	锤的质量/kg	10	63.5	120
	落距/cm	50	76	100
探头	直径/mm	40	74	74
	锥角/ (°)	60	60	60
探杆直径/mm		25	42	50～60
指标		贯入 30cm 的读数 N_{10}	贯入 10cm 的读数 $N_{63.5}$	贯入 10cm 的读数 N_{120}
主要适用岩土		浅部的填土、砂土、粉土、黏性土	砂土、中密以下的碎石土、极软岩	密实和很密的碎石土、软岩、极软岩

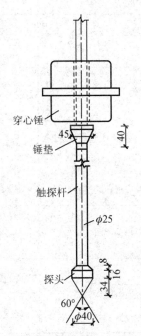

图 4.4　轻便触探试验设备（单位：mm）

根据圆锥动力触探试验指标和地区经验，可进行力学分层，评定土的均匀性和物理性质（状态、密实度），土的强度，变形参数，地基承载力，单桩承载力；查明土洞、滑动面、软硬土层界面；检测地基处理效果等。

比较一下标准贯入试验和轻型圆锥动力触探试验的异同。

4.2.4　地基土的野外鉴别与描述

1. 地基土野外鉴别

野外鉴别地基土无仪器设备，主要凭感觉和经验。对碎石土和砂土，主要以日常熟悉的食品如绿豆、小米、砂糖、玉米面的颗粒作为标准，进行对比鉴别，参见表4.3。对黏性土与粉土，主要根据手搓滑腻感或砂粒感等感觉，加以区分和鉴别，见表4.4。新近沉积黏性土的野外鉴别方法参见表4.5。

表4.3　碎石土与砂土的野外鉴别

类别	土的名称	观察颗粒粗细	干土状态	湿土状态	湿润时用手拍击
碎石土	卵石（碎石）	一半以上（指重量，下同）颗粒接近或超过干枣大小（约20mm）	完全分散	无黏着感	表面无变化
	圆砾（角砾）	一半以上颗粒接近或超过绿豆大小（约2mm）	完全分散	无黏着感	表面无变化
砂土	砾砂	1/4以上颗粒接近或超过绿豆大小	完全分散	无黏着感	表面无变化
	粗砂	一半以上颗粒接近或超过小米粒大小	完全分散	无黏着感	表面无变化
	中砂	一半以上颗粒接近或超过砂糖	基本分散	无黏着感	表面偶有水印
	细砂	颗粒粗细类似粗玉米面	基本分散	偶有轻微黏着感	接近饱和时表面有水印
	粉砂	颗粒粗细类似细白糖	颗粒部分分散，部分轻微胶结	偶有轻微黏着感	接近饱和时表面翻浆

表 4.4　黏性土与粉土的野外鉴别

土的名称	湿润时用刀切	湿土用手捻摸时的感觉	土的状态		湿土搓条情况
			干土	湿土	
黏土	切面光滑，有黏刀阻力	有滑腻感，感觉不到有砂粒，水分较大，很黏手	土块坚硬，用锤才能打碎	易黏着物体，干燥后不易剥去	塑性大，能搓成直径小于 0.5mm 的长条（长度不短于手掌），手持一端不易断裂
粉质黏土	稍有光滑面，切面平整	稍有滑腻感，有黏滞感，感觉到有少量砂粒	土块用力可压碎	能黏着物体，干燥后较易剥去	有塑性，能搓成直径为 2～3mm 的土条
粉土	无光滑面，切面稍粗糙	有轻微黏滞感或无黏滞感，感觉到有砂粒较多、粗糙	土块用手捏或抛扔时易碎	不易黏着物体，干燥后一碰就掉	塑性小，难搓成直径为 2～3mm 的短条
砂土	无光滑面，切面粗糙	无黏滞感，感觉到全是砂粒、粗糙	松散	不能黏着物体	无塑性，不能搓成土条

表 4.5　新近沉积黏性土的野外鉴别

沉积环境	颜色	结构性	含有物
河滩及部分山前洪冲积扇的表层，古河道及已填塞的湖塘沟谷及河道泛滥区	深而暗，呈褐栗、暗黄或灰色，含有机质较多时呈黑色	结构性差，用手扰动原状土样，显著变软，粉性土有振动液化现象	无自身形成的粒状结核体，但可含一定磨圆度的外来钙质结核体（如礓结石）及贝壳等。在城镇附近可能含有少量碎砖、瓦片、陶瓷及钱币、朽木等人类活动的遗留物

2. 地基土野外描述

（1）土的描述相关规定

对土层进行的详细描述，是作为评价土层工程性质好坏的重要依据。土的描述应符合下列规定：

1）碎石土宜描述颗粒级配、颗粒形状、颗粒排列、母岩成分、风化程度、充填物的性质和充填程度、密实度等。

2）砂土宜描述颜色、矿物组成、颗粒级配、颗粒形状、细粒含量、湿度、密实度等。

3）粉土宜描述颜色、包含物、湿度、密实度等。

4）黏性土宜描述颜色、状态、包含物、土的结构等。

5）特殊性土除应描述上述相应土类规定的内容外，尚应描述其特殊成分和特殊性质，如对淤泥尚应描述嗅味，对填土尚应描述物质成分、堆积年代、密实度和均匀性等。

6）对具有互层、夹层、夹薄层特征的土，尚应描述各层的厚度和层理特征。

> **拓展知识** 互层、夹层和夹薄层
>
> 　互层是指两种土层反复出现，比如黏土与粉砂互层，指的就是黏土与粉砂间隔反复出现，表明沉积环境反复、重复变化。夹层是指以某种土性为主的土层中夹有另一种土层，比如黏土层夹粉砂层。对同一土层中相间呈韵律沉积，当薄层与厚层的厚度比大于 1/3 时，宜定为互层；厚度比为 1/10～1/3 时，宜定为夹层；厚度比小于 1/10 的土层，且多次出现时，宜定为夹薄层。

目力鉴别粉土和黏性土（文本）

　7）需要时，可用目力鉴别描述土的光泽反应、摇振反应、干强度和韧性。

（2）地基土野外描述指标解释

地基土野外描述指标解释如下。

1）颜色。土的颜色取决于组成该土的矿物成分和含有的其他成分，描述时从色在前，主色在后。例如，黄褐色，以褐色为主色，带黄色；若土中含氧化铁，则土呈红色或棕色；土中含大量有机质，则土呈黑色，表明此土层不良；土中含较多的碳酸钙、高岭土，则土呈白色。

2）密实度。土层的松密是鉴定土质优劣的重要方面。在野外描述时可根据钻进的速度和难易来判别土的密实程度，同时可在钻头提起后，在钻侧面窗口部位用刀切出一个新鲜面来观察，并用大拇指加压的感觉来判定松密。在钻孔记录表上注明每一层土属于密实、中密或稍密状态中哪个状态。碎石土密实度野外鉴别按表 3.5 来判别。

3）湿度。土的湿度分为干、稍湿、湿与饱和四种。通常若地下水位埋藏深，则在旱季地表土层往往是干的；接近地下水位的黏性土或粉土因毛细水上升，往往是湿的；在地下水位以下，一般是饱和的。具体鉴别按表 4.6 进行。

表 4.6　土的湿度的野外鉴别方法

土的湿度	鉴别方法
稍湿	经过扰动的土，不易捏成团，易碎成粉末；放在手中不湿手，但感觉冷而且觉得是湿土
湿	经过扰动的土，能捏成各种形状；放在手中会湿手，在土面上滴水能慢慢渗入土中
饱和	滴水不能渗入土中，可看到孔隙中的水发亮

4）黏性土的稠度。黏性土的稠度是决定该土工程性质好坏的一个重要指标，分为坚硬、硬塑、可塑、软塑、流塑五种，描述方法可根据表 4.7 来进行。如有轻型圆锥动力触探数值，可参见图 4.5 鉴别。

表 4.7　黏性土稠度的野外鉴别方法

土的稠度	鉴别特征
坚硬	手钻很费力，难以钻进，钻头取出土样用手捏不动，加力土不变形，只能碎裂
硬塑	手钻较费力，钻头取出土样用手捏时，要用较大的力土才略有变形，并即碎散
可塑	钻头取出的土样，手指用力不大就能按入土中，土可捏成各种形状

续表

土的稠度	鉴别特征
软塑	钻头取出的土样还能成形，手指按入土中毫不费力，可把土捏成各种形状
流塑	钻进很容易，钻头不易取出土样，取出的土已不能成形，放在手中不易成块

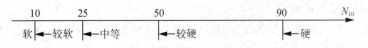

图 4.5　轻型圆锥动力触探与稠度关系

5）含有物。土中含有非本层土成分的其他物质称为含有物，如碎砖、炉渣、石灰渣、植物根、有机质、贝壳、氧化铁等。有些地区粉质黏土或粉土中含坚硬的姜石，海滨或古池塘往往含贝壳。记录时应注明含有物的大小和数量。

4.3　地基勘察成果报告

4.3.1　勘察报告的基本内容

地基勘察的最终成果是以报告书的形式提出的。勘察工作结束后，把取得的野外工作和室内试验记录和数据以及收集到的各种直接间接资料分析整理、检查校对、归纳总结后作出建筑场地的工程地质评价，最后以简要明确的文字和图表编成报告书。

岩土工程勘察报告应根据任务要求、勘察阶段、工程特点和地质条件等具体情况编写。岩土工程勘察报告应资料完整、真实准确、数据无误、图表清晰、结论有据、建议合理、便于使用和适宜长期保存，并应因地制宜，重点突出，有明确的工程针对性。一般应包括下列内容（**强制性条文**）：

- 勘察目的、任务要求和依据的技术标准。
- 拟建工程概况。
- 勘察方法和勘察工作布置。
- 场地地形、地貌、地层、地质构造、岩土性质及其均匀性。
- 各项岩土性质指标，岩土的强度参数、变形参数、地基承载力的建议值。
- 地下水埋藏情况、类型、水位及其变化。
- 土和水对建筑材料的腐蚀性。
- 可能影响工程稳定的不良地质作用的描述和对工程危害程度的评价。
- 场地稳定性和适宜性的评价。

岩土工程勘察报告应对岩土利用、整治和改造的方案进行分析论证，提出建议，并宜进行不同方案的技术经济论证，提出对设计、施工和现场监测要求的建议；对工程施工和使用期间可能发生的岩土工程问题进行预测，提出监控和预防措施的建议。

成果报告应附下列图件：
- 勘探点平面布置图。
- 工程地质柱状图。
- 工程地质剖面图。
- 原位测试成果图表。
- 室内试验成果图表。

当需要时，尚可附综合工程地质图、综合地质柱状图、地下水等水位线图、素描、照片、综合分析图表，以及岩土利用、整治和改造方案的有关图表、岩土工程计算简图及计算成果图表等。

对丙级岩土工程勘察的成果报告内容可适当简化，采用以图表为主，辅以必要的文字说明的形式；对甲级岩土工程勘察的成果报告除应符合上述规范规定外，尚可对专门性的岩土工程问题提交专门的试验报告、研究报告或监测报告。

4.3.2　勘察报告中与基坑工程有关的内容

基坑工程勘察，应根据开挖深度、岩土和地下水条件以及环境要求，对基坑边坡的处理方式提出建议。

基坑工程勘察应针对以下内容进行分析，提供有关计算参数和建议：
- 边坡的局部稳定性、整体稳定性和坑底抗隆起稳定性。
- 坑底和侧壁的渗透稳定性。
- 挡土结构和边坡可能发生的变形。
- 降水效果和降水对环境的影响。
- 开挖和降水对邻近建筑物和地下设施的影响。

岩土工程勘察报告中与基坑工程有关的部分应包括下列内容：
- 与基坑开挖有关的场地条件、土质条件和工程条件。
- 提出处理方式、计算参数和支护结构选型的建议。
- 提出地下水控制方法、计算参数和施工控制的建议。
- 提出施工方法和施工中可能遇到的问题，并提出防治措施建议。
- 对施工阶段的环境保护和监测工作的建议。

基坑工程勘察与一般地基勘察的区别是什么？

岩土工程勘察
报告案例
（文本）

4.3.3　勘察报告的阅读和使用

施工一线技术人员在阅读勘察报告时，首先应熟悉勘察报告的主要内容，对勘察报告有一个全面的了解，复核勘察资料提供的土的物理力学指标是否与土性相符；然后在此基础上查看场地的地形地貌、地层分布情况，用于基槽开挖时土层比对；查看地下水埋藏情况、类型、水位及其变化，用于施工降水方案的制定；查看相关土的类别和物理力学指标，用于边坡放坡或基坑支护设计；查看地基均匀性评价和持力层地基承载力指标，用于验槽时比对。同时，还应特别注意勘察报告就岩土整治和改造以及施工措施方面的结论和建议。在阅读时，勘察报告中的文字和图件应相互配合。

地基勘察与坚持系统观念

岩土的工程地质和水文地质具有复杂性，而地基勘察成果是通过有限的钻孔资料得到的。勘察工作内容、勘察方法、工作量的大小、勘探孔的布设等需考虑工程的具体情况和建筑场地和地基的复杂程度综合确定。为保障勘察结论与实际一致，满足工程建设的要求，必须坚持系统观念。

党的二十大报告在"开辟马克思主义中国化时代化新境界"部分指出，必须坚持系统观念。万事万物是相互联系、相互依存的。只有用普遍联系的、全面系统的、发展变化的观点观察事物，才能把握事物发展规律。文中还提到，要把握好全局和局部、宏观和微观、主要矛盾和次要矛盾、特殊和一般的关系，提到要不断提高辩证思维、系统思维、创新思维等，为前瞻性思考、全局性谋划、整体性推进党和国家各项事业提供科学思想方法。这些论述对系统、整体地做好地基勘察工作具有重要的指导意义。

小　　结

本单元主要针对详勘介绍了地基勘察的任务和方法、地基勘察报告书的内容及阅读。

1. 地基勘察的任务。详细勘察应按单体建筑物或建筑群提出详细的岩土工程资料和设计、施工所需的岩土参数；对建筑地基作出岩土工程评价，并对地基类型、基础形式、地基处理、基坑支护、工程降水和不良地质作用的防治等提出建议。

2. 地基勘察方法。岩土工程勘察中，可采取的勘察方法有工程地质测绘与调查、勘探、原位测试与室内试验等。《规范》对不同地基基础设计等级建筑物的地基勘察方法、测试内容提出了不同的要求。

常用的勘探方法有钻探、井探、槽探、洞探、触探和物探等；原位测试包括触探试验、旁压试验、静载荷试验、十字板剪切试验、土的现场直接剪切试验、地基土的动参数测定等。

3. 地基土的野外鉴别和描述。野外鉴别地基土无仪器设备，主要凭感觉和经验。土的描述包括颜色、密实度、湿度、黏性土的稠度、含有物等。应熟悉书中所述鉴别方法并通过实践加以掌握。

4. 地基勘察报告书。岩土工程勘察报告是根据任务要求、勘察阶段、工程特点和地质条件等具体情况编写的。它以简要明确的文字和图表对建筑场地的工程地质作出评价。岩土工程勘察报告应对岩土利用、整治和改造的方案进行分析论证，提出建议；对工程施工和使用期间可能发生的岩土工程问题进行预测，提出监控和预防措施的建议。

5. 应根据基坑工程的实际情况，进行有针对性的勘察，为基坑工程的设计和施工提供相关工程地质资料和数据，以保证基坑及周边环境的安全。

练 习 题

4.1　名词解释
1. 岩土工程勘察；2. 钻探；3. 静力触探；4. 动力触探。

4.2　填空题
1. 建筑物的岩土工程勘察阶段一般划分为_____、_____、_____和_____。

2. 岩土工程勘察等级的划分主要考虑的因素有_____、_____和_____。

3. 地基勘察中，最常用的勘察方法有_____、_____和_____等。

4. 静力触探试验中，采用双桥探头可同时分别测出_____阻力和_____阻力的大小。

5. 圆锥动力触探的分类有_____、_____和_____。

4.3　多项选择题
1. 岩土工程勘察报告书的附图包括（　　　）。

A. 钻孔柱状图　　　　B. 工程地质剖面图　C. 实际材料图　　　D. 基础设计图

2. 岩土工程勘察根据场地的复杂程度进行划分，可分为三个等级，即（　　　）。

A. 简单场地　　　　　B. 中等复杂场地　　C. 很复杂场地　　　D. 复杂场地

3. 根据所施加荷载的性质的不同，触探可分为（　　　）。

A. 标准贯入试验　　　B. 动力触探　　　　C. 轻便触探　　　　D. 静力触探

4.4　简答题
1. 为何要进行岩土工程勘察？

2. 一般性勘探孔与控制性勘探孔有何区别？如何确定控制性勘探孔的深度？

3. 野外鉴别黏性土、粉土用什么方法？野外鉴别碎石土、砂土用什么方法？

4. 岩土工程勘探报告分哪两部分？分别包括哪些内容？

第2部分

基础工程

单元 5

基础工程概述

知识目标

1. 能叙述天然地基上浅基础的概念，人工地基、桩基础、深基础的概念。

2. 知晓常规设计的概念，能描述浅基础的类型。

3. 知晓浅基础设计内容和步骤；能描述各种浅基础的特点、材料要求、适用条件。

4. 理解基础埋置深度的概念及埋深选择的意义，能描述基础埋深选择的原则，理解影响基础埋深选择的因素。

5. 能初步理解基础与地基的相互作用。

能力目标

1. 能根据工程实际选择适宜的浅基础类型。

2. 能初步确定浅基础的埋深。

思政目标

通过对影响基础埋深因素的分析，总结埋深不当可能引起的工程事故或造成的影响，培养学生敬畏专业、崇尚科学的精神。通过超级工程案例，认同新时代十年的伟大变革，坚定"四个自信"。弘扬科学家精神，涵养优良学风。

5.1 基本概念

5.1.1 地基基础方案的选择

地基基础设计必须根据建筑物的用途、平面布置、上部结构类型以及地基基础设计等级，充分考虑建筑场地和地基岩土条件，结合施工条件以及工期、造价等各方面要求，合理选择地基基础方案，因地制宜、精心设计，以保证建筑物的安全和正常使用。

1. 天然地基上的浅基础

不需处理而直接利用的地基称为天然地基。建在天然地基上，埋置深度小于 5m 的一般基础（柱基或墙基）以及埋置深度虽超过 5m，但小于基础宽度的大尺寸基础（如箱形基础），在计算中不必考虑基础的侧面摩擦力，统称为天然地基上的浅基础。

2. 人工地基

经过人工加固上部土层而达到设计要求的地基，称为人工地基，如人工换土。

3. 桩基础

在地基中打桩，把建筑物建在桩台上，建筑物的荷载由桩传到地基深处较为坚实的土层，这种基础称为桩基础。

4. 深基础

把基础建在地基深处承载力较高的土层上，埋置深度大于 5m 或大于基础宽度，在计算基础时应该考虑基础侧壁摩擦力的影响，这类基础称为深基础。

上述地基基础类型中，由于天然地基上的浅基础施工方便、技术简单、造价经济，一般应尽可能采用。仅当其不能满足工程的要求，或经比较论证后认为不经济，才考虑采取其他类型的地基基础方案。本单元主要讨论天然地基上的浅基础。

人工地基和天然地基的区别；浅基础和深基础的区别。

5.1.2　天然地基上浅基础的设计内容及一般步骤

天然地基上浅基础的设计内容及一般步骤如下。

第一步　在充分掌握拟建场地工程地质条件的基础上，结合建筑特点，综合考虑选择基础类型、平面布置及埋深。

第二步　按地基承载力确定基础底面尺寸。

第三步　进行必要的地基变形和稳定性验算。

第四步　进行基础结构的内力分析和截面设计，并绘制基础施工图。

需要指出，常用浅基础体型不大、结构简单，在计算单个基础时，一般既不遵循上部结构与基础的变形协调条件，也不考虑地基与基础的相互作用。这种简化法也经常用于其他复杂基础的初步设计，称为常规设计。

地基与基础是如何相互作用的？（单元 6 对该问题还会有进一步的论述）

北京大兴国际机场基础方案

北京大兴国际机场是世界上规模最大的机场之一，拥有世界最大面积单体航站楼，被英国《卫报》列为"新世界七大奇迹"之首。其建设难度世界少有，创造了 40 余项国际、国内第一。航站楼核心区基坑规模大、结构层次多。核心区结构东西向 513m，南北向 411m，结构底板有 −18.25、−11.0、−8.2、−7.6、−6.7、−4.0 等六个标高。航站楼主体为全现浇钢筋混凝土框架结构，核心区轨道交通区域采用桩筏基础，非轨道区采用桩基独立承台＋防水板基础。基础桩共计 8273 根，其中：深槽轨道

北京新机场航站楼效果图

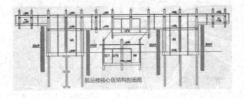
航站楼核心区结构剖面图

区 5981 根，有桩长 40m 和 21m 两种规格；两侧浅区 2292 根，桩长 32～39m。基础桩采用旋挖钻孔灌注施工工艺，并在桩侧和桩端进行后注浆。

5.2 浅基础的类型

5.2.1 无筋扩展基础

无筋扩展基础又称刚性基础，是指由砖、毛石、混凝土或毛石混凝土、灰土和三合土等材料组成的不配置钢筋的墙下条形基础或柱下独立基础，适用于多层民用建筑和轻型厂房，如图 5.1 所示。

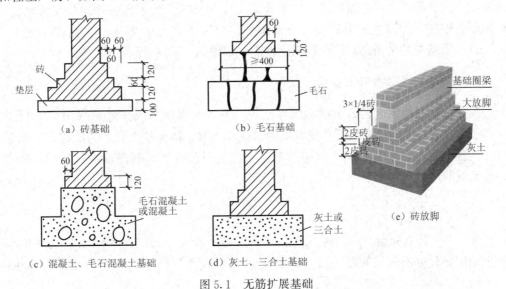

（a）砖基础　　（b）毛石基础　　（e）砖放脚

（c）混凝土、毛石混凝土基础　　（d）灰土、三合土基础

图 5.1 无筋扩展基础

1. 砖基础

砖基础一般建在 100mm 厚 C10 素混凝土垫层上，其剖面为阶梯形，通常称大放脚。大放脚一般为二一间隔收（两皮一收与一皮一收相间）或两皮一收，但保证底层必须两皮砖厚，一皮指一层砖，每收一次两边各收 1/4 砖长，如图 5.1（a）、（e）所示。

为保证耐久性，根据地基土潮湿程度及地区寒冷程度的不同，《砌体结构设计规范》（GB 50003—2011）规定，地面以下或防潮层以下的砌体，所用材料的最低强度等级应符合表 5.1 的要求。

表 5.1　地面以下或防潮层以下的砌体所用材料的最低强度等级

潮湿程度	烧结普通砖	混凝土普通砖、蒸压普通砖	混凝土砌块	石材	水泥砂浆
稍潮湿的	MU15	MU20	MU7.5	MU30	M5
很潮湿的	MU15	MU20	MU10	MU30	M7.5
含水饱和的	MU20	MU25	MU15	MU40	M10

注：1）在冻胀地区，地面以下或防潮层以下的砌体不宜采用多孔砖，如采用时，其孔洞应用不低于 M10 的水泥砂浆预先灌实。当采用混凝土空心砌块时，其孔洞应采用强度等级不低于 Cb20 的混凝土灌实。

　　2）对安全等级为一级或设计使用年限大于 50 年的房屋，表中材料强度等级应至少提高一级。

砖基础具有取材容易、价格便宜、施工简便的特点，因此广泛应用于 6 层及 6 层以下的民用建筑和砖墙承重厂房。

2. 毛石基础

毛石是指未经加工整平的石料。毛石基础就是选用强度较高而未经风化的毛石砌筑而成的。毛石和砂浆的强度等级应符合表 5.1 的要求。为了保证砌筑质量，每层台阶宜用三排或三排以上的毛石，每一台阶伸出宽度不宜大于 200mm、高度不宜小于 400mm，石块应错缝搭砌，缝内砂浆应饱满，如图 5.1（b）所示。

3. 混凝土、毛石混凝土基础

混凝土基础的强度、耐久性、抗冻性均较好，其强度等级一般可采用 C15 以上，常用于荷载大或基础位于地下水位以下的情况。当基础体积较大时，为节省水泥用量，可在混凝土内掺入 20%～30% 体积的毛石做成毛石混凝土基础，如图 5.1（c）所示。掺入毛石的尺寸不宜大于 300mm。

4. 灰土基础

为了节约砖石材料，常在砖石大放脚下面做一层灰土垫层，如图 5.1（d）所示。灰土是用熟化的石灰粉和黏土按一定比例加适量水拌匀后分层夯实而成的，体积配合比为3∶7或2∶8，一般多采用3∶7，即3份石灰粉、7份黏性土（体积比），通常称为三七灰土。石灰包括生石灰（氧化钙）和消石灰（氢氧化钙）。灰土用的石灰以块状生石灰为宜，经消化1～2d后立即使用（块灰浇以适量的水，经放置24h成粉状的消石灰），石灰粉需过5mm筛子；土料宜就地取材，可用粉土、黏性土等，但以塑性指数较低的黏性土即粉质黏土为好，需过15mm筛子。灰土含水量需接近最优含水量，拌和好的灰土可以"捏紧成团，落地开花"为合格。灰土的强度与夯实密度有关，施工后对应粉土、粉质黏土和黏土拌制的灰土，要求其最小干密度为1.55g/cm³、1.50g/cm³、1.45g/cm³。

灰土施工时，每层虚铺220～250mm，夯实至150mm，称为一步灰土。一般可用2步或3步，即300mm或450mm厚。

灰土基础造价低，多用于五层及五层以下的混合结构房屋及砖墙承重轻型厂房等，但由于灰土早期强度低、抗水性差、抗冻性也较差，尤其在水中硬化很慢，故常用于地下水位以上、冰冻线以下。

5. 三合土基础

三合土是由石灰、砂和骨料（碎石、碎砖或矿渣等）按体积比1∶2∶4或1∶3∶6加适量水拌和均匀，铺在基槽内分层夯实而成的。每层虚铺220mm厚，夯实至150mm。然后在它上面砌大放脚。三合土基础施工简单、造价低廉，但强度较低，故一般用于地下水位较低的4层及4层以下的民用建筑，在我国南方地区应用较为广泛，如图5.1（d）所示。

上述基础构成材料具有抗压性能良好，而抗拉、抗剪性能较差的共同特点，为防止基础发生弯曲破坏，要求无筋扩展基础具有非常大的抗弯刚度，受荷后基础不允许挠曲变形和开裂。因此，基础必须具有一定的高度，使弯曲所产生的拉应力不会超过材料的抗拉强度。通常采用控制基础台阶宽高比不超过规定限值的方法来解决，详见7.2节内容。

5.2.2　扩展基础

当基础高度不能满足规定的台阶宽高比限值时，可以做成扩展基础，即柱下钢筋混凝土独立基础（图5.2）和墙下钢筋混凝土条形基础（图5.3）。其中，杯口基础是在基础中预留安放柱子的孔洞，孔洞尺寸要比柱子横断面尺寸大一些，柱子放入孔洞后，在柱子周围用细石混凝土浇筑。墙下钢筋混凝土条形基础可分为无肋式和有肋式两种，当地基土分布不均匀时，常常用有肋式来调整基础的不均匀沉降，增加基础的整体性。

上述基础的抗弯和抗剪性能好，不受台阶宽高比的限制，因此适宜于需要"宽基浅埋"的情况。

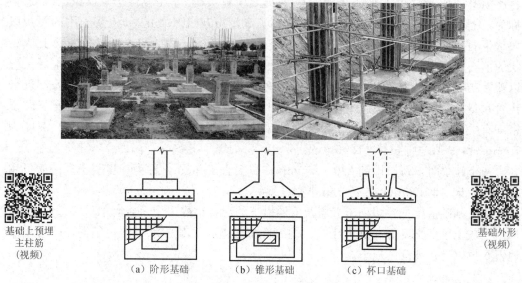

（a）阶形基础　　　　　（b）锥形基础　　　　　（c）杯口基础

图 5.2　柱下钢筋混凝土独立基础

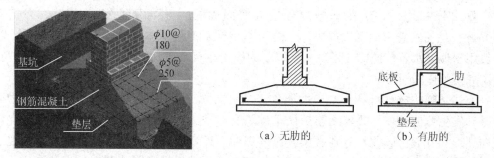

（a）无肋的　　　　　　　　（b）有肋的

图 5.3　墙下钢筋混凝土条形基础

5.2.3　柱下条形基础

在框架结构中，当地基软弱而荷载较大时，若采用柱下独立基础，基础底面积很大而互相靠近或重叠时，为增加基础的整体性和便于施工，可将同一柱列的柱下基础连通做成单向条形基础，如图 5.4（a）所示。当荷载很大或地基软弱，且两个方向的荷载和土质都不均匀，单向条形基础不能满足地基基础设计要求时，可采用柱下十字交叉条形基础，如图 5.4（b）、（c）所示。由于在纵横两向均具有一定的刚度，柱下十字交叉条形基础具有良好的调整不均匀沉降的能力。

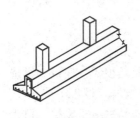
（a）单向条形基础

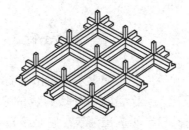
（b）十字交叉条形基础

（c）十字交叉条形基础实例

图 5.4　柱下条形基础

5.2.4　筏形基础

当地基软弱而上部结构的荷载很大，采用十字交叉条形基础仍不能满足要求或相邻基础距离很小时，可将整个基础底板连成一个整体而成为钢筋混凝土筏形基础，俗称满堂基础。筏形基础可扩大基底面积，增强基础的整体刚度，较好地调整基础各部分之间的不均匀沉降。对于设有地下室的结构物，筏形基础还可兼作地下室的底板。筏形基础在构造上可视为一个倒置的钢筋混凝土楼盖，其做法如图 5.5 所示。

筏形基础可用于框架、框剪、剪力墙结构，还广泛用于砌体结构。

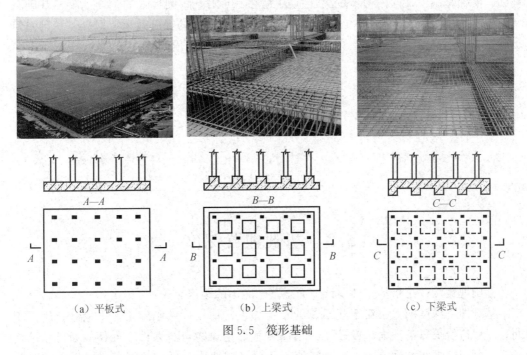

（a）平板式　　　　　（b）上梁式　　　　　（c）下梁式

图 5.5　筏形基础

讨　论

上梁式和下梁式筏形基础的优缺点。

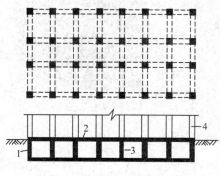

1. 外墙；2. 顶板；3. 内墙；4. 上部结构。
图 5.6　箱形基础

5.2.5　箱形基础

箱形基础是由钢筋混凝土顶板、底板和纵横交错的内外墙组成的空间结构（图 5.6），多用于高层建筑。它是筏板基础的进一步发展，可做成多层，基础的内部空间可用作地下室。箱形基础整体抗弯刚度很大，使上部结构不易开裂，调整不均匀沉降能力强；由于空腹，可减少基底的附加压力；埋深大，稳定性较好。但箱形基础耗用的钢筋及混凝土较多；需考虑基坑支护和降水、止水问题；施工技术复杂。

5.2.6　壳体基础

如图 5.7 所示，壳体基础有正圆锥壳、M 形组合壳和内球外锥组合壳等形式，适用于一般工业与民用建筑柱基和筒形的构筑物（如烟囱、水塔、料仓、中小型高炉等）基础。这种基础使径向内力转变为压应力为主，可比一般梁板式的钢筋混凝土基础减少混凝土用量 50% 左右，节约钢筋 30% 以上，具有良好的经济效果。但壳体基础修筑土胎、布置钢筋及浇捣混凝土等施工工艺复杂，技术要求较高。

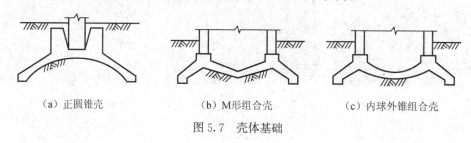

（a）正圆锥壳　　　　　　　（b）M 形组合壳　　　　　　　（c）内球外锥组合壳

图 5.7　壳体基础

5.3　基础埋置深度

基础埋置深度是指从室外设计地面至基础底面的距离。

基础埋置深度的大小对于建筑物的安全和正常使用、基础施工技术措施、施工工期和工程造价等影响很大，设计时必须综合考虑建筑物自身条件（如使用条件、结构形式、荷载的大小和性质等）以及所处的环境（如地质条件、气候条件、邻近建筑的影响等），选择技术可靠、经济合理的基础埋置深度。

《规范》以**强制性条文**的方式规定：高层建筑基础的埋置深度应满足地基承载力、变形和稳定性要求。位于岩石地基上的高层建筑，其基础埋深应满足抗滑稳定性要求。

确定基础埋置深度的原则是：在满足地基稳定和变形要求的前提下，当上层地基的承载力大于下层土时，宜利用上层土作持力层。考虑地面动植物活动、耕土层等因素对基础的影响，除岩石基础外，基础埋深不宜小于 0.5m。

基础埋置深度应综合考虑以下因素后加以确定。

1. 建筑物的用途，有无地下室、设备基础和地下设施，基础形式和构造

某些建筑物要求具有一定的使用功能或宜采用某种基础形式，这些要求常成为其基础埋深选择的先决条件。例如，设置地下室或设备层的建筑物、使用箱形基础的高层或重型建筑、具有地下部分的设备基础等，其基础埋置深度应根据建筑物地下部分的设计标高、设备基础底面标高来确定。

不同基础的构造高度也不相同，基础埋深自然不同；为了保护基础不露出地面，构造要求基础顶面至少应低于室外设计地面 0.1m。

2. 作用在地基上的荷载大小和性质

荷载大小不同，对地基承载力的要求也就不同，因而直接影响到持力层的选择。例如，浅层某一深度的土层，对荷载小的基础可能是很好的持力层，而对荷载大的基础，可能不宜作为持力层。荷载的性质对基础埋置深度的影响也很明显。承受水平荷载的基础，必须有足够的埋置深度来获得土的侧向抗力，以保证基础的稳定性，减少建筑物的整体倾斜，防止倾覆及滑移。例如，抗震设防区，除岩石地基外，天然地基上的箱形和筏形基础其埋置深度不宜小于建筑物高度的 1/15；桩箱或桩筏基础的埋置深度（不计桩长）不宜小于建筑物高度的 1/18；承受上拔力的基础，如输电塔基础，也要求有较大的埋深以提供足够的抗拔阻力；承受动荷载的基础，则不宜选择饱和疏松的粉细砂作为持力层，以免这些土层由于振动液化而丧失承载力，造成基础失稳。

3. 工程地质和水文地质条件

为了保证建筑物的安全，必须根据荷载的大小和性质给基础选择可靠的持力层。一般当上层土的承载力能满足要求时，应选择该层作为持力层；若其下有软弱土层时，则应验算其承载力是否满足要求。当上层土软弱而下层土承载力较高时，则应根据软弱土的厚度决定基础做在下层土上还是采用人工地基或桩基础与深基础。总之，应根据结构安全、施工难易和材料用量等进行比较确定。

对墙基础，如地基持力层顶面倾斜，可沿墙长将基础底面分段做成高低不同的台阶状。分段长度不宜小于相邻两段面高差的 1~2 倍，且不宜小于 1m。

对修建于坡高 $H \leqslant 8m$、坡角 $\beta \leqslant 45°$ 的稳定土坡坡顶上的建筑（图 5.8），当垂直于坡顶边缘线的基础底面边长 $b \leqslant 3m$ 时，需满足由基础底面外边缘至坡顶边缘的水平距离 $a \geqslant 2.5m$。此时，如基础埋深 d 符合下式要求：

$$d \geqslant (\lambda b - a)\tan\beta \tag{5.1}$$

式中：λ——对条形基础取 3.5，对矩形基础取 2.5。

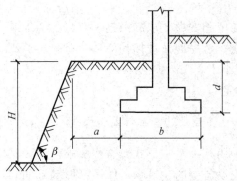

图 5.8　土坡坡顶处基础的最小埋深

则土坡坡面附近由修建基础所引起的附加应力不影响土坡的稳定性。

如遇到地下水，基础宜尽量埋置于地下水位以上，以避免地下水对基坑开挖、基础施工和使用的影响。若必须将基础埋在地下水位以下时，则应采取施工排水措施，保护地基土不受扰动。对承压水，则应考虑承压水上部隔水层最小厚度问题，以避免承压水冲破隔水层，浸泡基槽。对河岸边的基础，其埋深应在流水冲刷作用深度以下。

4. 相邻建筑物的基础埋深

当存在相邻建筑物时，新建建筑物的基础埋深不宜大于原有建筑基础。当埋深大于原有建筑物时，两基础间应保持一定净距，其数值应根据建筑荷载大小、基础形式和土质情况确定，一般应不小于两基础底面高差 ΔH 的 $1\sim2$ 倍，如图 5.9 所示。当上述要求不能满足时，应采取分段施工、设临时加固支撑、打板桩、地下连续墙等有效支护措施，或加固原有建筑物地基，以免开挖新基槽时危及原有基础的安全稳定性。

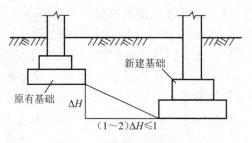

图 5.9　相邻基础的埋深

5. 地基土冻胀和融陷的影响

冻土分为季节性冻土和多年冻土。季节性冻土是冬季冻结、天暖解冻的土层，在我国北方地区分布广泛。土体冻结发生体积膨胀和地面隆起的现象称为冻胀，若冻胀产生的上抬力大于基础荷重，基础就有可能被上抬；土层解冻时，土体软化、强度降低、地面沉陷的现象称为融陷。地基土的冻胀与融陷通常是不均匀的，容易引起建筑物开裂损坏。

季节性冻土的冻胀性与融陷性是相互关联的，常以冻胀性加以概括。《规范》根据土的类别、冻前天然含水量和冻结期间地下水位距冻结面的最小距离，将地基土的冻胀性划分为不冻胀、弱冻胀、冻胀、强冻胀和特强冻胀五类。

季节性冻土地区基础埋置深度宜大于场地冻结深度。对于深厚季节冻土地区（冻结深度大于 2m），当建筑基础底面土层为不冻胀、弱冻胀、冻胀土时，基础埋置深度可以小于场地冻结深度，基础底面下允许冻土层最大厚度应根据当地经验确定。没有地区经验时可按《规范》附录 G 查取。

在冻胀、强冻胀、特强冻胀地基上，还应按《规范》的要求采取相应的防冻害措施。

在华北平原南部，土的冻胀性对基础埋深的选择有无实质影响？

小　　结

地基基础方案有天然地基上的浅基础、人工地基、桩基础、深基础等，本单元主要讨论了天然地基上的浅基础。

1. 浅基础的类型与特点。无筋扩展基础又称刚性基础，是指由砖、毛石、混凝土或毛石混凝土、灰土和三合土等材料组成的不配置钢筋的墙下条形基础或柱下独立基础，适用于多层民用建筑和轻型厂房。上述基础构成材料具有抗压性能良好，而抗拉、抗剪性能较差的共同特点。

扩展基础即柱下钢筋混凝土独立基础和墙下钢筋混凝土条形基础。这些基础的抗弯和抗剪性能好，不受台阶宽高比的限制，适宜于需要"宽基浅埋"的情况。

柱下条形基础主要用于框架结构，也可用于排架结构。可将同一柱列的柱下基础连通成条形，也可采用柱下十字交叉条形基础，这样可以增强基础整体刚度，使基础具有良好的调整不均匀沉降的能力。

筏形基础是将整个基础底板连成一个整体的基础，可扩大基底面积，增强基础的整体刚度，较好地调整基础各部分之间的不均匀沉降。筏形基础可做成平板式和梁板式。

筏形基础可用于框架、框剪、剪力墙结构，还广泛用于砌体结构。

箱形基础是由钢筋混凝土顶板、底板和纵横交错的内外墙组成的空间结构，可做成多层，整体抗弯刚度很大，调整不均匀沉降能力强，多用于高层建筑。

壳体基础有正圆锥壳、M 形组合壳和内球外锥组合壳等形式，适用于一般工业与民用建筑柱基和筒形的构筑物（如烟囱、水塔、料仓、中小型高炉等）基础。这种基础结构合理、节省材料，但施工工艺复杂，技术要求较高。

2. 基础埋置深度。基础埋置深度是指从室外设计地面至基础底面的距离。

高层建筑基础的埋置深度应满足地基承载力、变形和稳定性要求。位于岩石地基上的高层建筑，其基础埋深应满足抗滑稳定性要求。

在满足地基稳定和变形要求的前提下，当上层地基的承载力大于下层土时，宜利用上层土作持力层。基础埋置深度应综合考虑各种因素后加以确定。

练　习　题

5.1　名词解释

1. 天然地基上的浅基础；2. 桩基础；3 深基础；4. 刚性基础；5. 灰土。

5.2 填空题

1. 浅基础根据其结构形式可分为_____、条形基础、柱下十字交叉基础。

2. 当基础长度大于或等于10倍基础宽度时，称为_____。

3. 除岩石地基外，基础埋深不宜小于_____ m。

4. 当新建筑与原建筑相邻时，且新建筑的基础深于原建筑基础时，基础间净距一般为两基础底面高差的_____倍。

5.3 简答题

1. 浅基础的类型有哪些？各适用于什么条件？

2. 确定基础埋深应考虑哪些因素？

3. 相邻建筑物基础埋深的影响应如何处理？

单元 6

基础沉降计算与控制

教学目标

知识目标

1. 能描述地基土中应力的主要类型和分布规律，能理解基底和土中各种应力的含义，知晓其计算方法。

2. 了解双层地基应力分布的概念；理解分层总和法和规范推荐法的原理。

3. 知晓选取的上部结构传来的荷载代表值的种类；了解土的应力历史对土的压缩性的影响；知晓一维固结理论基本概念。

4. 能叙述地基变形特征与变形允许值概念；知晓《规范》关于建筑物沉降观测的规定。

5. 了解建筑物沉降观测的方法；能叙述并理解减轻不均匀沉降的措施。

能力目标

1. 能够计算出土的自重应力、基底压力和基底附加压力。

2. 能够应用规范推荐法计算简单浅基础建筑地基的最终沉降量，并判别地基变形是否满足规范要求。

思政目标

通过对地下水位升降引起的土自重应力变化和地面沉降的分析讨论，使学生更加深刻地认识到地下水超采的严重危害，更加坚定地树立生态文明理念和新时代的环境伦理观，坚定绿色可持续发展道路，认同"两山理论"，深刻理解中国式现代化是人与自然和谐共生的现代化。

通过对土中各种应力计算、沉降计算、一维固结等理论的假设的分析，揭示现有理论的不足和局限性，从中国优秀传统文化"自强不息，厚德载物"等人文精神中汲取力量，树立知难而上、不断探索的科学精神，增强担当精神和使命感，树立行业自信。同时，弘扬科学家精神，涵养优良学风。

6.1　概　　述

为了计算地基沉降以及对地基进行强度与稳定性分析，必须知道土中应力分布。土中应力包括土的自重应力和附加应力。土的自重应力是在未建造基础前，由土体本身重力引起的应力；附加应力是由建筑物荷载或地基堆载等在土中引起的应力（新增应力）。

一般自重应力不产生地基变形（新填土除外），而附加应力是产生地基变形的主要原因。

土中应力求解通常利用弹性理论，即假定地基土是均匀、连续、各向同性的半无限空间线性变形体。这样的假定与土的实际情况不符，因为土是成层的非均质的各向异性体。但该方法计算简单，并且当应力变化不大时计算结果与实际较为接近，可以满足实际工程的需要。

地基中各层土的应力变化确定后，再通过地基勘察报告查得与应力相对应的土的压缩性指标（压缩系数或压缩模量），就可以通过公式算得地基的最终沉降量。但由于地基土的复杂性，上部结构、基础与地基的共同作用，压缩性指标试验方法的不准确以及沉降计算理论的不完善等原因，目前还不能精确计算分析地基的沉降。《规范》还规定，在同一整体大面积基础上建有多栋高层和低层建筑，宜考虑上部结构、基础与地基的共同作用进行变形计算。

6.2　地基土中自重应力

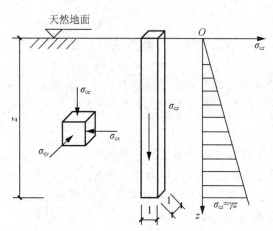

图 6.1　均质土的自重应力分布

6.2.1　均质土的自重应力

当把地基土视为均质的半无限空间体时，土体在自重作用下只能产生竖向变形，而无侧向位移和剪切变形。因此，在深度 z 处平面上，土体因自身重力产生的竖向应力 σ_{cz}（以后简称自重应力）等于单位面积上土柱体的重力，如图 6.1 所示，即

$$\sigma_{cz} = \gamma z \qquad (6.1)$$

式中：γ——土的重度，kN/m^3。

从式（6.1）可知，自重应力沿水平面均匀分布，随深度 z 线性增加，呈三角形分布。

地基中除有作用于水平面上的竖向自重应力外，在竖直面上还作用有水平方向的侧向自重应力。由于土柱体在重力作用下无侧向变形和剪切变形，可以证明，侧向自重应力 σ_{cx} 和 σ_{cy} 与 σ_{cz} 成正比，剪应力均为零，即

$$\sigma_{cx} = \sigma_{cy} = K_0 \sigma_{cz} \qquad (6.2)$$

$$\tau_{xy} = \tau_{yz} = \tau_{zx} = 0 \tag{6.3}$$

式中：σ_{cx}、σ_{cy}、σ_{cz}——侧向自重应力，kPa；

$\quad K_0$——土的侧压力系数或静止土压力系数，由实测或按以下经验公式确定，即

$$K_0 = 1 - \sin\varphi \tag{6.4}$$

式中：φ——土的内摩擦角。

6.2.2　成层土的自重应力

通常地基土为成层土或有地下水存在，故各层土的重度不同。如图 6.2 所示，若各土层的厚度为 h_i，重度为 γ_i，则在深度 z 处土的自重应力可通过对各层土自重应力的累加求得，即

$$\sigma_{cz} = \gamma_1 h_1 + \gamma_2 h_2 + \cdots + \gamma_n h_n = \sum_{i=1}^{n} \gamma_i h_i \tag{6.5}$$

式中：γ_i——第 i 层土的天然重度，对地下水位以下的土层取有效重度 γ_i'，kN/m^3；

$\quad h_i$——第 i 层土的厚度，m；

$\quad n$——从天然地面到深度 z 处土的层数。

由于只有通过土粒接触点传递的粒间应力才能使土粒相互挤密，从而引起地基的变形，而且粒间应力对地基土的强度具有重要影响，故粒间应力又称为有效应力。土的自重应力可定义为土自身有效重力在土体中引起的应力。土中竖向和侧向自重应力一般均指有效应力。所以，对地下水位以下土层必须用有效重度 γ' 代替天然重度 γ。

由图 6.2 可知，自重应力分布曲线的变化规律为：

- 土的自重应力分布曲线是一条折线，拐点在土层交界处和地下水位处。
- 同一层土的自重应力按直线变化。
- 自重应力随深度的增加而增大。

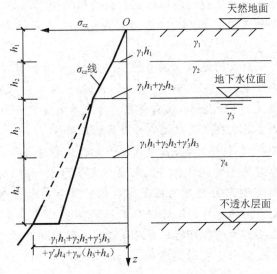

图 6.2　成层土的自重应力分布

如果地下水位以下存在不透水层（如岩层或只含结合水的坚硬黏土层），由于不透水层中不存在水的浮力，所以层面及以下的自重应力应按上覆土层的水土总重计算，如图 6.2 所示。

另外，地下水位的升降会引起自重应力的变化，进而影响到地基的沉降，如图 6.3 所示，需引起注意。

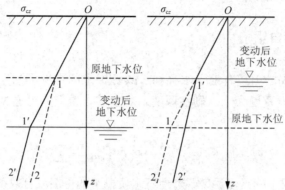

图 6.3　地下水位升降对自重应力的影响

注：$O-1-2$ 线为原自重应力的分布；

$O-1'-2'$ 为地下水位变动后自重应力的分布。

地下水位的升降会引起土自重应力和地基沉降怎样的变化？

地下水位下降与地面沉降

地下水超采引起地下水位的下降，进而引起地基土自重应力的增加。最终导致地面沉降、塌陷、地裂缝等地质问题的出现。大面积的地面沉降，可危及地表建筑、地下管网、高速铁路等安全、加剧河口淤积、海水入侵、风暴潮等风险，同时加剧城市和区域性内涝。

华北地区是世界上最大的地下水漏斗区。2019 年我国全面启动了华北地区地下水超采综合治理工作，截至 2020 年 11 月底，河北省浅层和深层地下水水位同比 2019 年分别上升 0.49m 和 1.32m。土自重应力的减少减缓了地面的沉降。这些都有力地印证了党的大力推进生态文明建设战略决策的正确性。

党的二十大报告在"新时代新征程中国共产党的使命任务"部分提出："中国式现代化是人与自然和谐共生的现代化。人与自然是生命共同体，无止境地向自然索取甚至破坏自然必然会遭到大自然的报复。我们坚持可持续发展，坚持节约优先、保护优先、自然恢复为主的方针，像保护眼睛一样保护自然和生态环境，坚定不移走生产发展、生活富裕、生态良好的文明发展道路，实现中华民族永续发展。"相信在党的坚强领导下，我们一定能够实现第二个百年奋斗目标，以中国式现代化全面推进中华民族伟大复兴。

【**例 6.1**】某工程地基土层及其物理性质指标如图 6.4 所示，试计算土中自重应力并绘出分布图。

解
$$\sigma_{cz1} = \gamma_1 h_1 = 17.5 \times 2.0 = 35 (kPa)$$
$$\sigma_{cz2} = \gamma_1 h_1 + \gamma_2' h_2 = 35 + (17.9 - 10) \times 2.5 = 54.75 (kPa)$$
$$\sigma_{cz3} = \gamma_1 h_1 + \gamma_2' h_2 + \gamma_3' h_3 = 54.75 + (19.3 - 10) \times 4.0 = 91.95 (kPa)$$

绘出土中自重应力 σ_{cz} 的分布曲线如图 6.4 所示。

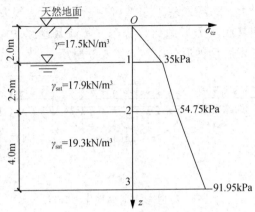

图 6.4　土中自重应力计算及分布

6.3　基底压力

建筑物的荷载通过基础传给地基，在基础底面与地基之间产生接触压力，称为基底压力。它既是基础作用于地基表面的力，又是地基作用于基础的地基反力。要计算上部荷载在地基中产生的附加应力，就必须首先研究基底压力的大小与分布规律。

6.3.1　基底压力的分布

基底压力的分布与基础的大小与刚度、荷载的大小与分布、地基土的性质、基础埋置深度等许多因素有关，它涉及上部结构、基础和地基相互作用的问题。实测表明，基底压力的分布主要分以下两种情况。

1. 柔性基础

柔性基础如土坝、路基等，抗弯刚度很小，如同放在地基上的柔软薄膜，在竖向荷载作用下没有抵抗弯曲变形的能力，基础随着地基一起变形，基础底面的沉降中部大而边缘小。因此，基底压力的分布与上部荷载分布情况相同，如图 6.5（a）所示。如果要使柔性基础底面各点沉降相同，则必定要增加边缘荷载，减少中部荷载，如图 6.5（b）所示。

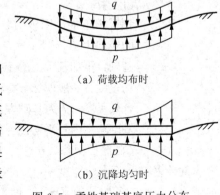

（a）荷载均布时

（b）沉降均匀时

图 6.5　柔性基础基底压力分布

2. 刚性基础

刚性基础如箱形基础、素混凝土基础等，抗弯刚度很大，受荷后基础不挠曲。有如上述柔性基础各点沉降相同的情况，在中心荷载作用下，刚性基础的基底压力分布也是边缘大、中部小。但由于基础边缘地基土塑性变形的产生，基础边缘处的基底压力不可能超过一定的数值，反力发生重分布，开始时基底压力呈马鞍形分布，中间小而边缘大；随着荷载增大，边缘地基土塑性区逐渐扩大，边缘基底压力不再增加，应力向基础中心转移，使基底压力呈抛物线分布；若荷载继续增大，接近地基的破坏荷载时，基底压力会继续发展呈钟形分布，如图 6.6 所示。

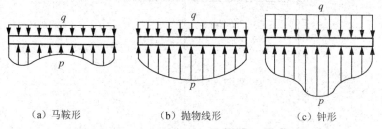

（a）马鞍形　　　　　　（b）抛物线形　　　　　　（c）钟形

图 6.6　刚性基础基底压力分布

实际工程中，基础介于柔性和绝对刚性之间，一般具有较大的刚度。由于受到地基承载力的限制，作用在基础上的荷载不会太大，基础又有一定的埋深，基底压力大多呈马鞍形分布，比较接近直线。因此，工程中近似认为基底压力按直线分布，按照材料力学公式简化计算。

6.3.2　基底压力的简化计算

1. 轴心受压基础

基础所受荷载的合力通过基底形心，假定基底压力为均匀分布，如图 6.7 所示，则

$$p_k = \frac{F_k + G_k}{A} \tag{6.6}$$

式中：p_k——相应于正常使用极限状态下作用的标准组合时，基础底面处的平均压力值，kPa；

　　　　F_k——相应于正常使用极限状态下作用的标准组合时，上部结构传至基础顶面的竖向力值，kN；

　　　　G_k——基础自重和基础上的土重，kN，$G_k = \gamma_G A d$，其中 γ_G 为基础和回填土的平均重度，一般取 20kN/m³，但在地下水位以下部分应扣除浮力 10kN/m³ 取有效重度，d 为基础埋深，内墙内柱基础从室内设计地面算起，外墙外柱基础从室内外平均设计地面算起，m；

　　　　A——基础底面面积，m²。

对于基础长度大于宽度 10 倍的条形基础，通常沿基础长度方向取 1m 来计算，此时式（6.6）中 A 取基础宽度 b，而 F_k 和 G_k 则为每延米内的相应值，单位为 kN/m。

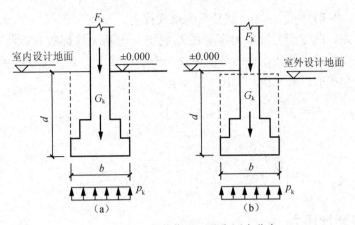

图 6.7　中心荷载作用下基底压力分布

结合图 6.7，讨论计算不同情况下基础和回填土体积时，基础埋深的取值范围。

2. 偏心受压基础

单向偏心荷载作用下，通常将基底长边方向取与偏心方向一致，如图 6.8 所示，此时基底边缘压力为

$$p_{k\max}, \quad p_{k\min} = \frac{F_k + G_k}{bl} \pm \frac{M_k}{W} = \frac{F_k + G_k}{bl}\left(1 \pm \frac{6e}{l}\right)$$

$$\text{(6.7)}$$

式中：$p_{k\max}$，$p_{k\min}$——相应于正常使用极限状态下作用的标准组合时，基础底面边缘的最大、最小压力值，kPa；

M_k——相应于正常使用极限状态下作用的标准组合时，作用于基础底面的力矩值，kN·m；

W——基础底面的抵抗矩，$W = \dfrac{bl^2}{6}$，m³；

e——偏心距，$e = \dfrac{M_k}{F_k + G_k}$，m。

由式（6.7）可知，按照荷载偏心距 e 的大小，基底压力的分布可能出现如下三种情况：

1）当 $e < l/6$ 时，$p_{k\min} > 0$，基底压力呈梯形分布，如图 6.8（a）所示。

2）当 $e = l/6$ 时，$p_{k\min} = 0$，基底压力呈三角形分布，如图 6.8（b）所示。

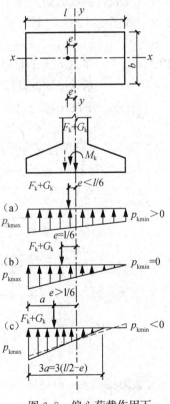

图 6.8　偏心荷载作用下基底压力分布

3）当 $e>l/6$ 时，$p_{kmin}<0$；地基反力出现拉力，如图 6.8（c）所示。由于地基土不可能承受拉力，此时产生拉应力部分的基底将与地基土局部脱开，使基底压力重新分布。根据偏心荷载与基底压力的平衡条件，偏心荷载合力 F_k+G_k 作用线应通过三角形基底压力分布图的形心，由此得出

$$\frac{3a}{2}p_{kmax}b=F_k+G_k$$

即

$$p_{kmax}=\frac{2(F_k+G_k)}{3ab}=\frac{2(F_k+G_k)}{3b(l/2-e)} \tag{6.8}$$

6.3.3 基底附加压力

基础通常埋置在天然地面以下一定深度处，该处原有自重应力因基坑开挖而被卸除。天然土层在自重作用下的变形已经完成，故只有超出基底处原有自重应力的那部分应力才使地基产生附加变形。使地基产生附加变形的基底压力称为基底附加压力 p_0。因此，基底附加压力是上部结构和基础传至基底的基底压力与基底处原有的自重应力之差，如图 6.9 所示，按下式计算，即

$$p_0=p_k-\sigma_{cz}=p_k-\gamma_0 d \tag{6.9}$$

式中：σ_{cz}——基底处土的自重应力标准值，kPa；

γ_0——基础底面标高以上天然土层的加权平均重度，kN/m^3，其中地下水位以下的土层用有效重度计算，即

$$\gamma_0=(\gamma_1 h_1+\gamma_2 h_2+\cdots+\gamma_n h_n)/(h_1+h_2+\cdots+h_n)$$

d——基础埋置深度，m，从天然地面算起，对于新填土场地则应从老天然地面算起，$d=h_1+h_2+\cdots+h_n$。

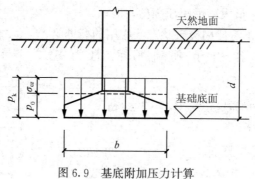

图 6.9　基底附加压力计算

重要提示

需要指出的是，以上公式用于地基承载力计算（地基强度验算）；如果用于计算地基变形量，所求基底压力和基底附加压力则为相应于正常使用极限状态下作用的准永久组合时的压力值，且不应计入风荷载和地震作用。

1. 单向偏心荷载作用下基底附加压力计算公式是什么?

2. 基底压力计算公式中和基底附加压力计算公式中的基础埋深 d 值有何区别?

3. 对于基底压力和基底附加压力,为什么在地基承载力计算时取作用的标准组合,而在计算地基变形时取作用的准永久组合?

【例 6.2】 某矩形单向偏心受压基础,基础底面尺寸为 $b=2\text{m}$, $l=3\text{m}$。其上作用荷载如图 6.10 所示, $F_k=300\text{kN}$, $M_k=120\text{kN}\cdot\text{m}$,试计算基底压力(绘出分布图)和基底附加压力。

基底接触压力和附加压力计算算例(视频)

解　1)基础及其上回填土的重量。
$$G_k=20\times2\times3\times1.5=180(\text{kN})$$

2)偏心距。
$$e=\frac{M_k}{F_k+G_k}=\frac{120}{300+180}=0.25\text{m}<\frac{l}{6}=\frac{3}{6}=0.5(\text{m})$$

3)基底压力。
$$p_{\substack{kmax\\kmin}}=\frac{F_k+G_k}{bl}\pm\frac{M_k}{W}=\frac{F_k+G_k}{bl}\left(1\pm\frac{6e}{l}\right)$$
$$=\frac{300+180}{2\times3}\times\left(1\pm\frac{6\times0.25}{3}\right)=80\times(1\pm0.5)=\frac{120}{40}(\text{kPa})$$

基底压力的分布图形见图 6.10。

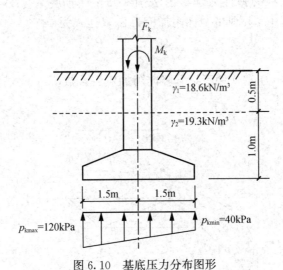

图 6.10　基底压力分布图形

4)基底以上土的加权平均重度。
$$\gamma_0=\frac{\gamma_1 h_1+\gamma_2 h_2}{h_1+h_2}=\frac{18.6\times0.5+19.3\times1.0}{0.5+1.0}=19.07(\text{kN/m}^3)$$

5）基底附加压力。

$$p_{\substack{0max \\ 0min}} = p_{\substack{kmax \\ kmin}} - \gamma_0 d = \frac{120}{40} - 19.07 \times 1.5 = \frac{91.4}{11.4}(kPa)$$

6.4　地基土中附加应力

地基附加应力的
分布规律（视频）

地基土中的附加应力是由建筑物荷载所引起的应力增量，目前采用弹性理论求解的方法计算。因此，需对地基做如下假设：

1）地基是半无限空间弹性体。

2）地基土是均匀连续的，即变形模量 E 和侧膨胀系数 μ 各处相等。

3）地基土是等向的，即各向同性的，同一点的 E 和 μ 各个方向相等。

即假设地基是均匀连续、各向同性的半无限空间弹性体。按照弹性力学，地基附加应力计算分为空间问题（如集中力、矩形荷载、圆形荷载）和平面问题（如线荷载、条形荷载）。

6.4.1　竖向集中力作用下地基附加应力

如图 6.11 所示，在半无限空间弹性体表面作用一个竖向集中力时，半空间内任一点所引起的应力和位移的弹性力学解由法国人布辛奈斯克（J. Boussinesq，1885）求得。其中在建筑工程中常用到的竖向附加应力 σ_z 表达式为

$$\sigma_z = \frac{3P}{2\pi} \frac{z^3}{R^5} = \alpha \frac{P}{z^2} \tag{6.10}$$

式中：α——竖向集中力 P 作用下地基竖向附加应力系数，由下式计算，也可由表 6.1 查得，即

$$\alpha = \frac{3}{2\pi \left[1 + (r/z)^2\right]^{5/2}} \tag{6.11}$$

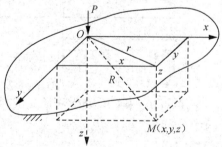

图 6.11　竖向集中力作用下地基附加应力

表 6.1 竖向集中荷载 P 作用下地基竖向附加应力系数 α

r/z	α	r/z	α	r/z	α	r/z	α	r/z	α
0.00	0.4775	0.50	0.2733	1.00	0.0844	1.50	0.0251	2.00	0.0085
0.05	0.4745	0.55	0.2466	1.05	0.0744	1.55	0.0224	2.20	0.0058
0.10	0.4657	0.60	0.2214	1.10	0.0658	1.60	0.0200	2.40	0.0040
0.15	0.4516	0.65	0.1978	1.15	0.0581	1.65	0.0179	2.60	0.0029
0.20	0.4329	0.70	0.1762	1.20	0.0513	1.70	0.0160	2.80	0.0021
0.25	0.4103	0.75	0.1565	1.25	0.0454	1.75	0.0144	3.00	0.0015
0.30	0.3849	0.80	0.1386	1.30	0.0402	1.80	0.0129	3.50	0.0007
0.35	0.3577	0.85	0.1226	1.35	0.0357	1.85	0.0116	4.00	0.0004
0.40	0.3294	0.90	0.1083	1.40	0.0317	1.90	0.0105	4.50	0.0002
0.45	0.3011	0.95	0.0956	1.45	0.0282	1.95	0.0095	5.00	0.0001

对式（6.10）进行分析，可以得到集中力作用下地基附加应力 σ_z 的分布特征，如图 6.12 所示。在荷载轴线上，$r=0$，竖向附加应力 σ_z 随着深度 z 的增加而减小；在任一水平线上，深度 z 为定值，当 $r=0$ 时 σ_z 最大，但随着 r 的增大，σ_z 逐渐减小；在 $r>0$ 的竖直线上，当 $z=0$ 时 $\sigma_z=0$，随着 z 的增大，σ_z 逐渐增大，但当 z 增大到一定深度时，σ_z 由最大值逐渐减小。

如果将地基中 σ_z 相同的点连接起来，便得到如图 6.13 所示的附加应力 σ_z 的等值线，由图可知，附加应力呈泡状向四周扩散分布，距离集中力作用点越远，附加应力就越小。

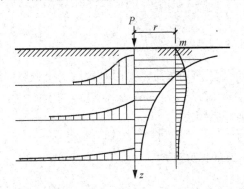

图 6.12 竖向集中力作用下土中附加应力分布

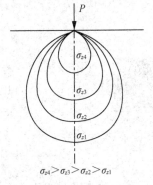

图 6.13 附加应力 σ_z 的等值线

6.4.2 矩形基础底面受竖向荷载作用时地基中附加应力

1. 竖向均布荷载作用角点下的附加应力

矩形基础底面尺寸为 $b \times l$，基底附加压力均匀分布。将基底角点作为坐标原点，并建立坐标系，如图 6.14 所示。在矩形内取一微面积 $dxdy$，微面积上的荷载为 $dP = p_0 dxdy$，则在角点下任一深度 z 处的 M 点由集中力 dP 引起的竖向附加应力 $d\sigma_z$ 可由下式求得，即

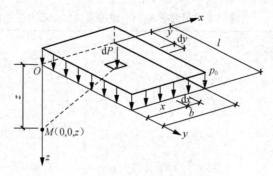

图 6.14　均布矩形荷载角点下的附加应力

$$\mathrm{d}\sigma_z = \frac{3}{2\pi} \times \frac{p_0 z^3}{(x^2+y^2+z^2)^{5/2}} \mathrm{d}x\,\mathrm{d}y \tag{6.12}$$

将其在基底范围内进行积分，即得

$$\sigma_z = \iint_A \mathrm{d}\sigma_z = \frac{3p_0 z^3}{2\pi} \int_0^b \int_0^l \frac{1}{(x^2+y^2+z^2)^{5/2}} \mathrm{d}x\,\mathrm{d}y$$

$$= \frac{p_0}{2\pi}\left[\frac{blz(b^2+l^2+2z^2)}{(b^2+z^2)(l^2+z^2)\sqrt{b^2+l^2+z^2}} + \arctan\frac{bl}{z\sqrt{b^2+l^2+z^2}} \right] \tag{6.13}$$

令

$$\alpha_c = \frac{1}{2\pi}\left[\frac{blz(b^2+l^2+2z^2)}{(b^2+z^2)(l^2+z^2)\sqrt{b^2+l^2+z^2}} + \arctan\frac{bl}{z\sqrt{b^2+l^2+z^2}} \right]$$

则

$$\sigma_z = \alpha_c p_0 \tag{6.14}$$

土的竖向附加
应力系数 α_c 表
（文本）

式中：α_c——矩形基础底面受竖向均布荷载作用时角点下土的竖向附加应
　　　　力系数，结合 $m=l/b$、$n=z/b$ 查表求得，但需注意，l 为基
　　　　底长边，b 为基底短边；

　　　p_0——基底附加压力；

　　　z——由基础底面起算的地基深度。

2. 竖向均布荷载作用任意点下的附加应力

如图 6.15 所示，若要求解地基中任意点 o 下的附加应力，可通过 o 点将荷载面
积划分为若干矩形面积，使 o 点处于划分的这若干个矩形面积的共同角点上，再利
用式（6.14）和应力叠加原理即可求得，这种方法称为角点法。

角点法求解
附加应力
（视频）

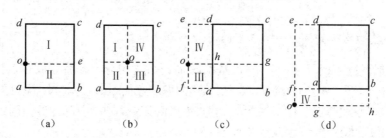

图 6.15　角点法计算均布矩形荷载下地基附加应力

3. 竖向三角形分布荷载作用角点下的附加应力

对于单向偏心受压基础，基底附加压力一般呈梯形分布，此时可将梯形分布分解为均匀分布和三角形分布的叠加来进行计算。

如图 6.16 所示，将坐标原点 o 建立在荷载强度为零的一个角点上，荷载为零的角点记作 1 角点，荷载为 p_0 的角点记作 2 角点，则 1 角点下 z 深度处的竖向附加应力为

$$\sigma_z = \alpha_{t1} p_0 \tag{6.15}$$

式中：α_{t1}——1 角点下土的竖向附加应力系数。

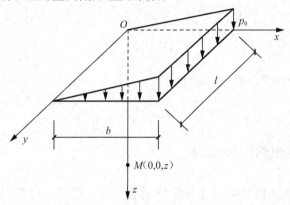

图 6.16 竖向三角形分布矩形荷载作用下的附加应力

同理，可求得荷载最大值边角点 2 下 z 深度处的竖向附加应力为

$$\sigma_z = (\alpha_c - \alpha_{t1}) p_0 = \alpha_{t2} p_0 \tag{6.16}$$

式中：α_{t2}——2 角点下土的竖向附加应力系数。

α_{t1} 和 α_{t2} 计算公式或表格可采用与矩形基础底面受竖向均布荷载作用时角点下土的竖向附加应力系数类似的数学方法求得，此处略去。

6.4.3 条形基础底面受竖向荷载作用时地基中附加应力

1. 竖向均布荷载作用下附加应力

如图 6.17 所示，条形基础基底附加压力为均布荷载 p_0，则地基中任意点 M 处的竖向附加应力为

$$\sigma_z = \alpha_{sz} p_0 \tag{6.17}$$

式中：α_{sz}——条形均布荷载下土的竖向附加应力系数。

2. 竖向三角形分布条形荷载作用下附加应力

如图 6.18 所示，条形基础基底附加压力为三角形分布，若将坐标原点 O 定在条形基础底面中点，x 坐标以指向荷载增大方向为正，则地基中任意点 M 处的竖向附加应力为

$$\sigma_z = \alpha_{tz} p_0 \tag{6.18}$$

式中：α_{tz}——三角形分布条形荷载下土的竖向附加应力系数。

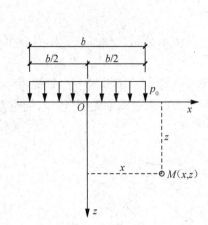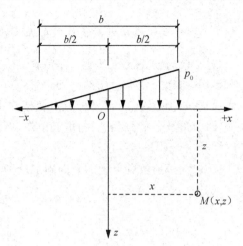

图 6.17　条形均布荷载作用下的附加应力　　　　图 6.18　竖向三角形分布条形荷载作用下的附加应力

6.4.4　成层地基中的附加应力

以上土中附加应力的计算方法将土体视为均质、连续、各向同性的半无限空间弹性体，与土的性质无关。但是地基土往往由软硬不一的多种土层所组成，其变形特性在竖直方向差异较大，应属于双层地基的应力分布问题。对双层地基的应力分布问题，存在两种情况：一种是坚硬土层上覆盖着不厚的可压缩土层，即薄压缩层情况；另一种是软弱土层上有一层压缩性较低的土层，即硬壳层情况。对前者（薄压缩层情况），土中附加应力分布将发生应力集中的现象；对后者（硬壳层情况），土中附加应力分布将发生应力扩散现象，如图 6.19 所示。

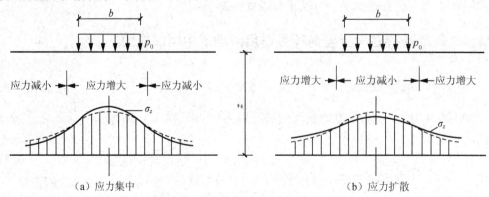

图 6.19　双层地基对附加应力的影响

注：虚线表示均质地基中水平面上的附加应力分布。

在实际地基中，下卧刚性岩层将引起应力集中的现象，岩层埋藏越浅，应力集中越显著。在坚硬土层下存在软弱下卧层时，土中应力扩散的现象将随上层坚硬土层厚度的增大而更加显著，同时它还与双层地基的变形模量 E_0、泊松比 μ 有关，即随参数

f 的增加而显著：

$$f = \frac{E_{01}}{E_{02}} \frac{1-\mu_2^2}{1-\mu_1^2} \tag{6.19}$$

式中：E_{01}、E_{02}——上面硬层与下卧软弱层的变形模量；

　　　μ_1、μ_2——上面硬层与下卧软弱层的泊松比。

土的泊松比变化不大，一般为 $\mu = 0.3 \sim 0.4$，因此参数 f 的大小主要取决于变形模量的比值 E_{01}/E_{02}。

双层地基中应力集中和应力扩散的概念有着重要的工程意义，特别是在软土地区，表面有一层硬壳层，由于应力扩散作用，可以减少地基的沉降，故在设计中基础应尽量浅埋，并在施工中采取保护措施，避免浅层土的结构遭受破坏。

浅基础基槽打夯的作用。

6.5　地基最终沉降量计算

地基最终沉降量是指地基土在建筑荷载作用下达到压缩稳定时地基表面的沉降量。下面主要介绍常用的分层总和法与《规范》推荐方法。

6.5.1　分层总和法

1. 基本假定

分层总和法一般取基底中心点下地基附加应力来计算各分层土的竖向压缩量，认为基础的平均沉降量 s 为各分层土竖向压缩量 Δs_i 之和。在计算出 Δs_i 时，假设地基土只在竖向发生压缩变形，而无侧向变形，故可利用室内侧限压缩试验成果进行计算。

基本假定如下：

1）地基土是一个均匀、等向的半无限空间弹性体。

2）地基土层受荷后不能发生侧向变形。

3）基础沉降量根据基础中心点下土柱所受的附加应力 σ_z 进行计算。

4）基础最终沉降量等于基础底面下某一深度范围内各土层压缩量的总和。该深度以下土层的压缩变形值小到可以忽略不计。

2. 计算公式

如图 6.20 所示各分层土的压缩量 Δs_i 为

$$\Delta s_i = \frac{e_{1i} - e_{2i}}{1+e_{1i}} h_i = \frac{a_i}{1+e_{1i}}(p_{2i} - p_{1i})h_i = \frac{\Delta p_i}{E_{si}}h_i \tag{6.20}$$

则最终沉降量

$$s = \sum_{i=1}^{n} \Delta s_i \qquad (6.21)$$

式中：h_i——第 i 层土的厚度，m；

e_{1i}——对应于第 i 层土上下层面自重应力的平均值 $p_{1i} = [\sigma_{c(i-1)} + \sigma_{ci}]/2$ 作用下，从土的压缩曲线上得到的孔隙比；

e_{2i}——对应于第 i 层土自重应力平均值 p_{1i} 与第 i 层土上下层面附加应力平均值 $\Delta p_i = [\sigma_{z(i-1)} + \sigma_{zi}]/2$ 之和 p_{2i}，从土的压缩曲线上得到的孔隙比；

a_i——第 i 层土的压缩系数；

E_{si}——第 i 层土的压缩模量，MPa；

n——沉降计算范围内的土分层数。

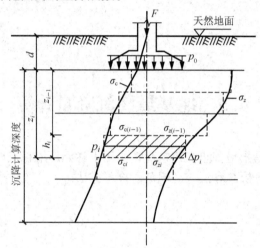

图 6.20　分层总和法计算地基最终沉降

3. 计算步骤

第一步　地基土分层。天然土的分界层面（不同土层的压缩性及重度不同）及地下水面（水面上下土的有效重度不同）是分层界面，分层厚度一般不宜大于 $0.4b$（b 为基底宽度）。基础底面附近附加应力数值大且曲线变化大，分层应薄些，以保证附加应力分布曲线用直线代替计算误差不大。

第二步　计算各分层界面处土的自重应力。土的自重应力应从天然地面起算。

第三步　计算各分层界面处基底中心点下土的竖向附加应力。

第四步　确定地基变形计算深度。一般取地基附加应力等于自重应力的 20%（即 $\sigma_z/\sigma_c = 0.2$）深度处作为变形计算深度的下限值；但在该深度以下如有高压缩性土，则应继续向下计算至 $\sigma_z/\sigma_c = 0.1$ 深度处作为变形计算深度的下限值。如变形计算深度范围内存在基岩时，变形计算深度可取至基岩表面为止。

第五步　按式（6.20）计算各分层土的压缩量 Δs_i。

第六步　按式（6.21）叠加计算地基的最终沉降量。

6.5.2　《规范》推荐方法

分层总和法的基本假定存在近似性，难以对某些复杂因素进行综合反映。经实测对比，对低压缩性土，计算值偏大；对高压缩性土，计算值偏小。《规范》将分层总和法加以简化，引入了平均附加应力系数的概念，并在总结大量实践经验的基础上，重新规定了地基变形计算深度的标准，引入了地基沉降计算经验系数 Ψ_s。

1. 计算公式

由式（6.20）和式（6.21）可知：

$$s' = \sum_{i=1}^{n} \frac{\Delta p_i}{E_{si}} h_i$$

式中：s'——理论计算沉降量；

$\Delta p_i h_i$——第 i 层土附加应力曲线所包围的面积，即图 6.21 中图形 3465 的面积，用 A_{3465} 表示。

而

$$A_{3465} = A_{1265} - A_{1243}$$

由 $A = \int_0^z \sigma_z \mathrm{d}z = p_0 \int_0^z \alpha \mathrm{d}z$，引入平均附加应力系数 $\bar{\alpha}$，则

$$A_{1265} = p_0 \bar{\alpha}_i z_i$$
$$A_{1243} = p_0 \bar{\alpha}_{i-1} z_{i-1}$$

故

$$s' = \sum_{i=1}^{n} \frac{A_{3465}}{E_{si}} = \sum_{i=1}^{n} \frac{p_0}{E_{si}}(\bar{\alpha}_i z_i - \bar{\alpha}_{i-1} z_{i-1}) \tag{6.22}$$

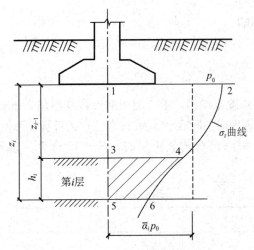

图 6.21　规范推荐法计算原理

再引入沉降计算经验系数 Ψ_s，最后得

$$s = \Psi_s s' = \Psi_s \sum_{i=1}^{n} \frac{p_0}{E_{si}} (\overline{\alpha_i} z_i - \overline{\alpha}_{i-1} z_{i-1}) \tag{6.23}$$

矩形面积上均布
荷载作用下角点
的平均附加
应力系数 $\overline{\alpha_i}$ 表
（文本）

式中：s——地基最终沉降量，mm；

　　Ψ_s——沉降计算经验系数，根据地区沉降观测资料及经验确定，
　　　　　无地区经验时可采用表 6.2 的数值；

　　n——地基变形计算深度范围内所划分的土层数；

　　p_0——相应于作用的准永久组合时基础底面处的附加压力，kPa；

　　E_{si}——基础底面下第 i 层土的压缩模量，MPa，应取土的自重压
　　　　　力至土的自重压力与附加压力之和的压力段计算；

　　z_i，z_{i-1}——基础底面至第 i 层土、第 $i-1$ 层土底面的距离，m；

　　$\overline{\alpha_i}$，$\overline{\alpha}_{i-1}$——基础底面计算点至第 i 层土、第 $i-1$ 层土底面范围
　　　　　内平均附加应力系数，可按《规范》附录 K 采用，l
　　　　　为矩形基础底面长边，b 为短边。

表 6.2　沉降计算经验系数 Ψ_s

基底附加压力	$\overline{E}_s$ /MPa				
	2.5	4.0	7.0	15.0	20.0
$p_0 \geqslant f_{ak}$	1.4	1.3	1.0	0.4	0.2
$p_0 \leqslant 0.75 f_{ak}$	1.1	1.0	0.7	0.4	0.2

注：$\overline{E}_s$ 为变形计算深度范围内压缩模量的当量值，应按 $\overline{E}_s = \dfrac{\sum A_i}{\sum \dfrac{A_i}{E_{si}}}$ 计算，即其中 A_i 为第 i 层土附加应力系

数沿土层厚度的积分值。

2. 地基变形计算深度 z_n

（1）有相邻荷载影响

地基变形计算深度可通过试算确定，即要求满足：

$$\Delta s_n' \leqslant 0.025 \sum_{i=1}^{n} \Delta s_i' \tag{6.24}$$

式中：$\Delta s_i'$——在计算深度范围内，第 i 层土的计算变形值，mm；

　　$\Delta s_n'$——由计算深度向上所取厚度为 Δz 的土层的计算变形值，mm，Δz 见表 6.3。

如确定的计算深度下部仍有较软土层时，应继续计算，直到再次符合式（6.24）
为止。

表 6.3　Δz 表

b/m	$b \leqslant 2$	$2 < b \leqslant 4$	$4 < b \leqslant 8$	$8 < b$
$\Delta z/m$	0.3	0.6	0.8	1.0

（2）无相邻荷载影响

基础宽度在 $1\sim30$ m 范围内时，基础中点的地基变形计算深度也可按下列简化公式计算，即

$$z_n = b(2.5 - 0.4\ln b) \tag{6.25}$$

式中：b——基础宽度，m。

在计算深度范围内存在基岩时，z_n 可取至基岩表面；当存在较厚的坚硬黏性土层，其孔隙比小于 0.5、压缩模量大于 50MPa，或存在较厚的密实砂卵石层，其压缩模量大于 80MPa 时，z_n 可取至该层土表面。此时，地基土附加压力分布应考虑相对硬层存在的影响，按式（6.26）计算地基最终沉降量。

$$s_{gz} = \beta_{gz} s_z \tag{6.26}$$

式中：s_{gz}——具有刚性下卧层时地基土的变形计算值，mm；

　　　β_{gz}——刚性下卧层对上覆土层的变形增大系数，按表 6.4 采用；

　　　s_z——变形计算深度相当于实际土层厚度按式（6.23）计算确定的地基最终变形计算值，mm。

表 6.4　具有刚性下卧层时地基变形增大系数 β_{gz}

h/b	0.5	1.0	1.5	2.0	2.5
β_{gz}	1.26	1.17	1.12	1.09	1.00

注：h 为基底下的土层厚度；b 为基础底面宽度。

3. 计算步骤

第一步　确定分层厚度。按天然土层分层（E_s 不同）。

第二步　确定地基变形计算深度。

第三步　计算各土层的压缩变形量。

第四步　确定沉降计算经验系数。

第五步　得出地基最终沉降量。

基础沉降计算
案例（视频）

4. 地基土的回弹变形量和回弹再压缩变形量

高层建筑由于基础埋置较深，地基回弹再压缩变形往往在总沉降中占重要地位，甚至某些高层建筑设置 $3\sim4$ 层（甚至更多层）地下室时，总荷载有可能等于或小于该深度土的自重应力，这时高层建筑地基沉降变形将由地基回弹变形决定。因此，当基础埋置较深时需考虑地基回弹变形量和回弹再压缩变形量的计算。土的回弹和再压缩情况参见 6.6 节内容。

 讨　论

结合公式应用，归纳出规范推荐法在哪些方面优于分层总和法。

6.6 应力历史对地基沉降的影响

应力历史是指土在形成的地质年代中经受应力变化的情况。同一种土的应力历史不同，则其压缩性也不相同，在相同压力作用下所产生的沉降也不相同。土的回弹和再压缩试验可以反映这一现象。

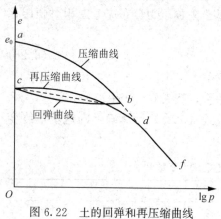

图 6.22 土的回弹和再压缩曲线

6.6.1 土的回弹和再压缩曲线

在进行室内压缩试验时，如果加压到某级荷载（相应于图 6.22 中曲线上的 b 点）后不再加压，而是逐级进行卸载直至零，则可得到卸载阶段的关系曲线，如图中 bc 曲线所示，称为回弹曲线。可以看到，回弹曲线不和初始加载的曲线 ab 重合，变形不能全部恢复。残留的这部分变形称为残余变形；小部分可恢复的变形称为弹性变形。若接着重新逐级加压，则可得到土的再压缩曲线，如图 6.22 中 cdf 曲线。其中 df 段像是 ab 段的延续，犹如其间没有经过卸载和再加压的过程一样。

卸载段和再压缩段的平均斜率称为回弹指数或再压缩指数 C_e。

从土的回弹和再压缩曲线可以看出，土的再压缩曲线比原压缩曲线斜率要小得多，说明土经过压缩后，卸荷再压缩时，其压缩性明显降低。

6.6.2 正常固结、超固结和欠固结的概念

加荷、卸荷对黏性土压缩性的影响非常显著。根据土的先（前）期固结压力 p_c（天然土层在历史上所承受过的最大固结压力）与现有土层自重应力 $\sigma_{cz}=\gamma z$ 之比，即超固结比 OCR（over-consolidation ratio），将天然土层分为三种固结土。

1. 正常固结土

正常固结土是指土层先期固结压力等于现有覆盖土的自重应力。如图 6.23 中 A 类土层，是逐渐沉积到现在地面高度，并在土的自重应力下达到压缩稳定，即 $p_c=\sigma_{cz}=\gamma z$，$OCR=1.0$。

2. 超固结土

超固结土是指土层先期固结压力大于现有覆盖土的自重应力。如图 6.23 中 B 类土层，历史上由于河流冲刷或人类活动等剥蚀作用，将其上部的一部分土体剥蚀掉，或

由于气候转暖，古冰川融化导致上覆压力减小，即 $p_c > \sigma_{cz}$，$OCR > 1.0$。

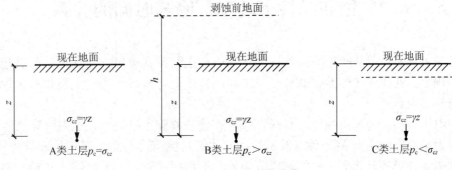

图 6.23 土层应力历史分类

3. 欠固结土

欠固结土是指土层先期固结压力小于现有覆盖土的自重应力。如图 6.23 中 C 类土层，为新近沉积的黏性土或人工填土，因沉积时间不久，在土自重作用下还没有完全固结。图中虚线表示将来固结稳定后的地表，即 $p_c < \sigma_{cz}$，$OCR < 1.0$。

结合回弹和再压缩曲线可以看到：对于同一种土，在上述三种固结状态下，其压缩特性是完全不同的。因此，在计算地基沉降量时，应考虑应力历史对地基沉降的影响，根据土的原始压缩曲线确定土的压缩性指标。

确定先期固结压力 p_c 的方法很多，最常用的是卡萨格兰德（A. Cassagrande，1936）建议的经验作图法。如图 6.24 所示，其步骤为：

1）在 e-lg p 曲线上找出曲率半径最小的点 A，过 A 点作水平线 $A1$ 和切线 $A2$。

2）作 $\angle 1A2$ 的平分线 $A3$，与 e-lg p 曲线尾部直线段的延长线交于 B 点。

3）B 点所对应的有效应力即前期固结压力 p_c。

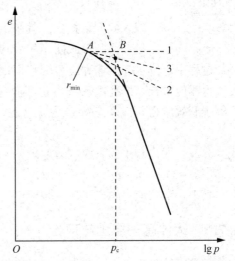

图 6.24 确定 p_c 的卡萨格兰德经验作图法

必须指出，采用这种简易的经验作图法，要求取土质量较高，绘制 e-lg p 曲线时还应注意选用合适的比例，否则很难找到曲率半径最小的点 A，就不一定能得出可靠的结果。还应结合现场的调查资料综合分析确定。

讨　论

分层总和法和规范推荐法针对的是哪种类型的土？三种土对地基变形计算有何影响？

6.7　饱和黏性土地基沉降与时间的关系

　　地基沉降是在荷载产生的附加应力作用下，土孔隙水排出，孔隙压缩而引起的渗透固结现象。孔隙水的排出需要一定的时间，其长短与荷载大小、土层排水条件、土的渗透性等因素有关。

　　碎石土和砂土的压缩性小、渗透性大，在建筑物施工过程中，地基沉降已经基本完成，但饱和黏性土和粉土则需很长的时间才能达到沉降稳定。厚的饱和软黏土层，其沉降需要几年甚至几十年才能完成。因此，工程中一般只考虑黏性土和粉土的沉降与时间的关系，并应用于确定建筑物各部分之间的连接方式、施工顺序以及处理地基变形事故等方面。

饱和土的有效
应力原理（视频）

6.7.1　饱和土的有效应力原理

　　外部荷载在饱和土体中产生的附加应力是由土体中颗粒骨架与孔隙水共同承担的。其中由颗粒骨架承担的应力称为有效应力，用 σ' 表示；由孔隙水所承担的应力称为孔隙水压力，用 u 表示。土体渗透固结的过程中，排水、压缩和应力转移同时进行，土体中各点孔隙水压力逐渐消散，有效应力相应增长，即孔隙水压力逐渐向有效应力转化，但饱和土体受到的附加应力始终等于有效应力 σ' 和孔隙水压力 u 之和，即

$$\sigma_z = \sigma' + u \qquad (6.27)$$

式（6.27）即饱和土的有效应力原理。

　　当 $t=0$ 时，$u=\sigma_z$，$\sigma'=0$；而当 $t \to \infty$ 时，$u=0$，$\sigma'=\sigma_z$。

　　其中，有效应力的作用使土颗粒产生位移，引起土体的变形和强度变化。

6.7.2　太沙基一维固结理论

　　一维固结是指土中孔隙水的渗流和土的压缩变形只沿竖直方向发生。在实际工程中，大面积均布荷载下薄压缩层地基，如果顶面或底面有透水层，则可视为一维固结。

　　一维固结理论的基本假设如下：

　　1）土是均质、各向同性和完全饱和的。

　　2）土粒和孔隙水是不可压缩的。

　　3）土层的压缩和土中水的渗流只沿竖向发生，是单向（一维）的。

　　4）土中水的渗流服从达西定律，且土的渗透系数 k 和压缩系数 a 在渗流过程中保持不变。

　　5）外荷载是一次瞬时施加的。

　　固结度是指土层在固结过程中，某一时刻 t 的沉降量与土层最终沉降量的比值。对于单向渗透固结，由于土层的固结沉降与该层的有效应力面积成正比，固结度可表述

为某一时刻 t 土层的有效应力面积与起始孔隙水压力面积之比。

太沙基（K. Terzaghi，1925）建立了饱和土的一维固结微分方程，并依据土层的初始条件和边界条件推导出土中某点某时刻 t 的孔隙水压力 $u_{z,t}$ 公式，将其代入固结度公式即可得到固结度计算公式。固结土层中附加应力分布和排水条件发生变化，则固结度计算公式也不相同，但它们均是时间因子的函数，即

$$U_t = f(T_v) \tag{6.28}$$

式中：U_t——t 时刻的固结度；

　　　T_v——竖向固结时间因数，量纲为 1，计算式为

$$T_v = \frac{C_v t}{H^2} \tag{6.29}$$

式中：t——固结过程中某一时间，年；

　　　H——压缩土层中最远的排水距离，当土层为单面排水时 H 取土层厚度，当土层为双面排水时 H 取土层厚度一半，m；

　　　C_v——土的竖向固结系数，m²/年，由室内压缩试验确定，计算式为

$$C_v = \frac{k(1+e)}{\gamma_w a} \tag{6.30}$$

式中：k——土的渗透系数，m/年；

　　　e——土的初始平均孔隙比；

　　　a——土的压缩系数，MPa⁻¹；

　　　γ_w——水的重度，$\gamma_w = 10 \text{kN/m}^3$。

为了便于应用，可按式（6.28）～式（6.30）绘制出各种不同附加应力分布及排水条件下的 U_t 与 T_v 的关系曲线，如图 6.25 所示。图中 α＝压缩土层透水面附加应力/压缩土层不透水面附加应力＝σ_a / σ_b。

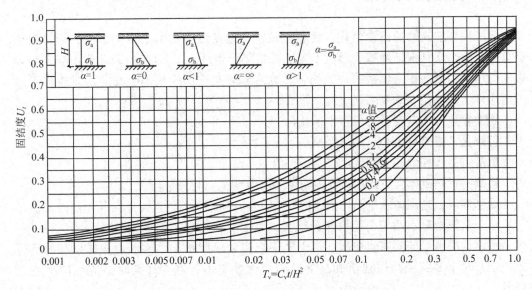

图 6.25　固结度 U_t 与时间因数 T_v 关系曲线

情况 1：$\alpha=1$，适用于基础底面积很大、压缩土层较薄的情况。

情况 2：$\alpha=0$，适用于大面积新填土层（饱和时）由于自重应力引起的固结。

情况 3：$\alpha<1$，适用于土层在自重应力作用下尚未固结，又在其上施加荷载的情况。

情况 4：$\alpha=\infty$，适用于基底面积小、土层厚的情况。

基础沉降与时间
关系计算案例
（视频）

情况 5：$\alpha>1$，类似情况 4，但在不透水层面上的附加应力大于 0。

以上情况均为单面排水，若为双面排水，则不论附加应力如何分布，只要是线性分布，均按情况 1 计算，只是时间因数计算式中的 H 改为 $H/2$。

通过图 6.25，可以解决地基在某一时间的沉降量问题和到达某一沉降量时所需时间问题。

6.7.3　实测沉降-时间关系的经验公式

需要指出，由于一维固结理论作了各种简化假设，另外室内试验所确定的土的物理力学性质指标与实际存在一定的差异，故其计算的结果难以与实际情况相符。而根据建筑物沉降观测资料，在大多数情况下，沉降与时间的关系在坐标轴上呈双曲线式或对数曲线式，因此在工程实践中，可根据实测的沉降与时间资料来确定曲线的参数，并进而求得任一时刻 t 时地基的沉降量 s_t。

6.8　建筑物沉降观测与地基变形允许值

6.8.1　地基变形允许值

为了保证建筑物的正常使用，防止建筑物因地基变形过大而产生裂缝、倾斜甚至破坏等事故，必须保证地基变形值不大于地基变形允许值。《规范》对此作出规定，如表 6.5 所示。对表中未包括的建筑物，其地基变形允许值应根据上部结构对地基变形的适应能力和使用上的要求确定。

表中相应的地基变形特征有以下几种。

沉降量：指基础中心点的沉降值。

沉降差：指相邻独立基础沉降量的差值。

倾斜：指基础倾斜方向两端点的沉降差与其距离的比值。

局部倾斜：指砌体承重结构沿纵向 6～10m 内基础两点的沉降差与其距离的比值。

由于建筑地基不均匀、荷载差异很大、体形复杂等因素引起的地基变形，对于砌体承重结构应由局部倾斜值控制，对于框架结构和单层排架结构应由相邻柱基的沉降差控制，对于多层或高层建筑和高耸结构应由倾斜值控制，必要时尚应控制平均沉降量。

表 6.5　建筑物的地基变形允许值

变形特征		地基土类别	
		中、低压缩性土	高压缩性土
砌体承重结构基础的局部倾斜		0.002	0.003
工业与民用建筑相邻柱基的沉降差	框架结构	0.002l	0.003l
	砌体墙填充的边排柱	0.0007l	0.001l
	当基础出现不均匀沉降时不产生附加应力的结构	0.005l	0.005l
单层排架结构（柱距为 6m）柱基的沉降量/mm		(120)	200
桥式吊车轨面的倾斜（按不调整轨道考虑）	纵向	0.004	
	横向	0.003	
多层和高层建筑的整体倾斜	$H_g \leqslant 24$	0.004	
	$24 < H_g \leqslant 60$	0.003	
	$60 < H_g \leqslant 100$	0.0025	
	$H_g > 100$	0.002	
体型简单的高层建筑基础的平均沉降量/mm		200	
高耸结构基础的倾斜	$H_g \leqslant 20$	0.008	
	$20 < H_g \leqslant 50$	0.006	
	$50 < H_g \leqslant 100$	0.005	
	$100 < H_g \leqslant 150$	0.004	
	$150 < H_g \leqslant 200$	0.003	
	$200 < H_g \leqslant 250$	0.002	
高耸结构基础的沉降量/mm	$H_g \leqslant 100$	400	
	$100 < H_g \leqslant 200$	300	
	$200 < H_g \leqslant 250$	200	

注：1) 本表数值为建筑物地基实际最终变形允许值。

2) 有括号者仅适用于中压缩性土。

3) l 为相邻柱基的中心距离（mm）；H_g 为自室外地面起算的建筑物高度（m）。

6.8.2　建筑物沉降观测

1. 沉降观测的意义

建筑物的沉降观测能反映地基的实际变形以及地基变形对建筑物的影响程度。因此，系统的沉降观测资料是验证地基基础设计是否正确，分析地基事故以及判别施工质量的重要依据，也是确定建筑物地基变形允许值的重要资料。此外，通过对沉降计算值与实测值的对比，还可以了解现行沉降计算方法的准确性，以便改进或发展更符合实际的沉降计算方法。

2. 需要进行沉降观测的建筑物

《建筑变形测量规范》(JGJ 8—2016) 规定，下列建筑应在施工期间及使用期间进行沉降变形观测：

- 地基基础设计等级为甲级的建筑。
- 软弱地基上的地基基础设计等级为乙级的建筑。
- 加层、扩建建筑或处理地基上的建筑。
- 受邻近施工影响或受场地地下水等环境因素变化影响的建筑。
- 采用新型基础或新型结构的建筑。
- 大型城市基础设施。
- 体型狭长且地基土变化明显的建筑。

以上 7 条为**强制性条文**。

另外，需要积累建筑物沉降经验或进行设计反分析的工程，应进行建筑物沉降观测和基础反力监测。沉降观测宜同时设分层沉降监测点。

沉降观测的方法
（文本）

3. 沉降观测的内容

建筑沉降观测可根据需要，分别或组合测定建筑场地沉降、基坑回弹、地基土分层沉降以及基础和上部结构沉降。

6.9　减轻建筑物不均匀沉降的措施

地基不均匀沉降可导致墙体裂缝、梁板拉裂、构配件损坏、影响正常使用等。通常的解决方法有：采用柱下条形基础、筏形基础或箱形基础，采用桩基础或其他深基础，地基处理在建筑、结构和施工方面采取措施。但前三种方法往往造价较高，深基础和许多地基处理方法还需要具备一定的施工条件，有时还不能完全解决问题。而若能在建筑、结构和施工方面采取一些措施，则可降低对地基基础处理的要求和难度，取得较好的效果。

6.9.1　建筑措施

1. 建筑物体型力求简单

建筑物体型是指其平面形状与立面轮廓。平面形状复杂（如 L、T、E、Ⅱ 形等）的建筑物，在其纵、横交叉处基础密集，地基中附加应力互相重叠，使该处产生较大的沉降，引起墙体的开裂；同时，此类建筑物整体刚度差，刚度不对称，当地基出现不均匀沉降时，容易产生扭曲应力，因而更容易使建筑物开裂。建筑物高低（或轻重）变化悬殊，地基各部分所受的荷载差异大，也容易出现过量的不均匀沉降。因此，建筑物的体型设计应力求简单，平面尽量少转折（如采用"一"字形），立面体型变化不宜过大。

2. 设置沉降缝

用沉降缝将建筑物从屋面到基础断开，划分成若干个长高比较小、体型简单、整体刚度较好、结构类型相同、自成沉降体系的独立单元，可以有效地减少不均匀沉降的危害。建筑物的下列部位宜设置沉降缝：

- 建筑平面的转折部位。
- 高度差异或荷载差异处。
- 长高比过大的砌体承重结构或钢筋混凝土框架结构的适当部位。
- 地基土的压缩性有显著差异处。
- 建筑结构或基础类型不同处。
- 分期建造房屋的交界处。

沉降缝可结合伸缩缝设置，在抗震区最好与抗震缝共用。

沉降缝的构造参见图 6.26。缝内一般不能填塞，寒冷地区为防寒可填以松软材料。沉降缝还要求有一定的宽度，以防止缝两侧单元发生互倾沉降时造成单元结构间的挤压破坏。沉降缝的宽度见表 6.6。

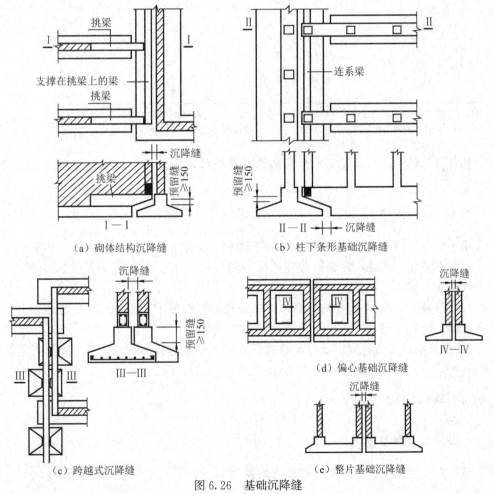

图 6.26　基础沉降缝

表 6.6　建筑物沉降缝的宽度

建筑物层数	沉降缝宽度/mm	建筑物层数	沉降缝宽度/mm
2～3	50～80	>5	≥120
4～5	80～120		

3. 控制相邻建筑物基础间的净距

由于地基附加应力的扩散作用，相邻建筑物产生附加不均匀沉降，可能导致建筑物的开裂或互倾。另外，高层建筑在施工阶段的深基坑开挖也易对邻近原有建筑物产生影响。

为了减少或避免相邻建筑物影响的损害，建造在软弱地基上的建筑物基础之间要有一定的净距。其值视地基的压缩性、产生影响建筑物的规模和重量以及被影响建筑物的刚度等因素而定，参见表 6.7。

表 6.7　相邻建筑物基础间的净距

影响建筑的预估平均沉降量 s/mm	基础间净距/m	
	$2.0 \leqslant L/H_f < 3.0$	$3.0 \leqslant L/H_f < 5.0$
70～150	2～3	3～6
160～250	3～6	6～9
260～400	6～9	9～12
>400	9～12	≥12

注：1）表中 L 为建筑物长度或沉降缝分隔的单元长度（m）；H_f 为自基础底面标高算起的建筑物高度（m）。
　　2）当被影响建筑的长高比为 $1.5 < L/H_f < 2.0$ 时，其间净距可适当缩小。

相邻高耸结构或对倾斜要求严格的构筑物的外墙间隔距离，应根据倾斜允许值计算确定。

4. 调整建筑物各部分标高

由于沉降会改变建筑物原有标高，严重时将影响建筑物的正常使用，甚至导致管道等设备的破坏。因此，建筑物各组成部分的标高，应根据可能产生的不均匀沉降采取下列相应措施：

1）室内地坪和地下设施的标高，应根据预估沉降量予以提高。建筑物各部分（或设备之间）有联系时，可将沉降较大者的标高提高。

2）建筑物与设备之间应留有足够的净空。当建筑物有管道穿过时，应预留足够尺寸的孔洞，或采用柔性的管道接头等。

6.9.2　结构措施

1. 减轻建筑物自重

建筑物自重在基底压力中占有较大的比例，一般工业建筑中约占 40％～50％，民

用建筑中可高达 $60\%\sim80\%$。因此，减小沉降量常可以首先从减轻建筑物自重着手，措施如下：

1）选用轻型高强墙体材料，如轻质高强混凝土墙板、各种空心砌块、多孔砖及其他轻质墙等。

2）选用轻型结构，如预应力钢筋混凝土结构、轻钢结构及各种轻型空间结构。

3）减少基础和回填土重量，如采用架空地板代替室内填土；设置地下室或半地下室，采用覆土少、自重轻的基础形式。

2．减少或调整基底的附加压力

通过调整各部分的荷载分布、基础宽度或埋置深度，控制与调整基底压力，改变不均匀沉降量。对不均匀沉降要求严格的建筑物，可选用较小的基底压力。

3．增强砌体承重结构房屋的整体刚度和承载力

1）控制建筑物的长高比。砌体承重房屋的长高比大，则整体刚度小，纵墙很容易因挠曲变形过大而开裂。《规范》规定：

- 对于三层和三层以上的房屋，其长高比 L/H_f 宜小于或等于 2.5；当房屋的长高比为 $2.5 < L/H_f \leqslant 3.0$ 时，宜做到纵墙不转折或少转折，并应控制其内横墙间距或增强基础刚度和承载力。当房屋的预估最大沉降量小于或等于 120mm 时，其长高比可不受限制。不符合上述条件时，可考虑设置沉降缝。

2）合理布置纵横墙。合理布置纵横墙，是增强砌体承重结构房屋整体刚度的重要措施之一。一般来说，房屋的纵向刚度较弱，故地基不均匀沉降的损害主要表现为纵墙的挠曲破坏。内、外纵墙的中断、转折都会削弱建筑物的纵向刚度。当遇地基不良时，应尽量使内、外纵墙都贯通；另外，缩小横墙的间距也可有效地改善房屋的整体性，从而增强调整不均匀沉降的能力。

3）设置圈梁。墙体内宜设置钢筋混凝土圈梁或钢筋砖圈梁，以增强房屋的整体性，提高砌体结构的抗拉、抗剪能力，防止出现裂缝和阻止裂缝的开展。实践中常在基础顶面附近、门窗顶部、楼（屋）面处设置圈梁，圈梁应设置在外墙、内纵墙及主要内横墙上，并宜在平面内连成封闭系统。圈梁不能在门窗洞口处连通时，应增设加强圈梁进行搭接处理。

圈梁钢筋绑扎
（未回填土）
（视频）

4）在墙体上开洞时，宜在开洞部位配筋或采用构造柱及圈梁加强。

4．加强基础整体刚度

对于建筑体型复杂、荷载差异较大的框架结构，可采用箱基、桩基、

构造柱施工
（视频）

筏基等加强基础整体刚度，减少不均匀沉降。

6.9.3　施工措施

对于淤泥及淤泥质土，施工时应注意不要扰动其原状土，开挖基坑时通常在坑底

保留 200mm 厚原状土，待基础施工时才挖除。如坑底已被扰动，应清除扰动土层，并用砂、碎石回填夯实。

当建筑物各部分存在高低、轻重差异时，宜按照先高后低、先重后轻、先主体后附属的原则安排施工顺序，必要时还要在高或重的建筑物竣工后间隔一段时间再建低或轻的建筑物，这样可减少一部分沉降差。

此外，在施工时还需特别注意基坑开挖时，由于井点降水、施工堆载等可能对邻近建筑造成的附加沉降。

小　结

土作为三相体，具有明显的各向异性和非线性特征。为简便起见，目前计算土中应力的方法仍采用弹性理论公式，将地基土视作均匀、连续、各向同性的半无限空间弹性体，这种假定同土体的实际情况有差别，不过其计算结果尚能满足实际工程的要求。

1. 土中自重应力的计算可归纳为 $\sigma_{cz} = \gamma_1 h_1 + \gamma_2 h_2 + \cdots + \gamma_n h_n = \sum_{i=1}^{n} \gamma_i h_i$，但在计算中要注意地下水的影响，在地下水位以下取土的有效重度。

2. 基底压力和基底附加压力计算时，需注意基础埋深 d 的起算点的不同。在计算基底压力时 d 从设计地面起算；而在计算基底附加压力时，去除基底以上原有土的自重所用 d 一般从天然地面起算。

3. 土中附加应力的计算可归纳为公式 $\sigma_z = \alpha p_0$，需注意查表计算附加应力系数 α 时各种计算公式所取的坐标原点 O 的位置以及 x 坐标轴的方向。对矩形基础采用角点法计算，对条形基础则可直接计算。

4. 规范推荐法是建立在分层总和法基础上的一种简化、修正的地基最终沉降量计算方法。

5. 确定地基沉降量时，应考虑土层的应力历史，按照正常固结土、超固结土、欠固结土的原始压缩曲线计算地基沉降量。

6. 一维固结理论与实际情况有较大的出入，工程实践中常采用经验估算法来研究沉降与时间的关系。

7. 为保证建筑物的安全和正常使用，《规范》按照地基变形特征规定了地基变形允许值。对不同类型的建筑采用不同的地基变形允许值进行控制。

8. 《规范》规定了需要进行沉降观测的建筑物情况。

9. 地基不均匀沉降可导致建筑物损坏，影响正常使用。在建筑、结构和施工方面采取一些措施，可降低对地基基础处理的要求和难度，取得较好的效果。

练　习　题

6.1　名词解释

1. 自重应力；2. 附加应力；3. 基底压力；4. 基底附加压力；5. 正常固结土；6. 超固结土；7. 欠固结土；8. 饱和土的有效应力原理。

6.2 单项选择题

1. 分层总和法计算土体沉降时，将土体假定为（　　）。

A. 刚塑性体　　　　B. 理想塑性体　　　C. 弹塑性体　　　　D. 线弹性体

2. 在基础底面以下压缩层范围内，存在有一层压缩模量很大的硬土层，按弹性理论计算持力层附加应力分布时，有何影响？（　　）

A. 没有影响　　　　B. 应力集中　　　　C. 应力扩散

3. 所谓土的固结，主要是指（　　）。

A. 总应力引起超孔隙水压力增长的过程

B. 超孔隙水压力消散，有效应力增长的过程

C. 总应力不断增加的过程

4. 计算地基的最终沉降量是计算的基底（　　）。

A. 角点沉降　　　　B. 边缘中点沉降　　C. 中点沉降　　　　D. 任意点沉降

5. 饱和黏性土地基沉降与时间问题，工程实践中多采用（　　）方法来解决。面对该领域理论的不足，我们要贯彻党的二十大精神，"实施科教兴国战略""弘扬科学家精神"，创新探索理论的发展。

A. 实测沉降-时间关系的经验公式

B. 一维固结理论

C. 三维固结理论

6.3 判断题

1. 地下水位下降会增加土层的自重应力，引起地基沉降。（　　）

2. 绝对刚性基础不能弯曲，在中心荷载作用下各点下的沉降一样，所以基础底面的实际应力分布是均匀的。（　　）

3. 在计算基底附加应力时，对于新填土场地，基底处的自重应力宜从填土面起算。（　　）

4. 饱和黏性土在单面排水条件下的固结时间为双面排水时间的 2 倍。（　　）

5. 土体的固结时间与其透水性无关。（　　）

6.4 简答题

1. 影响基底压力分布的因素有哪些？为什么通常可以按直线分布来计算？

2.《规范》推荐法计算地基沉降的要点是什么？

3. 哪些建筑物或构筑物分别需要进行沉降差、倾斜、局部倾斜验算？

4. 什么样的建筑物需要沉降观测？有哪些沉降观测内容？

5. 减少不均匀沉降的主要措施有哪些？

6.5 计算题

1. 某建筑场地，地表水平，各层土水平，基本情况如下：第一层土为填土，厚度为 1.0m，$\gamma=16.7\text{kN/m}^3$；第二层土为粉土，厚度为 2.5m，$\gamma=19.4\text{kN/m}^3$；第三层土为粉质黏土，厚度为 3.0m，$\gamma=20.3\text{kN/m}^3$；第四层土为黏土，厚度为 4.0m，$\gamma=21.4\text{kN/m}^3$。试绘制自重应力 σ_{cz} 沿深度的分布图。

2. 建筑场地的地质剖面如图所示，试绘制自重应力 σ_{cz} 分布图。

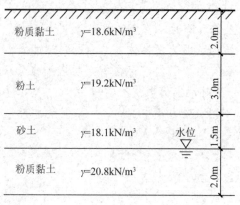

计算题 2 图

3. 如图所示，某墙下条形基础，基础埋深 $d=0.8$m，基底宽度为 0.9m，上部结构传来的荷载 $F_k=100$kN/m，试计算基底压力和基底附加压力。

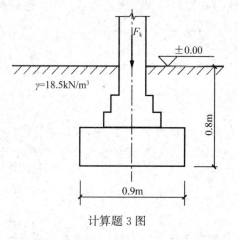

计算题 3 图

4. 如图所示，某矩形单向偏心受压基础，基础底面尺寸为 $b=1.8$m，$l=2$m。其上作用荷载 $F_k=240$kN，$M_k=50$kN·m，试计算基底压力（绘出分布图）和基底附加压力。

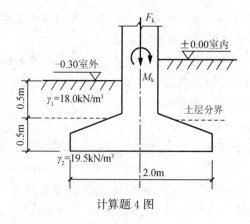

计算题 4 图

单元 7
浅基础底面积确定及剖面设计

知识目标

1. 知晓并能解释确定基础底面积、地基变形及基础剖面设计时所用作用效应代表值的种类。
2. 掌握刚性基础剖面设计的基本概念和方法。
3. 能描述柱下钢筋混凝土独立基础剖面设计步骤。
4. 能描述各类基础的构造要求。
5. 知晓并能解释柱下条形基础、筏形基础的受力状况和配筋状况。

能力目标

1. 能够针对基础底面积、地基变形及基础剖面设计计算出相应的作用效应设计值。
2. 能够计算设计中心、偏心受压基础底面尺寸。
3. 能进行简单刚性基础、扩展基础的剖面设计。

思政目标

随着全面贯彻新时代中国特色社会主义思想，中国式现代化蓬勃发展，城乡建设日新月异，地下结构日趋复杂。结合地下室后浇带、防水底板等构造措施的学习，激发学生的专业荣誉感、行业自豪感以及爱党、爱国、爱社会主义的思想意识。

通过实际工程项目的基础设计，培养学生严谨、认真、负责的职业素养，提高学生自主学习能力、团队意识、协作和沟通表达能力。

7.1 按持力层的承载力确定基底尺寸

确定基础底面尺寸时，首先应满足地基承载力要求，包括持力层土的承载力计算和软弱下卧层的验算；其次，对部分建（构）筑物，仍需考虑地基变形的影响，验算建（构）筑物的变形特征值，并对基础底面尺寸作必要的调整。

确定基础埋深后，就可按持力层修正后的地基承载力特征值计算所需的基础底面尺寸。

7.1.1 轴心荷载作用下的基础

轴心荷载作用下，认为基底压力均匀分布，如图 7.1 所示，要求符合下式要求，即

$$p_k \leqslant f_a \tag{7.1}$$

式中：p_k——相应于作用的标准组合时，基础底面处的平均压力值，kPa；

f_a——修正后的地基承载力特征值，kPa。

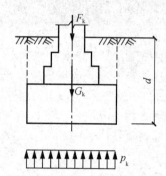

图 7.1 轴心荷载作用下的基础

$$p_k = \frac{F_k + G_k}{A} \tag{7.2}$$

式中：F_k——相应于作用的标准组合时，上部结构传至基础顶面的竖向力值，kN；

G_k——基础自重和基础上的土重，kN，按 $G_k = \gamma_G \bar{d} A$ 计算，其中 γ_G 为基础及其台阶上回填土的平均重度，一般取 20kN/m^3，但在地下水位以下部分应取有效重度，$\bar{d}$ 为基础平均埋深，m；

A——基础底面面积，m^2。

将式（7.2）代入式（7.1），得

$$A \geqslant \frac{F_k}{f_a - \gamma_G \bar{d}} \tag{7.3}$$

1) 对于矩形基础

$$bl \geqslant \frac{F_k}{f_a - \gamma_G \bar{d}} \tag{7.4}$$

式中：b——基础底面宽度；

l——基础底面长度。

2) 对于条形基础，沿长度方向取 1m 作为计算单元，即 $l = 1\text{m}$，代入式（7.4）得

$$b \geqslant \frac{F_k}{f_a - \gamma_G \bar{d}} \tag{7.5}$$

式中：F_k——单位长度基础上相应于作用的标准组合时上部结构传至基础顶面的竖向力值，kN/m。

重要提示

必须指出，在按上述公式计算基础底面尺寸时，需要先确定修正后的地基承载力特征值 f_a，但 f_a 又与基础底面宽度 b 有关，即公式中的 f_a 与 A 都是未知数，因此需要通过试算确定。计算时，可先假定基底宽度 $b \leqslant 3\text{m}$，对地基承载力特征值只进行深度修正，计算 f_a 值，按上述公式计算出 b 和 l。若 $b \leqslant 3\text{m}$，表示假定成立，计算结束；若 $b \geqslant 3\text{m}$，表示假定错误，需按上一轮计算所得 b 值进行地基承载力特征值宽度修正，用深宽修正后新的 f_a 值重新计算 b 和 l。试算的轮数越多，结果就越接近精确值。

【例 7.1】 某砖混结构外墙基础如图 7.2 所示，采用混凝土条形基础，墙厚 240mm，上部结构传至地表的作用的标准组合竖向力值 $F_k=120$kN/m，地基为黏性土，重度 $\gamma=19.5$kN/m³，孔隙比 $e=0.684$，液性指数 $I_L=0.456$，地基承载力特征值 $f_{ak}=110$kPa，试计算基础宽度。

解　1）求修正后的地基承载力特征值。

假定基底宽度 $b<3$m，由于基础埋深 $d=1.0$m>0.5m，仅需进行深度修正。查表 3.8 得 $\eta_b=0.3$，$\eta_d=1.6$，则

$$f_a=f_{ak}+\eta_d\gamma_m(d-0.5)=110+1.6\times19.5\times(1.0-0.5)=125.6(\text{kPa})$$

2）求基础底面宽度 b。

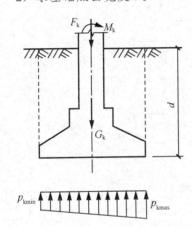

图 7.3　单向偏心荷载作用下的基础

$$b\geqslant\frac{F_k}{f_a-\gamma_G d}=\frac{120}{125.6-20\times1.3}=1.205(\text{m})$$

取 $b=1.25$m。$b=1.25$m<3m，符合假定，故基础宽度设计为 1.25m，即 12500mm。

7.1.2　偏心荷载作用下的基础

如图 7.3 所示，偏心荷载作用下，基础除应符合式（7.1）要求外，尚应符合下列要求：

$$p_{kmax}\leqslant1.2 f_a \tag{7.6}$$

式中：p_{kmax}——相应于作用的标准组合时基础底面边缘的最大压力值，kPa，计算方法详见单元 6。

重要提示

在计算偏心荷载作用下的基础底面尺寸时，通常可按下述试算法进行：

1. 先按轴心荷载作用下的式（7.3）计算基础底面积 A_0，即满足式（7.1）。
2. 根据荷载偏心距的大小将 A_0 增大 10%～40%，使 $A=(1.1\sim1.4)A_0$。
3. 计算偏心荷载作用下的 p_{kmax}，验算是否满足式（7.6）。如不合适（太大或太小），可调整基底尺寸再验算，如此反复，直至满足要求。

【例 7.2】 某柱下独立基础，土层与基础所受荷载情况如图 7.4 所示，基础埋深 1.5m，$F_k=300$kN，$M'_k=50$kN·m，$V_k=30$kN。试根据持力层地基承载力确定基础底面尺寸。

解　1）求持力层修正后的地基承载力特征值。

假定 $b < 3m$，仅进行深度修正。由粉质黏土 $e = 0.723$，$I_L = 0.44$，查表 3.8 得 $\eta_d = 1.6$。

$$\gamma_m = \frac{1}{1.5} \times (18.5 \times 0.8 + 19.8 \times 0.7) = 19.1(kN/m^3)$$

$$f_a = f_{ak} + \eta_d \gamma_m (d - 0.5) = 100 + 1.6 \times 19.1 \times (1.5 - 0.5) = 130.56(kPa)$$

2）按轴心荷载作用估算基底面积。

$$A_0 \geqslant \frac{F_k}{f_a - \gamma_G \bar{d}} = \frac{300}{130.56 - 20 \times (1.5 + 0.5 \times 0.6)} = 3.173(m^2)$$

单向偏心基础
底面积确定案例
（视频）

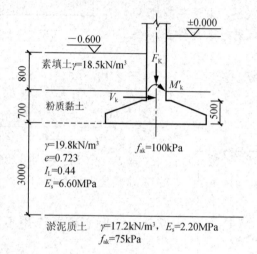

图 7.4　例 7.2 图

3）根据荷载偏心距大小增大基础底面积 30%，即 $A = 1.3 \times 3.173 = 4.125 \ m^2$。

取 $b = 1.5m$，$l = 2.8m$，则 $A = 4.2 \ m^2$。由于 $b < 3m$，不必再对 f_a 进行宽度修正。

4）持力层地基承载力验算。

基础及回填土重

$$G_k = \gamma_G \bar{d} A = 20 \times 1.8 \times 4.2 = 151.2 \ (kN)$$

基础底面的总力矩

$$M_k = M'_k + 0.5 V_k = 50 + 0.5 \times 30 = 65 \ (kN \cdot m)$$

偏心距

$$e = \frac{M_k}{F_k + G_k} = \frac{65}{300 + 151.2} = 0.144m < \frac{l}{6} = \frac{2.8}{6} = 0.467(m)$$

基底边缘最大压力

$$p_{kmax} = \frac{F_k + G_k}{A} \left(1 + \frac{6e}{l}\right) = \frac{300 + 151.2}{4.2} \times \left(1 + \frac{6 \times 0.144}{2.8}\right)$$
$$= 140.6 kPa < 1.2 f_a = 156.7 \ (kPa)$$

满足要求，故基础底面尺寸为 $b = 1.5m$，$l = 2.8m$。

7.1.3 地基软弱下卧层承载力验算

当地基受力层范围内存在软弱下卧层时（承载力显著低于持力层的高压缩性土层），按持力层土的承载力计算得出基础底面尺寸后，还必须对软弱下卧层进行验算，要求作用在软弱下卧层顶面处的附加压力与自重压力之和不超过它的修正后的承载力特征值，即

$$p_z + p_{cz} \leqslant f_{az} \tag{7.7}$$

式中：p_z——相应于作用的标准组合时，软弱下卧层顶面处的附加压力值，kPa；

p_{cz}——软弱下卧层顶面处土的自重压力值，kPa；

f_{az}——软弱下卧层顶面处经深度修正后地基承载力特征值，kPa。

当持力层与软弱下卧土层的压缩模量比值 $E_{s1}/E_{s2} \geqslant 3$ 时，对条形和矩形基础，可采用压力扩散角方法计算 p_z 值。如图 7.5 所示，假设基底处的附加压力 p_0 向下传递时按某一角度 θ 向外扩散。根据基底与软弱下卧层顶面处扩散面积上的附加压力总值相等的条件，可得

条形基础

$$p_z = \frac{b(p_k - p_c)}{b + 2z\tan\theta} \tag{7.8}$$

矩形基础

$$p_z = \frac{lb(p_k - p_c)}{(b + 2z\tan\theta)(l + 2z\tan\theta)} \tag{7.9}$$

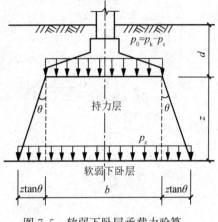

图 7.5 软弱下卧层承载力验算

上两式中：b——矩形基础或条形基础底边的宽度，m；

l——矩形基础底边的长度，m；

z——基础底面至软弱下卧层顶面的距离，m；

p_c——基础底面处土的自重压力值，kPa；

θ——地基压力扩散线与垂直线的夹角，(°)，可按表 7.1 采用。

表 7.1 地基压力扩散角 θ

E_{s1}/E_{s2}	z/b	
	0.25	0.50
3	6°	23°
5	10°	25°
10	20°	30°

注：1）E_{s1} 为上层土压缩模量；E_{s2} 为下层土压缩模量。

2）$z/b < 0.25$ 时取 $\theta = 0°$，必要时宜由试验确定；$z/b > 0.50$ 时 θ 值不变。

3）z/b 在 0.25～0.50 之间可取插值。

【例 7.3】 验算例 7.2 中软弱下卧层强度是否满足要求。

解 基底处土的自重压力

$$p_c = 18.5 \times 0.8 + 19.8 \times 0.7 = 28.66 \text{ (kPa)}$$

软弱下卧层顶面处土的自重压力

$$p_{cz} = 28.66 + 19.8 \times 3.0 = 88.06 \ (\text{kPa})$$

基础底面平均压力

$$p_k = \frac{F_k + G_k}{A} = \frac{300 + 151.2}{1.5 \times 2.8} = 107.4 (\text{kPa})$$

软弱下卧层顶面以上土的加权平均重度

$$\gamma_m = \frac{p_{cz}}{4.5} = \frac{88.06}{4.5} = 19.57 (\text{kN/m}^3)$$

由淤泥质土查表 3.12 得 $\eta_d = 1.0$，故

$$f_{az} = f_{ak} + \eta_d \gamma_m (d - 0.5) = 75 + 1.0 \times 19.57 \times (4.5 - 0.5) = 133.71 (\text{kPa})$$

由 $\dfrac{E_{s1}}{E_{s2}} = \dfrac{6.6}{2.2} = 3$，$\dfrac{z}{b} = \dfrac{3.0}{1.5} = 2 > 0.5$，查表 7.1 得 $\theta = 23°$。

软弱下卧层顶面处的附加压力

$$p_z = \frac{lb(p_k - p_c)}{(b + 2z\tan\theta)(l + 2z\tan\theta)} = \frac{2.8 \times 1.5 \times (107.4 - 28.66)}{(1.5 + 2 \times 3.0 \times \tan23°)(2.8 + 2 \times 3.0 \times \tan23°)}$$
$$= 15.28 (\text{kPa})$$

则

$$p_z + p_{cz} = 15.28 + 88.06 = 103.34 (\text{kPa}) < 133.7 (\text{kPa})$$

软弱下卧层强度满足要求。

7.2　无筋扩展基础剖面设计

刚性基础与
刚性角（视频）

　　无筋扩展基础是指由砖、毛石、混凝土或毛石混凝土、灰土和三合土等材料组成的不配置钢筋的墙下条形基础或柱下独立基础。这种基础受力后，在靠柱边、墙边或断面高度突然发生变化的台阶边缘处容易产生弯曲破坏。为此，要求基础具有一定的高度，使弯曲产生的拉应力不会超过材料的抗拉强度。通常做法是控制基础的外伸长度 b_2 和基础高度 H_0 的比值不超过规定的允许比值。《规范》给出了各种材料的台阶宽高比允许值（表 7.2）。如图 7.6 所示，$b_2/H_0 = \tan\alpha$，与允许的 b_2/H_0 值相对应的角度 α 称为基础的刚性角。满足台阶宽高比限值后，基础已具有足够的刚度，一般无须再作抗弯、抗剪验算。

　　基础高度应符合下式要求，即

$$H_0 \geqslant \frac{b - b_0}{2\tan\alpha} \tag{7.10}$$

式中：b——基础底面宽度，mm；

　　　b_0——基础顶面的墙体宽度或柱脚宽度，mm；

　　　H_0——基础高度，mm；

　　　$\tan\alpha$——基础台阶宽高比 $b_2 : H_0$，其中 b_2 指基础台阶宽度，mm，$\tan\alpha$ 的允许值可按表 7.2 选用。

表 7.2　无筋扩展基础台阶宽高比的允许值

基础材料	质量要求	台阶宽高比的允许值		
		$p_k \leqslant 100$	$100 < p_k \leqslant 200$	$200 < p_k \leqslant 300$
混凝土基础	C15 混凝土	1：1.00	1：1.00	1：1.25
毛石混凝土基础	C15 混凝土	1：1.00	1：1.25	1：1.50
砖基础	砖不低于 MU10、砂浆不低于 M5	1：1.50	1：1.50	1：1.50
毛石基础	砂浆不低于 M5	1：1.25	1：1.50	—
灰土基础	体积比为 3：7 或 2：8 的灰土，其最小干密度： 粉土 1550kg/m³ 粉质黏土 1500kg/m³ 黏土 1450kg/m³	1：1.25	1：1.50	
三合土基础	体积比 1：2：4～1：3：6 （石灰：砂：骨料），每层约虚铺 220mm，夯至 150mm	1：1.50	1：2.00	

注：1）p_k 为作用的标准组合时基础底面处的平均压力值（kPa）。

2）阶梯形毛石基础的每阶伸出宽度，不宜大于 200mm。

3）当基础由不同材料叠合组成时，应对接触部分作抗压验算。

4）混凝土基础单侧扩展范围内基础底面处的平均压力值超过 300 kPa 时，尚应进行抗剪验算；对基底反力集中于立柱附近的岩石地基，应进行局部受压承载力验算。

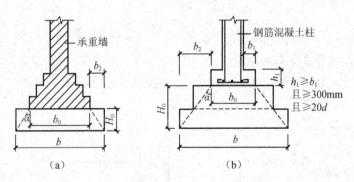

图 7.6　无筋扩展基础构造示意图

注：d 为柱中纵向钢筋直径。

　　另外，进行无筋扩展基础剖面设计时，还需考虑基础材料强度和质量以及其他的构造要求。采用无筋扩展基础的钢筋混凝土柱，其柱脚高度 h_1 不得小于 b_1（图 7.6），并不应小于 300mm 且不小于 20d（d 为柱中的纵向受力钢筋的最大直径）。当柱纵向钢筋在柱脚内的竖向锚固长度不满足锚固要求时，可沿水平方向弯折，弯折后的水平锚固长度不应小于 10d 也不应大于 20d。

　讨　论

评价图 7.7 所示两种砖基础的安全性和经济性。

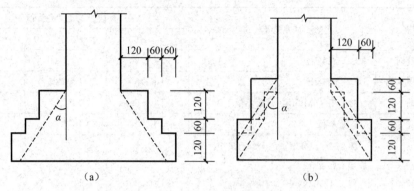

图 7.7　砖基础剖面设计

【例 7.4】 某砖混结构外墙基础采用 3∶7 灰土基础，墙厚 240mm，基底处平均压力 $p_k = 110$ kPa，室内外高差为 450mm，设计基础埋深为 0.8m，设计基础宽度为 0.9m，试设计基础的剖面尺寸。

解　基础大放脚采用 MU10 砖和 M5 砂浆按"二一间隔收"砌筑，两步灰土垫层。

由表 7.2 查得，灰土基础台阶宽高比允许值为 1∶1.50，故灰土垫层挑出宽度应满足

$$\frac{b_2}{H_0} \leqslant \frac{1}{1.5}, \quad b_2 \leqslant \frac{300}{1.5} = 200 \,(\text{mm})$$

则大放脚所需台阶数

$$n \geqslant \frac{1}{2} \times \frac{900 - 240 - 2 \times 200}{60} = 2.17, \quad 取 \, n = 3$$

基础顶面距室外设计地坪距离为

$$800 - 300 - (2 \times 120 + 60) = 200 \,(\text{mm}) > 100 \,(\text{mm})$$

满足构造要求。

基础剖面如图 7.8 所示。

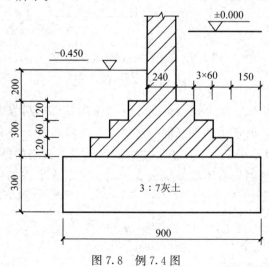

图 7.8　例 7.4 图

7.3　扩展基础剖面设计

扩展基础是指墙下钢筋混凝土条形基础和柱下钢筋混凝土独立基础。

7.3.1　扩展基础的构造要求

1. 一般构造要求

1）锥形基础的边缘高度不宜小于 200mm，其顶部四周应水平放宽至少 50mm；阶梯形基础的每阶高度宜为 300～500mm，如图 7.9 所示。

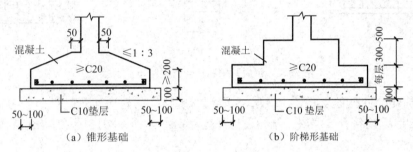

（a）锥形基础　　　　　　　　　（b）阶梯形基础

图 7.9　扩展基础一般构造要求

2）钢筋混凝土基础下通常设素混凝土垫层，垫层厚度不宜小于 70mm，垫层混凝土强度等级不宜低于 C10。垫层两边各伸出基础底板不小于 50mm，一般为 100mm。

3）扩展基础受力钢筋最小配筋率不应小于 0.15%，底板受力钢筋的最小直径不应小于 10mm；间距不应大于 200mm，也不应小于 100mm。墙下钢筋混凝土条形基础纵向分布钢筋的直径不应小于 8mm；间距不应大于 300mm。每延米分布钢筋的面积不应小于受力钢筋面积的 15%。当有垫层时钢筋保护层的厚度不应小于 40mm；无垫层时不应小于 70mm。

4）混凝土强度等级不应低于 C20。

5）当柱下钢筋混凝土独立基础的边长和墙下钢筋混凝土条形基础的宽度大于或等于 2.5m 时，底板受力钢筋的长度可取边长或宽度的 0.9 倍，并宜交错布置，如图 7.10（a）所示。

6）钢筋混凝土条形基础底板在 T 形及十字形交接处，底板横向受力钢筋仅沿一个主要受力方向通长布置，另一方向的横向受力钢筋可布置到主要受力方向底板宽度 1/4 处［图 7.10（b）］。在拐角处，底板横向受力钢筋应沿两个方向布置［图 7.10（c）］。

2. 现浇柱基础

钢筋混凝土柱和剪力墙纵向受力钢筋在基础内的锚固长度应符合下列规定：

1）钢筋混凝土柱和剪力墙纵向受力钢筋在基础内的锚固长度 l_a 应根据现行国家标准《混凝土结构设计规范》(GB 50010—2010)(2015 年版) 有关规定确定。

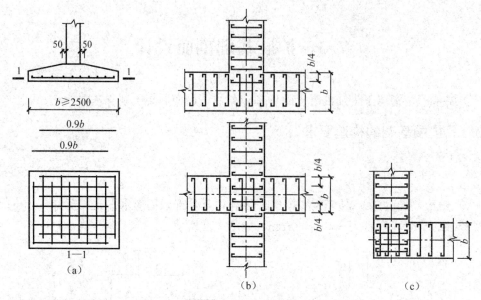

图 7.10　扩展基础底板受力钢筋布置示意

2) 抗震设防烈度为 6 度、7 度、8 度和 9 度地区的建筑工程，纵向受力钢筋的抗震锚固长度 l_{aE} 应符合《混凝土结构设计规范》(GB 50010—2010)(2015 年版) 的有关规定并按下式计算。

- 一、二级抗震等级纵向受力钢筋的抗震锚固长度 l_{aE} 应按下式计算，即

$$l_{aE} = 1.15 l_a \tag{7.11}$$

- 三级抗震等级纵向受力钢筋的抗震锚固长度 l_{aE} 应按下式计算，即

$$l_{aE} = 1.05 l_a \tag{7.12}$$

- 四级抗震等级纵向受力钢筋的抗震锚固长度 l_{aE} 应按下式计算，即

$$l_{aE} = l_a \tag{7.13}$$

式中：l_a——纵向受拉钢筋的锚固长度。

3) 当基础高度小于 l_a（l_{aE}）时，纵向受力钢筋的锚固总长度除符合上述要求外，其最小直锚段的长度不应小于 $20d$，弯折段的长度不应小于 150mm。

现浇柱的基础，其插筋的数量、直径以及钢筋种类应与柱内纵向受力钢筋相同。

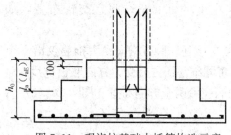

图 7.11　现浇柱基础中插筋构造示意

插筋的锚固长度应满足上述 1)、2) 中的要求，插筋与柱的纵向受力钢筋的连接方法应符合现行国家标准《混凝土结构设计规范》(GB 50010—2010)(2015 年版) 的有关规定。插筋的下端宜做成直钩放在基础底板钢筋网上。当符合下列条件之一时，可仅将四角的插筋伸至底板钢筋网上，其余插筋锚固在基础顶面下 l_a 或 l_{aE}（有抗震设防要求时）处，如图 7.11 所示。

- 柱为轴心受压或小偏心受压，基础高度大于或等于 1200mm。
- 柱为大偏心受压，基础高度大于或等于 1400mm。

3. 预制柱基础

预制钢筋混凝土柱与杯口基础和高杯口基础的连接要求参见《规范》。

7.3.2　墙下钢筋混凝土条形基础计算

墙下钢筋混凝土条形基础通常为无肋板式，当地基不均匀，需加强基础的整体性和抗弯能力时，可设计成有肋式基础，如图 7.12 所示。

墙下钢筋混凝土条形基础设计计算内容主要包括确定基础底面宽度、基础底板厚度和基础底板配筋。其中，基础底面宽度按 7.1 节的方法计算确定；而基础底板厚度和配筋则通过基础斜截面剪切破坏验算和弯曲破坏验算来确定。

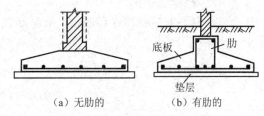

图 7.12　墙下钢筋混凝土条形基础

1. 中心荷载作用下基础底板厚度和配筋计算

（1）基础内力

墙下钢筋混凝土条形基础在均布线荷载 F（kN/m）作用下的受力分析如图 7.13 所示。它的受力情况如同一个倒置的悬臂板。p_n 是相应于承载能力极限状态，在上部结构传来的作用的基本组合 F（kN/m）作用下，在基底产生净反力（不包括基础自重和基础台阶上回填土重所引起的反力）。若取沿墙长度方向 $l=1\text{m}$ 的基础板分析，则

$$p_n = \frac{F}{b} \tag{7.14}$$

式中：p_n——地基净反力设计值，kPa；

F——相应于作用的基本组合，上部结构传至基础底面的竖向力设计值（不包括基础自重和基础台阶上回填土重），kN/m；

b——墙下钢筋混凝土条形基础宽度，m。

在 p_n 作用下，当墙体材料为混凝土时，验

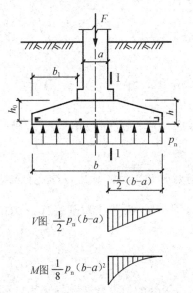

图 7.13　砖墙下钢筋混凝土基础受力分析

算截面取至墙体放脚外边缘处，即底板悬挑长度 b_1 处；如为砖墙，且放脚不大于 1/4 砖长时，验算截面（I—I 截面）取至底板悬挑长度 $b_1+1/4$ 砖长处。以下为放脚 1/4 砖长时砖墙基础底板内产生的最大弯矩 M 和最大剪力 V，即

$$V = \frac{1}{2} p_n (b - a) \tag{7.15}$$

$$M = \frac{1}{8} p_n (b - a)^2 \tag{7.16}$$

式中：V——基础底板根部的剪力设计值，kN/m；

　　　　M——基础底板根部的弯矩设计值，kN·m；

　　　　a——砖墙厚度，m。

（2）基础底板厚度

基础内不配箍筋和弯起钢筋，故基础底板厚度应满足混凝土的抗剪切条件，即

$$V \leqslant 0.7 \beta_{hs} f_t l h_0 \tag{7.17}$$

或

$$h_0 \geqslant \frac{V}{0.7 \beta_{hs} f_t l} \tag{7.18}$$

式中：f_t——混凝土轴心抗拉强度设计值，kPa；

　　　　h_0——基础底板有效高度，即基础底板厚度减去钢筋保护层厚度（有垫层 40mm，无垫层 70mm）和 1/2 倍的钢筋直径，m；

　　　　β_{hs}——受剪切承载力截面高度影响系数，$\beta_{hs} = (800/h_0)^{1/4}$，当 $h_0 < 800$mm 时取 $h_0 = 800$mm，当 $h_0 > 2000$mm 时取 $h_0 = 2000$mm；

　　　　l——长度计算单元，取 $l = 1$m。

（3）基础底板配筋

基础底板中受力钢筋的面积按下式计算，即

$$A_s = \frac{M}{0.9 h_0 f_y} \tag{7.19}$$

式中：A_s——每延米长基础底板受力钢筋截面积，mm^2；

　　　　f_y——钢筋抗拉强度设计值，N/mm^2。

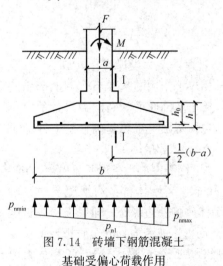

图 7.14　砖墙下钢筋混凝土
基础受偏心荷载作用

实际计算时，应注意各数值代入时单位的统一。

2. 偏心荷载作用下，基础底板厚度和配筋计算

如图 7.14 所示，首先计算基底净反力的偏心距 e_{n0}，即

$$e_{n0} = \frac{M}{F} \left(\leqslant \frac{b}{6} \right) \tag{7.20}$$

然后计算基础边缘处的最大和最小净反力，即

$$p_{nmin}^{nmax} = \frac{F}{b} \left(1 \pm \frac{6 e_{n0}}{b} \right) \tag{7.21}$$

悬臂根部截面 I—I 处的净反力为

$$p_{n1} = p_{nmin} + \frac{b + a}{2b} (p_{nmax} - p_{nmin}) \tag{7.22}$$

基础的高度和配筋计算仍按式（7.18）和式（7.19）进行，但在计算剪力V和弯矩M时应将式（7.15）和式（7.16）中的p_n改为$(p_{nmax}+p_{nl})/2$。这样计算，当p_{nmax}/p_{nmin}值很大时，计算的M值略偏小。

【例7.5】 设计例7.1墙下钢筋混凝土条形基础。已知相应于作用的基本组合，上部结构传至地表的竖向力设计值$F=162kN/m$。

解 1）确定基础底板厚度。

按式（7.14）计算地基净反力设计值，有

$$p_n=\frac{F}{b}=\frac{162}{1.25}=129.6(kPa)$$

按式（7.15）计算基础底板内最大剪力设计值V，有

$$V=\frac{1}{2}p_n(b-a)=\frac{1}{2}\times129.6\times(1.25-0.24)=65.448(kN/m)$$

基础选用C20混凝土，$f_t=1.10N/mm^2$；垫层选用100厚C10素混凝土。

估算基础底板厚度$h=b/8=1250/8\approx156mm$，$h_0<800mm$，故取$\beta_{hs}=1$。

按式（7.18）计算基础所需最小有效高度，有

$$h_0=\frac{V}{0.7\beta_{hs}f_tl}=\frac{65.448\times10^3}{0.7\times1.1\times1\times10^3}=84.99(mm)$$

则基础最小高度

$$h=h_0+40=85+40=125(mm)<200(mm)$$

由于基础计算高度小于边缘最小高度200mm，取$h=200mm$。

2）确定基础底板配筋。

按式（7.16）计算基础底板内最大弯矩设计值M，有

$$M=\frac{1}{8}p_n(b-a)^2=\frac{1}{8}\times129.6\times(1.25-0.24)^2$$
$$=16.53[(kN\cdot m)/m]$$

按式（7.19）计算基础受力钢筋面积（选用HRB400钢筋，$f_y=360N/mm^2$），有

$$A_s=\frac{M}{0.9h_0f_y}=\frac{16.53\times10^6}{0.9\times160\times360}=319(mm^2)$$

选用$\Phi10@200$（实配$A_s=392.5mm^2>319mm^2$），分布筋选$\Phi8@240$。

基础剖面如图7.15所示。

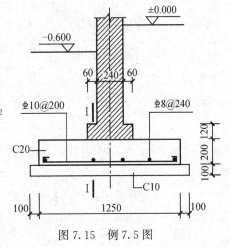

图7.15 例7.5图

 讨论

纵横向基础交接处基础底板重叠面积如何处理？

7.3.3 柱下钢筋混凝土独立基础计算

柱下钢筋混凝土独立基础设计计算内容主要包括确定基础底面尺寸、柱与基础交接处以及基础变阶处基础高度和基础底板配筋。其中，基础底面尺寸按 7.1 节的方法计算确定。柱与基础交接处以及基础变阶处基础高度通过以下验算确定：

- 当冲切破坏锥体落在基础底面以内时，应验算柱与基础交接处以及基础变阶处的受冲切承载力。
- 对基础底面短边尺寸小于或等于柱宽加两倍基础有效高度的柱下独立基础，应验算柱与基础交接处的基础受剪切承载力。

基础底板的配筋应按弯曲计算确定。当基础的混凝土强度等级小于柱的混凝土强度等级时，尚应验算柱下基础顶面的局部受压承载力。

1. 基础高度计算

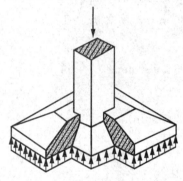

图 7.16　基础冲切破坏

在柱子传来荷载作用下，如果柱与基础交接处以及基础变阶处基础高度不够，就会沿柱周边或变阶处产生冲切破坏，形成 45°斜裂面的角锥体，如图 7.16 所示。因此，由冲切破坏锥体以外的地基净反力产生的冲切力应小于基础冲切面处混凝土的抗冲切能力。根据《混凝土结构设计规范》（GB 50010—2010）（2015 年版），对矩形截面柱的矩形基础，在柱与基础交接处以及基础变阶处，受冲切承载力应按下列公式验算，即

$$F_l \leqslant 0.7\beta_{hp}f_t a_m h_0 \tag{7.23}$$
$$a_m = (a_t + a_b)/2 \tag{7.24}$$
$$F_l = p_j A_l \tag{7.25}$$

式中：β_{hp}——受冲切承载力截面高度影响系数，当 h 不大于 800mm 时 β_{hp} 取 1.0，当 h 大于或等于 2000mm 时 β_{hp} 取 0.9，其间按线性内插法取用；

f_t——混凝土轴心抗拉强度设计值，kPa；

h_0——基础冲切破坏锥体的有效高度，m；

a_m——冲切破坏锥体最不利一侧计算长度，m；

a_t——冲切破坏锥体最不利一侧斜截面的上边长，m，当计算柱与基础交接处的受冲切承载力时取柱宽，当计算基础变阶处的受冲切承载力时取上阶宽；

a_b——冲切破坏锥体最不利一侧斜截面在基础底面积范围内的下边长，m，当冲切破坏锥体的底面落在基础底面以内 [图 7.17 (a)、(b)]，计算柱与基础交接处的受冲切承载力时，取柱宽加两倍基础有效高度，当计算基础变阶处的受冲切承载力时取上阶宽加两倍该处的基础有效高度；

p_j——扣除基础自重及其上土重后相应于作用的基本组合时的地基土单位面积

净反力，kPa，对偏心受压基础可取基础边缘处最大地基土单位面积净反力；

A_l——冲切验算时取用的部分基底面积［图 7.17（a）、（b）中的阴影面积 AB-CDEF］；

F_l——相应于作用的基本组合时作用在 A_l 上的地基土净反力设计值，kN。

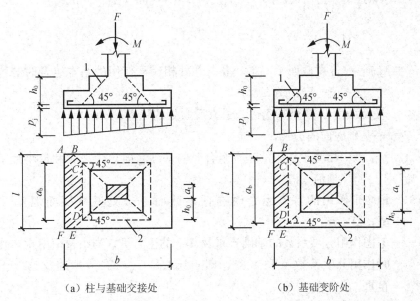

（a）柱与基础交接处   （b）基础变阶处

1. 冲切破坏锥体最不利一侧的斜截面；2. 冲切破坏锥体的底面线。

图 7.17 计算阶梯形基础的受冲切承载力截面位置

当基础底面短边尺寸小于或等于柱宽加两倍基础有效高度时，应按下列公式验算柱与基础交接处截面受剪承载力，即

$$V_s \leqslant 0.7\beta_{hs}f_t A_0 \tag{7.26}$$

$$\beta_{hs} = (800/h_0)^{\frac{1}{4}} \tag{7.27}$$

式中：V_s——相应于作用的基本组合时柱与基础交接处的剪力设计值，kN，图 7.18 中为阴影面积乘以基底平均净反力；

β_{hs}——受剪切承载力截面高度影响系数，当 $h_0 < 800$mm 时取 $h_0 = 800$mm，当 $h_0 > 2000$mm 时取 $h_0 = 2000$mm；

A_0——验算截面处基础的有效截面面积，m^2，当验算截面为阶梯形或锥形时，可将其截面折算成矩形截面，截面的折算宽度和截面的有效高度按《规范》附录 U 计算。

2. 基础底板配筋计算

柱下钢筋混凝土单独基础在地基净反力作用下，底板在两个方向均发生弯曲，故两个方向均需配置受力钢筋。分析时将基底面积分别沿柱与基础交接处以及基础变阶处划分成四个梯形面积，分别计算柱与基础交接处以及基础变阶处沿基础长宽两个方

向的弯矩，并进行截面抗弯验算。

当矩形基础在轴心荷载或单向偏心荷载作用下，台阶的宽高比小于或等于 2.5 且偏心距小于或等于 1/6 基础宽度时，任意截面的底板弯矩可按下列简化方法进行计算（图 7.19），即

$$M_{\mathrm{I}} = \frac{1}{12} a_1 \left[(2l + a') \left(p_{\max} + p - \frac{2G}{A} \right) + (p_{\max} - p) l \right] \qquad (7.28)$$

$$M_{\mathrm{II}} = \frac{1}{48} (l - a')^2 (2b + b') \left(p_{\max} + p_{\min} - \frac{2G}{A} \right) \qquad (7.29)$$

式中：M_{I}、M_{II}——任意截面 I—I、II—II 处相应于作用的基本组合时的弯矩设计值，kN·m；

a_1——任意截面 I—I 至基底边缘最大反力处的距离，m；

l、b——基础底面的边长，m；

$p_{\max}$、$p_{\min}$——相应于作用的基本组合时的基础底面边缘最大和最小地基反力设计值，kPa；

p——相应于作用的基本组合时在任意截面 I—I 处基础底面地基反力设计值，kPa；

G——考虑作用分项系数的基础自重及其上的土自重；当组合值由永久作用控制时作用分项系数可取 1.35，即 $G = 1.35 G_{\mathrm{k}}$，G_{k} 为基础及其上土的标准自重。

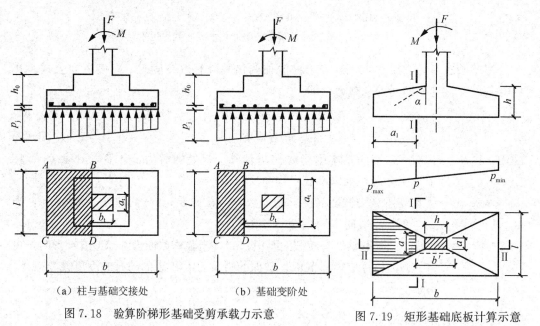

（a）柱与基础交接处　　　　（b）基础变阶处

图 7.18　验算阶梯形基础受剪承载力示意

图 7.19　矩形基础底板计算示意

基础底板各计算截面所需的钢筋面积 A_{s} 为

$$A_{\mathrm{s}} = \frac{M}{0.9 h_0 f_{\mathrm{y}}} \qquad (7.30)$$

式中：f_y——钢筋抗拉强度设计值，N/mm²。

基础底板配筋除满足计算和最小配筋率要求外，尚应符合前述规范的构造要求。计算最小配筋率时，对阶梯形或锥形基础截面，可将其截面折算成矩形截面，截面的折算宽度和截面的有效高度按《规范》附录 U 计算。

3．基础底板配筋布置

设柱下独立柱基底面长短边之比为 ω，当 $2 \leqslant \omega \leqslant 3$ 时，基础底板短向钢筋应按下述方法布置：将短向全部钢筋面积乘以 λ 后求得的钢筋均匀分布在与柱中心线重合的宽度等于基础短边的中间带宽范围内（图 7.20），其余的短向钢筋则均匀分布在中间带宽的两侧。长向钢筋应均匀分布在基础全宽范围内。λ 按下式计算，即

$$\lambda = 1 - \frac{\omega}{6} \tag{7.31}$$

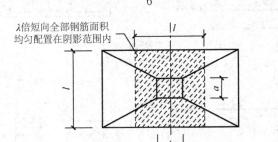

图 7.20　基础底板短向钢筋布置示意

7.4　柱下条形基础的构造要求

柱下条形基础由单根梁或十字交叉梁及其伸出的底板组成。其构造除满足扩展基础的构造要求外，尚应符合下列规定：

1）柱下条形基础梁的高度宜为柱距的 1/8～1/4。翼板厚度不应小于 200mm。当翼板厚度大于 250mm 时，宜采用变厚度翼板，其顶面坡度宜小于或等于 1∶3，见图 7.21（a）。

2）在基础平面布置允许的情况下，条形基础的端部宜向外伸出一定长度，以增大底部面积，改善端部地基的承载条件，同时调整底面形心位置，使基底反力分布更为合理，改善基础梁挠曲条件，但伸出也不宜过长，其长度宜为第一跨距的 0.25 倍。

3）现浇柱与条形基础梁的交接处，基础梁的平面尺寸应大于柱的平面尺寸，且柱的边缘至基础梁边缘的距离不得小于 50mm，如图 7.21（b）所示。当与基础梁轴线垂

直的柱边长大于或等于 600mm 时，可仅在柱位处将基础梁局部加宽。

　　4）基础梁受力复杂，除受纵向整体弯曲作用外，还有柱间的局部弯曲作用，二者叠加后，支座及跨中弯曲方向实际上难以按计算结果可靠确定，故通常梁的上下均要配筋。条形基础梁顶部和底部的纵向受力钢筋除满足计算要求外，顶部钢筋按计算配筋全部贯通，底部通长钢筋不应少于底部受力钢筋截面总面积的 1/3。

　　5）柱下条形基础的混凝土强度等级不应低于 C20。

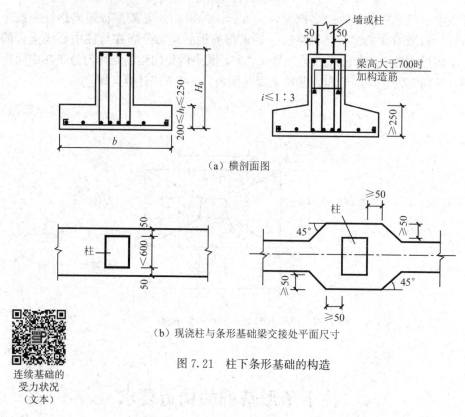

（a）横剖面图

（b）现浇柱与条形基础梁交接处平面尺寸

图 7.21　柱下条形基础的构造

连续基础的
受力状况
（文本）

7.5　筏形基础的构造要求

　　筏形基础有平板式、梁板式两类，其构造要求如下：

　　1）确定筏形基础底面形状和尺寸时首先应考虑使上部结构荷载的合力点接近基础底面的形心。如果荷载不对称，宜调整筏板的外伸长度。当满足地基承载力要求时，筏形基础的周边不宜向外有较大的伸挑、扩大。当需要外挑时，有肋梁的筏基宜将梁一同挑出。如上述调整措施不能完全达到目的，对上肋式、地面架空的布置形式，尚可采取调整筏上填土等措施，以改变合力点位置。

　　2）平板式筏基的板厚按受冲切承载力验算确定，可按楼层层数×每层 50mm 初定，但不应小于 400mm。梁板式筏形基础底板的厚度按受冲切和受剪切承载力验算确定，对 12 层以上建筑的梁板式筏形基础，其底板厚度与最大双向板格的短边净跨之比不应小于 1/14，且板厚不应小于 400mm；其他情况的梁板式筏形基础，其底板厚度与最大双向板格的短边净跨之比不应小于 1/20，且不应小于 300mm。梁板式筏形基础的基础梁梁高取值应该包含底板厚度在内，梁高不宜小于平均柱距的 1/6，并经计算满足承载力的要求。

3）筏形基础的混凝土强度等级不应低于 C30。当有地下室时应采用防水混凝土，防水混凝土的抗渗等级应按表 7.3 选用。对重要建筑，宜采用自防水并设置架空排水层。

表 7.3　防水混凝土抗渗等级

埋置深度 d/m	设计抗渗等级	埋置深度 d/m	设计抗渗等级
$d<10$	P6	$20\leqslant d<30$	P10
$10\leqslant d<20$	P8	$30\leqslant d$	P12

4）地下室底层柱、剪力墙与梁板式筏基的基础梁连接的构造应符合下列规定：
- 柱、墙的边缘至基础梁边缘的距离不应小于 50mm（图 7.22）。
- 当交叉基础梁宽度小于柱截面边长时，交叉基础梁连接处应设置八字角，柱角与八字角之间的净距不宜小于 50mm，见图 7.22（a）。
- 单向基础梁与柱的连接，可按图 7.22（b）、（c）采用。
- 基础梁与剪力墙的连接，可按图 7.22（d）采用。

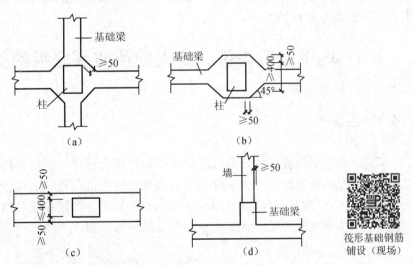

图 7.22　地下室底层柱或剪力墙与梁板式
筏基的基础梁连接的构造要求

5）筏板与地下室外墙的接缝、地下室外墙沿高度处的水平接缝应严格按施工缝要求施工，必要时可设通长止水带。

6）平板式筏板的厚度大于 2000mm 时，宜在板厚中间部位设置直径不小于 12mm、间距不大于 300mm 的双向钢筋网。

7）梁板式筏基的底板和基础梁的配筋除满足计算要求外，纵横方向的底部钢筋尚应不少于 1/3 贯通全跨，顶部钢筋按计算配筋全部贯通，底板上下贯通钢筋的配筋率不应小于 0.15%。

平板式筏基的柱下板带和跨中板带的底部支座钢筋应有不少于 1/3 贯通全跨，顶部钢筋应按计算配筋全部贯通，且上下贯通钢筋的配筋率不应小于 0.15%。

筏板分布钢筋：对板厚小于或等于 250mm 时，钢筋直径取 8mm，间距 250mm；板厚大于 250mm 时，钢筋直径取 10mm，间距 200mm。

若考虑上部结构与地基基础相互作用引起的架桥作用，可在筏板端部的 1～2 个开间范围适当将受力钢筋的面积增加 15%～20%。筏板边缘的外伸部分应上下配置钢筋；对基础梁不外伸的双向外伸部分，应在板底布置放射状附加钢筋，附加钢筋直径与边跨主筋相同，间距不大于 200mm，一般为 5～7 根。

高层建筑筏形基础与裙房基础之间的构造（文本）

8）采用筏形基础的地下室，地下室钢筋混凝土外墙厚度不应小于 250mm，内墙厚度不宜小于 200mm。墙的截面设计除了应满足计算承载力要求外，尚应考虑变形、抗裂及外墙防渗等要求。墙体内应设置双面钢筋，钢筋不宜采用光面圆钢筋，水平钢筋的直径不应小于 12mm，竖向钢筋的直径不应小于 10mm，间距不应大于 200mm。

9）筏形基础地下室施工完毕后，应及时进行基坑回填工作。填土应按设计要求选料，回填时应先清除基坑中的杂物，在相对的两侧或四周同时回填并分层夯实，回填土的压实系数不应小于 0.94。

7.6　地下室后浇带、施工缝及防水底板的构造要求

7.6.1　后浇带

后浇带可根据设置目的分为沉降后浇带和伸缩后浇带。后浇带的平面位置应结合基础及上部结构布置综合考虑，设在受力和变形较小的部位，宜设置在柱距 1/3 处附近，地下室与上部结构后浇带平面位置宜一致。地下室各层顶板后浇带、地下室外墙后浇带、地下室基础底板后浇带做法如图 7.23～图 7.25 所示。

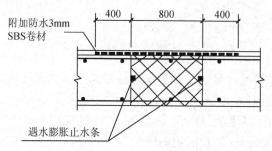

图 7.23　地下室各层顶板后浇带做法

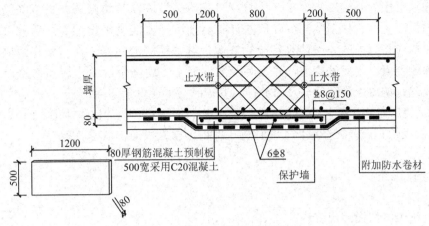

图 7.24 地下室外墙后浇带做法

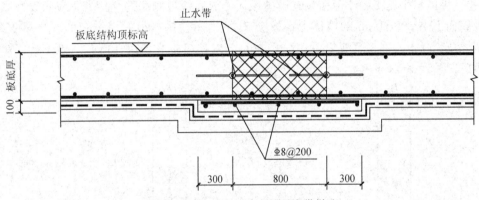

图 7.25 地下室基础底板后浇带做法

基础底板后浇带
混凝土凿毛清理
（现场）

基础底板后浇带
密目钢丝网设置
（现场）

基础底板后浇带下
现浇钢筋混凝土底板
（现场）

基础底板后浇
带止水钢板设置
（现场）

图中做法说明如下：

1) 伸缩后浇带间距宜为 30～40m，贯通基础、顶板及墙板沉降后浇带则设置在柱、裙楼交接跨的裙房一侧。后浇带最小宽度为 800mm。图 7.23～图 7.25 中所示宽度为 800mm。

2) 后浇带两侧可做成平直缝或阶梯缝，后浇带钢筋一般贯通不断开，且要配置适量的加强钢筋。当钢筋必须断开时，其搭接长度应满足考虑纵向搭接刚接接头面积百分率的搭接长度 l_l。

3) 后浇带止水建议采用钢板止水带，也可采用橡胶止水带或遇水膨胀止水条。

4) 伸缩后浇带混凝土浇筑应在两侧混凝土龄期达 42d 后再施工，伸缩后浇带从设置到浇筑混凝土的时间不宜少于 2 个月；沉降后浇带应在其两侧的差异沉降趋于稳定后再浇筑混凝土，宜根据实测沉降值并计算后期沉降差能满足设计要求后方可进行浇筑。施工前应将缝内的表面浮浆和杂物清除，做好钢筋的除锈工作，并将两侧混凝土凿毛，涂刷混凝土界面处理剂，并及时浇灌混凝土。后浇带混凝土应一次浇筑，不得留设施工缝；混凝土浇筑后应及时养护，养护时间不得少于 28d。

　　5）后浇带宜采用早强、补偿收缩混凝土浇筑，其混凝土强度应比两侧混凝土提高一级。

　　6）后浇带宜选择在气温低于主体施工时的温度或气温较低季节施工。

7.6.2　施工缝

　　（1）施工缝留设的规定

　　防水混凝土应连续浇筑，宜少留施工缝。施工缝的留设应符合下列规定：

　　1）墙体水平施工缝不应留设在剪力最大处或底板与侧墙的交接处，应留设在高出底板表面不小于 300mm 的墙体上，如图 7.26 所示。拱（板）墙结合的水平施工缝，宜留设在拱（板）墙接缝线以下 150～300mm 处。墙体有预留孔洞时，施工缝应距孔洞边缘≥300mm。

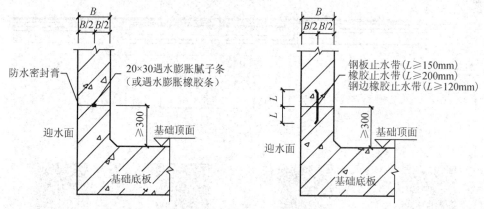

图 7.26　地下室外墙施工缝做法

地下室外墙
施工缝做法
（现场）

　　2）垂直施工缝则应避开地下水和裂隙水较多的地段，并宜与变形缝相结合。

　　施工缝防水处理措施设置中埋止水带［图 7.27（a）］、设置外贴止水带［图 7.27（b）］、设置遇水膨胀止水条［图 7.27（c）］及预埋注浆导管后注浆［图 7.27（d）］等时，如有需要可采用两种以上构造措施进行有效组合。

　　（2）施工缝的施工应符合的规定

　　施工缝的施工应符合的规定如下：

　　1）水平施工缝浇筑混凝土前，应将其表面浮浆和杂物清除，然后铺设净浆或涂刷混凝土界面处理剂、水泥基渗透结晶型防水涂料等材料，再铺 30～50mm 厚的 1:1 水泥砂浆，并应及时浇筑混凝土；垂直施工缝浇筑混凝土前，应将其表面清理干净，再涂刷混凝土界面处理剂或水泥基渗透结晶型防水涂料，并应及时浇筑混凝土。

2）遇水膨胀止水条（胶）应与接缝表面密贴。

3）选用的遇水膨胀止水条（胶）应具有缓胀性能，7d 的净膨胀率不宜大于最终膨胀率的 60%，最终膨胀率宜大于 220%。

4）采用中埋式止水带或预埋式注浆管时，应定位准确、固定牢靠。

5）图 7.27 中 B 为混凝土墙厚，尺寸按工程设计，但不小于 250mm。混凝土抗渗等级不小于 P6。

6）施工缝处模板后拆。

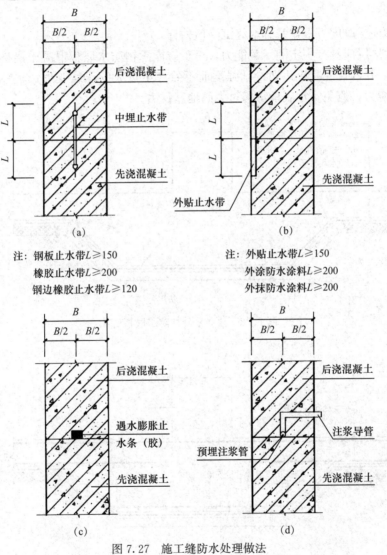

图 7.27　施工缝防水处理做法

7.6.3　防水底板

柱下独立基础（柱下条形基础）加防水底板做法多用于高层建筑的裙房基础和单

独的地下建筑基础。防水底板起到阻止地下水通过底板进入室内的作用，受力上一般只用来抵挡水浮力。为达到设计目的，防水底板下应采取设置软垫层的相应结构构造措施，以确保防水底板不承担地基反力或承担最少的地基反力。而条形基础（独立基础）承担全部的结构荷载并考虑水浮力的影响。

柱下独立基础（柱下条形基础）与防水底板做法如图 7.28～图 7.30 所示。图中做法说明如下：

1）防水底板做法：用柱间基梁或在结构的柱基之间设梁支撑防水底板或采用无梁平板，在防水底板下铺设一定厚度的易压缩材料（可采用聚苯板、焦渣等材料）作为软垫层。

2）软垫层厚度可根据基础最终沉降值估计。

3）软垫层应具有一定的承载能力，至少应能承担防水底板混凝土浇筑时的重量及施工荷载，并确保混凝土达到设计强度前不致产生过大的压缩变形；软垫层应具有一定的变形能力，避免防水底板承担过大的地基反力。

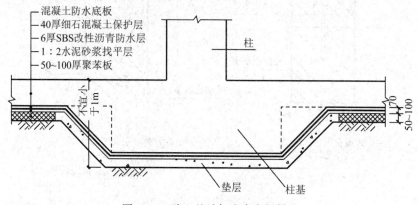

图 7.28　独立基础加防水底板做法

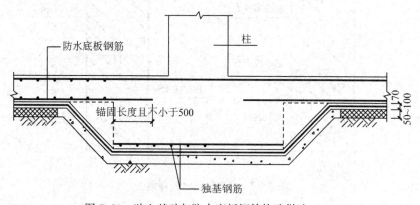

图 7.29　独立基础与防水底板钢筋构造做法（一）

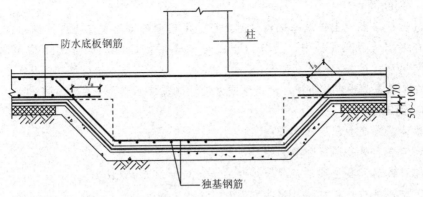

图 7.30　独立基础与防水底板钢筋构造做法（二）

小　结

确定基础底面尺寸时，首先应满足地基承载力要求，包括持力层土的承载力计算和软弱下卧层的验算；其次，对部分建（构）筑物，仍需考虑地基变形的影响，验算建（构）筑物的变形特征值，并对基础底面尺寸作必要的调整。

在计算过程中，应注意上部结构传至基础的作用力为相应于作用的标准组合时的作用力，而计算方法采用试算法。

无筋扩展基础主要是满足材料刚性角的要求。

扩展基础除进行基础厚度和配筋计算外，重点注意满足其构造要求。

柱下条形基础、筏形基础、地下室后浇带、施工缝及防水底板等重点注意其构造要求。

练　习　题

7.1　填空题

1. 当基础宽度大于 3m 或埋置深度大于_____时，应对地基承载力特征值进行修正。

2. 当柱下钢筋混凝土独立基础的边长和墙下钢筋混凝土条形基础的宽度尺寸为_____时，底板受力钢筋的长度可取为_____，并宜交错布置。

3. 一般规定，基础的最小埋深为_____，基础顶面至少应低于设计地面_____。

4. 需验算基础台阶宽高比的是_____基础。

5. 中心荷载作用下的条形基础的宽度计算公式为_____。

6. 中国式现代化的推进，会带动基建工程创新、高质量发展，基础工程向更大更深发展。地下结构后浇带可根据设置目的分为_____后浇带和_____后浇带；后浇带止水建议采用_____止水带，也可采用_____止水带或_____止水条。

7.2 判断题

1. 进行钢筋混凝土扩展基础设计时，应该考虑基础台阶宽高比的限制。　（　　）

2. 在基础底面积设计中，计算传至基础的作用效应时，取上部结构作用的标准组合。　（　　）

3. 在地基基础设计规范中，地基承载力设计值与特征值只是称呼不同而已。（　　）

7.3 简答题

1. 试述基础底面积的确定方法。

2. 为何要验算软弱下卧层的强度？其具体要求是什么？

3. 墙下钢筋混凝土条形基础验算截面位置应如何确定？

4. 扩展基础构造要求涉及哪些方面？

5. 柱下条形基础和筏板基础构造要求涉及哪些方面？

7.4 计算题

1. 某砖混结构住宅楼，灰土基础。从天然地面起算的基础埋深 $d=1.0$m，室内外高差厚度 $h_1=0.5$m；第二层为粉质黏土，$\gamma_2=18.5$kN/m³，$e=0.80$，液性指数 $I_L=0.75$，承载力特征值 $f_{ak}=140$kPa。墙厚 370mm，MU10 砖，M7.5 水泥砂浆，试确定基础的宽度并进行基础剖面设计。

2. 如图所示，某柱下独立基础，基础埋深 1.2m，$F_k=400$kN，$M'_k=80$kN·m，$V_k=200$kN，试根据持力层地基承载力确定基础底面尺寸。

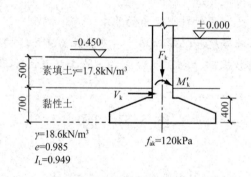

计算题 2 图

3. 某楼房承重外墙厚 370mm，承受上部结构传来的竖向力 $F_k=200$kN/m，上部结构传来的竖向力设计值 $F=250$kN/m，从天然地面起算的基础埋深 $d=1.0$m，室内外高差 0.30m。地层情况：第一层为杂填土，厚 0.5m，$\gamma=16$kN/m³；第二层为黏土，厚 4m，$\gamma=18.5$kN/m³，$f_{ak}=180$kPa，$E_s=6$MPa，$e=0.65$，$I_L=0.42$；第三层为淤泥质土，厚度较大，$\gamma=18.5$kN/m³，$f_{ak}=80$kPa，$E_s=2.0$MPa，基础混凝土采用 C20，试设计墙下钢筋混凝土条形基础。

单元 8

桩基的受力与构造

教学目标

知识目标

1. 能描述桩基的构成、叙述桩的分类；了解各类桩基的特点和适用范围。

2. 了解桩的施工工艺，尤其是规范推荐的新的施工工艺。

3. 能叙述并解释单桩、群桩承载力的基本概念和含义；熟悉桩基的构造要求。

能力目标

能初步对桩基的受力与构造进行分析。

思政目标

通过对长螺旋钻孔压灌桩、灌注桩后注浆技术等新型桩型和施工技术的介绍，对泥浆护壁的污染问题的介绍，激发学生的创新意识；树立绿色建筑、绿色发展的理念；激励学生培养攻坚克难、追求卓越的职业素养和专业精神，以及报效祖国的担当精神和使命感。更加深刻地感悟党的二十大关于"推动绿色发展，促进人与自然和谐共生"的精神，加深对中国式现代化的认知和认同。

8.1 概　述

当浅层地基土质无法满足建筑物对地基承载力和变形的要求，且不宜采用地基处理等措施时，可以深层坚实土层或岩层作为地基持力层，采用深基础方案。常见的深基础主要有桩基、沉井基础、墩基础和地下连续墙等，其中以桩基的历史最为悠久，应用最为广泛。

桩基是由设置于岩土中的桩和与桩顶连接的承台共同组成的基础或由柱与桩直接连接的单桩基础。承台将桩群联结成一个整体，并把建筑物的荷载传至桩上，再将荷载传给深层土和桩侧土体。按照承台的位置高低，可将桩基分为低承台桩基和高承台桩基。若桩身全部埋于土中，承台底面与土体接触，则称为低承台桩基，如图 8.1（a）

所示；若桩身上部露出地面而承台底位于地面以上，则称为高承台桩基，如图 8.1（b）所示。建筑桩基通常为低承台桩基，这种桩基础受力性能好，具有较强的抵抗水平荷载的能力，而高承台桩基多用于桥梁和港口工程。

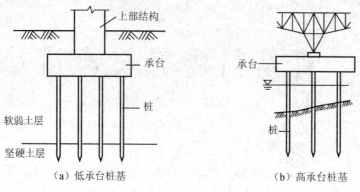

（a）低承台桩基　　　　　　　（b）高承台桩基

图 8.1　桩基

桩基可用于抗压、抗拔（如水下抗浮力的锚桩、输电塔和微波发射塔的桩基等）、抗水平荷载作用（如港口工程的板桩、深基坑的护坡桩以及坡体抗滑桩等），具有承载力高、沉降量小、稳定性好、便于机械化施工、适应性强等特点。因此，适用范围较广，通常下列情况考虑采用桩基：

1）地基的上层土质太差而下层土质较好；或地基软硬不均或荷载不均，不能满足上部结构对不均匀变形的要求。

2）地基软弱，采用地基加固措施不合适；或地基土性特殊，如存在可液化土层、自重湿陷性黄土、膨胀土及季节性冻土等。

3）除承受较大垂直荷载外，尚有较大偏心荷载、水平荷载、动力或周期性荷载作用。

4）上部结构对基础的不均匀沉降相当敏感；或建筑物受到大面积地面超载的影响。

5）地下水位很高，采用其他基础形式施工困难；或位于水中的构筑物基础，如桥梁、码头、钻采平台等。

6）需要减少基础振幅或应控制基础沉降和沉降速率的精密或大型设备基础。

我国土力学及基础工程学科的开拓者之一——吴炳焜

吴炳焜（1914—2003），岩土工程专家，我国土力学及基础工程学科的开拓者之一。长期致力于土力学及基础工程的教学和科研工作，尤其在桩基理论方面具有深厚的造诣。20 世纪 80 年代始，他独辟蹊径，开始了以概率方法研究粒性介质力学，进而建立土力学基本理论的艰难探索，直到生命的最后一刻，还在为学科的发展和我国的铁路工程建设作着重要贡献。吴炳焜严谨的科学态度和一丝不苟的学习工作作风对学生的影响极大，激励学生科技创新、攻坚克难，以卓越的职业素养和专业精神报效祖国。

8.2　桩的分类和选型

8.2.1　桩的分类

桩基中的桩可根据其承载性状、成桩方法、桩径大小等进行分类。

1. 按承载性状分类

《建筑桩基技术规范》(JGJ 94—2008) 根据竖向荷载作用下桩土相互作用的特点，达到极限承载力状态时，桩侧与桩端阻力的发挥程度和分担荷载比例，将桩分为摩擦型桩和端承型桩两个大类，下分为四个亚类。

(1) 摩擦型桩

摩擦型桩是指在竖向极限荷载作用下，桩顶荷载全部或主要由桩侧阻力承受的桩。根据桩侧阻力分担荷载的大小，摩擦型桩又分为摩擦桩和端承摩擦桩两类。

1) 摩擦桩。摩擦桩是指在承载能力极限状态下，桩顶竖向荷载由桩侧阻力承担，桩端阻力小到可忽略不计的桩，如桩端下无较坚实的持力层的桩。

2) 端承摩擦桩。端承摩擦桩是指在承载能力极限状态下，桩顶竖向荷载由桩侧阻力和桩端阻力共同承担，但桩侧阻力分担荷载较大的桩。例如，桩的长径比不很大，桩端持力层为较坚硬的黏性土、粉土和砂类土的桩。

(2) 端承型桩

端承型桩是指在竖向极限荷载作用下，桩顶荷载全部或主要由桩端阻力承受，桩侧阻力相对桩端阻力而言较小，或可忽略不计的桩。根据桩端阻力发挥的程度和分担荷载的比例，端承型桩又可分为摩擦端承桩和端承桩两类。

1) 摩擦端承桩。摩擦端承桩是指在承载能力极限状态下，桩顶竖向荷载由桩侧阻力和桩端阻力共同承担，但桩端阻力分担荷载较大的桩。通常桩端进入中密以上的砂土、碎石类土或中、微风化岩层。

2) 端承桩。在承载能力极限状态下，桩顶竖向荷载由桩端阻力承担，桩侧阻力小到可忽略不计的桩。例如，桩的长径比较小（一般小于 10m），桩身穿越软弱土层，桩端设置在密实砂层、碎石类土层中或位于微风化岩层中的桩。

此外，当桩端嵌入岩层一定深度时，称为嵌岩桩。对于嵌岩桩，桩侧与桩端荷载分担比例与孔底沉渣及进入基岩深度有关，桩的长径比不是制约荷载分担比例的唯一因素。

2. 按成桩方法分类

大量工程实践表明，成桩挤土效应对桩的承载力、环境等有很大影响，涉及设计选型、布桩和成桩过程质量控制。

成桩过程的挤土效应在饱和黏性土中是负面的，会引发灌注桩断桩、缩颈等质量事故，对于挤土预制混凝土桩和钢桩会导致桩体上浮，降低承载力，增大沉降；挤土效应还会造成周边房屋、市政设施受损；在松散土和非饱和填土中影响则是正面的，会起到加密、提高承载力的作用。

因此，根据成桩方法和成桩过程中的挤土效应，将桩分为非挤土桩、部分挤土桩和挤土桩三类。

（1）非挤土桩

非挤土桩是指在成桩时，采用干作业法、泥浆护壁法、套管护壁法等，先将孔中土体取出，对桩周土不产生挤土作用的桩。包括干作业法钻（挖）孔灌注桩、泥浆护壁法钻（挖）孔灌注桩、套管护壁法钻（挖）孔灌注桩。

对于非挤土桩，由于其既不存在挤土负面效应，又具有穿越各种硬夹层、嵌岩和进入各类硬持力层的能力，桩的几何尺寸和单桩的承载力可调空间大。因此钻、挖孔灌注桩使用范围大，尤以高重建筑物更为合适。

（2）部分挤土桩

部分挤土桩是指在成桩时孔中部分或小部分土体先取出，对桩周土有部分挤土作用的桩。包括冲孔灌注桩、钻孔挤扩灌注桩、搅拌劲芯桩、预钻孔打入（静压）预制桩、打入（静压）式敞口钢管桩、敞口预应力混凝土空心桩和 H 型钢桩。

（3）挤土桩

挤土桩是指在成桩时孔中土未取出，完全是挤入土中的桩。包括沉管灌注桩、沉管夯（挤）扩灌注桩、打入（静压）预制桩、闭口预应力混凝土空心桩和闭口钢管桩。

3. 按桩径（设计直径 d）大小分类

桩按桩径（设计直径 d）大小分为以下几类：

1）小直径桩：$d \leqslant 250\text{mm}$。

2）中等直径桩：$250\text{mm} < d < 800\text{mm}$。

3）大直径桩：$d \geqslant 800\text{mm}$。

桩型与成桩
工艺选择表
（文本）

8.2.2　桩型的选择

桩型与成桩工艺应根据建筑结构类型、荷载性质、桩的使用功能、穿越土层、桩端持力层、地下水位、施工设备、施工环境、施工经验、制桩材料供应条件等，按安全适用、经济合理的原则选择。

1）对于框架-核心筒等荷载分布很不均匀的桩筏基础，宜选择基桩尺寸和承载力可调性较大的桩型和工艺。

2）挤土沉管灌注桩用于淤泥和淤泥质土层时，应局限于多层住宅桩基。

3）对于框架结构，特别是对于跨度较大的框架结构，宜采用柱下单桩或柱下承台多桩方案，可采用挤扩、夯扩桩或后注浆桩。

4）对于主裙楼连体建筑，当高层主体采用桩基时，应考虑采用沉降小的桩型，裙房的地基或桩基刚度宜相对弱化,可采用疏桩或短桩基础。

5) 抗震设防烈度为 8 度及以上地区,不宜采用预应力混凝土管桩(PC)和预应力混凝土空心方桩(PS)。

6) 当预应力管桩用于抗拔桩时,应考虑管桩接头部位耐久性问题。

7) 当抗拔桩要求不出现裂缝时,应对桩施加预应力,设置预应力钢筋。

8.3　预制桩的种类与打(沉)桩要点

预制桩是在施工现场或工厂预先制作,然后以锤击、振动、静压等方式将桩设置就位的一种桩类型。工程中应用最广泛的是钢筋混凝土桩。

预制桩通常分段制作,沉桩时再拼接成所需长度。钢桩的分段长度宜为 12～15m。每根桩的接头数量不宜超过 3 个。确定预制桩的单节长度时应符合下列规定:

1) 满足桩架的有效高度、制作场地条件、运输与装卸能力。

2) 避免在桩尖接近或处于硬持力层中时接桩。

混凝土预制桩接头质量应保证满足传递轴力、弯矩和剪力的需要,通常用钢板、角钢焊接,也可采用法兰连接或机械快速连接(螺纹式、啮合式)。钢桩则采用焊接接头,应采用等强度连接。

8.3.1　常用预制桩种类

1. 钢筋混凝土实心桩

钢筋混凝土实心桩有预应力和非预应力之分,桩身截面一般呈方形,截面边长一般为 200～600mm,一般沿桩长不变。规范规定:混凝土预制桩的截面边长不应小于 200mm,预应力混凝土预制实心桩的截面边长不宜小于 350mm;预制桩的混凝土强度等级不宜低于 C30,预应力混凝土实心桩的混凝土强度等级不应低于 C40。钢筋混凝土实心桩的长度和截面可在一定范围内根据需要选择,由于在地面上预制,制作质量容易保证,承载能力高,耐久性好。因此,工程上应用较广。钢筋混凝土实心桩由桩尖、桩身和桩头组成。实心方桩如图 8.2 所示。

图 8.2　实心方桩

2. 预应力混凝土空心桩

预应力混凝土空心桩是采用预应力工艺,经离心成型、蒸汽养护而成的一种预制构件。按截面形式可分为管桩、空心方桩;按混凝土强度等级可分为预应力高强混凝土管桩（PHC）和空心方桩（PHS）、预应力混凝土管桩（PC）和空心方桩（PS）。其中 PHC、PHS 桩的混凝土强度等级不低于 C80，PC、PS 桩的混凝土强度等级不低于 C60。

（1）PHC 桩和 PC 桩

目前用量较大的是 PHC 桩。PHC 桩按外直径有 300mm、400mm、500mm、550mm、600mm、800mm、1000mm 等规格；PC 桩按外直径有 300mm、400mm、500mm、550mm、600mm 等规格。单节最大长度从 11～15m 不等。

管桩按桩身抗弯性能或混凝土有效预压应力值分为 A 型、AB 型、B 型、C 型。其混凝土有效预压应力值分别为 4.0MPa、6.0MPa、8.0MPa、10.0MPa。

管桩的构造：预应力混凝土管桩由桩身、端板、桩套箍等组成。如图 8.3 所示。

图 8.3　管桩

1）管桩的优点。

① 质量稳定可靠。采用离心技术工厂化生产，效率高，产品质量稳定可靠。

② 强度高，耐久性好。采用离心法成型，混凝土致密、强度高，其抗裂性、抗腐蚀性、耐碳化性均较高，抵抗地下水和其他腐蚀的性能好。

③ 施工便利，工期短，对环境无污染，施工管理简单，现场较文明。如采用静力压桩施工，无振动，可避免噪声对环境的影响。

2）管桩的缺点。

① 在以石灰岩作持力层，或"上软下硬、软硬突变"等地质条件下，施工困难。管桩不适用于密实较厚的砂土层及风化岩层。

② 接桩采用焊接连接，有锈蚀隐患。

3）管桩的适用范围。

① 管桩适用于主要承受竖向荷载且水平荷载较小的低承台桩基，当承受水平荷载较大或表层土有较厚液化土层或用作抗拔桩时，应结合工程有关因素经分析验算后选用或另行设计。

② 管桩不应用于地下强腐蚀环境。对中、弱腐蚀的地下环境应采用特种的抗腐蚀材料，并采用封闭桩尖且管腔内不得进入腐蚀性介质。宜选用 PHC 桩，桩身混凝土抗渗等级应≥P10。

③ 管桩适用于设计年限为 50 年的桩基工程，处于二类和三类环境中的管桩及桩基结构的混凝土耐久性应符合《建筑桩基技术规范》(JGJ 94—2008) 表 3.5.2 的规定。

④ 管桩适用于素填土、杂填土、淤泥、淤泥质土、粉土、黏性土、碎石土等地基。

（2）PHS 桩和 PS 桩

预应力空心方桩采用中空挤压抽芯、离心等多种工艺制作成型，是一种外方内圆截面预制混凝土构件，如图 8.4 和图 8.5 所示。其边长有 300mm、350mm、400mm、450mm、500mm、550mm、600mm 等规格，单节最大长度从 12～15m 不等。空心方桩要求具有 3.0MPa 以上的有效预压应力，以保证打桩时桩身混凝土一般不会出现横向裂缝。

图 8.4　预应力空心方桩

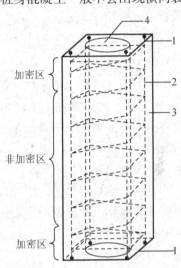

1. 空心方桩端板；2. 预应力主筋；
3. 空心方桩桩体；4. 空心方桩内孔。

图 8.5　预应力空心方桩结构图

空心方桩比管桩有以下优越性：

1）外截面为方形，比圆形更适宜堆放。

2）方形截面比圆形截面更有利于接桩施工。

3）对于以桩侧摩阻力为主的摩擦型桩，空心方桩占有优势。相同的承载力，空心方桩比管桩更经济。相同截面面积时，空心方桩横截面的外周长一般比管桩的周长大，空心方桩一般比管桩截面抵抗矩增加 7%～16%；相同外周长时，空心方桩一般比管桩横截面积减少 12%～18%。

3．钢桩

（1）钢桩的特点

钢桩基础通常指钢管桩或 H 型钢桩，较之其他桩型有以下特点：

1）重量轻、刚性好，装卸、运输、堆放方便，不易损坏。

2）承载力高。由于钢材强度高，能承受强大的冲击力，能有效地打入坚硬土层，获得较高的承载力，有利于建筑物的沉降控制。钢桩基础还能承受较大的水平力。

3）桩长易于调节。特别是当持力层深度起伏较大时，接桩截桩调整桩的长度比较简易。

4）钢桩截面小，打桩挤土量小，对土壤的扰动小，对邻近建筑物影响也较小。桩下端为开口，随着桩打入，泥土挤入桩管内与实桩相比挤土量大为减少，对周围地基的扰动也较小，可避免土体隆起；对先打桩的垂直变位、桩顶水平变位，也可大大减少。

5）接头连接简单。采用电焊焊接，操作简便，强度高，使用安全。

6）在干湿经常变化的环境，钢桩需采取防腐处理。

7）工程质量可靠，施工速度快。

钢桩一般适用于码头、水中结构的高桩承台、桥梁基础、超高层公共与住宅建筑桩基、特重型工业厂房等基础工程。

（2）钢桩的类型

钢桩主要有钢管桩、型钢桩和钢板桩三类。

1）钢管桩。钢管桩的直径自 $\phi406.4\sim\phi2032.0$，壁厚自 $6\sim25\text{mm}$ 不等，钢管桩的规格应根据工程地质、荷载、基础平面、上部荷载以及施工条件综合考虑后加以选择。国内常用的有 $\phi406.4$、$\phi609.6$ 和 $\phi914.4$ 等几种，壁厚有 10mm、11mm、12.7mm、13mm 等几种。

钢管桩存在钢材用量大，工程造价较高；打桩机具设备较复杂，振动和噪声较大；桩材易腐蚀等问题，在选用时应有充分的技术经济分析比较。钢管桩打入土层时，其端部可敞开或封闭，端部开口时易于打入，但端部承载力较封闭式为小。必要时钢管桩内可充填混凝土。

2）型钢桩。常用型钢桩的截面形式有 H 型和工字型。型钢桩可用于承受垂直荷载或水平荷载，贯入各类地层的能力强且对地层的扰动较小。型钢桩的截面积较小，不能提供较高的端承承载力。在长细比较大时易于在打入时出现弯曲现象。弯曲超过一定限度时就不能作为基础桩使用。H 型钢桩与钢管桩相比，具有穿透能力较强，可穿越中间硬土层；施工挤土量小，切割、接长较方便，取材较易，价格较便宜（约20%～30%）等优点。但其承载能力、抗锤击性能要差一些，运输和堆放中易于造成弯折，要特别采取一定防弯折技术措施。H 型钢桩最好不用在永久性基础工程上，桩长不宜超过 20m。型钢桩如图 8.6 所示。

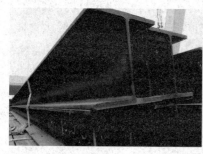

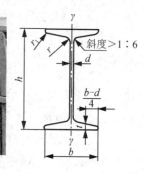

（a）H型钢桩　　　　　　　　（b）工字型钢桩

h 为高度；b 为腿宽度；d 为腰宽度；t 为腿中间厚度；r 为内圆弧半径；r_1 为腿端圆弧半径。

图 8.6　型钢桩

3）钢板桩。根据其加工制作工艺的不同分为热轧拉伸钢板桩、冷弯薄壁钢板桩等，如图 8.7 所示。钢板桩有接口槽，可以将钢板桩沿河岸或海岸组成一个整体的板桩墙，也可将一组钢板桩形成围堰，或作为基坑开挖的临时支挡措施，用来挡土和挡水。常用断面形式有 U 形、Z 形及直腹板式。钢板桩适用于柔软地基及地下水位较高的深基坑支护，施工简便，可以重复使用。但钢板桩成本较高，仅用于水平荷载桩。冷弯钢板桩以冷弯成型机组加工而成，由于锁口部位形状难控制，连接处卡扣不严，其锁口咬合严密性不如热轧钢板桩，故热轧钢板桩的止水性能优于冷弯钢板桩。

图 8.7　钢板桩

8.3.2　打（沉）桩要点

1. 锤击沉桩

锤击沉桩是利用锤体下落冲击桩顶，将桩打入土中。打桩设备主要有桩锤、桩架和动力装置三部分。桩锤有落锤、单动汽锤、双动汽锤、柴油锤、液压锤等。20 世纪 80 年代开始，蒸汽锤已被淘汰，目前普遍使用的是柴油锤，如图 8.8 所示。

通常情况，桩终止锤击的控制应符合下列规定：

1）当桩端位于一般土层时，应以控制桩端设计标高为主，贯入度为辅。

2）桩端达到坚硬、硬塑的黏性土，中密以上粉土、砂土、碎石类土及风化岩时，应以贯入度控制为主，桩端标高为辅。

图 8.8　筒式柴油锤

3）贯入度已达到设计要求而桩端标高未达到时，应继续锤击3阵，并按每阵10击的贯入度不应大于设计规定的数值确认，必要时，施工控制贯入度应通过试验确定。

锤击沉桩
（动画）

　　打桩时的总锤击数和全部锤击时间应适当控制，以避免桩的疲劳和破坏或降低桩锤效率和施工生产率。预应力混凝土管桩的总锤击数及最后1.0m沉桩锤击数应根据桩身强度和当地工程经验确定。一般情况下，每根桩的总锤击数及最后1.0m沉桩锤击数应符合下列规定：

1）预应力混凝土管桩（PC桩）总锤击数不宜超过2000击，最后1.0m沉桩锤击数不宜超过250击。

2）预应力高强混凝土管桩（PHC桩）总锤击数不宜超过2500击，最后1.0m沉桩锤击数不宜超过300击。

图8.9　钢板桩振动沉桩

2. 振动沉桩

振动沉桩是利用固定在桩顶部的振动器所产生的激振力，通过桩身使土颗粒受迫振动，使其改变排列组织，产生收缩和位移，这样桩表面与土层间的摩擦力就减少，桩在自重和振动力共同作用下沉入土中。钢板桩振动沉桩如图8.9所示。

振动沉桩设备简单，不需要其他辅助设备，重量轻，体积小，搬运方便，费用低，工效高，适用于在黏土、松散砂土及黄土和软土中沉桩，更适合于打钢板桩，同时借助起重设备可以拔桩。但当遇有中密以上细砂、粉砂或其他硬夹层时，若厚度在1m以上，可能发生沉入时间过长或穿不过现象，应会同设计部门共同研究解决。

振动沉桩施工应控制最后三次振动，每次5min或10min，以每分钟平均贯入度满足设计要求为准。

静力压桩机
施工
（视频）

3. 静力压桩

打桩机打桩施工噪声、振动大，特别是在城市人口密集地区打桩，影响居民休息，为了减少噪声和振动，可采用静力压桩。

静力压桩是通过静力压桩机以压桩机自重及桩架上的配重做反力将预制桩逐节压入土中的一种沉桩法。静力压桩机有抱压式和顶压式两种，以抱压式为主，抱压式桩机最大吨位可达800t，通常在400～600t。抱压式静力压桩机如图8.10所示。

（1）静力压桩的优点

静力压桩有如下优点：

1）节约钢筋和混凝土，降低工程造价。采用的混凝土强度等级可降低1～2级，配筋比锤击法

图8.10　抱压式静力压桩机

可节省钢筋 40% 左右。

2）施工时无噪声、无振动，无污染，对周围环境的干扰小。

3）施工中由于压桩引起的应力较小，且桩身在施工过程中不会出现拉应力，桩头一般都完好无损，复压较为容易。

4）根据压桩力、土质特征及施工经验，可初步估算单桩极限承载力。

（2）静力压桩的缺点

静力压桩有如下缺点：

1）施工场地的地耐力要求较高，在新填土、淤泥土及积水浸泡过的场地施工易陷机。

2）过大的压桩力（夹持力）易将桩身（特别是管桩）夹破夹碎，或使桩出现纵向裂缝。

3）不易穿透较厚的坚硬地层。当坚硬地层下仍存在需穿过的软弱层时，则需辅以其他施工措施，如采用预钻孔引孔等。

（3）静力压桩的适用范围及要求

静力压桩通常适用于中高压缩性黏性土层，在基岩地区或卵砾石分布地区适用性较差，不宜在有地下障碍物或孤石较多的场地施工。因此，当桩以基岩、卵砾石为持力层或需穿透一定厚度的卵砾石、砂性土夹层时，必须根据桩机的压桩力与终压力及土层分布的形状、厚度、密度、桩型、桩的构造、桩的强度、桩截面规格大小与布桩形式、地下水位高低以及终压前的稳压时间与稳压次数等综合考虑其适用性。

静力压桩施工时多采用超载施工，一般情况下，桩机的压桩力应不小于单桩竖向极限承载力标准值的 1.2 倍。同时压桩力不得超过桩身强度。

静压桩终压标准：

1）一般情况（摩擦桩）以设计桩长和标高为准，最终压桩力作为参考。可先施工2~3 根桩，待 24h 后采用与桩的极限承载力相等的压桩力进行复压，如果桩身不下沉，即可按设计桩长和标高进行全面施工，否则应进行调整。

2）对于端承桩，桩端达到坚硬的硬塑性黏土、中密以上粉土、砂土，极软岩、软岩时，以最终压桩力为准，设计桩长和桩顶标高做参考。

3）摩擦端承桩及端承摩擦桩必须保证设计桩长及相应的压桩力，即对桩长及压桩力同时进行双控。

4）根据试桩确定桩进入持力层的最大终压桩力。

8.4　灌注桩的种类及施工工艺要点

灌注桩是指在设计桩位成孔，然后在孔内放置钢筋笼（也有直接插筋或省去钢筋的），再浇灌混凝土成桩的桩型。其横截面呈圆形，可以做成大直径和扩底桩。灌注桩的优点是不存在运输、吊装和打入过程，钢筋按使用期间的内力大小配置或不配置，节约钢筋；缺点是桩身易出现露筋、缩颈、断桩等现象。保证灌注桩承载力的关键在于桩身的成型及混凝土质量。目前较为常见的灌注桩桩型主要有：正、反循环钻孔灌注桩，旋挖成孔灌注桩，冲孔灌注桩，长螺旋钻孔压灌桩，干作业钻、挖孔桩以及沉管灌注桩。

护壁泥浆的作用
（视频）

8.4.1　泥浆护壁成孔灌注桩

目前，国内钻（冲）孔灌注桩多用泥浆护壁成孔灌注桩。泥浆护壁成孔是利用泥浆保护孔壁，通过循环泥浆裹挟悬浮于孔内钻挖出的土渣并排出孔外，从而形成桩孔的一种成孔方法。一般情况下，泥浆护壁类的灌注桩（如正、反循环钻孔灌注桩，旋挖成孔灌注桩，冲击成孔灌注桩），地层适应性强，可用于黏性土、粉土、砂土、填土、碎石土及风化岩层，地下水位高低对其成孔影响不大，成孔直径一般大于800mm，为大直径桩的主流桩型。

泥浆应选用高塑性黏土或膨润土，根据施工机械、工艺及穿越土层情况进行配合比设计，在现场加水搅拌制成。在泥浆中膨润土的颗粒是不沉淀的，经常处于悬浮状态，即使长期搁置也不会变质。泥浆的黏性和凝胶性使成孔内掘削土砂在泥浆内不沉淀而随泥浆排出孔外。废弃的浆、渣应进行处理，不得污染环境。

另外泥浆还有裹挟土渣和冷却、润滑钻头的作用。

护壁泥浆与绿色发展

钻孔泥浆是由水、膨润土（或黏土）和添加剂等组成的混合浆体，泥浆污水浓度大、黏性大、颗粒细、易流动，后期泥浆污水中含有大量石块、杂物等，处理不当会造成环境破坏，导致水、土壤、农作物等污染，泥浆处理也是目前工程施工的一大难题。目前灌注桩泥浆处理方法有自然沉淀、絮凝沉淀、机械分离等方法。浆水分离后，清液达标后排放，沉淀物经脱水后集中处理。因此，迫切需要弘扬科学家精神，创新研发环保技术。党的二十大指出，要"推动绿色发展，促进人与自然和谐共生"，报告所提"加快发展方式绿色转型""深入推进环境污染防治"等论述，从"加快构建废弃物循环利用体系""发展绿色低碳产业"，到"加强污染物协同控制""加强土壤污染源头防控""推进工业、建筑、交通等领域清洁低碳转型"等方面，为建筑行业的发展指明了方向，提出了要求。

钻（冲）孔达到设计深度，在灌注混凝土之前，孔底沉渣厚度指标应符合下列规定：

1）对端承型桩，不应大于50mm。

2）对摩擦型桩，不应大于100mm。

3）对抗拔、抗水平力桩，不应大于200mm。

这是因为沉渣厚度的大小不仅影响桩端阻力的发挥，而且也影响桩侧阻力的发挥。

泥浆护壁施工法的过程是：平整场地—泥浆制备—埋设护筒—铺设工作平台—安装钻机并定位—钻进或冲击成孔—清孔并检查成孔质量—下放钢筋笼—灌注水下混凝

土—拔出护筒—检查质量。桩孔可通过正循环回转法、反循环回转法、潜水钻机法、冲抓钻法、冲击钻法、旋挖钻法等形成。有的钻机成孔后，可撑开钻头的扩孔刀刃使之旋转切土扩大桩孔，浇灌混凝土后在底端形成扩大桩端，但扩底直径不宜大于 3 倍桩身直径。

钻孔前，在现场放线定位，按桩位挖去桩孔表层土，并埋设护筒。钻孔灌注桩的护筒埋设见图 8.11。护筒，是用厚 4~8mm 钢板制成的圆筒，其内径应大于钻头直径 200mm，高 2m 左右，上部设 1~2 个溢浆孔。护筒的埋置深度：在黏性土中不宜小于 1.0m；砂土中不宜小于 1.5m。护筒的作用是固定桩孔位置，保护孔口，防止地面水流入，增加孔内水压力，防止塌孔，成孔时引导钻头的方向。

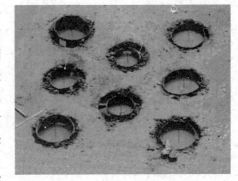

图 8.11　钢护筒埋设

1. 正、反循环钻孔

回转钻成孔又称正、反循环成孔，是用一般地质钻机在泥浆护壁条件下，慢速钻进，通过泥浆排渣成孔。其特点是：可利用地质部门常规地质钻机，可用于各种地质条件，各种大小孔径（300~2000mm）和深度（40~100m），护壁效果好，成孔质量可靠；施工无噪声、无振动、无挤压；机具设备简单，操作方便，费用较低。但成孔速度慢，效率低，用水量大，泥浆排放量大，污染环境，扩孔率较难控制。宜用于地下水位以下黏性土、粉土、砂土、填土、碎石土及风化岩层。可根据桩型、钻孔深度、土层情况、泥浆排放条件、允许沉渣厚度等选择正或反循环。

正循环回转钻孔：泥浆由泥浆泵以高压从泥浆池输进钻杆内腔，经钻头的出浆口射出。底部的钻头在旋转时将土层搅松成为钻渣，被泥浆悬浮，随泥浆上升而溢出，经过沉浆池沉淀净化，泥浆再循环使用。孔壁靠水头和泥浆保护。正循环回转钻孔如图 8.12 所示。

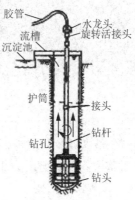

图 8.12　正循环回转钻孔

正循环成孔泥浆的上返速度低，携带土粒直径小，排渣能力差，岩土重复破碎现象严重。

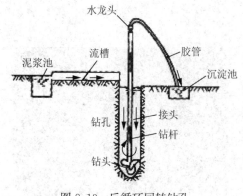

图 8.13　反循环回转钻孔

反循环回转钻孔：泥浆由泥浆池流入钻孔内，同钻渣混合。在真空泵或其他方法（如空气吸泥机、喷射等）抽吸力作用下，混合物进入钻头的进渣口，经过钻杆内腔排泄到沉淀池中净化，再供使用。由于钻杆内径较井孔直径小得多，故钻杆内泥水上升比正循环快很多。反循环转钻孔如图 8.13 所示。对孔深大于 30m 的端承型桩，宜采用反循环。

反循环回转法的钻进与排渣效率较高，但钻渣容易堵塞管路。另外，孔壁坍塌的可能性较正循环法的大，为此需用较高质量的泥浆。

2. 旋挖钻成孔

旋挖钻进是借助旋挖钻机在土层钻孔的一种先进有效的成孔方法。在旋挖钻机的伸缩钻杆下端连接一个底部带耙齿的桶状钻具（钻斗），借助钻具自重和钻机加压力，耙齿切入土层，在回转力矩作用下钻斗同时回转，切削钻掘土层，并将切削下的土块纳入斗内。待斗内土装到相当数量后被钻机提到孔外，打开钻斗，卸去钻渣。其后再将钻斗下入孔内，重复以上操作。通过钻头旋转、削土、提升、卸土，反复循环直至成孔。旋挖钻成孔如图 8.14 所示。钻孔达到设计深度时，应采用清渣钻头进行清孔。

旋挖钻成孔
（现场）

图 8.14　旋挖钻成孔

旋挖钻成孔的主要优点如下：

1）低噪声、低振动、大扭矩、成孔速度快。

2）履带底盘承载，接地压力小，适合于各种施工工况，在施工场区内行走自如，机动灵活，对孔位方便、快捷。

3）伸缩钻杆可向钻头传递回转力矩和轴向压力，同时实现钻头的快速升降，快速卸土，缩短钻孔辅助作业时间，因此提高了钻进效率。

4）自动化程度高，成孔质量好、效率高。该钻机能在各种地层条件下进行高效钻进，施工直径 $\phi 800 \sim \phi 1200$，深度 20m 的桩孔仅需 1h，是一般反循环钻机效率的 8～10 倍。

5）采用泥浆不循环静态护壁成孔技术（也可干孔旋挖），减少泥浆污染。

6）自带柴油动力，可缓解施工现场电力不足的矛盾，消除动力电缆造成的安全隐患。

旋挖钻成孔宜用于黏性土、粉土、砂土、填土、碎石土及风化岩层，多用于各种建（构）筑物基础桩、抗浮桩及基坑支护的护坡桩等。其成孔直径大，最大钻孔深度超过 80m。

3. 冲击钻成孔

冲击钻成孔是用冲击式钻机或卷扬机悬吊冲击钻头上下往复冲击，将硬质土或岩层破碎成孔，部分碎渣和泥浆挤入孔壁中，使大部分成为泥渣，然后用掏渣筒掏出成孔。冲击钻成孔如图 8.15 所示。其特点是：设备构造简单，适用范围广，操作方便，所成孔壁较坚实、稳定，坍孔少，不受施工场地限制，无噪声和振动影响等。但存在掏泥渣较费工费时，不能连接作业，成孔速度较慢，泥渣污染环境，孔底泥渣难以掏尽，使桩承载力不够稳定等问题。宜用于黏性土、粉土、砂土、填土、碎石土及风化岩层，还能穿透旧基础、建筑垃圾填土或大孤石等障碍物。在岩溶发育地区应慎重使用，采用时，应适当加密勘察钻孔。

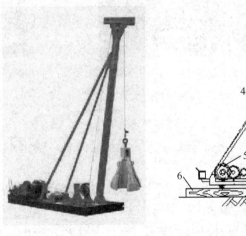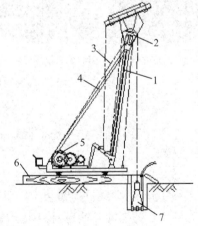

1. 主杆；2. 滑轮；3. 拉索；4. 斜撑；5. 卷扬机；6. 垫木；7. 钻头。

图 8.15　冲击钻成孔

泥浆护壁类灌注桩的优点是：入土深，能进入岩层，刚度大，承载力高，桩身变形小，并可方便地进行水下施工。其缺点是：现场作业环境差、泥浆污染大，尤其是正、反循环钻孔灌注桩这种动态泥浆护壁成孔方式。而旋挖钻成孔灌注桩采用的是静态泥浆护壁方式，不需要地面循环沟等设施，泥浆排放可得到一定控制，污染相对较小，场地作业面整洁。同时，旋挖钻成孔效率较高，尤其在城市，正逐步取代以前较为常用的正、反循环钻孔灌注桩，结合灌注桩后注浆处理技术的应用，成为泥浆护壁类成孔工艺的主流。但对于一些特大桩径（$\phi \geqslant 2000\text{mm}$）或超长桩（$l \geqslant 60\text{m}$），泵吸反循环钻孔灌注桩仍有一定的优势。

8.4.2　长螺旋钻孔压灌桩

长螺旋钻孔压灌桩成桩工艺是国内近年开发且使用较广的一种新工艺。它采用长螺旋钻机钻孔，至设计深度后在提钻的同时通过钻杆的中心导管灌注混凝土，混凝土灌注完成后，借助钢筋笼导入管和振动锤将钢筋笼插入混凝土桩中，边振动边拔出导入管后形成钢筋混凝土灌注桩。后插入钢筋笼的工序应在压灌混凝土工序后连续进行。长螺旋钻孔压灌桩如图 8.16 所示。

（a）长螺旋钻钻孔　　（b）提钻灌注混凝土后插入钢筋笼　　（c）振动锤与钢筋笼导入管

图 8.16　长螺旋钻孔压灌桩

振动下放钢筋笼
（现场）

其特点是：

1）施工简洁，不需要泥浆护壁，无泥浆污染，噪声小，效率高，造价较低。

2）与泥浆护壁钻孔灌注桩相比，该工艺无桩身泥皮和桩底沉渣，其承载力较高，成桩质量稳定，不易产生断桩、缩颈、塌孔等质量问题。

3）钢筋笼导入管的振动，使桩身混凝土密实，桩身混凝土质量更有保证。

长螺旋钻孔压灌桩后插钢筋笼宜用于黏性土、粉土、砂土、填土、非密实的碎石类土、强风化岩，属非挤土成桩工艺。当需要穿越老黏土、厚层砂土、碎石土以及塑性指数大于 25 的黏土时，应进行试钻。由于受钻孔设备限制，桩径宜为 400～1000mm，桩长不宜大于 30mm。

8.4.3　沉管灌注桩和内夯沉管灌注桩

1. 沉管灌注桩

沉管灌注桩是利用锤击、振动或振动冲击等方法沉管成孔，然后浇灌混凝土，拔出套管，其施工程序为打桩机就位—沉管—第一次灌注混凝土—边拔管、边振动、继续灌注混凝土—如桩身配局部长度钢筋笼时，第一次灌注混凝土至笼底标高，然后安放钢筋笼，继续灌注混凝土至桩顶，之后振动拔管并灌注混凝土—成型，如图 8.17 所示。

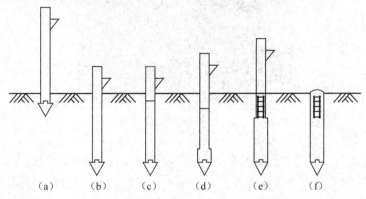

图 8.17　沉管灌注桩的施工程序示意

一般应根据土质情况和荷载要求，分别选用单打、复打（浇灌混凝土并拔管后，立即在原位再次沉管及浇灌混凝土）和反插法（灌满混凝土后，先振动再拔管，一般拔 0.5～1.0m，再反插 0.3～0.5m）三种。复打后的桩横截面面积增大，承载力提高，但其造价也相应提高。反插法的目的是扩大某一段桩身断面，以防止缩颈和有利于提高承载力。总体讲，单打法适用于含水量较小的土层，复打法和反插法适用于饱和土层。反插法适用于插筋或不带活瓣桩尖的钢筋混凝土端承桩或摩擦端承桩施工，但钢筋笼必须加设导正筋。根据设计或施工需要，可进行全部反插和局部反插。

沉管灌注桩的常用桩径（预制桩尖的直径）为 300～500mm，桩长常在 20m 以内，可穿越一般黏性土、粉土、淤泥质土、淤泥、松散至中密的砂土及人工填土等土层，宜用于黏性土、粉土和砂土。其优点是设备简单、施工进度快、造价低。缺点是振动大、噪声高；如施工方法和工艺不当，将会造成缩颈、断桩、夹泥和吊脚（桩底部的混凝土隔空，或混进泥沙在桩底部形成松软层）等质量问题；遇淤泥层时处理比较难。当地基中存在承压水层时，应慎重使用。

夯扩桩 1
（视频）

2. 内夯沉管灌注桩

内夯沉管灌注桩（夯扩桩）是一种外管与内夯管结合锤击沉管进行夯压、扩底和扩径的成孔成桩工艺。它是在锤击沉管灌注桩的桩管内增加了一根比外桩管短 100mm 的内夯管，内夯管底端可采用闭口平底或闭口锥底。内夯管与外管同步打入设计深度，并作为传力杆将桩锤击力传至桩端夯扩成大头形，同时

夯扩桩 2
（视频）

利用内管和桩锤的自重将外管内的现浇桩身混凝土压密成型，使水泥浆压入桩侧土体并挤密桩侧的土。内夯沉管灌注桩如图 8.18 所示。

无桩尖夯扩桩
施工程序
（文本）

图 8.18　内夯沉管灌注桩

夯扩桩兼备打入桩、扩底桩与持力层加固三方面的技术优势。具有以下特点：

1）内管底部的干硬性混凝土（无桩尖工艺）可有效起到止淤和短时止水作用，使后续混凝土灌注质量得到保证。当封底或沉管有困难时，则采用钢筋混凝土预制桩尖的沉管方式。

2）桩身混凝土借助于桩锤和内夯管的下压作用成型，可避免或减少缩颈、裂缝、混凝土不密实、回淤和断桩等弊病的产生。设计桩径能够得到保证。

3）在夯扩过程中，锤击力经内夯管的传递，直接贯入桩端持力层，强制将现浇混凝土挤压成夯扩头的同时，也将桩端持力层压实挤密，使桩端持力层得以改善和桩端截面积增大，促使桩端阻力和桩承载力大幅度提高。

4）借助内夯管和柴油锤的重量夯击灌入的混凝土，桩身质量高。

5）外管提升一段距离可使每次桩端混凝土向四周外挤，形成更为理想的扩大头形状。

6）可视地层土质条件，调节施工参数、桩长和扩大头直径以提高单桩承载力。

7）施工机械轻便，机动灵活、适应性强。

8）施工速度快、工期短、造价低。

9）无泥浆排放。

研究表明，桩端土性质（软硬与粒径）、夯击能的大小以及填充料的数量是影响桩端扩大头形成的主要因素。目前，对在实际工程中如何有效控制桩端扩大头的形状和大小、合理确定桩间距等还需进一步深入研究。

夯扩桩宜用于桩端持力层为埋深不超过 20m 的中、低压缩性黏性土，粉土，砂土和碎石类土。若桩周土质较好或经专题论证，其成桩深度可适当加深，但最大不宜大于 25m。桩端以下持力层的厚度不宜小于桩端扩大头设计直径的 3 倍，当存在软弱下卧层时，持力层厚度应通过强度与变形验算确定。夯扩桩也可用于有地下水的情况，也可在 20 层以下的高层建筑基础中应用。

夯扩桩适用于单桩竖向极限承载力不大于 4000kN 的工业与民用建筑。其中单桩竖向极限承载力大于 2000kN 的属高承载力夯扩桩工程，在设计与施工时应采取相应措施。

8.4.4 干作业成孔灌注桩

干作业成孔灌注桩是指在地下水位以上地层不采用泥浆或套管护壁措施，采用人工或机械成孔，下入钢筋笼并灌注混凝土的基桩。目前，干作业成孔灌注桩常用的有螺旋钻孔灌注桩、螺旋钻孔扩孔灌注桩、机动洛阳铲挖孔灌注桩及人工挖孔灌注桩四种。干作业钻、挖孔灌注桩宜用于地下水位以上的黏性土、粉土、填土、中等密度以上的砂土、风化岩层。

1. 钻孔（扩底）灌注桩

螺旋钻孔灌注桩的施工机械形式有长螺旋钻孔机和短螺旋钻孔机两种。但施工工艺除长螺旋钻孔机为一次成孔，短螺旋钻孔机为分段多次成孔外，其他都相同。长螺旋钻孔施工法是用全长带有螺旋叶片的钻杆钻进，钻头螺旋叶片旋转切削土层，被切土块钻屑随钻头旋转，沿带有长螺旋叶片的钻杆上升并排出孔口。施工过程如图 8.19 所示。短螺旋钻机的钻具在邻近钻头 2～3m 内装置带螺旋叶片的钻杆，正转钻进，反转甩土。短螺旋钻孔省去了长孔段输送土块钻屑的功率消耗，其回转阻力矩小，更适合大直径或深桩孔情况的施工。

钻孔扩底灌注桩工法则是把按等直径钻孔方法形成的桩孔钻进到预定深度，换上扩孔钻头后撑开钻头的扩孔刀刃使之旋转切削土层扩大孔底，成孔后放入钢筋笼，灌注混凝土形成扩底桩。钻孔扩底灌注桩如图 8.20 所示。其扩底部宜设置在较硬实的黏土层、粉土层、砂土层和砾砂层。

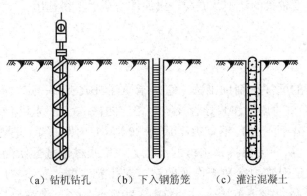

(a) 钻机钻孔　　(b) 下入钢筋笼　　(c) 灌注混凝土

图 8.19 干作业长螺旋钻孔灌注桩施工程序示意　　　图 8.20 钻孔扩底灌注桩

干作业螺旋钻孔灌注桩的优点是：设备简单、施工方便；施工振动小、噪声低、钻进速度快；无泥浆污染，环境污染小；混凝土灌注质量较好；造价低；扩底后可获得较大的垂直承载力。

干作业螺旋钻孔灌注桩的缺点是：桩端留有虚土，适用范围限制较大。

2. 人工挖（扩）孔灌注桩

人工挖（扩）孔灌注桩采用人工挖掘成孔，逐段边开挖边支护，达到所需深度后再进行扩孔、安装钢筋笼及灌注混凝土而成。人工挖（扩）孔灌注桩施工现场及示意图如图 8.21 所示。

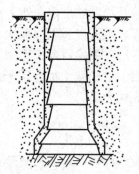

图 8.21　人工挖（扩）孔灌注桩施工现场及示意图

人工挖（扩）孔桩的孔径（不含护壁）不得小于 0.8m，且不宜大于 2.5 m；孔深不宜大于 30m。混凝土护壁的厚度不应小于 100mm，分节支护，每节高 500～1000mm，混凝土强度等级不应低于桩身混凝土强度等级，并应振捣密实；护壁应配置直径不小于 8mm 的构造钢筋，竖向筋应上下搭接或拉接。

人工挖（扩）孔桩的优点是：可直接观察地层情况，孔底易清除干净，设备简单，场区内各桩可同时施工，且桩径大、单桩承载力大、适应性强。但施工中应注意防止塌方、缺氧、有害气体等危险，并注意流沙现象。

人工挖（扩）孔灌注桩也可在黄土、膨胀土和冻土中使用。在地下水位较高，有承压水的砂土层、滞水层、厚度较大的流塑状淤泥、淤泥质土层中不得选用。

8.4.5　灌注桩后注浆技术

灌注桩后注浆是规范推荐的灌注桩辅助工法。它是指灌注桩成桩后一定时间（桩体混凝土初凝后），通过预设在桩身内的注浆导管及与之相连的桩端、桩侧注浆阀注入水泥浆（注浆作业宜于成桩 2d 后开始，不宜迟于成桩 30d 后），使桩端、桩侧土体（包括沉渣和泥皮）得到加固，从而大幅提高单桩的承载力，增强桩承载性状的稳定，减小桩基沉降。实践证明，对于泥浆护壁和干作业的钻、挖孔灌注桩，灌注桩后注浆均取得良好效果，承载力可提高 40%～100%，沉降减小 20%～30%。灌注桩后注浆可适用于除沉管灌注桩外的各种钻、挖、冲孔灌注桩及地下连续墙。

1. 后注浆施工工艺

灌注桩后注浆分为以下三种：

1）桩底后注浆。一般用于桩较短或桩侧土性差的桩。

注浆导管焊接
（现场）

2）桩侧后注浆。只在桩侧较好土层进行后注浆，一般用于抗拔桩。

3）桩底桩侧后注浆。用于桩较长、桩侧土性质较好的桩。

桩底桩侧后注浆示意图如图 8.22 所示。注浆装置包括压浆导管、注浆阀及相应的连接和保护配件。注浆导管一般采用国标低压流体输送用焊接钢管，压浆导管的连接一般采用管箍连接或套管焊接两种方式。注浆阀需待钢筋笼起吊至预钻孔垂直竖起后方可安装，不得提前安装。

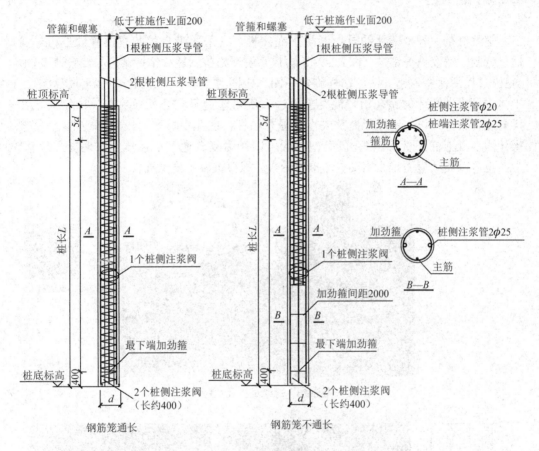

图 8.22　桩底桩侧后注浆示意图

后注浆质量控制采用注浆量和注浆压力双控方法，以注浆量控制为主，注浆压力控制为辅。

2. 后注浆对承载力的增强机理

后注浆对桩侧、桩端土的加固效应可归纳为以下三种：

1）固化效应。桩底沉渣及桩侧泥皮因浆液渗入发生物理化学作用而固化。

2）充填胶结效应。桩侧、桩底的粗粒土因渗入注浆而显示充填胶结效应，使其强度显著提高。

3）加筋效应。桩侧、桩底的细粒土因劈裂注浆形成网状结石，显示加筋效应。

后注浆使侧阻力、端阻力得以提高，其增强特征如下：

1) 桩底注浆使端阻力增长 60% 以上，细粒土增幅小，粗粒土增幅大，长桩增幅小于短桩。

2) 桩底注浆不仅使端阻力提高，而且由于浆液上扩，使桩底以上 10~20m 侧阻力增长 20%~80%。

8.4.6　螺纹桩

螺纹桩是一种带螺牙的异形混凝土灌注桩，它采用带自控装置的螺纹桩机施工，通过特制的螺纹钻杆钻进（图 8.23），自控系统严格控制螺纹钻杆钻进与旋转速度同步（钻进过程中保持匀速下钻，钻杆旋转一圈，应同时下降一个螺距），钻至设计深度在土体中形成带螺牙的钻孔后，混凝土通过高压泵输送至空心螺纹钻杆，由钻头泵出，反向旋转钻杆并以一定速度提升或直接提升钻杆，在孔中填实形成全部或部分桩侧带螺牙的混凝土桩（图 8.24）。该类型桩既可以作为复合地基增强体，实现复合地基受力，也可以插入钢筋笼让螺纹桩基单独受力。螺纹桩属于挤土桩。

螺纹桩
（现场）

图 8.23　螺纹桩机及钻杆

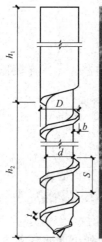

h_1 为直杆段；h_2 为螺纹段；D 为螺纹桩外径；b 为螺牙高度；d 为螺纹桩内径；s 为螺距；t 为螺牙厚度。

图 8.24　螺纹桩及其构造

螺纹桩施工工艺流程如图 8.25 所示。

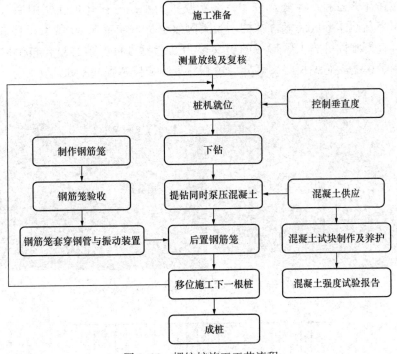

图 8.25 螺纹桩施工工艺流程

其特点是：不存在清底、护壁、塌孔、断桩、缩径等问题，桩身质量可靠，噪声小，环境污染少，承载力高，制作工艺简单，工程造价低。

螺纹桩单桩承载力较普通混凝土直杆桩单桩承载力显著提高，原因包括两点：其一，施工过程中不排土，挤密了桩间土，有效提高了桩侧土的密实度、侧阻等物理力学参数指标；其二，桩侧螺牙改变了桩土间的受力方式，常规桩基依靠桩土界面的侧阻，而螺纹桩除了螺牙侧面与土间的侧阻外，螺牙下的地基土也能提供一定的承载力，螺牙的高度、厚度以及螺牙间距不同，桩侧周围地基土的破坏模式也不同，承载力也不同。

螺纹桩适用于一般黏性土、粉土、砂土、碎石土、残积土及强风化岩等土层。对于其他土层，应通过成孔、成桩试验和载荷试验确定其适应性。

由于螺纹桩是一种新的桩型，不同地区的土性相差较大，其成孔效果、施工情况及单桩承载力可能有显著差别。因此，对于没有成熟经验的地区，在进行施工图设计和工程桩正式施工前应进行成孔、成桩试验以验证其技术可行性，并应进行试桩载荷试验，根据载荷试验结果调整设计参数。

8.4.7 劲性复合管桩

在岩土工程的实际应用中，预应力管桩在软土中单桩承载力较低，且需进入密实土层，桩身材料得不到充分发挥。这里所述的劲性复合管桩是将常用的柔性水泥土类桩、刚性混凝土类桩两种单一桩型相互复合，后一种桩体在前一种桩体上进行再次施工，形成的互补增强的劲性复合桩型。在旋喷桩、水泥土搅拌桩注浆中插入高强度预应力管桩作为劲性体形成的复合基桩，为柔刚复合桩，如图8.26所示。其中，在柔性桩桩体上再进行刚性桩施工后形成的桩又称为劲芯复合桩。劲芯复合桩由内芯和外芯两部分组成，根据内芯的长度又可分为短芯、等芯和长芯等（图8.27）。

图8.26　劲性复合管桩桩头及施工现场

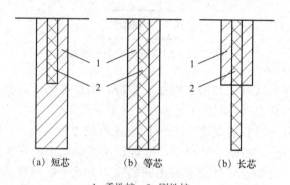

（a）短芯　　　　（b）等芯　　　　（b）长芯

1. 柔性桩；2. 刚性桩。

图8.27　劲性复合管桩

劲性复合管桩构造应符合下列规定：

1）柔性桩桩径宜为500～1200mm，刚性桩桩径宜为220～800mm。

2）当刚性桩的桩长大于柔性桩桩长时，刚性桩应进入较硬的持力土层。

3）柔刚复合桩复合段的外芯厚度（指柔刚复合桩桩体外缘减去桩芯外缘的最小值）宜为150～250mm。目的是发挥复合段的复合功能效果，减少桩位偏差和垂直度偏差而产生的不良影响。

除上述构造外，柔刚复合桩可根据土层分布采用分段复合的构造形式，如图8.28所示。

该桩型的技术优势：①水泥土外桩对管桩的包裹，提高了桩身材料复合强度，增加了基桩承载力，同时解决了管桩腐蚀问题；②水泥土初凝前植入管桩，避免静压或锤击施工对桩身损伤，提高桩身耐久性；③避免了灌注桩沉渣缩颈等缺陷，成桩质量

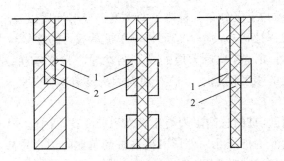

1. 柔性桩；2. 刚性桩。

图 8.28　分段复合构造示意

可靠；④充分利用原土，泥浆排放量小，符合文明施工要求；⑤施工工艺为非挤土工艺，大大降低了对周围环境的影响；⑥成桩速度快，工期缩短，较经济。

　　水泥土复合管桩在竖向荷载作用下的工作机理为：管桩承担的大部分荷载通过管桩——水泥土界面传递至水泥土桩，然后再通过水泥土——土界面传递至桩侧土、管桩、水泥土桩、桩侧土构成了由刚性向柔性过渡的结构。

　　劲性复合管桩施工时，宜先施工搅拌桩（粉喷桩、旋喷桩等），再施工管桩（静压法、振动沉桩等）。一般情况下宜在搅拌桩施工后 6h 内施工管桩，因为搅拌桩所用材料主要是胶结材料，在硬化前施工管桩可以提高搅拌桩与管桩的握裹力。

劲性复合管桩施工（现场）

　　劲性复合管桩适用于淤泥、淤泥质土、填土、黏性土、粉土、砂土、强风化软质基岩等。既可作为基桩使用，也可将其用于复合地基。

8.5　单桩、群桩承载力

8.5.1　单桩竖向承载力

　　1. 桩、土体系的荷载传递

　　桩侧阻力与桩端阻力的发挥过程就是桩、土体系荷载的传递过程。在桩顶施加竖向荷载后，桩身压缩而向下位移，桩侧表面受到土的向上摩阻力，桩身荷载通过发挥出来的侧阻力传递到桩周土层中，从而使桩身荷载与桩身压缩变形随深度递减。随着荷载增加，桩端出现竖向位移和桩端反力。桩端位移加大了桩身各截面的位移，并促使桩侧阻力进一步发挥。一般说来，靠近桩身上部土层的侧阻力先于下部土层发挥，而侧阻力先于端阻力发挥出来。

　　2. 影响单桩竖向承载力的因素

　　单桩竖向承载力随桩桩侧土的性质与土层分布、桩端土层的性质、桩的几何特征、成桩效应等而变化。

1) 桩侧土的性质与土层分布。桩侧土的强度、变形性质以及桩侧土层的分布都会影响到桩侧阻力的发挥性状与大小，从而影响单桩承载力的性状与大小。

2) 桩端土层的性质。桩端持力层的类别与性质直接影响桩端阻力的大小和沉降量。桩端土与桩周土的刚度比越小，桩身轴力沿深度衰减越快，即传递到桩端的荷载越小。

3) 桩的几何特征。桩的总侧阻力与其表面积成正比，因此采用较大比表面积（表面积与桩身体积之比）的桩身几何外形可提高桩的总侧阻力；另外，采用钻扩、挖扩、夯扩等扩底桩可提高总桩端阻力。

桩的直径、长度及其比值（长径比）是影响总侧阻力和总端阻力的比值、桩端阻力的发挥程度和单桩承载力的主要因素之一。相同的土层，采用不同长径比，或相同材料用量，采用不同的桩径、桩长，可获得明显不同的单桩承载力。随着桩的长径比增大，传递到桩端的荷载减小，桩身下部侧阻力发挥值相应降低。

4) 成桩效应。挤土桩、非挤土桩、部分挤土桩三类成桩工艺的成桩效应不同。桩侧、桩端阻力的挤土效应与土的类别、性质，特别是土的灵敏度、密实度、饱和度密切相关。非挤土桩还会出现松弛效应，即在成孔过程中由于孔壁侧向应力解除，而出现侧向松弛变形。孔壁土的松弛效应导致土体强度削弱，桩侧阻力随之降低。

成桩效应影响桩的承载力及其随时间的变化。一般来说，饱和土中的成桩效应大于非饱和土的，群桩的大于独立单桩的。

另外，成桩质量对承载力也有影响。各类成桩工艺的质量稳定性有所不同，如预制桩的质量稳定性高于灌注桩，灌注桩中干作业的质量稳定性高于泥浆护壁作业，干作业中人工挖孔的质量稳定性高于机械作业等。

3. 单桩抗压承载力

单桩在竖向荷载作用下，有两种破坏类型，即地基土强度破坏和桩身材料强度破坏。一般情况下，单桩承载力由地基土对桩的支承能力控制，材料强度得不到充分发挥，只有对端承桩、超长桩以及桩身质量有缺陷的桩，桩身材料强度才起控制作用。另外，高层建筑或对沉降有特殊要求时，单桩的竖向承载力由上部结构对沉降的要求所控制。

（1）按桩身材料强度确定

此时，将桩视为轴心受压杆件，对钢筋混凝土桩，正截面受压承载力应符合下列规定：

当桩顶以下 5 倍桩身直径范围内桩身螺旋式箍筋间距不大于 100mm，且符合《建筑桩基技术规范》（JGJ 94—2008）第 4.1.1 条对配筋的规定时，可适当计入桩身纵向钢筋的抗压作用。

（2）按地基土的支承能力确定

按地基土的支承能力确定单桩抗压承载力的方法主要有静载荷试验、经验公式法、静力触探法等。《规范》规定：

1) 单桩竖向承载力特征值应通过单桩竖向静载荷试验确定。在同一条件下的试桩数量，不宜少于总桩数的 1%，且不应少于 3 根。单桩的静载荷试验，应按该《规范》附录 Q 进行。

2）当桩端持力层为密实砂卵石或其他承载力类似的土层时，对单桩竖向承载力很高的大直径端承型桩，可采用深层平板载荷试验确定桩端土的承载力特征值，试验方法应符合该《规范》附录 D 的规定。

3）地基基础设计等级为丙级的建筑物，可采用静力触探及标准贯入试验参数结合工程经验确定单桩竖向承载力特征值。

4）初步设计时单桩竖向承载力特征值可按下式进行估算：

$$R_a = q_{pa} A_p + u_p \sum q_{sia} l_i \tag{8.1}$$

式中：R_a——单桩竖向承载力特征值，N；

q_{pa}、q_{sia}——桩端阻力特征值、桩侧阻力特征值，kPa，由当地静载荷试验结果统计分析算得；

A_p——桩底端横截面面积，m^2；

u_p——桩身周边长度，m；

l_i——第 i 层岩土的厚度，m。

5）桩端嵌入完整及较完整的硬质岩中，当桩长较短且入岩较浅时，可按下式估算单桩竖向承载力特征值：

$$R_a = q_{pa} A_P \tag{8.2}$$

式中：q_{pa}——桩端岩石承载力特征值，kPa。

4. 单桩抗拔承载力

对高耸结构物、高压输电塔、电视塔、承受较大地下水浮力的地下结构物（如地下室、地下油罐、取水泵房等）以及承受较大水平荷载的结构物（如挡土墙、桥台等），其桩基础中桩侧部分或全部承受上拔力，此时，尚需考虑桩的抗拔承载力。

桩的抗拔承载力主要取决于桩侧摩阻力、桩体自重以及桩身材料强度。单桩抗拔承载力特征值应通过单桩竖向抗拔载荷试验确定，并应加载至破坏。试验数量，同条件下的桩不应少于 3 根且不应少于总抗拔桩数的 1%。

5. 桩的负摩阻力

桩周土层由于某种原因产生了相对于桩的向下位移，从而在桩侧产生向下的摩阻力，称为负摩阻力。负摩阻力实际上是对桩施加的下拉力，它增加了桩身轴向力、降低了桩的承载能力。其产生的原因很多。符合下列条件之一的桩基，当桩周土层产生的沉降超过基桩的沉降时，在计算基桩承载力时应计入桩侧负摩阻力：

1）桩穿越较厚松散填土、自重湿陷性黄土、欠固结土、液化土层进入相对较硬土层时。

2）桩周存在软弱土层，邻近桩侧地面承受局部较大的长期荷载，或地面大面积堆载（包括填土）时。

3）由于降低地下水位，桩周土有效应力增大，并产生显著压缩沉降时。

8.5.2　单桩水平承载力

桩基多以承受竖向荷载为主，但在风荷载、地震作用、机械制动作用或土压力、水压力等作用下，也承受一定的水平荷载。有时也可能出现以承受水平荷载为主的情况，因此，需要考虑桩基的水平承载力验算。

单桩的水平承载力取决于桩身截面尺寸和抗弯刚度、桩的材料强度、桩侧土质条件、桩的入土深度、桩顶约束条件（桩顶水平位移允许值和桩顶嵌固情况）等因素。桩的截面尺寸和地基强度越大，其水平承载力越高；桩的入土深度越大，其水平承载力越高，但当入土达到一定深度后，桩身内力与位移近乎为零，继续增加入土深度即使存在提供水平承载力的有效长度，也起不到提高水平承载力的作用；桩顶嵌固于承台中的桩较之于桩顶自由的桩，具有较大的抗弯刚度，其水平承载力也较高。

对于低配筋率的灌注桩，通常是桩身先出现裂缝，随后断裂破坏，此时，单桩水平承载力由桩身强度控制。而对于抗弯性能强的桩，如高配筋率的混凝土预制桩和钢桩，桩身虽未断裂，但由于桩侧土体塑性隆起，或桩顶水平位移大大超过使用允许值，也认为桩的水平承载力达到极限状态。此时，单桩水平承载力由位移控制。

单桩的水平承载力应通过现场水平载荷试验确定，必要时可进行带承台桩的载荷试验。

8.5.3　群桩承载力

实际工程中，除了大直径桩基础外，一般均为群桩基础，即由若干根桩和承台共同组成桩基础。群桩基础受竖向荷载后，由于承台、桩、土的相互作用使其桩侧阻力、桩端阻力、沉降等性状发生变化而与单桩明显不同，承载力往往不等于各单桩承载力之和，称其为群桩效应。群桩效应受土性、桩距、桩数、桩的长径比、桩长与承台宽度比、成桩方法等多因素的影响而变化。

1. 群桩竖向承载力

（1）端承型群桩

如图 8.29 所示，由于该类桩基沉降较小，桩侧摩阻力不易发挥，桩顶荷载基本上通过桩身直接传至桩端处土层上。而桩端处承压面积很小，各桩端的压力彼此互不影响，因此可近似认为端承型群桩基础的竖向承载力就等于各单桩的承载力之和。

（2）摩擦型群桩

摩擦型群桩主要通过桩侧土的摩阻力来承担上部荷载，桩侧摩阻力所产生的附加应力以一定的扩散角沿桩长向下扩散，传递至桩周及桩端土层中。当桩数较少，桩中心距大于桩径的 6 倍，即 $s > 6d$ 时，桩端平面处各桩传来的压力互不重叠或重叠不多，如图 8.30（a）所示，此时群桩竖向承载力等于各单桩承载力之和。当桩数较多，桩距较小时，桩端处各桩传来的压力相互重叠，如图 8.30（b）所示，此时群桩中各桩的工作状态与单桩的差别很大，其竖向承载力不等于各单桩承载力之和，即产生群桩效应。

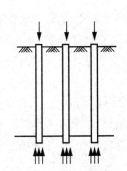

图 8.29　端承型群桩基础

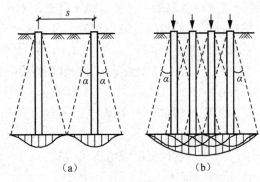

(a)　　　　　　　(b)

图 8.30　摩擦型群桩桩端平面上的压力分布

工程中考虑群桩效应的方法有两种：一种是以概率极限设计为指导，通过实测资料的统计分析，对群桩内每根桩的侧阻力和端阻力分别乘以群桩效应系数；另一种是把承台、桩和桩间土视为一假想的实体基础，进行基础下地基承载力和变形验算。

2. 群桩水平承载力

当外力作用面的桩距较大时，桩基的水平承载力可视为各单桩的水平承载力的总和；当承台侧面的土未经扰动或回填密实时，应计算土抗力的作用；当水平推力较大时，宜设置斜桩。

8.6　桩基础的构造要求

8.6.1　桩和桩基的构造要求

桩和桩基的构造，应符合下列要求：

1）摩擦型桩的中心距不宜小于桩身直径的 3 倍；扩底灌注桩的中心距不宜小于扩底直径的 1.5 倍，当扩底直径大于 2m 时，桩端净距不宜小于 1m。在确定桩距时尚应考虑施工工艺中挤土等效应对邻近桩的影响。

2）扩底灌注桩的扩底直径，不应大于桩身直径的 3 倍。

3）桩底进入持力层的深度，宜为桩身直径的 1~3 倍。在确定桩底进入持力层深度时，尚应考虑特殊土、岩溶以及震陷液化等影响。嵌岩灌注桩周边嵌入完整和较完整的未风化、微风化、中风化硬质岩体的最小深度，不宜小于 0.5m。

4）布置桩位时宜使桩基承载力合力点与竖向永久荷载合力作用点重合。

5）设计使用年限不少于 50 年时，非腐蚀环境中预制桩的混凝土强度等级不应低于 C30，预应力桩不应低于 C40，灌注桩的混凝土强度等级不应低于 C25；二 b 类环境及三类及四类、五类微腐蚀环境中不应低于 C30；在腐蚀环境中的桩，桩身混凝土的强度等级应符合现行国家标准《混凝土结构设计规范》(GB 50010—2010)(2015 年版) 的有关规定。设计使用年限不少于 100 年的桩，桩身混凝土的强度等级宜适当提高。水下灌注混凝土的桩身混凝土强度等级不宜高于 C40。

6）桩身混凝土的材料、最小水泥用量、水灰比、抗渗等级等应符合现行国家标准《混凝土结构设计规范》（GB 50010—2010）（2015 年版）、《工业建筑防腐蚀设计标准》（GB/T 50046—2018）及《混凝土结构耐久性设计标准》（GB/T 50476—2019）的有关规定。

7）桩的主筋配置应经计算确定。预制桩的最小配筋率不宜小于 0.8%（锤击沉桩）、0.6%（静压沉桩）；预应力桩不宜小于 0.5%；灌注桩最小配筋率不宜小于 0.2%～0.65%（小直径桩取大值）。桩顶以下 3～5 倍桩身直径范围内，箍筋宜适当加强加密。

8）桩身纵向钢筋配筋长度应符合下列规定：

① 受水平荷载和弯矩较大的桩，配筋长度应通过计算确定。

② 桩基承台下存在淤泥、淤泥质土或液化土层时，配筋长度应穿过淤泥、淤泥质土层或液化土层。

③ 坡地岸边的桩、8 度及 8 度以上地震区的桩、抗拔桩、嵌岩端承桩应通长配筋。

④ 钻孔灌注桩构造钢筋的长度不宜小于桩长的 2/3；桩施工在基坑开挖前完成的，其钢筋长度不宜小于基坑深度的 1.5 倍。

9）桩身配筋可根据计算结果及施工工艺要求，可沿桩身纵向不均匀配筋。腐蚀环境中的灌注桩主筋直径不宜小于 16mm，非腐蚀环境中的灌注桩主筋直径不应小于 12mm。

10）桩顶嵌入承台内的长度不应小于 50mm。主筋伸入承台内的锚固长度不应小于钢筋直径的 30 倍和钢筋直径（HRB335 级和 HRB400 级钢）的 35 倍。对于大直径灌注桩，当采用一柱一桩时，可设置承台或将桩和柱直接连接。桩和柱的连接可按《规范》第 8.2.5 条高杯口基础的要求选择截面尺寸和配筋，柱纵筋插入桩身的长度应满足锚固长度的要求。

11）灌注桩主筋混凝土保护层厚度不应小于 50mm，预制桩不应小于 45 mm，预应力管桩不应小于 35mm，腐蚀环境中的灌注桩不应小于 55mm。

8.6.2　承台的构造要求

桩基承台的构造，除应满足抗冲切、抗剪切、抗弯承载力和上部结构的要求外，尚应符合下列要求：

1）承台的宽度不应小于 500mm。边桩中心至承台边缘的距离不宜小于桩的直径或边长，且桩的外边缘至承台边缘的距离不小于 150mm。对于墙下条形承台梁，桩的外边缘至承台梁边缘的距离不小于 75mm，承台的最小厚度不应小于 300mm。

2）高层建筑平板式和梁板式筏形承台的最小厚度不应小于 400mm，多层建筑墙下布桩的筏形承台的最小厚度不应小于 200mm。

3）承台的配筋，对于柱下独立桩基矩形承台，其钢筋应按双向均匀通长布置，如图 8.31（a）所示；对于三桩的三角形承台，钢筋应按三向板带均匀布置，且最里面的三根钢筋围成的三角形应在柱截面范围内，如图 8.31（b）所示。钢筋锚固长度自边桩内侧（当为圆桩时，应将其直径乘以 0.886 等效为方桩）算起，锚固长度不应小于 35 倍钢筋直径，当不满足时应将钢筋向上弯折，此时钢筋水平段的长度不应小于 25 倍钢筋直径，弯折段的长度不应小于 10 倍钢筋直径。承台纵向受力钢筋的直径不应小于 12mm，间距不应大于 200mm。柱下独立桩基承台的最小配筋率不应小于 0.15%。

　　4）条形承台梁的纵向主筋除满足计算要求外，尚应符合现行国家标准《混凝土结构设计规范》(GB 50010—2010)(2015 年版) 关于最小配筋率的规定，主筋直径不应小于 12mm，架立筋直径不应小于 10mm，箍筋直径不应小于 6mm，如图 8.31（c）所示。承台梁端部纵向受力钢筋的锚固长度及构造应与柱下多桩承台的规定相同。

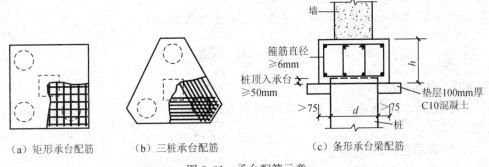

（a）矩形承台配筋　　　　（b）三桩承台配筋　　　　（c）条形承台梁配筋

图 8.31　承台配筋示意

　　5）筏形承台板或箱形承台板在计算中当仅考虑局部弯矩作用时，考虑到整体弯曲的影响，在纵横两个方向的下层钢筋配筋率不宜小于 0.15%；上层钢筋应按计算配筋率全部连通。当筏板的厚度大于 2000mm 时，宜在板厚中间部位设置直径不小于 12mm、间距不大于 300mm 的双向钢筋网。

　　6）承台混凝土材料及其强度等级应符合结构混凝土耐久性的要求和抗渗要求。纵向钢筋的混凝土保护层厚度，当有混凝土垫层时，不应小于 50mm，无垫层时不应小于 70mm；此外尚不应小于桩头嵌入承台内的长度。

　　7）高层建筑箱形承台的构造应符合《高层建筑筏形与箱形基础技术规范》(JGJ 6—2011) 的规定。

　　8）承台和地下室外墙与基坑侧壁间隙应灌注素混凝土或搅拌流动性水泥土，或采用灰土、级配砂石、压实性较好的素土分层夯实，其压实系数不宜小于 0.94。

小　　结

　　1. 桩基由桩和承台组成，有高承台和低承台之分，通常采用低承台桩基础，其适用性较广。

　　2. 桩的分类及规范推荐的新的施工工艺。

桩基中的桩可根据其承载性状、成桩方法、桩径大小等进行分类。按照承载性状可分为摩擦桩、端承摩擦桩、摩擦端承桩、端承桩。

《建筑桩基技术规范》（JGJ 94—2008）推荐了预应力混凝土空心桩，同时推荐了静压预制桩施工技术、长螺旋钻孔压灌桩施工技术、旋挖钻机成孔施工技术以及灌注桩后注浆施工技术。

3. 单桩承载力。

1）单桩竖向承载力由桩身材料强度和地基土对桩的支承能力决定。按照地基土支承能力确定单桩竖向承载力的方法有静载荷试验、经验公式法、静力触探法等方法，《规范》对此做出了具体的规定。

2）在工程中要注意桩侧负摩阻力对桩基承载力的影响。

3）单桩水平承载力应通过现场水平载荷试验确定。

4. 群桩承载力。群桩中各桩的受力情况与单桩的往往有显著差别，对摩擦型桩，当桩数较多，桩距较小时，会产生群桩效应。

5. 桩基除需进行计算设计外，还需满足一定的构造要求。

练 习 题

8.1　名词解释

1. 桩基础；2. 低承台桩基；3. 群桩效应；4. 桩的负摩阻力；5. 端承桩；6. 摩擦桩。

8.2　单项选择题

1. 干作业成孔灌注桩的适用范围是（　　）。

A. 饱和软黏土

B. 地下水位较低、在成孔深度内无地下水的土质

C. 地下水不含腐蚀性化学成分的土质

D. 适用于任何土质

2. 可以认为，一般端承桩基础的竖向承载力与各单桩的竖向承载力和之间的比值（　　）。

A. 大于 1　　　　　B. 小于 1　　　　　C. 等于 1　　　　　D. 等于 2

3. 钻孔灌注桩属于（　　）。

A. 挤土桩　　　　　B. 部分挤土桩　　　　　C. 非挤土桩　　　　　D. 预制桩

4. 静力压桩施工适用的土层是（　　）。

A. 软弱土层　　　　　　　　　　　B. 厚度大于 2m 的砂夹层

C. 碎石土层　　　　　　　　　　　D. 风化岩

5. 党的二十大指出："推动经济社会发展绿色化、低碳化是实现高质量发展的关键环节。"桩基施工应做到"施工简洁，无泥浆污染，噪声小，环境污染少，成桩质量好"。不符合上述描述的桩型为（　　）。

A. 长螺旋钻孔压灌桩　　　　　　　B. 内夯沉管灌注桩

C. 螺纹桩　　　　　　　　　　　　D. 干作业螺旋钻孔灌注桩

8.3　判断题

1. 当桩较密时，应由中间向两侧对称施打或由中间向四周施打。　　　　（　　）

2. 为加快施工速度，打入式预制桩常在设置后立即进行静载荷试验。　　（　　）

8.4　简答题

1. 长螺旋钻孔压灌桩施工技术和灌注桩后注浆施工技术有哪些优点？

2. 桩基础的构造要求主要包括哪些方面？

单元 9

基 坑 验 槽

9.1 验槽的目的和内容

验槽是建筑物施工第一阶段基槽开挖后的重要工序，也是一般岩土工程勘察工作最后一个环节。所有建（构）筑物基坑均应进行施工验槽。基坑挖至基底设计标高并清理后，由建设单位会同质监、勘察、设计、监理、施工单位技术负责人，共同到施工现场，会同检验基础下部土质是否符合设计条件，有无地下障碍物及不良土层需处理，合格后方可进行基础施工。

1. 验槽的目的

1）检验通过有限钻孔资料得到的勘察成果是否与实际符合，勘察报告的结论与建议是否正确和切实可行。

2）根据基槽开挖实际情况，研究解决新发现的问题和勘察报告遗留的问题。

2. 验槽的基本内容

1）核对基坑开挖的平面位置、平面尺寸与坑底标高是否与勘察、设计要求相符。

基槽开挖后外形（视频）

2）检验基坑底持力层土质、坑边岩土体和地下水情况与勘察报告是否相符。参加验槽的各方负责人需下到槽底，依次逐段检验，发现可疑之处，用铁铲铲出新鲜土面，用土的野外鉴别方法进行鉴定。

3）对天然地基上的浅基础，审阅施工单位的轻型动力触探记录并做现场对比触探，检验轻型动力触探记录的正确性，判别地基土质是否均匀。对异常点需找出分布范围，总结分布规律并查明原因。如基坑底土质受到冰冻、干裂、受水冲刷或浸泡等扰动情况，应查明影响范围和深度。如局部存在空穴、古墓、古井、暗沟、防空掩体及地下埋设物等不良地基，需用轻型动力触探等方法查明其位置、深度和性状。

4）研究决定地基基础方案是否需要修改以及局部异常地基处理方案。

3. 各类基槽（坑）验槽的侧重点

（1）天然地基浅基础

对基础埋深小于 5m 的浅基坑，一般情况下，除进行质量控制的填土外，填土不宜作持力层使用，也不允许新近沉积土和一般粘性土共同作持力层使用。因此浅基础的验槽应着重注意以下几种情况：

1）基槽内是否有填土和新近沉积土。

2）槽壁、槽底岩土的颜色变化。

3）局部含水量的异常变化。

4）基槽内岩土软硬状态的异常变化。

5）基槽内是否有被扰动的岩土。

（2）桩基础

1）设计计算中考虑桩筏基础、低桩承台等桩间土共同作用时，应在开挖清理至设计标高后对桩间土进行检验。

2）对人工挖孔桩，应在桩孔清理完毕后，对桩端持力层进行检验。对大直径挖孔桩，应逐孔检验孔底的岩土情况。

3）在试桩或桩基施工过程中，应根据岩土工程勘察报告对出现的异常情况、桩端岩土层的起伏变化及桩周岩土层的分布进行判别。

4）在基桩成桩后，需检验桩位、桩头标高、桩头质量、桩身质量是否达标。

（3）地基处理

1）对于换填地基、强夯地基，应现场检查处理后的地基均匀性、密实度等检测报告和承载力检测资料。

2）对于增强体复合地基，用振密、挤密、置换拌入等方法成桩，应现场检查桩位、桩头、桩间土情况和复合地基施工质量检测报告。

3）对于特殊土地基，应现场检查处理后地基的湿陷性、地震液化、冻土保温、膨胀土隔水、盐渍土改良等方面的处理效果检测资料。

9.2　验槽时需具备的资料和条件

验槽时必须具备以下资料和条件：

1）基础施工图和结构总说明等地基基础设计文件。

2）详勘阶段的岩土工程勘察报告。

3）对需要进行轻型动力触探的工程，施工单位需提供探点布置图和轻型动力触探记录；对需要进行桩身完整性检测和单桩承载力检测等的桩基础和复合地基，实验检测单位需提供相关质量检测报告。进行地基处理的工程需提供地基施工质量检测报告和处理效果检测资料。

4）基槽开挖并清槽后，槽底无浮土、松土，基槽条件良好。

5）勘察、设计、质监、监理、施工及建设方有关负责人员及技术人员到场。

9.3　验槽的方法和注意事项

1. 验槽的方法

机械轻型动力
触探（现场）

验槽的方法以肉眼观察为主，并辅以轻型动力触探等方法。观察时应重点关注柱基、墙角、承重墙下或其他受力较大的部位，观察槽底土的颜色是否均匀一致，土的坚硬程度是否一样，有无局部含水量异常现象等。

轻型动力触探是用 $\phi22\sim\phi25$ 的钢筋作钢钎，钎尖呈 $60°$ 锥状，长度 $1.8\sim2.0\text{m}$，每 300mm 做一刻度。钎探时，用质量为 $4\sim5\text{kg}$ 的穿心锤以 $500\sim700\text{mm}$ 的落距将钢钎打入土中，记录每打入 300mm 的锤击数，据此判断土质的软硬程度。

探点布置
（现场）

对于验槽前的槽底普遍轻型动力触探，许多地区已明文规定必须采用轻型圆锥动力触探（轻便触探），即《岩土工程勘察规范》（GB 50021—2001）（2009 年版）中规定的设备及方法。这是因为该方法不仅可以探明地基土质的均匀性，而且可依据地方建筑地基承载力技术规程中 N_{10} 与地基承载力的对应关系检验持力层土的承载力，而后者是其他非标准轻型动力触探方法做不到的。轻型动力触探宜采用机械自动化实施。

轻型动力触探点排列方式如表 9.1 所示。工程中，探孔的间距视地基土质的复杂程度而定，触探前应绘制基槽平面图，布置探点并编号，形成触探平面图；触探时应固定人员和设备；触探后应对探孔进行遮盖保护和编号标记，验槽完毕后触探孔应灌砂填实。

表 9.1 轻型动力触探点排列及检验间距、深度

基坑或基槽宽度/m		排列方式及图形	检验间距/m	检验深度/m
<0.8	中心一排			1.2
0.8~2.0	两排错开		一般为 1.0~1.5m 出现明显异常时，需加密至足够掌握异常边界	1.5
>2.0	梅花形			2.1
柱基	梅花形			2.1

注：对于设置有抗拔桩或抗拔锚杆的天然地基，轻型动力触探布点间距可根据抗拔桩或抗拔锚杆的布置进行适当调整：在土层分布均匀部位可只在抗拔桩或抗拔锚杆间距中心布点，对土层不太均匀部位以掌握土层不均匀情况为目的，参照上表间距布点。

2. 验槽时应注意的事项

1）验槽要抓紧时间，避免下雨泡槽、冬季冰冻等不良影响。

2）槽底设计标高若位于地下水位以下较深时，必须做好基槽排水，保证槽底不泡水。如槽底标高在地下水位以下不深时，可先挖至地下水面验槽，验完槽后再挖至基底设计标高。

3）验槽时应验看新鲜土面，清除超挖回填的虚土。冬季冻结的表土和夏季日晒后干土似很坚硬，但都是虚假状态，应用铁铲铲去表层再检验。

4）遇下列情况之一时，可不进行轻型动力触探：

① 承压水头可能高于基坑底面标高，触探可造成冒水涌砂时。

② 基础持力层为砾石层或卵石层，且基底以下砾石层或卵石层厚度大于1m时。

③ 基础持力层为均匀、密实砂层，且基底以下厚度大于1.5m时。

小　结

1. 验槽是一般岩土工程勘察工作最后一个环节。当施工单位将基槽（坑）开挖完毕后，由建设单位会同质检、勘察、设计、监理、施工单位技术负责人，共同到施工现场验槽。不同类型的基槽（坑）验槽的内容有所不同。基础普遍轻型动力触探建议采用轻型圆锥动力触探（轻便触探）。

2. 验槽的方法以肉眼观察为主，并辅以轻型动力触探等方法。

练　习　题

9.1　单项选择题

1. 基坑验槽方法通常以采用（　　）为主。

A. 观察法　　　　　B. 钎探法　　　　　C. 灌砂法　　　　　D. 点线法

2. 钎杆上预先用钢锯锯出以（　　）mm 为单位的横线。

A. 200　　　　　　B. 300　　　　　　C. 400　　　　　　D. 500

3. 采用轻便触探的锤举高度一般为（　　）cm，自由下落，将探杆垂直打入土层中。

A. 30　　　　　　B. 50　　　　　　C. 70　　　　　　D. 80

4. 钎探作业中，拔钎后应进行（　　）。

A. 记录锤击数　　　B. 灌砂　　　　　C. 验收　　　　　D. 盖孔保护

5. 采用钎探法进行基坑验槽时，其钎探深度以（　　）为依据。

A. 梅花形布设　　　B. 设计　　　　　C. 勘察报告　　　　D. 施工计划

9.2　多项选择题

1. 基坑挖到基底设计标高并清理后，施工单位必须会同（　　）等单位共同进行验槽，合格后方可进行基础工程施工。

A. 勘察　　　　　B. 监理　　　　　C. 设计　　　　　D. 技术

E. 咨询

2. 基坑（槽）采用观察法验槽时，应重点观察（　　）或其他受力较大部位。

A. 横墙下　　　　B. 柱基　　　　　C. 墙角　　　　　D. 纵横墙交接处

E. 承重墙下

3. 应当在基坑底普遍进行轻型动力触探的情形有（　　）。

A. 持力层明显不均匀　　　　　　　　B. 浅部有软弱下卧层

C. 基槽底面坡度较大，高差悬殊　　　D. 基槽底面与设计标高相差太大

E. 有直接观察难以发现的浅埋坑穴、古墓、古井

9.3　简答题

1. 验槽的目的是什么？验槽的基本内容是什么？

2. 验槽的方法是什么？验槽时应注意什么事项？

3. 验槽时应具备的资料和条件有哪些？

单元 10

局部地基处理

教学目标

知识目标

能描述常见的基槽局部问题的处理方法。

能力目标

能初步进行局部地基问题的处理。

思政目标

局部地基处理不好会引起建筑不均匀沉降，影响到建筑的安全和正常使用。通过学习局部地基处理方法和橡皮土预防措施，培养学生遵守法规的专业精神，追求技术进步的探索精神和严谨、严格的工匠精神，坚持职业操守、提升职业道德。

本单元介绍常见的基槽局部问题的处理方法。对建筑范围内局部存在松填土、暗沟、暗塘、古井、古墓或拆除旧基础后的坑穴，可采用换填垫层的方法进行地基处理。换填垫层的设计详见单元 12。在这种局部的换填处理中，保持建筑地基整体变形均匀是换填应遵循的最基本的原则。

10.1 松土坑、古墓、坑穴

10.1.1 松土坑在基槽范围内

如图 10.1 所示，将坑中松软土挖除，使坑底及四壁均见天然土为止，回填与天然土压缩性相近的材料。当天然土为砂土时，用砂或级配砂石回填；当天然土为较密实的黏性

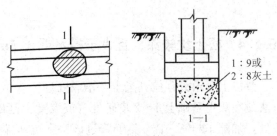

图 10.1 处理简图（一）

土，用3：7灰土分层回填夯实；天然土为中密可塑的黏性土或新近沉积黏性土，可用1：9或2：8灰土分层回填夯实，每层厚度不大于20cm。

10.1.2　松土坑在基槽中范围较大，且超过基槽边沿时

因条件限制，槽壁挖不到天然土层时，则应将该范围内的基槽适当加宽，加宽部分的宽度可按下述条件确定：当用砂土或砂石回填时，基槽壁边均应按$l_1：h_1＝1：1$坡度放宽；用1：9或2：8灰土回填时，基槽每边应按$b：h＝0.5：1$坡度放宽；用3：7灰土回填时，如坑的长度≤2m，基槽可不放宽，但灰土与槽壁接触处应夯实。这种情况的处理简图如图10.2所示。

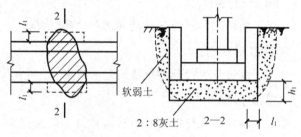

图10.2　处理简图（二）

10.1.3　松土坑范围较大，且长度超过5m时

如坑底土质与一般槽底土质相同，可将此部分基础加深，做1：2踏步与两端相接，每步高不大于500mm，长度不小于1000mm，如深度较大，用灰土分层回填夯实至坑（槽）底标高。这种情况的处理简图如图10.3所示。

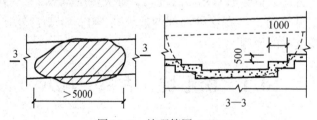

图10.3　处理简图（三）

10.1.4　松土坑较深，且大于槽宽或1.5m时

按以上要求处理挖到老土，槽底处理完毕后，还应适当考虑加强上部结构的强度，方法是在灰土基础上1～2皮砖处（或混凝土基础内）、防潮层下1～2皮砖处及首层顶板处，加配4ϕ（8～12）钢筋跨过该松土坑两端各1m，以防产生过大的局部不均匀沉降。这种情况的处理简图如图10.4所示。

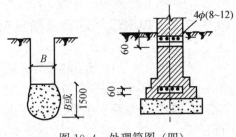

图 10.4　处理简图（四）

10.1.5　松土坑下水位较高时

当地下水位较高，坑内无法夯实时，可将坑（槽）中软弱的松土挖去后，再用砂土、砂石或混凝土代替灰土回填。如坑底在地下水位以下时，回填前先用粗砂与碎石（比例为 1∶3）分层回填夯实；地下水位以上用 3∶7 灰土回填夯实至要求高度。这种情况的处理简图如图 10.5 所示。

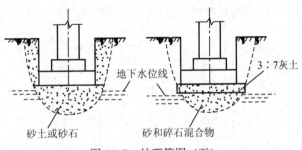

图 10.5　处理简图（五）

10.1.6　基础下有古墓、地下坑穴

墓穴中填充物如已恢复原状结构的可不处理；墓穴中填充物如为松土，应将松土杂物挖出，分层回填素土或 3∶7 灰土夯实到土的密度达到规定要求；如古墓中有文物，应及时报主管部门或当地政府处理。这种情况的处理简图如图 10.6 所示。

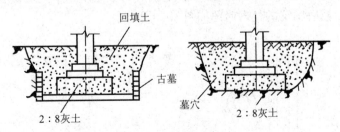

图 10.6　处理简图（六）

图 10.7　处理简图（七）

10.1.7　基础附近下部有人防通道

如图 10.7 所示，当基础下有人防通道横跨时，除人防通道的上部非夯实土层应分层夯实外，还应对基础采取相应的跨越措施，如钢筋混凝土地梁、托底加固等。当人防通道与基础方向平行，$h/l \leqslant 1$ 时，一般可不作处理；当 $h/l > 1$ 时，则应将基础落深，至满足 $h/l \leqslant 1$ 的要求。

10.2　土井、砖井

10.2.1　土井、砖井在室外，距基础边缘 5m 以内

先用素土分层夯实，回填到室外地坪以下 1.5m 处，将井壁四周砖圈拆除或松软部分挖去，然后用素土分层回填并夯实。这种情况的处理简图如图 10.8 所示。

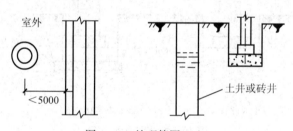

图 10.8　处理简图（八）

10.2.2　土井、砖井在室内基础附近

将水位降低到最低可能的限度，用中、粗砂及块石、卵石或碎砖等回填到地下水位以上 50cm。砖井应将四周砖圈拆至坑（槽）底以下 1m 或更深些，然后用素土分层回填并夯实，如井已回填，但不密实或有软土，可用大块石将下面软土挤紧，再分层回填素土夯实。这种情况的处理简图如图 10.9 所示。

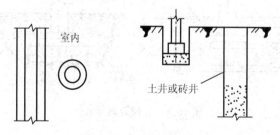

图 10.9　处理简图（九）

10.2.3　土井、砖井在基础下或条形基础 3B 或柱基 2B 范围内

先用素土分层回填夯实，至基础底下 2m 处，将井壁四周松软部分挖去，有砖井圈时，将井圈拆至槽底以下 1～1.5m。当井内有水，应用中、粗砂及块石、卵石或碎砖回填至水位以上 50cm，然后按上述方法处理；当井内已填有土，但不密实，且挖除困难时，可在部分拆除后的砖石井圈上加钢筋混凝土盖封口，上面用素土或 2∶8 灰土分层回填、夯实至槽底。这种情况的处理简图如图 10.10 所示。

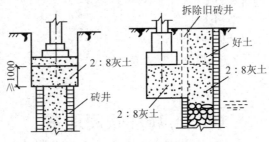

图 10.10　处理简图（十）

10.2.4　土井、砖井在房屋转角处，且基础部分或全部压在井上

除用以上办法回填处理外，还应对基础加固处理。当基础压在井上部分较少，可采用从基础中挑钢筋混凝土梁的办法处理。当基础压在井上部分较多，用挑梁的方法较困难或不经济时，则可将基础沿墙长方向向外延长出去，使延长部分落在天然土上，落在天然土上基础总面积应等于或稍大于井圈范围内原有基础的面积，并在墙内配筋或用钢筋混凝土梁来加强。这种情况的处理简图如图 10.11 所示。

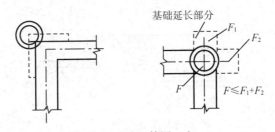

图 10.11　处理简图（十一）

10.2.5　土井、砖井已夯填，但不密实

可用大块石将下面软土挤密，再用上述办法回填处理。如井内不能夯填密实，而上部荷载又较大，可在井内设灰土挤密桩或石灰桩处理；如土井在大体积混凝土基础下，可在井圈上加钢筋混凝土盖板封口，上部再用素土或 2∶8 灰土回填密实的办法处

理，使基土内附加应力传布范围比较均匀，但要求盖板到基底的高差 $h>d$。这种情况的处理简图如图 10.12 所示。

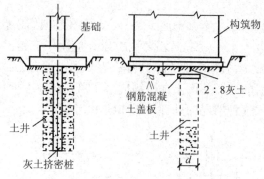

图 10.12　处理简图（十二）

10.3　局部软硬地基

10.3.1　基础下局部遇基岩、旧墙基、大孤石、老灰土或圬工构筑物

尽可能挖去，以防由于建筑物局部落于坚硬地基上，造成不均匀沉降而使建筑物开裂；或将坚硬地基部分凿去 30～50cm 深，再回填土砂混合物或砂做软性褥垫，使软性褥垫部分可起到调整地基变形作用，避免裂缝。这种情况的处理简图如图 10.13 所示。

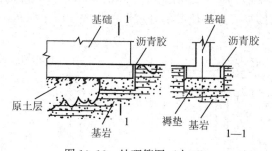

图 10.13　处理简图（十三）

10.3.2　基础一部分落于基岩或硬土层上，一部分落于软弱土层上，基岩表面坡度较大

如图 10.14 所示，在软土层上采用现场钻孔灌注桩至基岩；或在软土部位作混凝土或砌块石支承墙（或支墩）至基岩；或将基础以下基岩凿去 30～50cm 深，填以中粗砂或土砂混合物作软性褥垫，使之能调整岩土交界部位地基的相对变形，避免应力集中出现裂缝；或采取加强基础和上部结构的刚度，来克服软硬地基的不均匀变形。

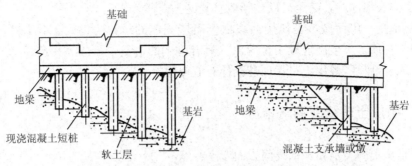

图 10.14　处理简图（十四）

10.3.3　基础一部分落于原土层上，一部分落于回填土地基上

如图 10.15 所示，在填土部位用现场钻孔灌注桩或钻孔爆扩桩直至原土层，使该部位上部荷载直接传至原土层，以避免地基的不均匀沉降。

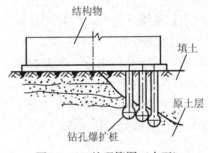

图 10.15　处理简图（十五）

10.4　橡　皮　土

10.4.1　橡皮土及工程特性

当地基为黏性土且含水量很大，趋于饱和时，夯（拍）打后，地基土变成踩上去有一种颤动感觉的土，这种土称为橡皮土。这时土的天然结构遭到破坏，水分不易渗透和散发，在夯打或碾压受力处出现下陷，四周则鼓起，而土体积并没有被压缩。这种地基土变形大，长期不能稳定下来，承载能力低，如不加以处理，对建筑物的危害很大。

橡皮土有如下工程特性：

1）土体中含水量高于压实所需含水量，但低于液限，比最优含水量大 6%～8%。

2）原状土已被扰动，在外力作用下，土体中所含水分被封闭在密闭的固体孔隙中，很难排出。

3）土体表面固结，甚至半硬化形成坚硬的土壳体。

4）可承受一定荷载，当作用荷载低于表层壳体的承载力时，土体几乎无明显变化。在施工初期，不会出现橡皮土现象。随着施工的进行，压力不断变化及施工过程中水的注入，渐呈"橡皮土"特征甚至伴有液化现象。

10.4.2 橡皮土现象的预防措施

主要是从土的类别和含水量两方面考虑：

1）应清除腐殖土或淤泥，并尽量避免在腐殖土、淤泥等原状土上填土。

2）在碾压前，应了解土层性质和最优含水量，应测定现场含水量，并做出合理的预测，切勿盲目施工。

3）控制基土或回填土的含水量。对趋于饱和的黏性土应避免直接夯打，而应暂停一段时间施工，通过晾槽降低土的含水量，或将土层翻起并粉碎均匀，掺加石灰粉以吸收水分水化，同时改变原土结构成为灰土，使之具有一定强度和水稳性。另外，回填土的一次回填厚度不宜过大。

4）对于含水量大的黏性土，基槽开挖后，应防止和减少对基土扰动，碾压时严格控制碾压遍数和碾压能量，不能随便夯击。

5）应避免在雨天开挖基槽，做好基槽或填土周围的排水设施，避免地表水和施工用水流入基槽或填土范围，防止基槽或填土被水浸泡。

6）当基槽底位于地下水位以下时，在开挖基槽前，应在基槽四周设置排水沟（井），降低地下水位后，方可进行基槽的开挖工作。

10.4.3 橡皮土的处理方法

对橡皮土进行处理，首先要判断是橡皮土还是软土。橡皮土的含水量一般大于其最优含水量，小于其液限，饱和度小于60%，内摩擦角在15°以上，土质为黏土和粉质黏土，它在土体含水量接近最优含水量时，具有很好的可压性，采用适当压实机械，便于压实，压实后土体整体沉降量很小；而软土的含水量大多接近甚至超过液限，饱和度很大，一般在90%以上，内摩擦角几乎接近零。由于有机质含量高，土体不易压实。

如果施工中已经形成了橡皮土，可采取以下几种方法进行治理：

1）换填土。对于工期比较紧，橡皮土面积及厚度不大时，可将橡皮土全部挖掉，换填好土或级配砂石夯实。

2）也可采取暂停回填土一段时间，使土内含水量逐步降低，必要时将上层土翻起进行晾槽。

3）可在上面铺垫一层碎石或碎砖进行夯击，将表土层挤紧挤密实。这种方法一般适用于橡皮土情况不太严重或天气比较好的季节，但应注意此时地下水位应低于基槽底。

　　4）掺干石灰粉末。将土层翻起并粉碎，均匀掺入磨碎不久的干石灰粉末。干石灰粉末吸收土中的大量水分而熟化，与土形成灰土垫层。这种方法大多在橡皮土情况比较严重以及气候不利于晾槽的情况下采用。应注意的是石灰不能消解太早，否则，石灰中的活性氧化钙会因消失较多而降低与土的胶结作用，降低强度。

　　5）用洛阳铲按梅花形掘一些小孔，里面用生石灰和砂的混合后再夯实，也就是俗称的灰砂桩。

　　6）打石笋（亦称石桩）。将 200～300mm 的毛石依次打入土中，一直打到打不下去为止，最后在上面满铺厚 50mm 左右的碎石层后再夯实。这种方法适用于气候情况不利于晾槽以及房屋荷重比较大的地基。

小　　结

　　对基槽中的松土坑、墓坑、土井、局部硬土或硬物、橡皮土等异常地基，应根据实际情况采取相应措施加以处理。

练　习　题

简答题

1. 在地基开挖过程遇松土坑在基坑内，但范围较小时，如何处理？
2. 对地基局部硬层或硬物应如何处理？
3. 橡皮土有哪些工程特性？橡皮土如何处理？
4. 橡皮土与软土有何区别？

单元 **11**

填土压实质量的控制

知识目标

1. 能叙述和解释最优含水率和最大干密度的概念，清楚影响它们的因素，领会土的击实机理。

2. 能叙述对填方土料的要求；知晓压实机械的类型和适用条件；知晓填土、压实的方法和要求。

3. 能描述规范规定的压实填土的质量标准，解释压实系数概念；能描述压实填土质量检验的内容。

能力目标

能用击实试验测定土的最优含水率和最大干密度。

思政目标

工程中较易出现填土压实质量问题。通过对压实理论、土压实质量控制和检验的学习，激发学生严谨、严格的工匠精神和遵守法规的专业精神，培育对国家和人民负责的职业操守和工程伦理。通过对自密实回填土技术的学习，深刻感悟党的二十大关于"推动绿色发展，促进人与自然和谐共生"的精神，加深对"加快发展方式绿色转型""推进生态优先、节约集约、绿色低碳发展"论述的理解。认同"实施科教兴国战略，强化现代化建设人才支撑"的精神，激发学生的创新意识，弘扬科学家精神。

11.1 土的压实性

在工程建设中经常要进行填土压实，如路基、堤坝、挡土墙、平整场地以及埋设管道、建筑物基坑回填等。为了增加填土的密实度，提高其强度，减少沉降量，降低透水性，通常采用分层碾压、夯实和振动的方法来处理地基。土体能够通过碾压、夯实和振动等方法调整土粒排列，进而增加密实度的性质称为土的压实性。

工程实践表明，对于过湿的黏性土进行碾压或夯实会出现软弹现象（俗称橡皮土），土体不易被压实，对于很干的土进行碾压或夯实也不能充分夯实。因此，对应最佳的夯实效果，存在一个适宜的含水量大小。在一定的压实功能作用下，使土最容易被压实，并能达到最大密实度时的含水量，称为土的最优含水量 w_{op}，相应的干密度则称为最大干密度 ρ_{dmax}。

土的压实性可通过在实验室或现场进行击实试验来进行研究。室内击实试验方法如下：将同一种土配制成 5 份以上不同含水量的试样，用同样的压实功能分别对每一份试样分三层进行击实，然后测定各试样击实后的含水量 w 和湿密度 ρ，计算出干密度 ρ_d，从而绘出一条 w-ρ_d 关系曲线，即击实曲线，如图 11.1 所示。由图可知，在一定击实功能下，只有当含水量达到某一特定值时，土才被击实至最大干密度。含水量大于或小于此特定值，其对应的干密度都小于最大干密度。这一特定含水量即为最优含水量 w_{op}。

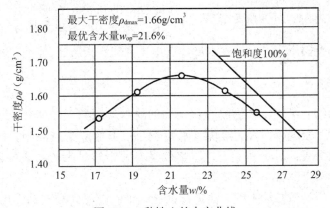

图 11.1　黏性土的击实曲线

11.2　影响压实效果的因素

影响土的压实效果的主要因素是：土的含水量、压实功能和土的性质。

1. 土的含水量

含水量较小时，土中水主要是强结合水，土粒间摩擦力、黏结力都很大，土粒的相对移动有困难，因而不易被压实；当含水量适当增大时，土中结合水膜变厚，土粒之间的黏结力减弱而使土粒易于移动，压实效果变好；但当含水量继续增大，以致出现自由水，击实时孔隙中过多的水分不易立即排出，势必阻止土粒的靠拢，则压实效果反而下降。

试验统计证明：黏性土的最优含水量 w_{op} 与土的塑限 w_p 有关，大致为 $w_{op} = w_p + 2\%$。土中黏土矿物含量大，则最优含水量越大。

2. 压实功能

夯击的压实功能与夯锤的重量、落高、夯击次数以及被夯击土的厚度等有关；碾压的压实功能则与碾压机具的重量、接触面积、碾压遍数以及土层的厚度等有关。

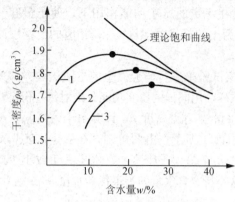

图 11.2　压实功能对击实曲线的影响

对于同类土，如图 11.2 所示，由 3 曲线至 1 曲线，随着压实功能的增大，最大干密度相应增大，而最优含水量减小。所以，在压实工程中，若土的含水量较小，则需选用夯实能量较大的机具，才能将土压实至最大干密度；在碾压过程中，如未能将土压至最密实程度，则需增大压实功能（选用功能较大的机具或增加碾压遍数等）；若土的含水量较大，则应选用压实功能较小的机具，否则会出现"橡皮土"现象。因此，若要把土压实至工程需要的干密度，必须合理控制压实时土的含水量，选用适合的压实功能。

3. 土的性质

土的颗粒粗细、级配、矿物成分和添加的材料等因素对压实效果有影响。颗粒越粗的土，其最大干密度越大，而最优含水量越小；颗粒级配越均匀，压实曲线的峰值范围就越宽广而平缓；对于黏性土，压实效果与其中的黏土矿物成分含量有关；添加木质素和铁基材料可改善土的压实效果。

砂性土也可用类似黏性土的方法进行试验。干砂在压力和振动作用下，容易密实；稍湿的砂土，因有毛细压力作用使砂土互相靠紧，阻止颗粒移动，击实效果不好；饱和砂土，毛细压力消失，击实效果良好。

11.3　压实填土的质量控制和检验

本单元所述压实地基适用于处理大面积填土地基。浅层软弱地基以及局部不均匀地基的换填处理见单元 12 中"换填垫层法"一节。

11.3.1　压实填土地基的设计要求

1. 填方土料

填方土料应符合设计要求，以保证填方的强度和稳定性。压实填土的填料可选用粉质黏土、灰土、粉煤灰、级配良好的砂土或碎石土，以及质地坚硬、性能稳定、无腐蚀性和无放射性危害的工业废料等，并应满足下列要求：

1）碎石类土或爆破石碴用作回填土料时，其最大粒径不应大于每层铺填厚度的 2/3，铺填时大块料不应集中，且不得回填在分段接头处。以碎石土作填料时，其最大粒径不宜大于 100mm。

2）以粉质黏土、粉土作填料时，其含水量宜为最优含水量，可采用击实试验确定。

3）不得使用淤泥、耕土、冻土、膨胀土以及有机质含量大于 5% 的土料。

4）采用振动压实法时，宜降低地下水位到振实面下 600mm。

压实机械介绍
（文本）

2. 施工机具与设计参数

压实机械按工作原理分为静力碾压式、振动式、冲击式和复合作用式等。

压实填土施工时，应根据压实机械的压实性能，地基土性质、密实度、压实系数和施工含水量等，并结合现场试验确定碾压分层厚度、每层压实遍数、碾压范围和有效加固深度等施工参数。初步设计可按表 11.1 选用。

表 11.1　填土施工时分层厚度及压实遍数

压实机具	分层厚度/mm	每层压实遍数
平碾	250～300	6～8
振动压实机	250～350	3～4
柴油打夯	200～250	3～4
人工打夯	<200	3～4

冲击碾压法的冲击设备、分层填料的虚铺厚度、每层压实的遍数等的设计应根据土质条件、工期要求等因素综合确定，其有效加固深度宜为 3.0～4.0m，施工前应进行试验段施工，确定施工参数。

压实填土地基的
施工要求（文本）

11.3.2　压实填土的质量指标

压实填土的质量以压实系数 λ_c 控制。压实系数为压实填土的控制干密度 ρ_d 与最大干密度 ρ_{dmax} 的比值，即

$$\lambda_c = \frac{\rho_d}{\rho_{dmax}} \tag{11.1}$$

压实填土的最大干密度 ρ_{dmax} 和最优含水量宜采用击实试验测定。当无试验资料时，对于黏性土或粉土填料，最大干密度可按下式计算：

$$\rho_{dmax} = \frac{\eta \rho_w d_s}{1 + 0.01 w_{op} d_s} \tag{11.2}$$

式中：ρ_{dmax}——分层压实填土的最大干密度，kg/m³；

　　　η——经验系数，粉质黏土取 0.96，粉土取 0.97；

　　　ρ_w——水的密度，kg/m³；

　　　d_s——土粒相对密度；

　　　w_{op}——填料的最优含水量，%。

当填料为碎石、卵石或岩石碎屑等时，其最大干密度可取 2100～2200kg/m³。

压实填土的质量应根据结构类型和压实填土所在部位按表 11.2 的要求确定。

表 11.2　压实填土的质量控制

结构类型	填土部位	压实系数 λ_c	控制含水量/%
砌体承重结构和框架结构	在地基主要受力层范围以内	≥0.97	$w_{op} \pm 2$
	在地基主要受力层范围以下	≥0.95	
排架结构	在地基主要受力层范围以内	≥0.96	
	在地基主要受力层范围以下	≥0.94	

注：地坪垫层以下及基础底面标高以上的压实填土，压实系数不应小于 0.94。

11.3.3　压实填土的质量检验

压实填土的质量检验应符合以下规定：

1）在施工过程中，应分层取样检验土的干密度和含水量；每 50～100 m² 面积内应设不少于 1 个检测点，每一个独立基础下，检测点不少于 1 个点，条形基础每 20 延米设检测点不少于 1 个点，压实系数不得低于表 11.2 的规定；采用灌水法或灌砂法检测的碎石土干密度不得低于 2.0t/m³。

2）有地区经验时，可采用动力触探、静力触探、标准贯入等原位试验，并结合干密度试验的对比结果进行质量检验。

3）冲击碾压法施工宜分层进行变形量、压实系数等土的物理力学指标监测和检测。

4）地基承载力验收检验，可通过静载荷试验并结合动力触探、静力触探、标准贯入等试验结果综合判定。每个单体工程静载荷试验不应少于 3 点，大型工程可按单体工程的数量或面积确定检验点数。

《建筑地基处理技术规范》（JGJ 79—2012）以强制性条款的形式规定：压实地基的施工质量检验应分层进行。每完成一道工序，应按设计要求进行验收，未经验收或验收不合格时，不得进行下一道工序施工。

11.4　自密实回填土技术

回填土工程施工中，经常会遇到管线区域难回填、狭窄区域难压实、回填不实易沉降等问题，容易造成质量通病。针对上述施工难题，目前出现了一种新型的自密实回填土技术并开始在行业中应用。

"自密实回填土技术"是在优质土体中通过加入一定掺量水泥、水和固化剂，采用与自流平混凝土类似的技术，搅拌均匀使其具有一定的流动性和自密实性，采用溜槽浇筑到肥槽等需要回填部位，固化后达到一定强度，保证回填土密实稳定。

自密实回填土的施工工艺为：①土方破碎；②添加水泥、水和固化剂，用搅拌装置搅拌成流动化土；③采用溜槽浇筑；④收光养护。具体工艺如图 11.3 所示，成品如图 11.4 所示。

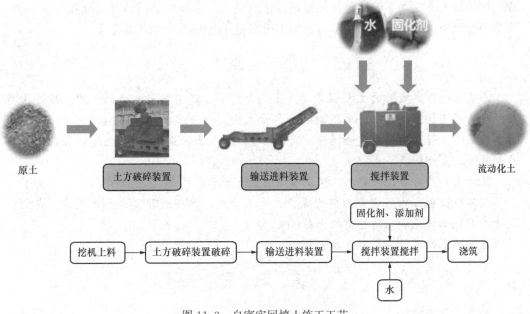

图 11.3 自密实回填土施工工艺

图 11.4 自密实回填土成品

自密实回填土
施工工艺
（现场）

　　"自密实回填土技术"可就地取材，利用工程弃土，解决基坑肥槽回填困难、密实度不易保证、易渗水、不利于抗浮的问题，实现变废为宝、弃土利用、节能环保的目的。这契合了党的二十大报告在"推动绿色发展，促进人与自然和谐共生"部分提出的"推进生态优先、节约集约、绿色低碳发展"的要求。报告还指出："要加快发展方式绿色转型。实施全面节约战略，推进各类资源节约集约利用，加快构建废弃物循环利用体系"。"加快节能降碳先进技术研发和推广应用，倡导绿色消费，推动形成绿色低碳的生产方式"。这些论述也为本行业的发展指明了方向，提出了要求。

　　对于"自密实回填土技术"，可以扩大原材料及固化剂的选用范围，针对不同地区、不同土质开展进一步研究及试验，继续开展设备研制，加快"自密实回填土技术"的探索和实践，在全行业进行扩大推广。因此，深入贯彻"实施科教兴国战略，强化现代化建设人才支撑"的精神，通过培育创新文化、弘扬科学家精神、涵养优良学风、营造创新氛围，相信一定会在本行业推出更多更先进的的节能降碳技术。

小　　结

影响土的压实效果的主要因素是：土的含水量、压实功能和土的性质。黏性土对应最佳的夯实效果，存在一个适宜的含水量大小。在一定的压实功能作用下，使土最容易被压实，并能达到最大密实度时的含水量，称为土的最优含水量 w_{op}，相应的干密度则称为最大干密度 ρ_{dmax}。

填方土料应符合设计要求，保证填方的强度和稳定性。

压实机械按工作原理分为静力碾压式、振动式、冲击式和复合作用式等。它们适用于不同施工场地和土质类型的土层压实。

压实填土的质量以压实系数 λ_c 控制。

练　习　题

11.1　名词解释

1. 土的压实性；2. 土的最优含水量；4. 土的最大干密度；4. 压实系数。

11.2　单项选择题

1. 当土方分层填筑时，下列（　　）土料不适合。

A. 碎石土　　　　　　B. 淤泥和淤泥质土　C. 砂土　　　　　　D. 爆破石渣

2. 下列（　　）不是影响填土压实的主要因素。

A. 压实功　　　　　　B. 骨料种类　　　　C. 含水量　　　　　D. 铺土厚度

3. 下列（　　）不是黏土压实的施工方法。

A. 碾压　　　　　　　B. 振动压实　　　　C. 夯实　　　　　　D. 强夯

4. 填方工程中，若采用的填料具有不同的透水性时，宜将透水性较大的填料（　　）。

A. 填在上部　　　　　　　　　　　　B. 填在中间

C. 填在下部　　　　　　　　　　　　D. 填在透水性小的下面

5. 下列不是填土的压实方法的是（　　）。

A. 碾压法　　　　　B. 夯击法　　　　C. 振动法　　　　D. 加压法

6. 自密实回填土技术在节约集约、绿色低碳方面主要体现为（　　）。

A. 回填土密实稳定　　　　　　　　　B. 工程弃土利用

C. 回填土不用夯实　　　　　　　　　D. 回填土有自密实性

11.3　简答题

1. 压实填土对填方土料有哪些要求？

2. 如何进行压实填土的质量检验？

11.4　计算题

某工地在填土施工中所用土料的含水量为5%，为便于夯实需在土料中加水，使其含水量增至15%，试问每1000kg质量的土料应加多少水？

单元 12

软弱土地基处理

教学目标

知识目标

1. 能叙述软弱土的种类和性质。
2. 能描述常见软弱地基处理方法的基本原理和适用范围。
3. 能描述软弱地基处理的各种方法的设计要点。

能力目标

能依据地基条件、地基处理方法的适用范围及选用原则，初步选择软弱地基处理方法。

思政目标

通过对软弱土地基处理方法的学习，特别是对复合地基研究状况的了解，激发学生追求技术进步的探索精神和创新意识，更深刻地感悟党的二十大关于"实施科教兴国战略，强化现代化建设人才支撑"的精神，弘扬科学家精神，培养严谨、负责的职业素养，树立绿色发展的理念，造就德才兼备的高素质人才。

12.1 概 述

12.1.1 软弱土的种类和性质

软弱土是指淤泥、淤泥质土和部分冲填土、杂填土及其他高压缩性土。

1. 淤泥与淤泥质土

淤泥为在静水或缓慢的流水环境中沉积，并经生物化学作用形成，其天然含水量大于液限（$w > w_L$），天然孔隙比 $e \geqslant 1.5$ 的黏性土。天然含水量大于液限（$w > w_L$）而天然孔隙比 $1.0 \leqslant e < 1.5$ 的黏性土或粉土为淤泥质土。工程中统称为软土。

淤泥和淤泥质土具有如下工程特征：

1）含水量较高，孔隙比较大。

2）压缩性较高。一般压缩系数为 $0.5 \sim 2.0 MPa^{-1}$，个别达到 $4.5 MPa^{-1}$，且其压缩性随液限的增大而增加。

3）强度低。地基承载力一般为 $50 \sim 80 kPa$。

4）渗透性差。软土渗透系数小，在自重作用下完全固结所需时间很长。

5）具有显著的结构性。软土一旦受到扰动，其絮状结构就受到破坏，强度显著降低，属高灵敏度土。

2. 冲填土

冲填土是在整治和疏通江河时，用水力冲填泥沙而在江河两岸形成的沉积土，其成分和分布规律与冲填的固体颗粒和水力条件密切相关，若冲填物以粉土、黏土为主，则属于欠固结的软弱土；以中砂粒以上的粗颗粒为主，则不属于软弱土。

由于水力的分选，在冲填入口处土颗粒较粗，而出口处土颗粒逐渐变细，造成地基的不均匀。

3. 杂填土

杂填土是由人类活动产生的建筑垃圾、工业废料和生活垃圾堆填而形成的。其成分复杂，均匀性差，结构松散，强度低，压缩性高。杂填土性质随堆填的龄期而变化，其承载力一般随堆填的时间增长而增高，同时，某些杂填土内含有腐殖质和亲水、水溶性物质，会使地基产生更大的沉降及浸水湿陷性。

中国科学院院士、铁路路基土工技术主要开拓者之一——卢肇钧

卢肇钧（1917—2007），中国土木工程专家、土力学及基础工程专家，从事土的基本性质及特殊土地区筑路技术的研究。提出了硫酸盐渍土的松膨性对路基稳定性的影响，提出排水砂井处理饱和软黏土地基，制定了软土的试验和设计标准，提出了新型锚定板挡土结构及其相应的计算理论，首先获得了膨胀土强度变化的规律，并发现非饱和土的吸附强度与膨胀压力的相互关系。他对推动土力学学科和岩土工程专业的发展作出了重要的贡献。卢肇钧具有浓厚的爱国情怀和坚定的信念，体现了老一辈科学家胸怀祖国、服务人民的优秀品质。

12.1.2　软弱土地基处理方法分类

软弱土地基处理的目的就是要改善地基土的性质，达到满足建筑物对地基强度、变形和稳定的要求，其中包括改善地基土的渗透性；提高地基强度或增加其稳定性；降低地基的压缩性，以减少其变形；改善地基的动力特性，以提高其抗液化性能。

根据地基处理方法的原理，常用软弱土地基处理方法如表 12.1 所示。

表 12.1 软弱土地基处理方法

编号	分类	处理方法	原理及作用	适用范围
1	碾压及夯实	重锤夯实、机械碾压、振动压实、强夯（动力固结）	利用压实原理，通过机械碾压夯击，把表层地基土压实；强夯则利用强大的夯击能，在地基中产生强烈的冲击波和动应力，迫使土动力固结密实	适用于碎石土、砂土、粉土、低饱和度的黏性土、杂填土等。对饱和黏性土应慎重采用
2	换填垫层	砂石垫层、素土垫层、灰土垫层、矿渣垫层	以砂石、素土、灰土和矿渣等强度较高的材料，置换地基表层软弱土，提高持力层的承载力，扩散应力，减小沉降量	适用于处理暗沟、暗塘等软弱土地基
3	排水固结	天然地基预压、砂井预压、塑料排水带预压、真空预压、降水预压	在地基中增设竖向排水体，加速地基的固结和强度增长，提高地基的稳定性；加速沉降发展，使基础沉降提前完成	适用于处理饱和软弱土层；对于渗透性极低的泥炭土，必须慎重对待
4	振密挤密	振冲挤密、灰土挤密、砂桩、石灰桩、爆破挤密	采用一定的技术措施，通过振动或挤密，使土体的孔隙减少，强度提高；必要时，在振动挤密的过程中，回填砂、砾石、灰土、素土等，与地基土组成复合地基，从而提高地基的承载力，减少沉降量	适用于处理松砂、粉土、杂填土及湿陷性黄土
5	置换及拌入	振冲置换、深层搅拌、高压喷射注浆、石灰桩等	采用专门的技术措施，以砂、碎石等置换软弱土地基中部分软弱土，或在部分软弱土地基中掺入水泥、石灰或砂浆等形成加固体，与未处理部分土组成复合地基，从而提高地基承载力，减少沉降量	黏性土、冲填土、粉砂、细砂等。振冲置换法对于不排水抗剪强度 $\tau_f < 20kPa$ 时慎用
6	加筋	土工合成材料加筋、锚固、树根桩、加筋土	在地基或土体中埋设强度较大的土工合成材料、钢片等加筋材料，使地基或土体能承受抗拉力，防止断裂，保持整体性，提高刚度，改变地基土体的应力场和应变场，从而提高地基的承载力，改善变形特性	软弱土地基、填土及陡坡填土、砂土
7	其他	灌浆、冻结、托换技术、纠偏技术	通过独特的技术措施处理软弱土地基	根据实际情况确定

经过地基处理形成的人工地基大致上可分为三类：均质地基、多层地基（以下介绍双层地基）和复合地基。

　　人工地基中的均质地基是指天然地基在地基处理过程中加固区土体性质得到全面改良，加固区土体的物理力学性质基本上是相同的，加固区的范围，无论是平面位置与深度，与荷载作用对应的地基持力层或压缩层范围相比较都已满足一定的要求，如图 12.1（a）所示。例如，均质的天然地基采用排水固结法形成的人工地基。

　　人工地基中的双层地基是指天然地基经地基处理形成的均质加固区的厚度与荷载作用面积或者与其相应持力层和压缩层厚度相比较为较小时，在荷载作用影响区内，地基由两层性质相差较大的土体组成，如图 12.1（b）所示。采用换填法或表层压实法处理形成的人工地基，当处理范围比荷载作用面积较大时，可归属于双层地基。

　　复合地基是指天然地基在地基处理过程中部分土体得到增强或被置换，或在天然地基中设置加筋材料，加固区是由基体（天然地基土体或被改良的天然地基土体）和增强体两部分组成的人工地基。在荷载作用下，基体和增强体共同承担荷载的作用。根据地基中增强体的方向又可分为水平向增强体复合地基和竖向增强体复合地基，如图 12.1（c）、（d）所示。

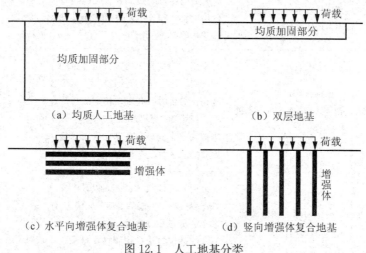

图 12.1　人工地基分类

　　由于各种地基处理方法具有不同的适用范围和优缺点，具体选用时应结合场地的工程地质条件、地基处理的要求和施工条件，经综合分析比较，选择经济合理的处理方法。同时，还需注意环境保护，避免对地面及地下水体产生污染以及振动噪声对周围环境产生不良影响等。因此，一方面需要严格按照环保标准管控施工，另一方面则需深入贯彻党的二十大关于"推动绿色发展，促进人与自然和谐共生"的精神，创新研发环保技术，以响应"生态优先、节约集约、绿色低碳发展"的要求。

12.2　碾压法与夯实法

　　碾压与夯实是修路、筑堤、加固地基表层最常用的简易处理方法。通过夯锤或机械的夯击或碾压，使填土或地基表层疏松土孔隙体积减小，密实度提高，从而降低土的压缩性，提高其抗剪强度和承载力。目前常用的方法有：机械碾压法、振动压实法、重锤夯实法，以及 20 世纪 70 年代发展起来的强夯法等。

12.2.1　机械碾压法

机械碾压法是利用羊足碾、平碾、振动碾等碾压机械将地基土压实的方法。该法需按计划与次序往复碾压，分层铺土和压实。要求土料处于最优含水量，压实质量则由压实系数 λ_c 控制，具体要求详见单元 11。

该法适用于：地下水位以上大面积填土；含水量较低的素填土或杂填土。

12.2.2　振动压实法

振动压实法是用振动压实机在地基表层施加振动，将浅层松散土振实的方法。

振动压实的效果取决于振动力的大小、填土的成分和振动时间。一般来说，振动时间越长，效果越好。但振动超过一定时间后振实效果将趋于稳定。因此，在施工前应进行试振，找出振实稳定所需要的时间。振实时应从基础边缘外放 0.6m 左右，先振基槽两边，后振中间。振实有效深度可达 1.5m。如地下水位过高，会影响振实质量，此外，为避免振动对周围建筑物的影响，要求振源与建筑物的距离应大于 3m。

该法适用于：处理砂土和由炉灰、炉渣、碎砖等组成的杂填土地基。

12.2.3　重锤夯实法

重锤夯实法是利用起重机械将夯锤提到一定高度后，让锤自由落下，重复夯击以加固地基的方法。对于湿陷性黄土，重锤夯实可减少表层土的湿陷性，对于杂填土，则可减少其不均匀性。

通常重锤由钢筋混凝土制成，为截头圆锥体，锤重一般不小于 15kN，锤底直径约为 0.7~1.5m，落距 2.5~4.5m。有效夯实深度约为锤底直径。

重锤夯实法的效果与锤重、锤底直径、夯击遍数、落距、土的种类、含水量等有密切的关系，应当根据设计的夯实密度及影响深度，通过现场试夯确定有关参数。当地下水位离地表很近或软弱土层埋置很浅时，重锤夯实可能产生"橡皮土"的不良效果。

该法适用于：处理距离地下水位 0.8m 以上稍湿的杂填土、砂土、黏性土、湿陷性黄土和分层填土等地基，但在有效夯实深度内存在软黏土层时不宜采用。

12.2.4　强夯法

强夯法是用起重机械反复将夯锤（质量一般为 10~60t）提到一定高度使其自由落下（落距一般为 10~40m），给地基以冲击和振动能量，强制压实加固地基深层的密实方法，如图 12.2 所示。该法可提高地基承载力，降低其压缩性、减轻甚至消除砂土振动的液化危害、消除湿陷性黄土的湿陷性等。一般地基土强度可提高 2～5 倍，压缩性可降低 2～10 倍，加固影响深度可达 6～10m。

图 12.2　强夯法

1. 强夯法的加固机理

强夯法的加固机理与重锤夯实法有本质的区别。强夯法主要是将势能转化为夯击能，在地基中产生强大的动应力和冲击波，进而对土体产生：①压密作用，土中孔隙体积被压缩；②液化作用，导致土体内孔隙水压力骤然上升，当与上覆压力相等时，土体即产生液化，土丧失强度，土粒重新自由排列（土体只是局部液化）；③固结作用；④时效作用。

对多孔隙、粗颗粒、非饱和土，为动力密实机理。即强大的冲击能，强制超压密地基，使土中气相体积大幅度减小。

对细粒饱和土，为动力固结机理。即强大的冲击能与冲击波，破坏土的结构，使土体局部液化并产生许多裂隙，作为孔隙水的排水通道，使土体固结；土体触变恢复压密土体。

2. 强夯法的适用范围

该法适用于：碎石土、砂土、低饱和度的粉土与黏性土、湿陷性黄土、素填土和杂填土等地基，也可用于防止粉土及粉砂的液化；对于高饱和度的粉土与软塑～流塑的黏性土等地基上对变形控制要求不严的工程，可采取强夯置换法进行处理。即在夯坑内回填块石、碎石等粗颗粒材料，用夯锤连续夯击形成强夯置换墩。但强夯不得用于不允许对工程周围建筑物和设备有一定振动影响的地基加固，必需时，应采取防振、隔振措施。

强夯法施工
技术概要
（文本）

3. 强夯法的优缺点

强夯法的优点：适用土质广；加固深度大，效果显著；施工机具较简单，施工较方便；无须任何地基处理材料或化学处理剂；施工工期较短，加固费用较低。

强夯法存在的问题和缺点：尚缺乏成熟的理论和完善的设计计算方法；深层加固对设备性能要求高；振动和噪声影响大。

12.3　换填垫层法

12.3.1　加固机理及适用范围

换填垫层法是将处于浅层的软弱土挖去或部分挖去，分层回填其他性能稳定、无侵蚀性、强度较高的材料，如砂、碎石或灰土等，并夯实或压实后作为地基持力层。当建筑物荷载不大，软弱土层厚度较小时，采用换填垫层法能取得较好的效果。常用的垫层有砂垫层、砂卵石垫层、碎石垫层、灰土或素土垫层、煤渣垫层、矿渣垫层等。

换填垫层法的作用主要体现在以下几个方面：

（1）提高浅层地基承载力

以抗剪强度较高的砂或其他填筑材料置换基础下较弱的土层，可提高浅层地基承载力，避免地基的破坏。

（2）减少地基沉降量

一般浅层地基的沉降量占总沉降量比例较大。例如，以密实砂或其他填筑材料代替上层软弱土层，就可以减少这部分的沉降量。由于砂层或其他垫层对应力的扩散作用，使作用在下卧层土上的压力较小，这样也会相应减少下卧层土的沉降量。

（3）加速软弱土层的排水固结

砂垫层和砂石垫层等垫层材料透水性强，软弱土层受压后，垫层可作为良好的排水面，使基础下面的孔隙水压力迅速消散，加速垫层下软弱土层的固结和提高其强度。

（4）防止冻胀

粗颗粒的垫层材料孔隙大，不易产生毛细现象，因此可以防止寒冷地区土中结冰所造成的冻胀。

在各类工程中，垫层所起的主要作用有时也是不同的，如房屋建筑物基础下的砂垫层主要起换土的作用，而在路堤及土坝等工程中，往往以排水固结为主要作用。

换填垫层法适用于：浅层软弱土层或不均匀土层的地基处理，如淤泥、淤泥质土、湿陷性黄土、膨胀土、素填土、杂填土、季节性冻土地基以及暗沟、暗塘等。该方法常用于处理多层或低层建筑的条形基础、独立基础下的地基以及基槽开挖后局部具有软弱土层的地基。此时换土的宽度和深度有限，既经济又安全。但砂垫层不易用于处理湿陷性黄土地基，因为砂垫层较大的透水性反而易引起土的湿陷。另外，对于体型复杂、整体刚度差或对差异变形敏感的建筑，均不应采用浅层局部换填的处理方法。

12.3.2　垫层的设计要点

垫层的设计不但要满足建筑物对地基变形及稳定的要求，而且应符合经济合理的原则。其设计内容主要是确定断面的合理厚度和宽度。对于垫层，既要求有足够的厚度来置换可能被剪切破坏的软弱土层，又要有足够的宽度以防止垫层向两侧挤出。对于有排水要求的垫层来说，还需形成一个排水面，促进软弱土层的固结，提高其强度，以满足上部荷载的要求。

1. 垫层厚度的确定

垫层厚度应根据置换软弱土的深度以及下卧土层的承载力确定，如图 12.3 所示。即垫层底面处的附加压力与土自重压力之和不超过下卧层的修正后的承载力特征值，按式（7.7）计算。垫层底面附加压力按式（7.8）或式（7.9）计算。垫层的压力扩散角 θ 宜通过试验确定，无试验资料时，可按表 12.2 取值。

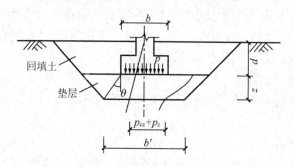

图 12.3　垫层内压力分布

表 12.2　土和砂石材料压力扩散角

z/b	$\theta/$（°）		
	中砂、粗砂、砾砂、圆砾、角砾、石屑、卵石、碎石、矿渣	粉质黏土、粉煤灰	灰土
0.25	20	6	28
≥0.50	30	23	

注：1）$z/b<0.25$ 时，除灰土取 $\theta=28°$ 外，其他材料均取 $\theta=0°$，必要时宜由试验确定。

2）当 $0.25<z/b<0.50$ 时，θ 值可以内插。

3）土工合成材料加筋垫层，其压力扩散角宜由现场静载荷试验确定。

垫层的厚度宜为 0.5～3.0m。一般不易大于 3m，否则不经济、施工困难；太薄（<0.5m）则换填垫层作用不明显。

2. 垫层宽度的确定

如图 12.3 所示，垫层宽度 b' 需满足两方面要求：一是满足应力扩散的要求；二是考虑侧面土的强度条件，保证垫层应有足够的宽度，防止垫层材料向侧边挤出而增大垫层的竖向变形量。当基础荷载较大，或对沉降要求较高，或垫层侧边土的承载力较差时，垫层宽度应适当加大。通常可按下式计算：

$$b' \geqslant b + 2z\tan\theta \tag{12.1}$$

式中：b'——垫层底面宽度，m；

　　　z——基础底面下垫层的厚度，m；

　　　θ——垫层的压力扩散角，可按表 12.2 采用。

垫层顶面每边超出基础底边缘不应小于 300mm，且从垫层底面两侧向上，按当地基坑开挖的经验及要求放坡。整片垫层的宽度可根据施工要求适当加宽。

3. 垫层的压实标准

垫层的压实标准可按表 12.3 选用。矿渣垫层的压实系数可根据满足承载力设计要求的试验结果，按最后两遍压实的压陷差确定。即由于矿渣垫层的干密度试验难于操作，误差较大，按目前的经验，在采用 8t 以上的平碾或振动碾施工时，可按最后两遍压实的压陷差小于 2mm 控制。

表 12.3　各种垫层的压实标准

施工方法	换填材料类别	压实系数 λ_c
碾压 振密 或夯实	碎石、卵石	≥0.97
	砂夹石（其中碎石、卵石占全重的 30%～50%）	
	土夹石（其中碎石、卵石占全重的 30%～50%）	
	中砂、粗砂、砾砂、角砾、圆砾、石屑	
	粉质黏土	≥0.97
	灰土	≥0.95
碾压 振密 或夯实	粉煤灰	≥0.95

注：1）土的最大干密度宜采用击实试验确定；碎石或卵石的最大干密度可取 2.1～2.2t/m³。

　　2）表中压实系数 λ_c 是使用轻型击实试验测定土的最大干密度 ρ_{dmax} 时给出的压实控制标准，采用重型击实试验时，对粉质黏土、灰土、粉煤灰及其他材料压实标准应为压实系数 $\lambda_c \geq 0.94$。

12.3.3　垫层的质量检验

垫层的质量检验应符合以下要求：

垫层的施工
要点（文本）

1）对粉质黏土、灰土、砂石、粉煤灰垫层的施工质量可选用环刀取样、静力触探、轻型动力触探或标准贯入试验等方法进行检验；对碎石、矿渣垫层的施工质量可采用重型动力触探试验等进行检验。压实系数可采用灌砂法、灌水法或其他方法进行检验。

2）《建筑地基处理技术规范》（JGJ 19—2012）以强制性条文的形式规定：换填垫层的施工质量检验应分层进行，并应在每层的压实系数符合设计要求后铺填上层。

3）采用环刀法检验垫层的施工质量时，取样点应选择位于每层垫层厚度的 2/3 深度处。检验点数量，条形基础下垫层每 10～20m 不应少于 1 个点，独立柱基、单个基础下垫层不应少于 1 个点，其他基础下垫层每 50～100m² 不应少于 1 个点。采用标准贯入试验或动力触探法检验垫层的施工质量时，每分层平面上检验点的间距不应大于 4m。

4）竣工验收应采用静载荷试验检验垫层承载力，且每个单体工程不宜少于 3 个点；对于大型工程，应按单体工程的数量或工程划分的面积确定检验点数。

12.4　排水固结法

预压地基施工
要求（文本）

12.4.1　加固机理及适用范围

排水固结法又称预压法，是在建筑物建造之前，先在天然地基中设置砂井等竖向排水体，然后加载预压，使土体中的孔隙水排出，逐渐固结，地基发生沉降，同时强

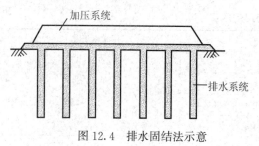

图 12.4　排水固结法示意

度得以逐步提高的方法。排水固结法通常由排水系统和加压系统两部分组成，如图 12.4 所示。加压系统有堆载预压、真空预压、真空和堆载联合预压三种。降水预压和电渗排水预压在工程上应用甚少，暂未列入规范；排水系统有普通砂井、袋装砂井和塑料排水带等。根据固结理论，黏性土固结所需时间与排水距离的平方成正比，因此，加速土层固结最有效的方法是增加土层的排水途径，缩短排水距离。排水系统就是为此目的而设置的。

堆载预压分塑料排水带或砂井地基堆载预压和天然地基堆载预压。通常，当软土层厚度小于 4.0m 时，可采用天然地基堆载预压处理；当软土层厚度超过 4.0m 时，为加速预压过程，应采用塑料排水带、砂井等竖井排水预压处理地基。对真空预压工程，必须在地基内设置排水竖井。

真空预压适用于处理以黏性土为主的软弱地基。当存在粉土、砂土等透水、透气层时，加固区周边应采取确保膜下真空压力满足设计要求的密封措施。对塑性指数大于 25 且含水量大于 85% 的淤泥，应通过现场试验确定其适用性。加固土层上覆盖有厚度大于 5m 以上的回填土或承载力较高的黏性土层时，不宜采用真空预压处理。

预压地基加固应考虑预压施工对相邻建筑物、地下管线等产生附加沉降的影响。真空预压地基加固区边线与相邻建筑物、地下管线等的距离不宜小于 20m，当距离较近时，应对相邻建筑物、地下管线等采取保护措施。

预压地基适用于：淤泥、淤泥质土和冲填土等饱和黏性土的地基处理。

12.4.2　加压系统设计

1. 堆载预压法

堆载预压是在建筑施工前通过临时堆填土、砂、石、砖等散料对地基加载预压，使地基土的沉降大部分或基本完成，并因固结而提高地基承载力，然后除去堆载，再

进行建筑施工的一种地基处理方法。

天然软黏土地基抗剪强度低，一次加载或加载速率过快的分级加载都存在地基中剪应力增长超过土层因固结引起的强度增长的危险。因此，堆载预压设计的关键是确定合理的分级加载速率和每级荷载大小，以确保每级荷载下地基的稳定性。此外，还要确定总荷载水平、预压时间和预压加载范围等。

2. 真空预压法

真空预压法是先在需加固的软土地基表面铺设一层透水砂垫层或砂砾层，再在其上覆盖一层不透气的塑料薄膜或橡胶布，四周密封，与大气隔绝，在砂垫层内埋设渗水管道，然后与真空泵连通进行抽气，

真空预压原理与
设计（文本）

使透水材料保持较高的真空度，在土的孔隙水中产生负的孔隙水压力，将土中孔隙水和空气逐渐吸出，从而使土体固结。真空预压加固地基示意图见图 12.5。

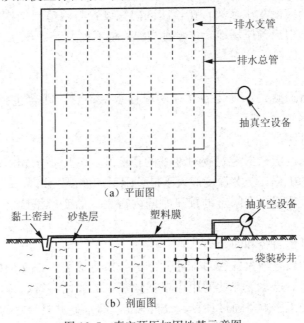

图 12.5　真空预压加固地基示意图

3. 真空和堆载联合预压法

当建筑物的荷载超过真空预压的压力，或建筑物对地基变形有严格要求时，可采用真空和堆载联合预压，其总压力宜超过建筑物的竖向荷载。

12.4.3　排水系统设计

排水系统包括水平排水体（砂垫层）和竖向排水体（普通砂井、袋装砂井和塑料排水带）两部分。

1. 水平排水体

水平排水体即砂垫层，其作用是保证地基固结过程中排出的水能够顺利地通过砂垫层迅速排出，使受压土层的固结能够正常进行，以利于提高地基处理效果，缩短固结时间。因此，水平排水垫层质量对排水固结处理的效果有着重要影响。

（1）垫层材料

砂垫层砂料宜用中粗砂，黏粒含量不应大于 3%，砂料中可含有少量粒径不大于 50mm 的砾石；砂垫层的干密度应大于 1.5t/m³。渗透系数应大于 $1×10^{-2}$cm/s。

（2）垫层厚度

排水砂垫层的厚度首先应满足地基对其排水能力的要求；其次，当地基表面承载力很低时，砂垫层还应具备持力层的功能，以承担施工机械荷载。满足排水要求的砂垫层厚度不应小于 500mm。

在预压区边缘应设置排水沟，在预压区内宜设置与砂垫层相连的排水盲沟，以便将地基中排出的水引出预压场地。排水盲沟的间距不宜大于 20m。

2. 竖向排水体

排水竖井分普通砂井、袋装砂井和塑料排水带。设计内容包括竖井深度、直径、间距、排列方式等。

（1）排水竖井深度

排水竖井的深度应根据建筑物对地基的稳定性、变形要求和工期确定；对以地基抗滑稳定性控制的工程，竖井深度应大于最危险滑动面以下 2.0m；对以变形控制的建筑工程，竖井深度应根据在限定的预压时间内需完成的变形量确定，竖井宜穿透受压土层。

（2）排水竖井的直径和间距

减小竖井间距较之增大井径对加速固结的效果更显著。因此应以"细而密"的原则选择井径和间距。排水竖井的间距应根据地基土的固结特性、预定时间内所要求达到的固结度以及施工影响等通过计算、分析确定。普通砂井直径宜为 300～500mm，袋装砂井直径宜为 70～120mm。

（3）竖井排列方式

排水竖井可采用等边三角形或正方形排列的平面布置。为防止地基产生过大的侧向变形和防止基础周边附近地基的剪切破坏，竖井布置范围应适当扩大。扩大的范围可由基础轮廓线向外增大约 2～4m。

（4）砂井材料与灌砂量

砂井用的砂料应选用中粗砂，其黏粒含量不应大于 3%，真空预压砂井的砂料渗透系数应大于 $1×10^{-2}$cm/s。其中密状态的干密度不小于 1.55t/m³，砂井灌砂量应按井孔容积和砂在中密状态时的干密度计算，其实际灌砂量不得小于计算值的 95%。

12.5　复合地基理论概述

12.5.1　复合地基的概念及分类

　　复合地基的概念如 12.1 节所述。复合地基概念有狭义和广义之分。狭义的复合地基概念认为各类砂石桩复合地基和各类水泥土桩复合地基属于复合地基，其他各类形式不能称为复合地基；另一种意见认为桩体与基础不相连接是复合地基，相连接就不是复合地基，至于桩体是柔性桩、刚性桩并不重要。但广义的复合地基概念认为是否属于复合地基与桩体刚度、桩体与基础是否连接无关，而视其在工作状态下，能否保证桩和桩间土共同承担荷载。广义复合地基概念侧重在荷载传递机理上来揭示复合地基的本质。

　　复合地基技术能够较好地利用增强体和天然地基两者共同承担建（构）筑物荷载的潜能，因此具有比较经济的特点。目前在我国应用的复合地基类型主要有：由多种施工方法形成的各类砂石桩复合地基、水泥土桩复合地基、低强度桩复合地基、土桩、灰土桩复合地基、钢筋混凝土桩复合地基、加筋土地基等。在房屋建筑（包括高层建筑）、高等级公路、铁路、堆场、机场、堤坝等土木工程建设中得到广泛应用。

　　复合地基分类如图 12.6 所示。

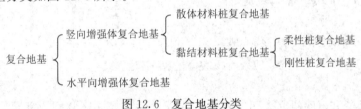

图 12.6　复合地基分类

　　竖向增强体习惯上称为桩。根据竖向增强体的性质，复合地基又可分为三类：散体材料桩复合地基、柔性桩复合地基和刚性桩复合地基。散体材料桩复合地基有碎石桩复合地基、砂桩复合地基等。散体材料桩只有依靠周围土体的围箍作用才能形成桩体，桩体材料本身单独不能形成桩体。对应于散体材料桩，柔性桩和刚性桩也可称为黏结材料桩。柔性桩复合地基有水泥土桩复合地基、灰土桩复合地基等。刚性桩复合地基有钢筋混凝土桩复合地基、低强度混凝土桩复合地基等。严格讲，桩体的刚度不仅与材料性质有关，还与桩的长径比有关，应采用桩土相对刚度来描述。

　　水平向增强体复合地基主要指加筋土地基。随着土工合成材料的发展，加筋土地基应用越来越多。加筋材料主要是土工织物和土工格栅等。

　　复合地基承载力由两部分组成，一部分是增强体的贡献，一部分是桩间土的贡献。如何合理估计两者对复合地基承载力的贡献是桩体复合地基计算的关键。桩体复合地基中，散体材料桩、柔性桩和刚性桩的荷载传递机理是不同的。桩体复合地基上基础刚度的大小，褥垫层的厚度和模量都对复合地基受力状态有影响，在承载力计算中都要考虑。

以往对浅基础和桩基础的承载力和沉降计算理论研究较多，而对双层地基和复合地基的计算理论研究较少。特别是对复合地基承载力和沉降计算理论的研究还很不够。复合地基理论正处于发展之中，许多问题有待进一步认识和研究。党的二十大指出，"教育、科技、人才是全面建设社会主义现代化国家的基础性、战略性支撑。必须坚持科技是第一生产力、人才是第一资源、创新是第一动力，深入实施科教兴国战略、人才强国战略、创新驱动发展战略，开辟发展新领域新赛道，不断塑造发展新动能新优势"。因此，我们应当弘扬科学家精神，培养追求技术进步的探索精神、创新意识以及严谨、负责的职业素养，努力成为德才兼备的高素质人才，为理论发展和技术进步作出积极的贡献。

工程实践中，增强体还可以斜向设置或设置成长短桩形式，如图 12.7 所示。斜向设置如树根桩复合地基。长短桩形式则为多桩型复合地基的一种，长桩和短桩可采用同一材料制桩，也可采用不同材料制桩。例如，短桩采用散体材料桩或柔性桩，长桩采用钢筋混凝土桩或低强度混凝土桩。在深厚软土地基中采用长短桩复合地基既可有效提高地基承载力，又可有效减少沉降，且具有较好的经济效益。

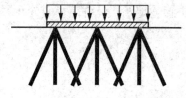 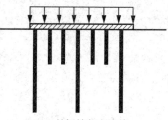

（a）斜向增强体复合地基　　　　　（b）长短桩复合地基

图 12.7　复合地基的其他形式

另外，理论和试验研究表明，在基础和复合地基加固区之间设置垫层不仅可保证各类增强体与桩间土形成复合地基共同承担上部荷载，而且可以有效改善复合地基中浅层的受力状态，如刚性基础下设置柔性垫层，可以有效减小桩土荷载分担比、提高桩间土的抗剪强度、提高增强体承受竖向荷载的能力等，这对低强度桩和柔性桩是非常有意义的。因此，复合地基还有是否设置褥垫层之分。

研究表明，随着垫层厚度增大，桩土应力比减小，最后趋向一定值，而通过调整垫层的模量和厚度就可以调节桩土应力比，较好地发挥桩和土的承载力，以达到降低工程造价的目的。工程上垫层一般采用碎石垫层或砂石垫层，厚度一般取 200～500mm。

拓展知识 什么是桩土应力比

在荷载作用下，若将复合地基中桩体的竖向平均应力记为 σ_p，桩间土的竖向平均应力记为 σ_s，则桩土应力比 n 为

$$n = \sigma_p / \sigma_s$$

桩土应力比是复合地基的一个重要设计参数，它关系到复合地基承载力和变形的计算。影响桩土应力比的因素很多，如荷载水平、桩土模量比、复合地基面积置换率（桩体截面面积/复合地基面积）、原地基土强度、桩长、固结时间和垫层情况等。

12.5.2 复合地基的作用机理

不同桩型复合地基的承载和变形性状比较如下：

1) 散体材料桩由于桩体由散体材料（砂石、碎石、渣土）组成，本身具有褥垫作用。加之在荷载作用下，桩体顶部进一步破坏形成褥垫层，基础与桩间土和桩通过桩顶部褥垫层始终保持接触，桩间土承载力得以发挥。

2) 刚性桩复合地基包括 CFG 桩复合地基、二灰混凝土桩复合地基、粉煤灰混凝土桩复合地基及其他低强度等级素混凝土桩复合地基等。

刚性桩和桩间土构成的复合体与基础之间，设置一定厚度的散体粒状材料组成的褥垫层。在荷载作用下，由于桩的模量远大于桩间土的模量，桩间土表面变形大于桩顶变形，桩向桩间土刺入，伴随这一过程，散体材料不断补充调整到桩间土表面，基础通过褥垫层始终与桩间土保持接触，桩间土始终参与工作，承载力得以发挥。

3) 柔性桩分为两类。一类为黏结强度很低的桩（如石灰桩、灰土桩），由于桩体本身的强度很低，荷载作用下的破坏从桩顶部开始形成褥垫，情形接近于散体材料桩，故形成复合地基的条件也与散体材料桩相近，可不设褥垫层；另一类为具有一定黏结强度的桩（如深层搅拌水泥土桩、旋喷水泥土桩），荷载作用下的工作特点更接近于刚性桩，不设褥垫层时桩间土发挥作用较低，故这类桩一般情况下均需设褥垫层。

复合地基中增强体的材料不同、施工方法不同，复合地基的作用也不相同。综合分析，复合地基的作用主要有以下五个方面：

（1）桩体作用（置换作用）

在复合地基中，桩体的刚度和模量与周围土体相比较大，在荷载作用下，桩体的压缩性比周围土体小。而地基中应力是按材料模量进行分布的，因此桩体上产生应力集中现象，大部分荷载将由桩体承担，桩间土应力相应减小，这样使得复合地基承载力较原地基有所提高、沉降量有所减小。在刚性桩复合地基中桩体刚度较大，桩体作用发挥更加明显。

（2）垫层作用

复合地基中褥垫层是关键部分之一，它与基础相连。在荷载的作用下，桩向上刺入褥垫层，将一部分荷载传递给桩间土，充分发挥了桩间土的承载力，保证桩、土共同承担荷载，从而增大了压力的扩散角，减小了下卧层土体的应力作用，改善了地基的变形状态。桩与桩间土复合地基有类似垫层的换土作用，其性能优于原天然地基，能起到均匀地基应力和增大应力扩散角度的作用。

（3）加速固结作用

碎石桩、砂桩等散体材料桩具有良好的透水特性，可加速地基的固结，是地基中的排水通道。而根据竖向固结系数表达式：$c_v = k(1+e_0)/\gamma_0 a$，地基固结不仅与地基土的排水性能有关，而且还与地基土的变形特性有关。虽然水泥土类桩会降低地基土的渗透系数 k，但它同样会减少地基土的压缩系数 a，而且 a 的减少幅度比 k 的减少幅度要大。故在某种程度上，水泥土类和混凝土类等刚性桩也可加速地基固结。

（4）挤密作用

砂桩、土桩、石灰桩、碎石桩等在施工过程中由于振动、挤压、排土等原因，可对桩间土体起到一定的挤密作用。例如，振冲挤密碎石桩和振动挤密砂石桩等采用振动成桩施工工艺。另外，石灰桩、粉体喷射深层搅拌桩中的生石灰、水泥粉具有吸水、发热、膨胀作用，对桩周土也有一定的挤密效果。

（5）桩对土的侧向约束作用（加筋作用）

在群桩复合地基中，桩阻止了桩间土体侧向变形，减少了侧向变形，提高了地基抵抗竖向变形的能力。同时，也提高了土体的抗剪强度。在刚性桩复合地基中效果更为明显。

通常我们所见的复合地基都具有其中几种作用。复合地基的设置，就是为了提高地基承载力，改善地基的变形特性，减小在荷载作用下可能发生的沉降和变形，有时还可以改善地基的抗震性能。

12.6 挤密法和振冲法

12.6.1 挤密法

挤密法是指在软弱土层中以振动或冲击的方式成孔，从侧向将土挤密，再将碎石、砂、灰土、石灰或炉渣等填料充填密实成柔性的桩体（竖向增强体），并与原地基形成一种复合地基，共同承担荷载，从而改善地基的工程性能。

1. 加固机理

对于松散砂土地基，采用冲击法或振动法下沉桩管和一次拔管成桩时，由于桩管下沉对周围砂土产生很大的横向挤压力，桩管就将地基中同体积的砂挤向周围的砂层，使其孔隙比减小，密度增大，这就是挤密作用。有效挤密范围可达3～4倍桩直径。当采用振动法往砂土中下沉桩管和逐步拔出桩管成桩时，下沉桩管对周围砂层产生挤密作用，拔起桩管对周围砂层产生振密作用，有效振密范围可达6倍桩直径左右。振密作用比挤密作用更显著。

对于软弱黏性土地基，由于桩体本身具有较大的强度和变形模量，桩的断面也较大，桩体置换掉同体积的软弱黏性土，与土组成复合地基，共同承担上部荷载。

需要指出，挤密砂桩与用于堆载预压法中的排水砂井都是以砂为填料的桩体，但两者作用不同。砂桩的作用主要是挤密，故桩径与填料密度大，桩距较小；而砂井的作用主要是排水固结，故井径和填料密度小，间距大。

2. 适用范围

挤密桩按其填入材料不同分别称为挤密砂桩、挤密土桩和挤密灰土桩等。挤密砂桩常用来加固松砂易液化的地基以及结构疏松的杂填土地基；挤密土桩及挤密灰土桩适用于处理地下水位以上的粉土、黏性土、素填土、杂填土和湿陷性黄土等地基，可处理地基的厚度宜为 3～15m。当以消除地基土的湿陷性为主要目的时,可选用挤密土桩;当以提高地基土的承载力或增强其水稳性为主要目的时,宜选用挤密灰土桩。对挤密土桩及挤密灰土桩,当地基土的含水量大于 24%、饱和度大于 65% 时,应通过试验确定其适用性;对重要工程或在缺乏经验的地区,施工前应按设计要求,在有代表性的地段进行现场试验。

12.6.2 振冲法

振冲法是利用一个振冲器,借助于高压水流边振边冲,使松砂地基变密;或在黏性土地基中成孔,在孔中填入碎石制成一根根的桩体,这样的桩体和原来的土构成比原来抗剪强度高和压缩性小的复合地基。振冲器如图 12.8 所示,振冲法施工工艺如图 12.9 所示。

图 12.8 振冲器

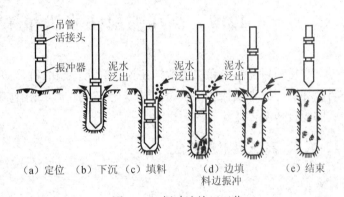

(a) 定位 (b) 下沉 (c) 填料 (d) 边填料边振冲 (e) 结束

图 12.9 振冲法施工工艺

1. 加固机理

振冲法按加固机理和效果的不同,分为振冲置换法和振冲密实法两类。振冲置换法在地基土中借振冲器成孔,振密填料置换,制造一群以碎石、砂砾等散粒材料组成的桩体,与原地基土一起构成复合地基,使其排水性能得到很大改善,有利加速土层固结,使承载力提高,沉降量减少,又称振冲置换碎石桩法;振冲密实法主要是利用振动和压力水使砂层液化,砂颗粒相互挤密,重新排列,孔隙减少,从而提高砂层的承载力和抗液化能力,又称振冲密实砂桩法,这种桩根据砂土质的不同,又有加填料和不加填料两种。

振冲法加固地基的特点是:技术可靠,机具设备简单,操作技术易于掌握,施工简便;可节省三材,因地制宜,就地取材,采用碎石、卵石、砂、矿渣等作填料;加固速度快,节约投资,碎石桩具有良好的透水性,加速地基固结,地基承载力可提高 1.2～1.35 倍;此外,振冲过程中的预振效应,可使砂土地基增加抗液化能力。

2. 适用范围

振冲置换法适用于：处理不排水抗剪强度不小于 20kPa 的黏性土、粉土、饱和黄土和人工填土等地基，如果桩周土的强度过低，则难以形成桩体。饱和黏土地基，如对变形控制不严格，可采用砂石桩置换处理。

振冲密实法适用于：挤密处理松散砂土，粉土、粉质黏土、素填土、杂填土等地基，以及可液化地基。不加填料的振冲挤密法适用于处理黏粒含量不大于 10% 的中砂、粗砂地基。

但对大型的、重要的或场地地层复杂的工程，以及对于处理不排水抗剪强度不小于 20kPa 的饱和黏性土和饱和黄土地基，应在施工前通过现场试验确定其适用性。

振冲法不适用于在地下水位较高、土质松散易塌方和含有大块石等障碍物的土层中使用。

12.7　高压喷射注浆法和深层搅拌法

高压喷射注浆法和深层搅拌法均是利用特制的机具向土层中喷射浆液或拌入粉剂，与破坏的土混合或拌和，从而使地基土固化，形成由地基土和竖向增强体共同承担荷载的复合地基，达到加固的目的。

12.7.1　高压喷射注浆法

1. 加固机理

高压喷射注浆法是利用钻机把带有特殊喷嘴的注浆管钻进至土层的预定位置后，用高压脉冲泵（工作压力在 20MPa 以上），将水泥浆液通过钻杆下端的喷射装置，向四周以高速水平喷入土体，借助液体的冲击力切削土层，使喷流射程内土体遭受破坏，土体与水泥浆充分搅拌混合，胶结硬化后形成加固体，从而使地基得到加固。

加固体的形状与注浆管的提升速度和喷射流方向有关。一般分为旋转喷射（简称旋喷）、定向喷射（简称定喷）和摆动喷射（简称摆喷）三种注浆形式。旋喷时，喷嘴边喷射边旋转和提升，可形成圆柱状加固体（称为旋喷桩）。定喷时，喷射方向固定不变，喷嘴边喷射边提升，可形成墙板状加固体，用于基坑防渗和稳定边坡等工程。摆喷时，喷嘴边喷射边摆动一定角度和提升，可形成扇形状加固体，通常用于托换工程。

高压喷射法的施工机具主要由钻机和高压发生设备两部分组成。高压发生设备是高压泥浆泵和高压水泵，另外还有空气压缩机、泥浆搅拌机等。旋喷桩施工工艺如图 12.10 所示。

高压喷射注浆法的旋喷管分单管、二重管、三重管三种。单管法只喷射水泥浆，可形成直径为 0.6～1.2m 的圆柱形加固体；二重管法则为同轴复合喷射高压水泥浆和压缩空气两种介质，可形成直径为 0.8～1.6m 的桩体；三重管法则为同轴复合喷射高压水、压缩空气和水泥浆液三种介质，形成的桩径可达 1.2～2.2m。三重管法施工机具如图 12.11 所示。

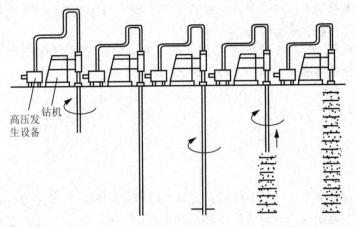

旋喷桩施工（现场）

（a）开始钻进　（b）钻进结束　（c）高压旋　（d）边旋转　（e）旋喷
　　　　　　　　　　　　　　 喷开始　　　 边提升　　　 结束

图 12.10　旋喷桩施工工艺

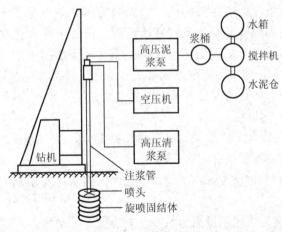

图 12.11　三重管法施工机具

高压喷射注浆法的特点如下：

1）能够比较均匀地加固透水性很小的细粒土，作为复合地基可提高其承载力，降低压缩性。

2）施工设备简单、灵活，能在室内或洞内净高很小的条件下对土层深部进行加固。

3）能控制加固体形状，制成连续墙可防止渗透和流沙。

4）不污染环境，无公害。

2. 适用范围

高压喷射注浆法适用于处理淤泥、淤泥质土、黏性土（流塑、软塑和可塑）、粉土、砂土、黄土、素填土和碎石土等地基。但对土中含有较多的大直径块石、大量植物根茎和高含量的有机质，以及地下水流速较大的工程，应根据现场试验结果确定其适应性。我国建筑地基旋喷注浆处理深度目前已达 30m 以上。

高压喷射注浆法可用于既有建筑和新建筑的地基处理、深基坑侧壁挡土或挡水、基坑底部加固防止管涌与隆起、坝的加固与防水帷幕等工程。

12.7.2 深层搅拌法

1. 加固机理

深层搅拌法是利用水泥、石灰等材料作固化剂（浆液或粉体）的主剂，通过特制的深层搅拌机械，在地基深处就地将软土和固化剂强制拌和，使软土硬结成具有整体性、水稳定性和较高强度的水泥加固体，与天然地基形成复合地基。浆液搅拌法简称湿法，粉体搅拌法简称干法。

深层搅拌法采用水泥或石灰作为固化剂时，各自的加固原理、设计方法、施工技术均不相同。以水泥系深层搅拌法为例，其加固的基本原理是基于水泥加固土的物理化学反应过程，它与混凝土的硬化机理有所不同。混凝土的硬化主要是水泥在粗骨料中进行水解和水化作用，所以硬结速度较快。而在水泥加固土中，由于水泥掺量很小（仅占被加固土重的 7%～15%），水泥的水解和水化反应完全是在具有一定活性的黏性土介质中进行的，所以硬化速度缓慢且作用复杂。

深层搅拌法的特点如下：

1）深层搅拌法将固化剂直接与原有土体搅拌混合，没有成孔过程，对孔壁无横向挤压，故对邻近建筑物不产生有害的影响。

2）经过处理后的土体重度基本不变，不会由于自重应力增加而导致软弱下卧层的附加变形。

3）与旋喷桩相比，水泥用量大为减少，造价低、工期短。

4）施工时无振动、无噪声、无污染等。

2. 适用范围

水泥土搅拌桩复合地基适用于处理正常固结的淤泥、淤泥质土、素填土、黏性土（软塑、可塑）、粉土（稍密、中密）、粉细砂（松散、中密）、中粗砂（松散、稍密）、饱和黄土等土层。不适用于含大孤石或障碍物较多且不易清除的杂填土、欠固结的淤泥和淤泥质土、硬塑及坚硬的黏性土、密实的砂类土，以及地下水渗流影响成桩质量的土层。当地基土的天然含水量小于 30%（黄土含水量小于 25%）时不宜采用粉体搅拌法。冬期施工时，应考虑负温对处理地基效果的影响。

水泥土搅拌桩用于处理泥炭土、有机质土、pH 值小于 4 的酸性土、塑性指数大于 25 的黏土，或在腐蚀性环境中以及无工程经验的地区使用时，必须通过现场和室内试验确定其适用性。

深层搅拌法多用于墙下条形基础，大面积堆料厂房基础、深基坑开挖时防止坑壁及边坡塌滑、坑底隆起等以及作地下防渗墙等工程。

加固体可根据需要做成柱状、壁状、格栅状或块状三种形式。柱状是每隔一定的距离打设一根搅拌桩，适用于单独基础和条形、筏形基础下的地基加固；壁状是将相邻搅拌桩部分重叠搭接而成，适用于深基坑开挖时的软土边坡加固以及多层砌体结构房屋条形基础下的加固；块状是将多根搅拌桩纵横相互重叠搭接而成，适用于上部结构荷载大而对不均匀沉降控制严格的建筑物地基加固和防止深基坑隆起及封底使用。

12.8 水泥粉煤灰碎石桩复合地基

CFG 桩施工
（视频）

12.8.1 加固机理

CFG 桩是水泥粉煤灰碎石桩（cement fly-ash gravel pile）的简称，是由水泥、粉煤灰、碎石、石屑或砂加水按一定比例拌和均匀而制成的高黏结强度的桩。CFG 桩通过在基础与桩顶之间设置由散体材料构成的褥垫层来分配桩土荷载，保证桩土协同工作，形成复合地基。

CFG 桩是在碎石桩的基础上发展起来的，属复合地基刚性桩，严格意义上说，应该是一种半柔半刚性桩。在桩体材料中，碎石（粒径 20~50mm）是主要骨料；作为次骨架材料的石屑（粒径 2.5~10mm）填充空隙，改善骨料级配；作为细骨料的粉煤灰能起到低强度等级水泥的作用，对于桩体的后期强度的提高有一定的作用。CFG 桩体强度变化范围较大，范围为 C_5~C_{20}。因此，CFG 桩具有一般混凝土桩的特性，依靠桩侧摩阻和桩端阻力来承担荷载，可全桩长发挥侧阻力，能充分发挥桩周摩阻力和端承力，桩土应力比高，一般为 10~40（碎石桩的桩土应力比一般为 1.5~4.0）。与柔性桩复合地基相比，复合地基承载力的提高幅度较大，且通过改变桩的长度，具有很大的可调性，并有沉降小、稳定快的特点。

CFG 桩复合地基的加固机理包括置换作用和挤密作用，其中以置换作用为主。

1）采用长螺旋钻钻孔、管内泵压灌注成桩施工工艺时，属排土成桩工艺，对地基的加固效应只有置换作用。

由于桩身材料经过水泥的水解、水化反应，粉煤灰的凝硬反应，形成稳定的空间网状结构，具有一定的黏结强度。在上部荷载的作用下，桩体的压缩性明显小于周围软土，因此基础传给复合地基的附加应力随地基的变形而逐渐集中到桩体上，荷载沿桩身传到持力层上。桩体承担了主要的荷载。

该工艺具有穿透能力强、无泥浆污染、无振动、低噪声、适用地质条件广、施工效率高及质量容易控制等特点。与混凝土桩基相比，桩身不配筋并可以充分发挥桩间土的承载能力，因此处理费用远低于其他桩基础，其经济效益非常显著。

2）对地基土是松散的饱和粉细砂、粉土，以消除液化和提高地基承载力为目的，应选择振动沉管成桩，属挤土成桩工艺。此时复合地基的加固效果除了置换作用以外，尚有一定的挤密作用。

采用沉管法施工时，一方面，振动使砂土的结构破坏、孔隙水压力变大，随着土体发生液化，孔隙水压力消散、砂粒重新排列组合、密度增大。另一方面，桩体混合料传递振冲器的水平振动力并对孔壁产生挤压，使砂层振密挤密。但是对于饱和软黏土、硬的黏性土、密实砂土的振动成桩中，不能达到挤密、振实的效果，土体会因此丧失结构强度、孔隙比增大、密实度减小、承载力降低。

该工艺难以穿透较厚的硬土层、砂层和卵石层等。在饱和黏性土中成桩，会造成地表隆起，挤断已成桩，且振动、噪声污染严重，在城市居民区施工受到限制。

12.8.2　适用范围

CFG 桩复合地基适用于处理黏性土、粉土、砂土和自重固结已完成的素填土地基。对淤泥质土应按地区经验或通过现场试验确定其适用性。

施工工艺的选择应符合下列规定：

1）长螺旋钻孔灌注成桩适用于地下水位以上的黏性土、粉土、素填土、中等密实以上的砂土地基。

2）长螺旋钻中心压灌成桩适用于黏性土、粉土、砂土和素填土地基，对噪声或泥浆污染要求严格的场地可优先选用；穿越卵石夹层时应通过试验确定适用性。

3）振动沉管灌注成桩适用于粉土、黏性土及素填土地基；挤土造成地面隆起量大时，应采用较大桩距施工。

4）泥浆护壁成孔灌注成桩适用于地下水位以下的黏性土、粉土、砂土、填土、碎石土及风化岩层等地基；桩长范围和桩端有承压水的土层应通过试验确定其适应性。

小　　结

1. 软弱土是指淤泥、淤泥质土和部分冲填土、杂填土及其他高压缩性土。

2. 软弱土地基处理的目的就是要改善地基土的性质，达到满足建筑物对地基强度、变形和稳定的要求，其中包括改善地基土的渗透性；提高地基强度或增加其稳定性；降低地基的压缩性，以减少其变形；改善地基的动力特性，以提高其抗液化性能。

3. 根据地基处理方法的原理，常用软弱土地基处理方法分类有碾压夯实、换土垫层、排水固结、振密挤密、置换及拌入、加筋等，其原理和适用范围如表 12.1 所示。

4. 各种地基处理方法具有不同的加固机理、特点和适用范围；应注意了解各种方法的设计和施工要点。

5. 需注意复合地基的概念及与桩基的区别。

练 习 题

12.1　名词解释

1. 软弱土；2. 重锤夯实法；3. 强夯法；4. 换土垫层法；5. 排水固结法；6. 复合地基；7. 挤密法；8. 振冲法；9. 高压喷射注浆法；10. 深层搅拌法。

12.2　多项选择题

1. 夯实法可适用于以下（　　）地基土。

A. 松砂地基　　　　　B. 杂填土　　　　　C. 淤泥　　　　　D. 淤泥质土

E. 饱和黏性土　　　　F. 湿陷性黄土

2. 排水堆载预压法适合于（　　）。

A. 淤泥　　　　　　　B. 淤泥质土　　　　C. 饱和黏性土　　D. 湿陷黄土

E. 冲填土

3. 对于饱和软黏土适用的处理方法有（　　）。

A. 表层压实法　　　　B. 强夯　　　　　　C. 降水预压　　　D. 堆载预压

E. 搅拌桩　　　　　　F. 振冲碎石桩

4. 对于松砂地基适用的处理方法有（　　）。

A. 强夯　　　　　　　B. 预压　　　　　　C. 挤密碎石桩　　D. 碾压

E. 粉喷桩　　　　　　F. 深搅桩　　　　　G. 真空预压　　　H. 振冲法

5. CFG 桩褥垫层的作用有（　　）。

A. 保证桩、土共同承担荷载　　　　　　　B. 减少基础底面的应力集中

C. 调整桩土荷载分担比　　　　　　　　　D. 调整桩、土水平荷载分担比

6. CFG 桩加固软弱地基主要作用有（　　）。

A. 桩体作用　　　B. 挤密作用　　　C. 排水作用　　　D. 褥垫层作用

7. 党的二十大指出："加快实施创新驱动发展战略。加强基础研究，突出原创，鼓励自由探索。"在地基处理方法中，以下（　　）理论还不成熟，需要进一步研究探索。

A. 复合地基计算理论　　　　　　　　　　B. 双层地基计算理论

C. 强夯法计算理论

12.3　简答题

1. 地基处理的目的是什么？

2. 常用地基处理的方法有哪些？各适用什么情况？

3. 复合地基与桩基础的区别是什么？

第3部分

基坑与边坡工程

单元 13

基坑与边坡工程概述

教学目标

知识目标

1. 了解基坑工程的特点，知晓基坑支护的目的和作用。

2. 能叙述基坑支护结构安全等级的划分。

3. 能描述基坑支护类型，知晓影响支护选型的因素和主要类型的适用条件；知晓边坡的种类和破坏类型。

4. 能描述工程边坡的滑坡类型；知晓边坡挡土墙的类型。

能力目标

能根据《建筑基坑支护技术规程》（JGJ 120—2012）的规定初步进行基坑支护选型。

思政目标

通过对我国基坑工程发展的介绍，了解新时代中国建筑业发展的辉煌成就，认同新时代十年的伟大变革，激发学生的专业荣誉感和行业自豪感，培养学生爱党、爱国、爱社会主义的思想情怀。

通过对天然边坡滑坡的分析，引导学生树立马克思辩证唯物主义哲学思想，坚持"系统观念"，领悟党的二十大关于"开辟马克思主义中国化时代化新境界"的精神。弘扬科学家精神，培养学生对国家和人民负责的职业操守和工程伦理，对待工作严谨、严格的工匠精神，敬畏专业、探索研究的科学精神。

13.1 基坑工程概况

随着城市化的快速发展和土地资源的日趋匮乏，为了节省土地、充分利用地下空间，高层建筑、地铁和各类地下工程蓬勃发展，开发大型地下空间已成为一种必然。由于高层建筑基础本身要求有一定的埋置深度，用于设备层、停车场、商场等的地下楼层数不断增加，从而也使基坑深度不断增加。密集的建筑群、超深的基坑、周围复杂的地下设施都给基坑设计和施工带来一定的难度，这对基坑工程提出了严峻的挑战。

　　为确保基坑施工、地下主体结构的安全、基坑周边既有建筑物及地下设施的安全，必须对深基坑采取支护措施，严格控制支护边坡岩土体的变形。由此而采取的支护结构、降水和土方开挖与回填，包括勘察、设计、施工和监测等称为基坑工程。它是地下工程施工中内容丰富而富于变化的领域，是一项风险工程，是一门综合性很强的新型学科，涉及工程地质、土力学、基础工程、结构力学、原位测试技术、施工技术以及环境岩土工程等多学科问题。基坑工程采用的围护墙、支撑（或土层锚杆）、围檩、防渗帷幕等结构体系总称为支护结构。基坑工程中挡土、支护、降水、挖土等许多紧密联系的环节中出现某一环节失效，将会导致整个工程的失败，而这些工程事故主要表现为支护结构产生较大位移、支护结构破坏、基坑塌方及大面积滑坡、基坑周围道路开裂和塌陷、与基坑相邻的地下设施（管线、电缆）变位导致基坑破坏、邻近的建筑物开裂甚至倒塌等，造成严重的生命、财产损失。

　　综上所述，基坑工程由护坡墙体结构、支撑（或锚固）系统、土体开挖及加固、地下水控制、工程监测、环境保护等几个部分密切构成；基坑支护结构的设计及施工技术是基坑支护工程的核心内容。基坑支护的作用就是挡土、挡水、控制边坡变形。基坑支护的目的如下：

　　1）确保基坑开挖和地下主体结构施工安全、顺利。

　　2）保证环境安全。即确保基坑周边地铁、隧道、地下管线、建（构）筑物、道路等的安全和正常使用。

　　3）保证主体工程地基及桩基的安全，防止地面出现塌陷、坑底管涌等现象。

　　安全可靠性、经济合理性、施工便利性和工期保证性构成了基坑支护设计方案的基本技术要求。

国内的超深超大基坑

　　在国内，润扬长江大桥南汊桥北锚碇基坑长69m，宽50m，开挖深度平均48m；国家大剧院属超深、超大基坑工程，基础平均埋深26m，局部埋深32.6m；成都国际金融中心，基坑开挖最深处为35m，基坑面积达10.5万 m²，接近15个足球场大小，土方开挖总量约140万 m³；北京大兴国际机场

国家大剧院基坑

航站楼地下2层，开挖面积约16万 m²，其中深槽区开挖面积11万 m²，开挖深度18.4m。另外，基坑与相邻建筑物的距离也越来越近。如上海的汇京广场，围护结构与相邻建筑最近的距离仅0.4m，建设者们通过技术创新，攻克难关，均取得成功。

13.2　基坑工程的特点

　　基坑工程具有如下主要特点：

　　1）基坑工程大多是临时性的工程，设计与施工往往重视不足，风险较大。

2）建筑趋向高层化，基坑向大而深的方向发展。基坑开挖深度在 6～20m 很普遍；基坑开挖面积大，这给支护体和支撑系统带来较大的难度。

3）基坑工程对周围环境影响大。在软弱土层中，基坑开挖会产生较大的位移和沉降，对周围建筑物、市政设施和地下管线造成很大影响；在相邻场地施工中，打桩、降水、挖土及基础浇筑混凝土等会相互制约与影响。

4）基坑工程施工期较长，降雨、周边堆载、振动等许多不利因素影响，使其安全度的不确定性较大，这些都会对基坑稳定产生不利影响。

5）设计与施工难度较大，基坑工程事故频发。一是地基土层和水文地质条件的复杂性造成勘察所得数据离散性大，难以代表土层的总体情况；二是制约和影响因素多，包括周围建筑物、市政设施和地下管线、周边环境的重要性和容许变形量，降雨、重物堆放、振动等；三是设计计算理论不完善，岩土的本构关系、土压力理论等还不完善，时空效应等因素的影响还未得到充分考虑。因此，在基坑施工的同时必须进行基坑监测和监控，以及时修正设计、处理发现的问题。

6）基坑工程是一项综合性很强的系统工程。设计和施工密不可分，需要设计、施工人员密切配合，具有丰富的现场实践经验。

13.3　基坑工程分类

基坑工程可按以下方式分类：

1. 按开挖深度分

基坑开挖深度 $H \geqslant 5m$ 的称为深基坑；$H < 5m$ 的为浅基坑。

2. 按开挖方式分

按照土方开挖方式将基坑分为放坡开挖和支护开挖两大类。

3. 按功能用途分

基坑按功能用途分楼宇基坑、地铁站基坑、市政工程基坑、工业地下厂房基坑等。

4. 按安全等级分

《建筑基坑支护技术规程》(JGJ 120—2012) 采用了结构安全等级划分的基本方法，依据国家标准《工程结构可靠性设计统一标准》(GB 50153—2008) 对结构安全等级确定的原则，以破坏后果严重程度（很严重、严重、不严重），将支护结构划分为三个安全等级。支护结构的安全等级，主要反映在设计时支护结构及其构件的重要性系数和各种稳定性安全系数的取值上。

《建筑基坑支护技术规程》(JGJ 120—2012) 规定，基坑支护设计时，应综合考虑基坑周边环境和地质条件的复杂程度、基坑深度等因素，按表 13.1 采用支护结构的安全等级，对同一基坑的不同部位，可采用不同的安全等级。当需要提高安全标准时，支护结构的重要性系数可以根据具体工程的实际情况取大于表中数值。

表 13.1　基坑支护结构的安全等级

安全等级	破坏后果	重要性系数
一级	支护结构失效、土体过大变形对基坑周边环境或主体结构施工安全的影响很严重	1.1
二级	支护结构失效、土体过大变形对基坑周边环境或主体结构施工安全的影响严重	1.0
三级	支护结构失效、土体过大变形对基坑周边环境或主体结构施工安全的影响不严重	0.9

5. 按支护结构形式分

1）支护型——将支护墙（排桩）作为主要受力构件的支护形式，如板桩墙、排桩、地下连续墙等。在基坑较浅时可不设支撑，成悬臂式结构；当基坑较深或对周围地面变形严格限制时，应设水平或斜向支撑，或锚拉系统，形成空间力系。

2）加固型——充分利用加固土体的强度进行支护的结构形式，如水泥土搅拌桩、高压旋喷桩、注浆和树根桩等。

13.4　基坑支护结构的类型与选型

支护结构
施工流程
（动画）

13.4.1　常见基坑支护结构的类型

1. 无围护放坡开挖

对于支护结构安全等级为三级的基坑工程，基坑深度较浅，具备放坡条件时可直接采取放坡开挖，如图 13.1 所示；若地下水位高于基坑底面时，应在放坡前采取降水措施。开挖的坡度角大小与土质条件、开挖深度、地面荷载等因素有关。

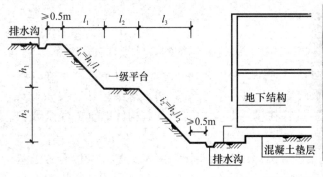

图 13.1　基坑放坡开挖

2. 桩墙支护

桩墙支护是基坑工程应用最多的支护方法，可用于各类基坑，不受支护条件的限制。桩墙支护形式如图 13.2～图 13.5 所示。它由桩墙结构及支护结构两部分组成，桩墙结构有钢板桩、板桩墙、灌注桩排、地下连续墙；支护结构类型有内支撑式、锚杆支护、地面锚拉式、无锚悬臂式等。其中，悬臂式结构在软土地层中的支护深度不宜大于 5m。

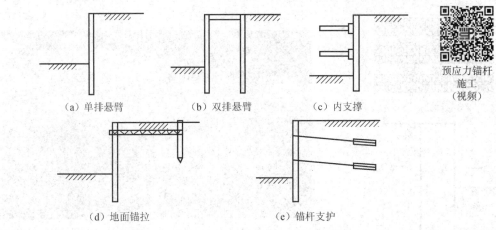

预应力锚杆
施工
（视频）

（a）单排悬臂　　　　（b）双排悬臂　　　　（c）内支撑

（d）地面锚拉　　　　　　　　（e）锚杆支护

图 13.2　桩墙支护形式

图 13.3　灌注桩排＋锚杆支护

图 13.4　悬臂式灌注桩排支护

（a）灌注桩排＋钢管内支撑

（b）灌注桩排＋钢筋混凝土内支撑

图 13.5　灌注桩排＋内支撑支护

3. 重力式支护结构

对于软土地基或松散砂土层，不能直接采用锚杆支护时，可采用水泥土墙进行支护。水泥土墙是由水泥土桩相互搭接形成的格网状、壁状等形式的重力式挡土结构物，如图 13.6 所示。通常采用搅拌桩，亦可采用旋喷桩等。水泥土墙一般适用于基坑深度 $H \leqslant 7\text{m}$，支护结构安全等级为二、三级的基坑工程。

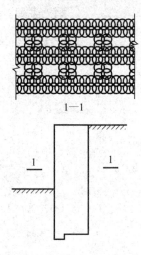

图 13.6　水泥土墙

土钉支护施工
（视频）

4. 土钉墙支护

对于支护结构安全等级为二、三级的基坑工程，可直接采用土钉墙进行支护。土钉墙是用钢筋作为加筋件，依靠土与加筋件之间的摩擦力，使土体拉结成整体，并在坡面上喷射混凝土，以提高边坡的稳定性。如图 13.7 和图 13.8 所示。土钉支护适用于水位较低的黏土、砂土和粉土，基坑深度一般在 12m 以下。

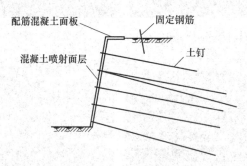

图 13.7　土钉墙示意图

图 13.8　土钉墙支护

5. 墙前被动区土体加固法

对流塑、软塑黏土层深基坑，为控制挡墙侧向位移，增加土体抗剪强度，降低护桩的入土深度，在基坑开挖前采用深层搅拌法、高压旋喷注浆法或静压注浆法对墙前土体进行加固或改良，加固体可采用格栅或实体形式，其加固深度 3～6m，宽度 5～9m，如图 13.9 所示。

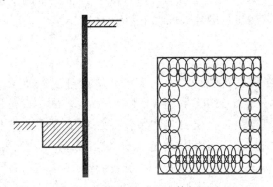

图 13.9　墙前被动区土体加固法

6. 逆作拱墙

逆作拱墙也称闭合拱圈，根据基坑周边场地条件可采用全封闭拱墙或局部拱墙来支挡土压力以围护基坑的稳定。闭合拱墙用钢筋混凝土就地浇筑，只需在基坑深度范围内配置，并可分若干道自上而下施工，每道高 2m 左右。如图 13.10 (a) 所示，闭合拱墙平面可以由若干条不连续的二次曲线组成，也可以是一个完整的椭圆形；拱墙剖面一般做成 Z 字形，根据基坑开挖深度，可采用各种类型的拱墙截面形式，如图 13.10 (b) 所示。采用逆作拱墙法，基坑开挖深度不宜大于 12m，当地下水位高于基坑底面时，应采取降水或截水措施。拱结构是以受压力为主，能更好地发挥混凝土抗压强度高的材料特性，而且拱圈支挡高度只需在坑底以上。采用逆作拱墙可节省挡土费用，仅为排桩支护的 40%～60%。

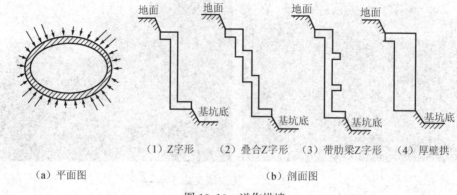

（1）Z字形　　（2）叠合Z字形　　（3）带肋梁Z字形　　（4）厚壁拱

（a）平面图　　　　　　　　　　　　　　（b）剖面图

图 13.10　逆作拱墙

7. 地下连续墙逆作法

高层建筑深基础采用地下连续墙工程，可实施基坑开挖逆作法施工作业。

8. 沉井法

对于沉井工程，当向下开挖基坑时，沉井起到挡土挡水的支护作用；基坑开挖后沉井又可作为地下永久构筑物的外墙或地下基础。

9. 组合型支护

对于较深的基坑工程，将两种以上的支护方法组合起来使用，既能保证支护结构的安全又能降低成本，如图 13.11 和图 13.12 所示。例如，基坑上部放坡，下部桩墙锚杆支护；锚杆与土钉相组合；土钉与注浆作业法相组合；水泥土搅拌桩与灌注桩排组合；水泥土搅拌桩中打入 H 型钢桩组合支护（即 SMW 工法）等。

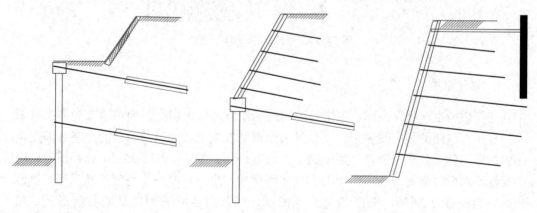

图 13.11　多种支护方式组合

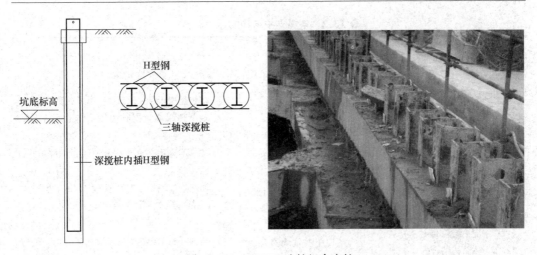

图 13.12　SMW 工法桩组合支护

13.4.2　支护结构的选型

SMW
（视频）

1. 支护结构选型应考虑的因素

支护结构选型时，应综合考虑下列因素：

1）基坑深度。

2）土的性状及地下水条件。

3）基坑周边环境对基坑变形的承受能力及支护结构失效的后果。

4）主体地下结构和基础形式及其施工方法、基坑平面尺寸及形状。

5）支护结构施工工艺的可行性。

6）施工场地条件及施工季节。

7）经济指标、环保性能和施工工期。

2. 各类支护结构及适用条件

《建筑基坑支护技术规程》（JGJ 120—2012）介绍了几种支护结构类型，并给出了包括基坑安全等级、基坑深度、环境条件、土类和地下水条件的适用条件，见表 13.2。

（1）支挡式结构

支挡式结构是由挡土构件和锚杆或支撑组成的一类支护结构体系的统称，其结构类型包括：排桩-锚杆结构、排桩-支撑结构、地下连续墙-锚杆结构、地下连续墙-支撑结构、悬臂式排桩或地下连续墙、双排桩等，见图 13.1。支挡式结构受力明确，计算方法和工程实践相对成熟，是目前应用最多也较为可靠的支护结构形式。

1）锚拉式支挡结构（排桩-锚杆结构、地下连续墙-锚杆结构）和支撑式支挡结构（排桩-支撑结构、地下连续墙-支撑结构）易于控制水平变形，挡土构件内力分布均匀，当基坑较深或基坑周边环境对支护结构位移的要求严格时，常采用这种结构形式。

表 13.2　各类支护结构的适用条件

结构类型		安全等级	适用条件	
			基坑深度、环境条件、土类和地下水条件	
支挡式结构	锚拉式结构	一级 二级 三级	适用于较深的基坑	1. 排桩适用于可采用降水或截水帷幕的基坑 2. 地下连续墙宜同时用作主体地下结构外墙，可同时用于截水 3. 锚杆不宜用在软土层和高水位的碎石土、砂土层中 4. 当邻近基坑有建筑物地下室、地下构筑物等，锚杆的有效锚固长度不足时，不应采用锚杆 5. 当锚杆施工会造成基坑周边建（构）筑物的损害或违反城市地下空间规划等规定时，不应采用锚杆
	支撑式结构		适用于较深的基坑	
	悬臂式结构		适用于较浅的基坑	
	双排桩		当锚拉式、支撑式和臂式结构不适用时，可考虑采用双排桩	
	支护结构与主体结构结合的逆作法		适用于基坑周边环境条件很复杂的深基坑	
土钉墙	单一土钉墙	二级 三级	适用于地下水位以上或降水的非软土基坑，且基坑深度不宜大于 12m	当基坑潜在滑动面内有建筑物、重要地下管线时，不宜采用土钉墙
	预应力锚杆复合土钉墙		适用于地下水位以上或降水的非软土基坑，且基坑深度不宜大于 15m	
	水泥土桩复合土钉墙		用于非软土基坑时，基坑深度不宜大于 12m；用于淤泥质土基坑时，基坑深度不宜大于 6m；不宜用在高水位的碎石土、砂土层中	
	微型桩复合土钉墙		适用于地下水位以上或降水的基坑，用于非软土基坑时，基坑深度不宜大于 12m；用于淤泥质土基坑时，基坑深度不宜大于 6m	
重力式水泥土墙		二级 三级	适用于淤泥质土、淤泥基坑，且基坑深度不宜大于 7m	
放坡		三级	1. 施工场地满足放坡条件 2. 放坡与上述支护结构形式结合	

注：1）当基坑不同部位的周边环境条件、土层性状、基坑深度等不同时，可在不同部位分别采用不同的支护形式。

　　2）支护结构可采用上、下部以不同结构类型组合的形式。

　　2）悬臂式支挡结构顶部位移较大，内力分布不理想，但可省去锚杆和支撑，当基坑较浅且基坑周边环境对支护结构位移的限制不严格时，可采用悬臂式支挡结构。

　　3）双排桩支挡结构是一种刚架结构形式，其内力分布特性明显优于悬臂式结构，水平变形也比悬臂式结构小得多，适用的基坑深度比悬臂式结构略大，但占用的场地较大，当不适合采用其他支护结构形式且在场地条件及基坑深度均满足要求的情况下，可采用双排桩支挡结构。

　　4）仅从技术角度讲，支撑式支挡结构比锚拉式支挡结构适用范围更宽，但内支撑的设置给后期主体结构施工造成很大障碍，所以，当能用其他支护结构形式时，人们一般不愿意首选内支撑结构。锚拉式支挡结构可以给后期主体结构施工提供很大的便利，但有些条件下是不适合使用锚杆的，表 13.2 中列举了不适合采用锚拉式结构的几种情况。另外，锚杆长期留在地下，给相邻地域的使用和地下空间开发造成障碍，不符合保护环境和可持续发展的要求。一些国家在法律上禁止锚杆侵入红线之外的地下区域，但我国绝大部分地方还没有这方面的限制。

（2）土钉墙

土钉墙是一种经济、简便、施工快速、不需大型施工设备的基坑支护形式，但其在基坑坍塌事故中所占比例大。土钉墙的设计理论还不完善，与支挡式结构相比，一些问题尚未解决或没有成熟、统一的认识。理论上土钉墙位移和沉降较大，当基坑周边变形影响范围内有建筑物等时，是不适合采用土钉墙支护的。

（3）水泥土墙

水泥土墙是一种非主流的支护结构形式，适用的土质条件较窄，实际工程应用也不广泛。水泥土墙一般用在深度不大的软土基坑。这种条件下，锚杆没有合适的锚固土层，不能提供足够的锚固力，内支撑又会增加主体地下结构施工的难度。这时，当经济、工期、技术可行性等的综合比较具有优势时，一般才会选择水泥土墙这种支护方式。水泥土墙一般采用搅拌桩，墙体材料是水泥土，其抗拉、抗剪强度较低，按梁式结构设计时性能很差，与混凝土材料无法相比。因此，只有按重力式结构设计时，才会具有一定优势。一般对水泥土墙的规定，均指重力式结构。

水泥土墙用于淤泥质土、淤泥基坑时，基坑深度不宜大于 7m；否则按重力式设计，墙的宽度、深度都太大，经济上、施工成本和工期都不合适。墙的深度不足会使墙位移、沉降；墙的宽度不足，会使墙开裂甚至倾覆。

搅拌桩水泥土墙虽然也可用于黏性土、粉土、砂土等土类的基坑，但一般不如选择其他支护形式更优。特殊情况下，搅拌桩水泥土墙对这些土类还是可以用的。由于国内搅拌桩成桩设备的动力有限，土的密实度、强度较低时才能钻进和搅拌。不同成桩设备的最大钻进搅拌深度不同，新生产、引进的搅拌设备的能力也在不断提高。

13.5　边坡失稳与滑坡

13.5.1　边坡的种类与安全等级

1. 边坡的类型

边坡分为天然边坡和人工边坡两类。天然边坡是指自然形成的山坡和江河湖海的岸坡；人工边坡则是指人工开挖基坑、基槽、路堑或填筑路堤、土坝形成的边坡，即开挖边坡和堤坝边坡。按照物质组成，边坡又可分为岩质边坡、土质边坡以及岩、土体复合边坡三种。不稳定的天然边坡和设计坡角过大的人工边坡，在岩土体重力、水压力、振动力以及其他外力作用下，常发生滑动或崩塌破坏，引起交通中断、建筑物倒塌、基坑坍塌、江河堵塞，水库淤填，给国家财产和人民生命带来巨大损失。

2. 边坡工程的安全等级

边坡工程安全等级是支护工程设计、施工中根据不同的地质环境条件及工程具体情况加以区别对待的重要标准。边坡工程应按其损坏后可能造成的破坏后果（危机人的生命、造成经济损失、产生社会不良影响）的严重性、边坡类型和坡高等因素，根据表 13.3 确定安全等级。

表 13.3 边坡工程安全等级

边坡类型		边坡高度 H/m	破坏后果	安全等级
岩质边坡	岩体类型为Ⅰ或Ⅱ类	H≤30	很严重	一级
			严重	二级
			不严重	三级
	岩体类型为Ⅲ或Ⅳ类	15<H≤30	很严重	一级
			严重	二级
		H≤15	很严重	一级
			严重	二级
			不严重	三级
土质边坡		10<H≤15	很严重	一级
			严重	二级
		H≤10	很严重	一级
			严重	二级
			不严重	三级

注：1）一个边坡工程的各段，可根据实际情况采用不同的安全等级。
2）对危害性极严重、环境和地质条件复杂的特殊边坡工程，其安全等级应根据工程情况适当提高。
3）很严重：造成重大人员伤亡或财产损失；严重：可能造成人员伤亡或财产损失；不严重：可能造成财产损失。
4）岩体类型的划分见《建筑边坡工程技术规范》（GB 50330—2013）表 4.1.4 的规定。

《建筑边坡工程技术规范》（GB 50330—2013）规定，破坏后果很严重、严重的下列建筑边坡工程，其安全等级应定为一级：

1）由外倾软弱结构面控制的边坡工程。
2）工程滑坡地段的边坡工程。
3）边坡塌滑区有重要建（构）筑物的边坡工程。

13.5.2 滑坡的分类

1. 天然边坡滑坡

触发天然边坡滑坡的主要因素是滑带土由峰值强度向残余强度的过渡。天然边坡的滑坡通常没有人类活动、降雨、地震等明显的触发因素，此类滑坡多呈现渐进性破坏特征。

洒勒山滑坡
（视频）

2. 工程边坡滑坡

滑坡是土木、水利、交通、矿山等基本建设工程常见的事故和灾害。工程开挖和填筑是导致滑坡的两大主要原因。

1）开挖边坡。1985年12月24日下午3时，天生桥二级水电站闸首部右侧挡土墙施工时发生滑坡，见图13.13。虽然坡高仅30m，但导致了正在基坑内施工的48人丧生。这一滑坡的主要原因是坡内存在一层饱和软黏土。

铁路、公路边坡由于大部分为明挖，滑坡通常是路堑建设的重要制约因素。图13.14为1992年宝成铁路K190段滑坡全貌。

图13.13　天生桥二级电站闸首滑坡　　　　图13.14　宝成铁路K190段滑坡

2）填筑边坡。在饱和软黏土上修建堤坝，当施工速率较高时，经常会发生滑坡。图13.15为2001年长江大堤江西马湖段软弱地基上发生的一个滑坡。饱和软黏土通常压缩性很大，而渗透系数很小，填土增加的地基应力要完全转化为有效应力，必须将地基中的水充分挤出。如果施工速率过快，则孔隙水压力无法及时消散，导致有效应力无法随荷载的增长而同步增长，因而诱发滑坡。为了保证在软基上修筑坝的稳定性，常需要采取一定的工程措施，如通过砂井塑料板排水或真空预压等技术加速水压力消散。

图13.15　长江大堤江西马湖段滑坡

填筑土本身在施工速率较快时也会发生滑坡。这是由于填筑土的含水量通常已使黏土的饱和度超过90%，进一步的填筑会使黏性土的孔隙水压力快速增长，导致堤坝施工期的滑坡。

3. 地质环境边坡滑坡

滑坡与工程地质环境直接有关的边坡称为地质环境边坡。

1）地震诱发的滑坡。地震是诱发滑坡的重要因素。地震时发生的砂土液化是导致滑坡的主要原因。我国历史上最严重的地震滑坡是 1920 年 12 月 16 日发生在宁夏回族自治区的海原 8.5 级地震所造成的滑坡。极震区的海原、固原和西吉县滑坡，由于数量大而无法统计。2008 年 5 月 12 日发生的四川汶川 8.0 级地震造成滑坡约 50000 余处。

2）古滑坡体和堆积体边坡。古滑坡体和堆积体的复活是土质边坡中发生的又一种滑坡，它通常和人类活动有关。我国南方地区普遍发育坡崩堆积体，此类物质是和在漫长的地质历史中发生的山体不稳定活动有关。在堆积体和基岩之间多存在夹泥层，许多卧于基岩面上的第四纪堆积物都可能是古滑坡体，也可能是坡崩堆积体。无论何种类型，这一第四纪物质形成的边坡多处于临界状态。降雨和工程活动都可能触发这些山体滑坡，即使没有明显的外界触发因素也会发生渐进性破坏。

3）特殊土边坡。由黄土、膨胀土等特殊土构成的边坡可能导致特殊的边坡稳定问题。

4. 水环境边坡滑坡

水是诱发滑坡的主要因素。通常包括了暴雨引发的滑坡、水库水位骤降带来的滑坡及江河崩岸等。1982 年 7 月四川万县地区普降暴雨，仅云阳县就发生滑坡 2 万多处，并形成数百处较大规模的裂缝，忠县在此期间形成滑坡及崩塌多达 3 万多处，其中大中型滑坡 30 余处。

13.5.3　边坡挡土墙分类

建筑边坡支护结构形式应考虑场地地质和环境条件、边坡高度、边坡侧压力的大小和特点、对边坡变形控制的难易程度以及边坡工程安全等级等因素，可按表 13.4 选定。其中，锚拉式桩板式挡墙、板肋式或格构式锚杆挡墙、排桩式锚杆挡墙属于有利于对边坡变形进行控制的支护形式，其余支护形式均不利于边坡变形控制。

表 13.4　边坡支护结构常用形式

支护结构	条件			备注
	边坡环境条件	边坡高度 H/m	边坡工程安全等级	
重力式挡墙	场地允许，坡顶无重要建（构）筑物	土质边坡，$H \leqslant 10$ 岩质边坡，$H \leqslant 12$	一、二、三级	不利于控制边坡变形。土方开挖后边坡稳定较差时不应采用
悬壁式挡墙、扶壁式挡墙	填方区	悬臂式挡墙，$H \leqslant 6$ 扶壁式挡墙，$H \leqslant 10$	一、二、三级	适用于土质边坡

续表

支护结构	条件			备注
	边坡环境条件	边坡高度 H/m	边坡工程安全等级	
桩板式挡墙		悬臂式，$H\leqslant15$ 锚拉式，$H\leqslant25$	一、二、三级	桩嵌固段土质较差时不宜采用，当对挡墙变形要求较高时宜采用锚拉式桩板挡墙
板肋式或格构式锚杆挡墙		土质边坡，$H\leqslant15$ 岩质边坡，$H\leqslant30$	一、二、三级	边坡高度较大或稳定性较差时宜采用逆作法施工。对挡墙变形有较高要求的边坡，宜采用预应力锚杆
排桩式锚杆挡墙	坡顶建（构）筑物需要保护，场地狭窄	土质边坡，$H\leqslant15$ 岩质边坡，$H\leqslant30$	一、二、三级	有利于对边坡变形控制。适用于稳定性较差的土质边坡、有外倾软弱结构面的岩质边坡、垂直开挖施工尚不能保证稳定的边坡
岩石锚喷支护		Ⅰ类岩质边坡，$H\leqslant30$	一、二、三级	适用于岩质边坡
		Ⅱ类岩质边坡，$H\leqslant30$	二、三级	
		Ⅲ类岩质边坡，$H\leqslant15$	二、三级	
坡率法	坡顶无重要建（构）筑物，场地有放坡条件	土质边坡，$H\leqslant10$ 岩质边坡，$H\leqslant25$	一、二、三级	不良地质段，地下水发育区、软塑及流塑状土时不应采用

　　规模大，破坏后果很严重，难以处理的滑坡、危岩、泥石流及断层破碎带地区，不应修筑建筑边坡。山区工程建设时应根据地质、地形条件及工程要求，因地制宜设置边坡，避免形成深挖高填的边坡工程。对稳定性较差且边坡高度较大的边坡工程宜采用放坡或分阶放坡方式进行治理。

　　常用的边坡挡土墙有重力式、悬臂式、扶壁式、锚杆及锚定板式等。此外，还有混合式挡土墙、加筋土挡土墙、土工合成材料挡土墙等多种形式。

1. 重力式挡土墙

　　如图 13.16 所示，重力式挡土墙一般由砖、石或混凝土材料砌筑而成，截面尺寸较大。依靠墙身自重产生的抗倾覆力矩来抵抗土压力引起的倾覆力矩，墙体抗拉强度较低，一般适用于地层稳定，开挖土石方时不会危及相邻建筑物的地段。重力式挡土墙结构简单，施工方便，可就地取材，因此在工程中应用较广。根据墙背的倾斜方向可将其分为俯斜、垂直和仰斜三种形式。

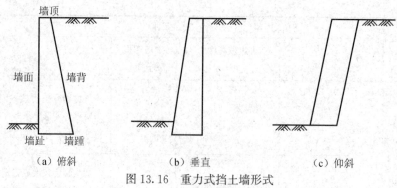

（a）俯斜　　　　　　（b）垂直　　　　　　（c）仰斜

图 13.16　重力式挡土墙形式

2. 悬臂式挡土墙

如图 13.17（a）所示，悬臂式挡土墙一般用钢筋混凝土建造，墙体的稳定主要依靠墙踵底板上的土重来维持，墙体内的拉应力则由钢筋来承担。因此，墙身截面较小，适用于地基土质较差，缺少石料等情况，多用于市政工程及贮料仓库。

3. 扶壁式挡土墙

如图 13.17（b）所示，为了增强悬臂式挡土墙中立臂的抗弯性能，沿墙的纵向每隔一定距离设置一通扶壁，故称为扶壁式挡土墙。一般用于重要的大型土建工程。

4. 锚杆式与锚定板式挡土墙

如图 13.17（c）所示，锚杆式挡土墙由预制的钢筋混凝土立柱、墙面、钢拉杆组成，拉杆嵌入坚实岩层中并灌入高强度砂浆锚固；锚定板式挡土墙则是在钢拉杆的端部增加钢筋混凝土预制锚定板，并将其埋置在填土中，依靠填土与结构的相互作用力维持其自身稳定。与重力式挡土墙相比，它具有结构轻便、柔性大、工程量小、造价低、施工方便的特点，比较适用于地基承载力不大的地区。

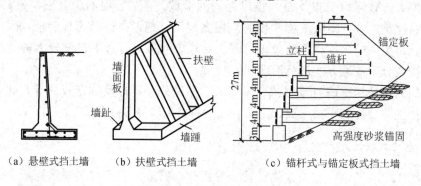

（a）悬壁式挡土墙　　（b）扶壁式挡土墙　　（c）锚杆式与锚定板式挡土墙

图 13.17　挡土墙主要类型

卢肇钧与锚定板式挡土墙

　　20 世纪 70 年代，卢肇钧在新型支挡结构的科研项目中，创造性地提出了一种锚定板挡土结构型式及其相应的计算理论。经十多年的大量研究和试用后被列入有关设计规范。其中提出的锚定板承载力的临界深度问题，引起了国内外同行的注意。这种结构型式已被许多部门采用，在国外发表时被称为中国特色的新结构。

小　　结

　　为确保基坑周边既有建筑物的安全性，严格控制支护边坡岩土体的变形，要求对深基坑采取支护措施。

　　1. 基坑支护工程的构成：包括护坡墙体结构、支撑（或锚固）系统、土体开挖及加固、地下水控制、工程监测、环境保护等几个部分；

　　2. 基坑支护结构的设计及施工技术是基坑支护工程的核心内容。

　　3. 基坑支护的作用就是挡土、挡水、控制边坡变形。

　　4. 基坑支护的目的如下：

　　1）确保基坑开挖和基础结构施工安全、顺利。

　　2）保证环境安全。即确保基坑邻近的地铁、隧道、管线、房屋建筑等正常使用。

　　3）保证主体工程地基及桩基的安全，防止地面出现塌陷、坑底管涌等现象。

　　5. 基坑工程可按开挖深度、开挖方式、功能用途、安全等级、支护结构形式等方式进行分类。按支护结构的破坏后果，基坑支护结构的安全等级分为一、二、三级。

　　6. 常见基坑支护结构的类型有：

　　1）无围护放坡开挖。

　　2）桩墙支护。

　　3）重力式支护结构。

　　4）土钉墙支护。

　　5）墙前被动区土体加固法。

　　6）逆作拱墙。

　　7）地下连续墙逆作法。

　　8）沉井法。

　　9）组合型支护。

　　7. 支护结构的类型应根据基坑周边环境、开挖深度、工程地质与水文地质、施工作业设备和施工季节等条件综合考虑，并因地制宜的选择。

　　8. 边坡分为天然边坡和人工边坡两类。按照物质组成，边坡又可分为岩质边坡、土质边坡以及岩、土体复合边坡三种。

　　9. 边坡滑坡分为天然边坡、工程边坡、地质环境边坡、水环境边坡等类型。

　　10. 常用的边坡挡土墙有重力式、悬臂式、扶壁式、锚杆及锚定板式等。

练 习 题

13.1 填空题

1. 基坑支护的作用就是_____。

2. 基坑按开挖深度分为_____和_____。

3. 支护结构安全等级划分为_____个安全等级。

4. 工程边坡有_____和_____。

5. 基坑按支护结构形式分为_____和_____。

13.2 简答题

1. 基坑支护工程包含哪些内容？基坑支护的目的是什么？

2. 随着中国式现代化的蓬勃发展，在新时代的伟大变革中，建筑基坑工程渐趋复杂。试述基坑工程的主要特点。

3. 常见基坑支护结构类型有哪些？适用范围各是什么？

4. 影响支护选型的因素有哪些？

单元 14

开挖边坡与土坡稳定性分析

教学目标

知识目标

1. 了解各类边坡坡度允许值的经验数值的规定；能简单描述土坡稳定性分析的方法。

2. 知晓开挖机械选择的影响因素；能叙述正、反铲挖掘机的作业特点；了解场地、边坡、基坑放坡开挖施工的要求。

3. 能叙述基坑地下水控制的方法和基坑降水的作用；能描述和解释重力式降水及真空（轻型）井点降水的设备、方法和特点；能总体描述真空（轻型）井点的平面和剖面布置；了解真空（轻型）井点的构造和施工要求。

4. 能描述和解释基坑降水带来的问题；能用公式解释井点降水的影响范围和产生的沉降；知晓防范井点降水不利影响的措施；知晓基坑降水的相关监测与维护内容。

能力目标

1. 会依据基坑实际情况、土层的类别和土性选择合适的开挖机械。

2. 能初步根据基坑状况和水文地质状况选择降水方法。

思政目标

放坡开挖不当会导致土坡失稳，降水不当会对基坑及周边环境设施带来危害。通过理论学习和案例分析，培养学生严谨、严格的工匠精神和遵守法规的专业精神，加强认真、负责的职业素养，激发学生探索科学、勇于创新的意识。通过超级工程降水方案的介绍，认同新时代十年的伟大变革，激发学生的专业荣誉感和行业自豪感，培养学生爱党、爱国、爱社会主义的思想情怀。

通过土坡稳定性分析项目任务的完成，提高学生自主学习能力、团队意识、协作和沟通表达能力。

14.1 开挖边坡

开挖边坡包括场地开挖形成的边坡，浅基坑、槽和管沟开挖形成的边坡以及深基坑开挖形成的边坡。放坡开挖是最经济的挖土方案，当基坑开挖深度不大（软土地层中采用单级放坡开挖的基坑开挖深度不宜大于 4m，采用多级放坡开挖的基坑开挖深度不宜大于 7m；地下水位低、土质较好的地区挖深也可较大），周围环境允许时，经验算能确保土坡的稳定性时，可采用放坡开挖。开挖边坡对边坡坡度、开挖机械、开挖程序等提出了要求。

14.1.1 挖方前的施工准备

针对地基土和地下水，挖方施工前需要做如下工作：

（1）编制施工方案

绘制施工总平面布置图和基坑土方开挖图，确定开挖路线、顺序、范围、底板标高、边坡坡度、排水沟、集水井位置，以及挖去的土方堆放地点；提出需要施工机具、劳力、推广新技术计划等。

（2）做好排水降水措施

在施工区域内设置临时性或永久性排水沟，将地面水排走或排到低洼处，再设水泵排走；或疏通原有排水泄洪系统；排水沟纵向坡度一般不小于 2‰，使场地不积水；山坡地区，在离边坡上沿 5～6m 处，设置截水沟、排洪沟，阻止坡顶雨水流入开挖基坑区域内，或在需要的地段修筑挡水堤坝阻水。地下水位高的基坑，在开挖前一周将水位降低到要求的深度。

14.1.2 边坡坡度的确定

挖方边坡坡度应根据使用时间（临时或永久性）、土的种类、物理力学性质（内摩擦角、黏聚力、密度、湿度）、水文情况等确定。对于永久性场地，挖方边坡坡度应按设计要求放坡，如设计无规定，可按表 14.1 采用。对使用时间较长的临时性挖方边坡坡度，应根据工程地质和边坡高度，结合当地实践经验确定。

表 14.1　永久性土工构筑物挖方的边坡坡度

项次	挖土性质	边坡坡度
1	在天然湿度、层理均匀、不易膨胀的黏土、粉质黏土和砂土（不包括细砂、粉砂）内挖方深度不超过 3m	(1∶1.25)～(1∶1.00)
2	土质同上，深度为 3～12m	(1∶1.50)～(1∶1.25)
3	干燥地区内土质结构未经破坏的干燥黄土及类黄土，深度不超过 12m	(1∶1.25)～(1∶0.10)
4	在碎石土和泥灰岩土的地方，深度不超过 12m，根据土的性质、层理特性和挖方深度确定	(1∶1.50)～(1∶0.50)
5	在风化岩内的挖方，根据岩石性质、风化程度、层理特性和挖方深度确定	(1∶1.50)～(1∶0.20)
6	在微风化岩石内的挖方，岩石无裂缝且无倾向挖方坡脚的岩层	1∶0.10
7	在未风化的完整岩石内的挖方	直立的

《规范》规定，在坡体整体稳定的条件下，土质边坡开挖时，边坡的坡度允许值应根据当地经验，参照同类土层的稳定坡度确定。当坡高在 10m 以内、土质良好且均匀、无不良地质现象、地下水不丰富时，可按表 14.2 确定。

表 14.2　土质边坡坡度允许值

土的类别	密实度或状态	坡度允许值（高宽比）	
		坡高在 5m 以内	坡高为 5～10m
碎石土	密实	(1∶0.50)～(1∶0.35)	(1∶0.75)～(1∶0.50)
	中密	(1∶0.75)～(1∶0.50)	(1∶1.00)～(1∶0.75)
	稍密	(1∶1.00)～(1∶0.75)	(1∶1.25)～(1∶1.00)
黏性土	坚硬	(1∶1.00)～(1∶0.75)	(1∶1.25)～(1∶1.00)
	硬塑	(1∶1.25)～(1∶1.00)	(1∶1.50)～(1∶1.25)

注：1）表中碎石土的充填物为坚硬或硬塑状态的黏性土。

　　2）对于砂土或充填物为砂土的碎石土，其边坡坡度允许值均按自然休止角确定。

对浅基坑、槽和管沟开挖，当土质为天然湿度、构造均匀、水文地质条件良好（即不会发生坍滑、移动、松散或不均匀下沉），且无地下水时，开挖基坑也可不必放坡，采取直立开挖不加支护，但挖方深度应按表 14.3 的规定。如超过表 14.3 规定的深度，应根据土质和施工具体情况进行放坡，以保证不坍方。其临时性挖方的边坡值可按表 14.4 采用。

表 14.3　基坑（槽）和管沟不加支撑时的允许深度

项次	土的种类	允许深度/m
1	密实、中密的砂子和碎石类土（充填物为砂土）	1.00
2	硬塑、可塑的粉质黏土及粉土	1.25
3	硬塑、可塑的黏土和碎石类土（充填物为黏性土）	1.50
4	坚硬的黏土	2.00

表 14.4　临时性挖方边坡值

土的类别		边坡值（高宽比）
砂土（不包括细砂、粉砂）		(1∶1.50)～(1∶1.25)
一般性黏土	坚硬	(1∶1.00)～(1∶0.75)
	硬塑	(1∶1.25)～(1∶1.00)
碎石类土	充填坚硬、硬塑黏性土	(1∶1.00)～(1∶0.50)
	充填砂土	(1∶1.50)～(1∶1.00)

14.1.3　土方开挖机械的选择

建筑场地和基坑开挖，当面积和土方量较大时，为节约劳力，降低劳动强度，加快工程建设速度，一般采用机械化开挖方式，并采用先进的作业方法。

机械开挖常用机械有推土机、铲运机、挖掘机（包括正铲、反铲、拉铲、抓铲等）、装载机等。

　　土方施工机械的选择应根据工程规模（开挖断面、范围大小和土方量）、地质情况、地下水情况、运距、工期要求、土方机械的特点（技术性能、适应性）以及施工现场条件等而定。一般常用土方机械的选择可参考表 14.5。

　　一般深度不大的大面积基坑开挖，宜采用推土机或装载机推土、装土，用自卸汽车运土；对长度和宽度均较大的大面积土方一次开挖，可用铲运机铲土、运土、卸土、填筑作业；对较深的基础多采用 0.5m³ 或 1.0m³ 斗容量的液压正铲挖掘机，上层土方也可用铲运机或推土机进行开挖；如操作面狭窄，且有地下水，土体湿度大，可采用液压反铲挖掘机挖土，自卸汽车运土；在地下水中挖土，可用拉铲，效率较高；对地下水位较深，采取不排水时，也可分层用不同机械开挖，先用正铲挖掘机挖地下水位以上土方，再用拉铲或反铲挖地下水位以下土方，用自卸汽车将土方运出。

表 14.5　常用土方机械的选择

机械名称、特性	作业特点及辅助机械	适用范围
推土机 　操作灵活，运转方便，需工作面小，可挖土、运土，易于转移，行驶速度快，应用广泛 场地平整 （视频）	1. 作业特点 ①推平；②运距 100m 内的堆土（效率最高为 60m）；③开挖浅基坑；④推送松散的硬土、岩石；⑤回填、压实；⑥配合铲运机助铲；⑦牵引；⑧下坡坡度最大 35°，横坡最大为 10°，几台同时作业，前后距离应大于 8m 2. 辅助机械 土方挖后运出需配备装土，运土设备 推挖三～四类土，应用松土机预先翻松	1. 推一～四类土 2. 找平表面，场地平整 3. 短距离移挖作填，回填基坑（槽）、管沟并压实 4. 开挖深不大于 1.5m 的基坑（槽） 5. 堆筑高 1.5m 内的路基、堤坝 6. 拖羊足碾 7. 配合挖土机从事集中土方、清理场地、修路开道等
铲运机 　操作简单灵活，不受地形限制，不需特设道路，准备工作简单，能独立工作，不需其他机械配合能完成铲土、运土、卸土、填筑、压实等工序，行驶速度快，易于转移；需用劳力少，动力少，生产效率高	1. 作业特点 ①大面积整平；②开挖大型基坑、沟渠；③运距 800～1500m 内的挖运土（效率最高为 200～350m）；④填筑路基、堤坝；⑤回填压实土方；⑥坡度控制在 20°以内 2. 辅助机械 开挖坚土时需用推土机助铲，开挖三、四类土宜先用松土机预先翻松 20～40cm；自行式铲运机用轮胎行驶，适合于长距离，但开挖也须用助铲	1. 开挖含水率 27% 以下的一～四类土 2. 大面积场地平整、压实 3. 运距 800m 内的挖运土方 4. 开挖大型基坑（槽）、管沟、填筑路基等。但不适于砾石层、冻土地带及沼泽地区使用
正铲挖掘机 　装车轻便灵活，回转速度快，移位方便；能挖掘坚硬土层，易控制开挖尺寸，工作效率高	1. 作业特点 ①开挖停机面以上土方；②工作面应在 1.5m 以上，开挖合理高度见表 14.6；③开挖高度超过挖土机挖掘高度时，可采取分层开挖；④装车外运 2. 辅助机械 土方外运应配备自卸汽车，工作面应有推土机配合平土，集中土方进行联合作业	1. 开挖含水量不大于 27% 的一～四类土和经爆破后的岩石与冻土碎块 正铲挖土机施工流程（动画） 2. 大型场地整平土方 3. 工作面狭小且较深的大型管沟和基槽路堑 4. 独立基坑 5. 边坡开挖

续表

机械名称、特性	作业特点及辅助机械	适用范围
反铲挖掘机 操作灵活，挖土，卸土均在地面作业，不用开运输道 反铲挖土机施工流程（动画）	1. 作业特点 ①开挖地面以下深度不大的土方；②最大挖土深度 4～6m，经济合理深度为 1.5～3m；③可装车和两边甩土、堆放；④较大较深基坑可用多层接力挖土 2. 辅助机械 土方外运应配备自卸汽车，工作面应有推土机配合推到附近堆放	1. 开挖含水量大的一～三类的砂土或黏土 2. 管沟和基槽 3. 独立基坑 4. 边坡开挖 反铲挖掘机（视频）
拉铲挖掘机 可挖深坑，挖掘半径及卸载半径大，操作灵活性较差	1. 作业特点 ①开挖停机面以下土方；②可装车和甩土；③开挖截面误差较大；④可将土甩在基坑（槽）两边较远处堆放 2. 辅助机械 土方外运需配备自卸汽车，推土机，创造施工条件	1. 挖掘一～三类土，开挖较深较大的基坑（槽），管沟 2. 大量外借土方 3. 填筑路基、堤坝 4. 挖掘河床 5. 不排水挖取水中泥土 拉铲挖土机施工流程（动画）
抓铲挖掘机 钢绳牵拉灵活性较差，工效不高，不能挖掘坚硬土；可以装在简易机械上工作，使用方便	1. 作业特点 ①开挖直井或深井土方；②可装车或甩土；③排水不良也能开挖；④吊杆倾斜角度应在 45°以上，距边坡应不小于 2m 2. 辅助机械 土方外运时，按运距配备自卸汽车	1. 土质比较松软，施工面较狭窄的深基坑，基槽 2. 水中挖取土，清理河床 3. 桥基、桩孔挖土 4. 装卸散装材料 抓铲挖土机施工流程（动画）
装载机 操作灵活，回转移位方便，快速；可装卸土方和散料，行驶速度快	1. 作业特点 ①开挖停机面以上土方；②轮胎式只能装松散土方，履带式可装较实土方；③松散材料装车；④吊运重物，用于铺设管道 2. 辅助机械 土方外运需配备自卸汽车，作业面需经常用推土机平整并推松土方	1. 外运多余土方 2. 履带式改换挖斗时，可用于开挖 3. 装卸土方和散料 4. 松散土的表面剥离 5. 地面平整和场地清理等工作 6. 回填土 7. 拔除树根

正铲经济合理的挖土高度见表 14.6。

表 14.6　正铲开挖高度参考数值

土的类别	挖土高度/m			
	0.5m³ 铲斗容量	1.0m³ 铲斗容量	1.5m³ 铲斗容量	2.0m³ 铲斗容量
一～二	1.5	2.0	2.5	3.0
三	2.0	2.5	3.0	3.5
四	2.5	3.0	3.5	4.0

14.1.4　放坡挖土的要求

放坡挖土的
要求（文本）

针对场地、边坡和基坑的不同特点，放坡挖土时需采取不同的措施，满足不同的要求。

成都金牛区"9·26"基坑边坡较大坍塌事故

"9·26"基坑
边坡较大坍塌
事故案例
（视频）

2019年9月26日，成都金牛区某商业楼西北侧基坑边坡突然发生局部坍塌，将正在绑扎基坑墩柱的两名工人和一名管理人员掩埋。最终事故造成3人死亡，直接经济损失500余万元。事后，涉事单位2人被公安机关采取行政强制措施、6人被立案调查、12人被处以不同程度的处罚。这一事故警示我们要培养严谨的工匠精神和遵守法规的专业精神，提升认真、负责的职业素养。详细介绍见二维码中内容。

14.2　土坡稳定性分析

土坡滑动一般是指土坡在一定范围内整体地沿某一滑动面向下和向外滑动而丧失其稳定性。砂性与黏性土坡的稳定分析方法，由于其坡面长度比高度尺寸大，可视为平面变形问题，取一延米进行分析。

14.2.1　影响土坡稳定的因素（土坡滑动失稳的机理）

所有的边坡失稳，均涉及边坡岩、土体在剪切应力作用下的破坏。因此，影响剪切应力和岩、土体抗剪强度的因素，都影响边坡的稳定性。

1）外部因素。外力的作用破坏了土体内原来的应力平衡状态。例如，路堑或基坑的开挖、路堤的填筑、土坡顶面上作用外荷载、施工爆破、削断坡脚、水流对坡脚的冲淘和浪袭作用、土体内水的渗流力、地震力的作用等，均可促使边坡失稳。

2）内部因素。①岩土的性质。包括岩土的坚硬（密实）程度、抗风化和抗软化能力、抗剪强度、颗粒大小、形状以及透水性能等。②岩层结构及构造。包括节理、劈理、裂隙的发育程度及分布规律，结构面胶结情况以及软弱面、破碎带的分布与斜坡的相互关系，下伏岩土面的形态和坡向、坡度等。③土的抗剪强度由于受到外界各种因素的影响而降低，促使土坡失稳破坏。例如，外界气候等自然条件的变化和风化作用，使土时干时湿、收缩膨胀、冻结融化等，从而使土变松，强度降低；土坡内因雨水的浸入使土湿化，强度降低；土坡附近因施工引起的震动（如打桩、爆破等）以及地震力的作用，引起土的液化或触变，使土的强度降低。

边坡失稳往往是上述内、外影响因素中的某几种因素的综合作用诱发产生。

拓展知识　**什么是裂隙**

裂隙，即裂开的缝儿，是断裂构造的一种，通常把岩体中产生的无明显位移的裂缝叫作裂隙。由构造应力作用形成的裂隙叫作构造裂隙或节理。由于构造应力在一个地区有一定的方向性，所以由构造应力形成的各种构造裂隙在自然界中的分布是有规律的，排布方向是一定的。对形态微细，分布密集，相互平行排列的构造裂隙，又称为劈理。

14.2.2　简单土坡的稳定性分析

所谓简单土坡是指土坡的坡度不变，顶面与底面水平并无限延伸，土质均匀，无地下水，如图 14.1 所示。

1. 无黏性土土坡稳定性分析

由于无黏性土颗粒之间无黏聚力，只有摩擦力，因此只要坡面不滑动，土坡就能保持稳定。

如图 14.2 所示，斜坡上的某土颗粒 M 所受重力为 G，砂土内摩擦角为 φ，则土颗粒的重力 G 在坡面切向和法向的分量分别为

$$T = G\sin\beta$$
$$N = G\cos\beta$$

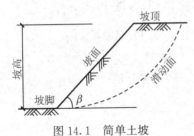

图 14.1　简单土坡　　　图 14.2　无黏性土土坡稳定性分析

而法向应力 N 在坡面上引起的摩擦力为

$$T' = N\tan\varphi = G\cos\beta\tan\varphi$$

其中，T 为土颗粒 M 的滑动力，T' 为土颗粒 M 的抗滑力。抗滑力和滑动力的比值称为稳定性系数，用 k 表示。即

$$k = \frac{T'}{T} = \frac{G\cos\beta\tan\varphi}{G\sin\beta} = \frac{\tan\varphi}{\tan\beta} \tag{14.1}$$

由上式可知，当 $\beta = \varphi$ 时，$k = 1$，即抗滑力与滑动力相等，土坡达到极限状态。可见，土坡稳定的极限坡角等于砂土的内摩擦角 φ，此坡角被称作自然休止角。由式（14.1）可看出，无黏性土坡的稳定性只与坡角有关，而与坡高无关，只要 $\beta < \varphi$，土坡就是稳定的。为了保证土坡是有足够的安全储备，可取 $k = 1.25 \sim 1.30$。

2. 黏性土土坡稳定性分析

边坡稳定分析的方法很多，其中数学模拟方法可分为两大类，即以极限平衡理论

为基础的条分法和以弹塑性理论为基础的数值分析方法。

条分法实际上是一种刚体极限平衡分析法。其基本思路是：假定边坡的岩土体破坏是由于边坡内产生了滑动面，部分坡体沿滑动面滑动造成的。假设滑动面已知，通过考虑滑动面形成的隔离体的静力平衡，确定沿滑面发生滑动时的破坏荷载，或者说判断滑动面上的滑体的稳定状态或稳定程度。该滑动面是人为确定的，其形状可以是平面、圆弧面、对数螺旋面或其他不规则曲面。隔离体的静力平衡可以是滑面上力的平衡或力矩的平衡。隔离体可以是一个整体，也可由若干人为分隔的竖向土条组成。由于滑动面是人为假定的，所以需要系统地求出一系列滑面发生滑动时的破坏荷载，并从中找到可能存在的最危险滑动面。

均质黏性土土坡失稳时，滑动面呈近似圆弧面的曲面，为了简化，可假设滑动面为圆柱面，在横断面上则呈现圆弧面，并按平面问题进行分析。

以下介绍《建筑边坡工程技术规范》（GB 50330—2013）圆弧滑动法。

计算土质边坡、极软岩边坡、破碎或极破碎岩质边坡的稳定性时，可采用圆弧形滑面。对于圆弧形滑动面，规范建议采用简化毕肖普法进行计算，通过多种方法的比较证明该方法有很高的准确性，已得到国内外的公认。

边坡稳定性计算时，对基本烈度为 7 度及 7 度以上地区的永久性边坡应进行地震工况下边坡稳定性校核。当边坡可能存在多个滑动面时，对各个可能的滑动面均应进行稳定性计算。

采用圆弧滑动法时，边坡稳定性系数可按下式计算（图 14.3）：

$$F_s = \frac{\sum_{i=1}^{n} \dfrac{1}{m_{0i}} \left[c_i l_i \cos\theta_i + (G_i + G_{bi} - U_i \cos\theta_i) \tan\varphi_i \right]}{\sum_{i=1}^{n} \left[(G_i + G_{bi}) \sin\theta_i + Q_i \cos\theta_i \right]} \tag{14.2}$$

$$m_{0i} = \cos\theta_i + \frac{\tan\varphi_i \sin\theta_i}{F_s} \tag{14.3}$$

$$U_i = \frac{1}{2} \gamma_w (h_{wi} + h_{w,\,i-1}) l_i \tag{14.4}$$

式中：F_s——边坡稳定性系数；

c_i——第 i 计算条块滑面黏聚力，kPa；

φ_i——第 i 计算条块滑面内摩擦角，（°）；

l_i——第 i 计算条块滑面长度，m；

θ_i——第 i 计算条块滑面倾角，（°），滑面倾向与滑动方向相同时取正值，滑面倾向与滑动方向相反时取负值；

U_i——第 i 计算条块滑面单位宽度总水压力，kN/m；

G_i——第 i 计算条块单位宽度自重，kN/m；

G_{bi}——第 i 计算条块单位宽度竖向附加荷载，kN/m；方向指向下方时取正值，指向上方时取负值；

Q_i——第 i 计算条块单位宽度水平荷载，kN/m；方向指向坡外时取正值，指向坡内时取负值；

h_{wi}、$h_{w,i-1}$——第 i 及第 $i-1$ 计算条块滑面前端水头高度，m；

γ_w——水重度，取 10kN/m³；

i——计算条块号，从后方起编；

n——条块数量。

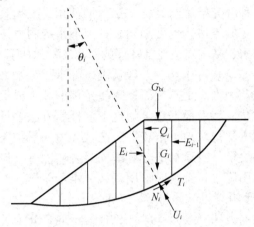

图 14.3　圆弧形滑面边坡计算示意

边坡稳定性系数应不小于表 14.7 规定的边坡稳定安全系数的要求，否则应对边坡进行处理。

表 14.7　边坡稳定安全系数 F_{st}

边坡类型		边坡稳定安全系数		
		安全等级为一级	安全等级为二级	安全等级为三级
永久边坡	一般工况	1.35	1.30	1.25
	地震工况	1.15	1.10	1.05
临时边坡		1.25	1.20	1.15

注：1）地震工况时，稳定性系数仅适用于塌滑区内无重要建（构）筑物的边坡。

　　2）对地质条件很复杂或破坏后果极严重的边坡工程，其稳定性系数应适当提高。

14.3　降排水方法及设计概要

14.3.1　概述

基坑工程中的降低地下水也称作地下水控制。一般在进行基坑开挖施工时，要满足以下条件：

1）基坑在开挖期间应防止基坑坡面和基底的渗水，保持干燥状态，以利施工。

2）消除承压水及渗流力的影响，保证基坑边坡的稳定和基坑底板的稳定。

3）不影响邻近建（构）筑物及地下管线的正常使用。

但如果地下水渗入基坑，会使现场施工条件变差，地基承载力下降；当开挖深度较大时，在动水压力作用下，还可能引起流沙、管涌和边坡失稳等现象；当基坑下存在承压含水层时，若不降低承压水头，很容易导致基坑底部破坏；降水引起的土层下沉会对基坑周围的环境和设施带来危害。因此，为确保基坑施工和周边环境安全，应采取地下水控制措施。

地下水控制的方法包括截水、降水、集水明排。地下水回灌不作为独立的地下水控制方法，但可作为一种补充措施与其他方法一同使用。根据具体工程的特点，基坑工程可采用单一地下水控制方法，也可采用多种地下水控制方法相结合的形式。如悬挂式截水帷幕＋坑内降水、基坑周边控制降深的降水＋截水帷幕、截水或降水＋回灌、部分基坑边截水＋部分基坑边降水等。一般情况，降水或截水都要结合集水明排。另外，采用哪种地下水控制的方式是基坑周边环境条件的客观要求，基坑支护设计时应首先确定地下水控制方法，然后根据选定的地下水控制方法选择支护结构形式。地下水控制应符合国家和地方法规对地下水资源、区域环境的保护要求，符合基坑周边建筑物、市政设施保护的要求。当降水不会对基坑周边环境造成损害且国家和地方法规允许时，可优先考虑采用降水，否则应采用基坑截水，即设置连续搭接的水泥土搅拌桩、地下连续墙、水泥和化学灌浆帷幕等。

人工降低地下水位的方法，按照其降水机理的不同，分为重力式降水和强制式降水。重力式降水即排水沟及集水井降水，强制式降水的方法即井点降水。井点降水根据井点系统的形式及抽水设备的不同又分为真空（轻型）井点、喷射井点、管井井点、电渗井点和深井井点等。在选择基坑工程降排水方法时，应根据工程的实际情况，综合考虑以下因素确定：①地下水位的标高及基底标高，一般要求地下水位应降到基底标高以下 $0.5\sim1.0m$。②土层性质，包括土的种类和渗透系数。③基坑开挖施工的形式，是放坡开挖还是支护开挖。④开挖面积的大小。⑤周围环境的情况，在降水影响范围内有无建筑物或地下管线以及它们对基础沉降的敏感程度和重要性等。常用地下水控制方法及适用条件宜符合表 14.8 的规定。

表 14.8　地下水控制方法及适用条件

方法名称		土类	渗透系数/（cm/s）	降水深度（地面以下）/m	水文地质特征
集水明排		填土、黏性土、粉土、砂土	$(1\times10^{-7})\sim$ (2×10^{-4})	$\leqslant3$	上层滞水或潜水
降水	轻型井点			$\leqslant6$	
	多级轻型井点			$6\sim10$	
	喷射井点		$(1\times10^{-7})\sim$ (2×10^{-4})	$8\sim20$	
	电渗井点		$<1\times10^{-7}$	$6\sim10$	
	真空管井		$>1\times10^{-6}$	>6	
	管井	黏性土、粉土、砂土、碎石土、黄土	$>1\times10^{-5}$	>6	含水丰富的潜水、承压水和裂隙水
回灌		填土、粉土、砂土、碎石土、黄土	$>1\times10^{-5}$	不限	不限

集水井降水属重力式降水，是在开挖基坑时沿坑底周围开挖排水沟，每隔一定距离设集水井，使基坑内挖土时渗出的水经排水沟流向集水井，然后用水泵将水抽出基坑。排水沟和集水井的截面尺寸取决于基坑的涌水量。一般来讲集水井降水施工方便，操作简单，所需设备和费用都较低。对于弱透水地层中的较浅基坑，当基坑环境简单，含水层较薄时，可考虑采用集水明排。但是，当基坑开挖深度较大，地下水的动水压力有可能造成流沙、管涌、基底隆起和边坡失稳时，宜采取井点降水法。

井点降水法是地下水位较高地区基础工程施工的重要措施。它能克服流沙现象，稳定基坑边坡，降低承压水位，防止坑底隆起并加速土体固结，使天然地下水位以下的开挖施工能在较干燥的环境下进行。各类井点的降水原理不同，适用范围也不同。

1) 一般来讲，当地质情况良好，降水深度不大，可采用单层轻型井点；当降水深度超过 6m 且土层垂直渗透系数较小时，宜用二级轻型井点或多层轻型井点，或在坑中另布井点，以分别降低各层土的水位。

2) 如土质较差，降水深度较大，采用多层轻型井点设备增多，土方量增大，经济上不合算时，采用喷射井点降水较为适宜。喷射井点在粉土、细砂和粉砂中较为适用。

3) 如果降水深度不大，土的渗透系数大，涌水量大，降水时间长，用明排水易造成土颗粒大量流失，引起边坡塌方，用真空井点难以满足排降水的要求时，可选用离心泵管井井点。其工作原理为，沿基坑每隔一定距离设置一个管井，或在坑内降水时每一定范围设置一个管井，每个管井单独用一台水泵不断抽取管井内的水，从而降低地下水位。

4) 如果降水很深，涌水量大，土层复杂多变，降水时间很长，此时宜采用潜水电泵管井井点（深井井点）降水。其降水是在深基坑的周围埋置深于基底的井管，通过设置在井管内的潜水泵将地下水抽出，使地下水位低于坑底。

5) 当各种井点降水方法影响邻近建筑物产生不均匀沉降和使用安全时，应采用回灌井点或在基坑有建筑物一侧采用旋喷桩等加固土体和防渗。

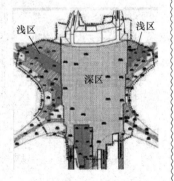

井点降水施工流程
（动画）

北京大兴国际机场基坑降水方案

1) 降水方案优化。降水初步设计方案和施工方案在下表中列出。工程中对降水方案进行了优化，以减小工序间相互干扰。

2) 施工作业区水位控制。①浅区根据施工部署，成桩作业面开挖至 −4.0m、−6.0m 标高，浅区施工仅存在层间滞水，且水头高度低于成桩作业面，不需要考虑地下水影响；②深槽轨道区成桩作业面根据现场水位观察井及实际考察的水位高度选择在 −18.0m 标高，一方面控制成桩作业的空钻长度，另一方面考虑工程降水的实际效果及土层影响；③桩基检测后桩间土开挖阶段的滞水，通过开挖明沟、设置集水坑的方式进行排水。

3）虽然我们在复杂基坑的地下水控制方面取得了很大成绩，但目前降水理论还很不成熟，还有待我们深入实施科教兴国战略、人才强国战略、创新驱动发展战略，弘扬科学家精神，加强基础性研究，创新探索出更完善的降水理论成果，更好地服务国家建设。

项目	初步设计方案	施工方案	说明
降水方案	管井围降＋疏干井	管井围降＋疏干井	降水工艺一致
降水井布置	深浅区边界	基坑外围	调整了降水井的位置，避免了基础桩后压浆施工对降水效果影响的不确定因素

14.3.2　降排水设计概要

1. 重力式降水

排水沟及集水井属重力式降水。开挖阶段应根据基坑特点在基坑内设置临时排水沟和集水井，临时排水沟和集水井应随土方开挖过程适时调整；留置时间较长的临时边坡，可在坡顶、坡脚设置临时排水沟和集水井，基坑采用多级放坡开挖时，可在放坡平台上设置排水沟和集水井。对坑底汇水、基坑周边地表汇水及降水井抽出的地下水，可采用明沟排水；对坑底渗出的地下水，可采用盲沟排水；当地下室底板与支护结构间不能设置明沟时，也可采用盲沟排水。

（1）排水系统布置

如图 14.4 所示，排水沟及集水井降水适合于一般基础及中等面积的基础群和建筑物基坑排水。

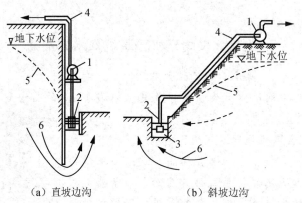

（a）直坡边沟　　　　　　　（b）斜坡边沟

1. 水泵；2. 排水沟；3. 集水井；4. 压力水管；5. 降落曲线；6. 水流曲线。

图 14.4　排水沟和集水井排降水

1）排水沟。在施工时，于开挖基坑的周围一侧或两侧，有时也在基坑中心设置排水沟。排水沟宜布置在拟建建筑基础边 0.4m 以外，沟边缘离开边坡坡脚不宜小于0.5m。排水沟的截面应根据设计流量确定。一般排水沟深度为 0.4～0.6m，最小

0.3m，宽不小于 0.3m，边沟纵向坡度不宜小于 0.3‰。为保证沟内流水通畅，避免携砂带泥，排水沟的底部及侧壁可根据工程具体情况及土质条件采用素土、砖砌或混凝土等方式防渗。

2）集水井。集水井宜设置在基坑阴角附近。沿排水沟宜每隔 30～50m 设置一口集水井。集水井的净截面尺寸应根据排水流量确定，其截面一般为（0.6m×0.6m）～（0.8m×0.8m），其深度随挖土加深而加深，并保持低于挖土面 0.8～1.0m 及深于抽水泵进水阀的高度。井壁可用砖砌、木板或钢筋笼等简易加固。挖至坑底后，井底宜低于坑底 1m，并铺设碎石滤水层，防止井底土扰动。集水井应采取防渗措施。

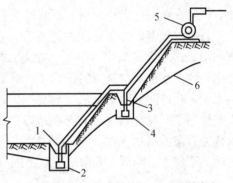

排水沟和集水井应随挖土而加深，以保持水流畅通。对于基坑深度较大，地下水位较高以及多层土中上部有透水性较强的土层，或上下层土体虽为相同的均质土，但上部地下水较丰富的情况，为避免上层地下水冲刷下层土体边坡造成塌方，并减少边坡高度和水泵的扬程，可采用分层排降水的方式，即在基坑边坡上设置 2～3 层排水沟及集水井，分层排除上部土体中的地下水。分层排水沟和集水井排降水如图 14.5 所示。集水明排水应视水量多少连续或间断抽水，直至基础施工完毕，回填土完成为止。由于上层的排水沟使开挖面积增大，分层排降水的土方量随之增加。

1. 底层排水沟；2. 底层集水井；3. 二层排水沟；
4. 二层集水井；5. 水泵；6. 水流降水线。
图 14.5　分层排水沟和集水井排降水

（2）排水沟设计流量计算及抽水设备选用

1）涌水量计算。集水明排水是采用水泵将集水井内的水抽走，在选择水泵种类及型号时需首先求出排水沟设计流量 Q 的值。排水沟设计流量 Q 可根据相应公式计算，并应符合下式规定：

水井理论与
水井涌水量
计算（文本）

$$Q \leqslant V/1.5 \tag{14.5}$$

式中：Q——排水沟设计流量（基坑涌水量），m^3/d；

　　　V——排水沟排水能力，m^3/d。

当现场条件允许或工程比较重要时，排水沟设计流量 Q 最好通过现场试验确定，也可根据临近工程的经验资料予以估算。

2）抽水设备选用。常用的水泵有潜水泵、离心式水泵和泥浆泵，其技术性能指标参见《建筑施工手册》等资料。水泵容量的大小及数量根据排水沟设计流量、基坑深度（排水扬程）而定，水泵的总排水量一般应比排水沟设计流量大 1.5～2.0 倍。一般的集水井设置口径为 50～200mm 的水泵即可。

排水所需水泵的功率按下式计算：

$$N = \frac{K_1 Q H_s}{75 \eta_1 \eta_2} \tag{14.6}$$

式中：N——水泵所需功率，kW；

      K_1——安全系数，一般取 2；

      Q——排水沟设计流量（基坑涌水量），L/s；

      H_s——包括扬水、吸水及各种阻力造成的水头损失在内的总高度，m；

      η_1——水泵效率，取 0.4～0.5；

      η_2——动力机械效率，取 0.78～0.85。

2. 强制式降水

以下介绍真空（轻型）井点。

（1）真空（轻型）井点工作原理及主要设备

真空（轻型）井点系统由井点管、连接管、集水总管及抽水设备组成。其布置示意如图 14.6 所示。真空（轻型）井点工作原理为：开动抽水设备，在管路系统中形成真空，地下水在真空吸力的作用下经滤管进入井点管，然后经集水总管排出。在作业过程中，井点附近的地下水位与真空区外的地下水位之间，存在一个水头差，在该水头差作用下，真空区外的地下水是以重力方式流动的，所以常把真空（轻型）井点降水称为真空强制抽水法，更确切地说应是真空重力抽水法。只有在这两个力作用下，基坑地下水才会降低，并形成一定范围的降水漏斗。

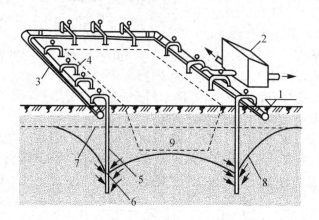

轻型井点设备工作原理（动画）

1. 地面；2. 水泵房；3. 总管；4. 连接管；5. 井点管；
6. 滤管；7. 原地下水位线；8. 降水后地下水位线；9. 基坑。

图 14.6　真空（轻型）井点布置示意图

采用轻型井点降水，其井点间距小，能有效地拦截地下水流入基坑内，尽可能地减少残留滞水层厚度，对保持边坡和桩间土的稳定较有利，降水效果较好。

1）井点管。井点管一般为长 5～7m、直径为 38～55mm 的钢管。管下端配有滤管，其构造如图 14.7 所示。滤管直径与井点管直径相同，长度为 1.0～1.7m。井点管水平间距宜为 0.8～1.6m（可根据不同土质和预降水时间确定）。

2）连接管与集水总管。连接管一般为螺纹胶管或塑料管，用来连接井点管和集水总管。集水总管一般为直径 75～100mm 的钢管，每根长 4m 左右，互相用法兰连接，在管壁每隔 0.8～1.6m 设一个连接井点管的接头。

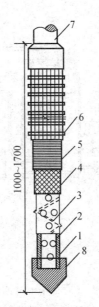

轻型井点
降水
（视频）

井点降水
施工流程
（动画）

1. 钢管；2. 管壁上的小孔；3. 缠绕的金属丝；
4. 细滤网；5. 粗滤网；6. 粗铁丝保护层；
7. 井点管；8. 铸铁头。

图 14.7　井点管构造

3）抽水设备。根据抽水机组的不同，真空（轻型）井点分为真空泵真空井点、射流泵真空井点和隔膜泵真空井点三种，常用的是前两种。这三者用的设备不同，其所配用功率和能负担的总管长度也不同，见表 14.9。

表 14.9　各种真空井点的配用功率和井点根数与总管长度

轻型井点类别	配用功率/kW	井点根数/根	总管长度/m
真空泵井点	18.5～22	80～100	96～120
射流泵井点	7.5	30～50	40～60
隔膜泵井点	3	50	60

真空泵真空井点的抽水设备由一台真空泵、二台离心水泵（一台备用）和水气分离器组成，如图 14.8 所示。这种井点真空度高（67～80kPa），带动井点数多，降水深度较大（5.5～6.0m）。一套抽水设备的两台离心泵既作为互相备用，又可在地下水量大时一起开泵排水。真空泵和离心泵根据土的渗透系数和涌水量选用。真空泵真空井点设备复杂，维修管理困难，耗电多，适用于较大的工程降水。

真空泵抽水
原理
（动画）

射流泵真空井点设备由离心水泵、射流器（射流泵）和循环水箱组成，如图 14.9 所示。它采用离心水泵驱动工作水运转，当水流通过喷嘴时，由于流速突然增大而在周围产生真空，将地下水吸出，而水箱内的水呈一个大气压的天然状态。射流泵真空井点设备构造简单，易于加工制造，操作维修方便，耗能少，因此应用日益广泛。

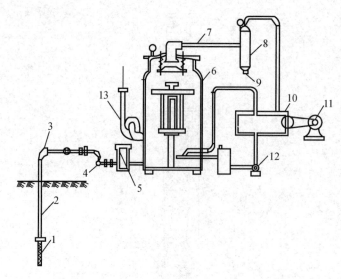

1. 滤管；2. 井点管；3. 弯管；4. 集水总管；5. 过滤室；
6. 水气分离器；7. 井水管；8. 副水气分离器；9. 放水口；
10. 真空泵；11. 电动机；12. 循环水泵；13. 离心水泵。

图 14.8　真空泵真空井点抽水设备工作简图

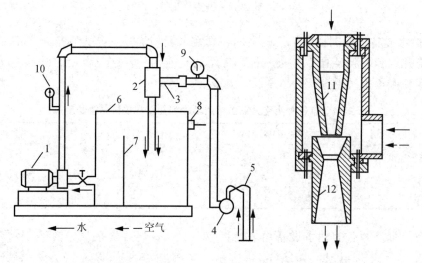

1. 离心水泵；2. 射流器；3. 进水管；4. 集水总管；5. 井点管；6. 循环水箱；
7. 隔板；8. 泄水口；9. 真空泵；10. 压力表；11. 喷嘴；12. 喉管。

图 14.9　射流泵真空井点设备工作简图

（2）井点的布置

1）平面布置。真空井点系统的平面布置应根据基坑的平面形状与大小、水文地质情况、工程性质、降水深度等而定。井点管排距不宜大于 20m，滤管顶端宜位于坑底以下 1～2m。井管内真空度应不小于 65kPa。当基坑（槽）宽度小于 6m，且降水深度不超过 6m 时，可采用单排井点，布置在地下水上游一侧，两端适当加以延伸，延伸宽度以不小于基坑（槽）上口宽度（B）为宜，如图 14.10（a）所示。当基坑（槽）宽度大于 6m，或土质不良，渗透系数较大时，宜采用双排井点，布置在基坑（槽）的两侧。

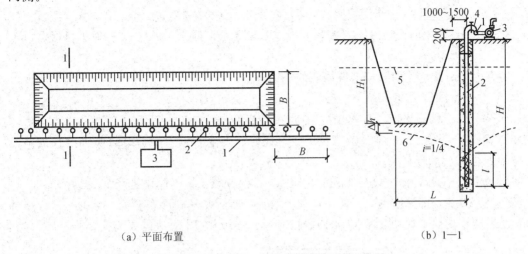

（a）平面布置   （b）1—1

1. 集水总管；2. 井点管；3. 抽水设备；4. 弯联管；5. 原地下水位线；6. 降低后地下水位线。

图 14.10 单排线状井点的布置图

当基坑面积较大时，宜采用环形井点，挖土和运土设备出入道（宽可达 4m）可不封闭，一般留在地下水下游方向，如图 14.11 所示。井点管距离基坑壁不应小于 1.0～1.5m，以防漏气。井点管间距宜取 0.8～2.0m，由计算或经验确定。在确定井点管数量时应考虑在基坑四角部分适当加密。抽水设备宜布置在地下水的上游，并设在集水总管的中部。

2）剖面布置。为了充分利用泵的抽水能力，集水总管标高宜尽量接近地下水位线，并沿抽水水流方向有 0.25%～0.5% 的上仰坡度，水泵轴心与总管齐平。井点管的埋设深度可按式（14.7）进行计算 [图 14.11（b）]：

$$H \geqslant H_1 + \Delta h + iL + l \qquad (14.7)$$

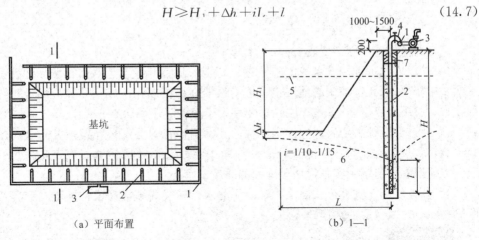

（a）平面布置   （b）1—1

1. 集水总管；2. 井点管；3. 抽水设备；4. 弯联管；5. 原地下水位线；

6. 降低后地下水位线；7. 黏土封孔。

图 14.11 环形井点的布置图

式中：H——井点管埋置深度，m；

　　　　H_1——井点管埋置面至基坑底面的距离，m；

　　　　Δh——基坑中央最深挖掘面至降水曲线最高点的安全距离，m，不应小于 0.5m；

　　　　i——降水曲线坡度。对环状井点或双排井点可取 $1/10\sim1/15$；对单排线状井点可取 $1/4$；

　　　　L——井点管中心至基坑中心的短边距离，m；

　　　　l——滤管长度，m。

　　另外，为安全考虑，计算出的 H 值一般再增加 1/2 滤管长度；还要考虑井点管露出地面 0.2～0.3m。确定井点管长度时，还应注意滤管以上部分计算得到的长度应小于水泵的最大抽吸高度。

　　当井口至设计降水水位的深度大于 6m，一级井点系统不能满足降水深度要求时，可采用二级井点，即先挖去第一级井点排干的土，然后在其底部布置第二级井点，以增加降水深度。二级真空井点降水如图 14.12 所示。多级井点上下级的高差宜为 4～5m。

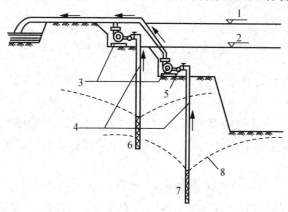

1. 原地面线；2. 原地下水位线；3. 抽水设备；4. 井点管；
5. 集水总管；6. 第一级井点；7. 第二级井点；8. 降水曲线。

图 14.12　二级真空井点降水

　　（3）井点构造及施工要求

　　1）井点成孔可选用清水或泥浆钻进、高压水套管冲击工艺（钻孔法、冲孔法或射水法），对不易塌孔、缩颈的地层也可选用长螺旋钻机成孔；成孔孔径应满足填充滤料的要求，且不宜小于 300mm；成孔深度宜大于滤管底端埋深 0.5m。

　　2）钻进到设计深度后，应注水冲洗钻孔、稀释孔内泥浆；孔壁与井管之间填充滤料，滤料宜采用粒径为 0.4～0.6mm 的纯净中粗砂，要求滤料填充应密实均匀；滤料上方应使用黏土封堵密实，封堵至地面的厚度不宜小于 1m。

　　3）井点使用前应进行试抽水，确认无漏水、漏气等异常现象；抽水时应备用双电源以防断电，以保证抽水连续不断。

　　拓展知识　出水规律

　　一般抽水 3～5d 后水位降落漏斗渐趋稳定。出水规律一般为"先大后小、先浑后清"。

（4）真空（轻型）井点的设计计算

真空（轻型）井点的设计计算的目的，是求出在规定的水位降低深度下每天排出的地下水流量，确定井点管数量与间距，选择抽水设备等。

井点计算由于受水文地质和井点设备等许多不易确定因素的影响，要求计算结果准确十分困难，但如能仔细地分析水文地质资料和选用适当的数据和计算公式，其误差就可控制在一定范围内，能满足工程上的应用要求。

对于多层井点系统，渗透系数很大的或非标准的井点系统，仔细地进行完整计算很有必要。

真空（轻型）
井点设计计算
（文本）

真空井点系统
设计与布置工程
案例（文本）

14.4　降水对边坡和周围环境的影响及防范措施

14.4.1　井点降水对周围环境的影响

1. 井点降水的不利影响

井点抽水，在井点周围形成漏斗状的弯曲水面，即所谓"降落漏斗"。降落漏斗范围内的地下水位下降后，必然造成地面固结沉降。由于漏斗形的降水面不是平面，因而所产生的沉降也是不均匀的。在实际工程中，由于井点过滤器滤网和砂滤层结构不良，土层中的黏土、粉土颗粒甚至细砂与地下水一同抽出地面的情况常有发生，这使地面的不均匀沉降加剧。以上原因造成附近建（构）筑物、市政管线和地铁隧道等地面和地下设施的不同程度的损坏。地基所受影响具体表现为：

1）地下水位降低后增大了土层所受的有效应力，加强了固结压缩作用，使附近已有的基础产生附加下沉，其数值与离井点的距离成反比，是具有一定方向性的不均匀下沉，这是降水影响的主要方面。

2）井点附近有较高的真空作用，加之形成的降水漏斗坡面，附近基础有随土层向井点方向发生位移的倾向，这种倾向在距井点较近范围内尤为明显。

3）当井点抽水时带出土颗粒，可因地基土的流失而导致基础下沉和位移。

4）土层的固结压缩，可使处于其中的桩基因负摩擦力作用而增大桩身应力和下沉量。

上述各项因素作用于附近的建（构）筑物及其他设施上产生的危害通常表现为：

1）建（构）筑物下沉、移位，出现裂缝甚至断裂现象。

2）吊车等设备因轨道倾斜或错位而运行困难，甚至不能行走；机械设备不能正常运转。

3）管线和其他地下设施开裂、渗漏或气体泄漏。

4）基坑附近的蓄水设施（如井、塘等）干涸。

案例

例如，上海某基坑工程挖深4m，采用放坡开挖，轻型井点降水，降水不到一个月，使距基坑30多米外的民房下沉、墙体开裂；某工地施工降水，使相距83m远的一民用井水被抽干；上海某降水试验工程，平面尺寸20m×20m，井深30m，井距10m，采用喷射井点降水，抽水93d，试验区中心地下水位降低至－20m，地面测点的沉降量为：中心215mm，1/4处246mm，试验区外190mm；上海某竖井开挖工程，在粉砂土层中采用井点降水，降水深度12m，降水试验70d的地面沉降为84mm。

大量工程实例或降水试验表明，井点降水的影响范围很大，造成了一定程度的地面沉降问题。基坑降水对周围环境的影响程度，从大量工程实例看出，离散性很大，而且与很多因素有关：

1）与地基土层性质有关。一般情况下，渗透系数越大的土层，影响所波及的范围越大。土颗粒较细的粉砂、砂质粉土中，造成较大下沉、位移和土粒流失的危险性较大。

2）降水的深度大小与影响波及的范围及严重程度成正比。降水深度增大，附近基础的下沉量也相应增大。

3）与建筑基础和上部结构的强度、刚度及其适应不均匀沉降的能力有关。桩基上的基础和整体箱形基础上的结构，受井点降水影响所发生的危害明显轻于条形基础。单独柱基本身虽然一般不会因下沉而发生破坏，但各个柱基间下沉量的差异很容易危害上部结构并影响设备的运行。

4）砌体结构中砌块或砖的质量、形状、结构布置形式和施工质量等在很大程度上决定了结构适应不均匀沉降的能力。

5）设备的性能和工作特点，决定着它们在基础发生不均匀沉降后可能发生的问题。

6）上下水管道、煤气管道、电力电信管线、地铁隧道等的材料、构造形式和基础形式种类繁多，井点降水对不同管线造成的危害明显不同。

因此，在建筑物和地下管线密集地区进行降水施工，必须采取措施以减少或消除周围地面的沉降。

2. 井点降水影响范围和产生的沉降

预估井点降水对周围环境的影响范围和造成的地面沉降，可借鉴已有的同类工程实例，也可用一些简易的方法进行估算。

（1）降水对环境影响的范围

关于基坑降水的影响范围，目前尚无可靠的计算公式可用。工程上常用影响半径来估算影响范围。降水影响半径 R 宜通过试验确定。缺少试验时，通过计算并结合当地经验取值。

降水影响半径与降水深度、含水层厚度、含水层的渗透系数等因素有关。由于含水层厚度和渗透系数的离散性很大，由计算得到的降水影响半径与实际观测到的结果往往不一致。据实测资料表明，在上海的砂质粉土层中潜水降水影响半径可达 84m。对于降承压水的影响范围，目前尚未得到较为一致的看法。但降承压水要比降潜水的影响半径大得多，因为承压含水层一般厚度大、渗透性好，抽水时水力坡降小，而且承压水埋藏较深、水头压力大，抽水量大，所以要达到同样的降水深度，影响半径自然也要大得多。

（2）降水引起的地面沉降

目前，降水引起的地层变形计算方法尚不成熟，只能在今后积累大量工程实测数据及进行充分研究后，再加以改进充实。现阶段，宜根据地区基坑降水工程的经验，结合计算与工程类比综合确定降水引起的地层变形量和分析降水对周边建筑物的影响。

在井点降水无大量细粒颗粒随地下水被带走的情况下，周围地面所产生的沉降量可用分层和法进行计算，详见《建筑基坑支护技术规程》（JGJ 120—2012）规定。

在降水期间，降水面以下的土层通常不可能产生较明显的固结沉降量，而降水面至原地下水位面之间的土层因排水固结，会在所增加的自重应力下产生较大沉降。通常降水所引起的地面沉降即以这一部分沉降量为主，故可采用式（14.8）的简易方法估算降水所造成的沉降值：

$$s = \frac{\Delta p \Delta H}{E_{1-2}} \tag{14.8}$$

式中：ΔH ——降水深度，为降水面和原地下水位面的深度差，m；

Δp ——降水产生的自重附加有效应力，$\Delta p = \frac{\Delta \overline{H_1}}{2} \gamma_w$，可取 $\Delta \overline{H_1} = \frac{1}{2} \Delta H$ 进行

计算；

E_{1-2} ——降水深度范围内土层的压缩模量。

【例 14.1】某竖井开挖降水，该地段为粉砂土层，$E_{1-2} = 4\text{MPa}$，降水深度 $\Delta H = 12\text{m}$，计算地面沉降值。

解 $\Delta p = \frac{\frac{1}{2}}{2} \Delta H \gamma_w = 0.25 \times 12 \times 10 = 30 \text{ (kPa)}$

$s = \frac{\Delta p \Delta H}{E_{1-2}} = (30 \times 12)/4 \times 10^3 = 0.09 \text{ (m)}$

该降水试验实例 70d 后实测沉降量为 8.4cm。

14.4.2 防范井点降水不利影响的措施

1. 在降水前认真做好对周围环境的调研工作

1）必须较为准确地掌握工程场地的地质勘察资料，包括地层分布、地下水种类与分布情况、各层土体的渗透系数、土体的孔隙比和压缩系数等。降水参数宜通过现场抽水试验确定。尤其对于需要降承压水的情况，由于降水时的各种观测数据较难获取，所以抽水试验就显得格外重要。

2）降水方案的制订需考虑土体加固的影响。目前，越来越多的深基坑工程采取了

大面积土体加固的措施。土体加固以后，土体性质大大改善，土层含水量和渗透性大为降低，因而井点数也需相应减少。

3）查清地下储水体，如周围的地下古河道、古水塘之类的分布情况，防止出现井点和地下储水体穿通的现象。

4）查清邻近地下管线的分布和类型、邻近地上地下建（构）筑物的结构形式、基础形式、结构质量以及对差异沉降的承受能力，考虑是否需要采取预先加固措施。尤其是地铁隧道，是降水时需要重点保护的对象。

2. 合理使用井点降水，尽可能减少对周围环境的影响

1）井点降水系统的布设，有条件时应远离保护对象，减小保护对象下地下水位变化的幅度。同时，适当放缓降水漏斗线的坡度，增大降水影响范围，减轻不均匀沉降造成的降水影响区内地下管线和建筑物的损伤程度。根据地质勘探报告，把滤管布置在水平向连续分布的砂性土中可获得较平缓的降水漏斗曲线，从而减少对周围环境的影响。井点施工，应避免采用可能危害邻近保护对象的施工方法，如在箱形基础旁就不宜用水冲法布设井点。

2）控制降水深度。在放坡开挖时，井点降水不仅会降低坑内地下水位，同时也会降低坑外地下水位，在确保坑内土体不发生流土、管涌的前提下，控制降水曲面在开挖面以下 0.5～1.0m 即可，坑内降水时也一样。

3）防范抽水带走土层中的细颗粒而增加周围地面的沉降。应根据周围土层的情况选用合适的滤网，同时应重视埋设井管时的成孔和回填砂滤料的质量。在降水时要随时注意抽出的地下水是否有混浊现象。

4）井点应连续运转，尽量避免间歇和反复抽水。现场和室内试验均表明，间歇和反复抽水时，每次降水都会产生沉降，每次降水的沉降量随着反复次数的增加而减少，逐渐趋向于零，但是总的沉降量可以累积到一个相当可观的程度。

5）控制抽水量。井点降水区域会随着降水时间的延长，向外、向下扩张。井点降水时，若观察井的水位达到设置的控制值，可调整使抽水量和抽吸真空度降低。若地下水补给量较小时，也可适当缩短开泵抽水时间或减少抽水井点，以达到控制抽水量和坑外降水曲面的目的。

6）抽水系统的使用期应满足主体结构的施工要求。当主体结构有抗浮要求时，停止降水的时间应满足主体结构施工期的抗浮要求。

3. 降水场地外侧设置截水帷幕，减小降水影响范围

即在降水场地外侧有条件的情况下设置一圈截水帷幕，切断降水漏斗曲线的外侧延伸部分，减小降水影响范围，从而把降水对周围的影响减少到最低程度，如图 14.13 所示。

当基坑较深或环境保护要求较高时，截水帷幕常采用水泥土搅拌桩帷幕、高压旋喷或摆喷注浆帷幕、地下连续墙或咬合式排桩等。这种情况下，不宜采用坑外降水，并且应适当加大截水帷幕的插入深度，延长坑外水从截水帷幕底绕流进入坑内的绕流

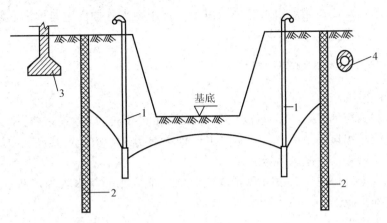

1. 井点管；2. 截水帷幕；3. 坑外建筑物浅基础；4. 坑外地下管线。

图 14.13　设置截水帷幕

路径。其深度确定不仅要进行抗渗流验算，还要考虑井点管的埋设深度。一般截水帷幕底标高应低于降落后的水位 2m 以上。

当坑底以下存在连续分布、埋深较浅的隔水层时，应采用落底式帷幕。落底式帷幕应进入下卧隔水层一定深度，以满足地下水绕过帷幕底部的渗透稳定性要求。因为隔水层是相对的，相对所隔含水层而言其渗透系数较小，但在有水头差时，隔水层内也会有水的渗流，也应满足渗流和渗透稳定性要求。帷幕进入隔水层的深度应满足以下经验公式且不宜小于 1.5m：

$$l \geqslant 0.2\Delta h - 0.5b \tag{14.9}$$

式中：l——帷幕进入隔水层的深度，m；

　　　Δh——基坑内外的水头差值，m；

　　　b——帷幕的厚度，m。

截水帷幕在平面布置上应沿基坑周边闭合。当采用沿基坑周边非闭合的平面布置形式时，应对地下水沿帷幕两端绕流引起的渗流破坏和地下水位下降进行分析。

4. 降水场地外缘设置回灌水系统

回灌技术是在降水井点与需保护的建筑、管线之间设置回灌井点、回灌砂井或回灌砂沟，在降水井点抽水的同时，持续不断地用水回灌，形成一道水幕，以减小降水曲面向外扩张，减少降水区域以外的地下水流失，使邻近建筑物、管线等基础下地基土中的地下水位基本保持不变，避免或减轻因降水使地基自重应力增加而引起的地面沉降。

需要说明的是，采用回灌技术时，要防止降水和回灌两井相通，即回灌井点、回灌砂井或灌砂沟与降水井点的距离一般不宜小于 6m，以防降水井点仅抽吸回灌井点的水，而使基坑内水位无法下降，失去降水的作用。砂井或回灌井点的深度应按降水水位曲线和土层渗透性来确定，一般宜进入稳定水面不小于 1m。

回灌水量应根据水位观测孔中的水位变化进行控制和调节，回灌后的地下水位不应高于降水前的水位。回灌用水应采用清水，宜用降水井抽水进行回灌，回灌水质应符合环境保护要求。

5. 加强降水工程的监测与维护

（1）降水监测

在降水监测与维护期，应对各降水井和观测孔的水位、水量进行同步监测。

根据水位、水量观测记录，查明降水过程中的不正常状况及其产生的原因，及时提出调整补充措施，确保达到降水深度。

在基坑开挖过程中，应随时观测基坑侧壁、基坑底的渗水现象，并应查明原因，及时采取工程措施。

（2）降水维护

降水期间应对抽水设备和运行状况进行维护检查，每天检查不应少于 3 次，并应观测记录水泵的工作压力、真空泵、电动机、水泵温度、电流、电压、出水等情况，发现问题及时处理，使抽水设备始终处在正常运行状态。

6. 加强工程环境影响的预测、监测，做好水土资源保护

1）工程环境影响预测和监测。当降水工程区及邻近存在建筑物、构筑物和地下管线时，应预测其工程环境影响。当预测的工程环境影响情况超出有关标准或允许范围时，或监测项目指标达到监测预警值时，应采取工程措施。

2）水土资源保护。①对于基坑出水量大的降水工程，应在降水工程施工前，对水土资源做好利用、保护计划；暂时难以利用的，可将抽出的地下水引调储存在不影响工程环境的地表或地下。②对滨海地区的降水工程，应注意防止海水入侵，防止淡水资源遭受污染。③降水施工期间洗井抽出的淡水，应在现场基本澄清后排放，并应防止淤塞市政管网或污染地表水体。④降水施工排出的土和泥浆，不应任意排放，防止污染城市环境或影响土地功能。

小　　结

1. 开挖边坡包括场地开挖形成的边坡，浅基坑、槽和管沟开挖形成的边坡以及深基坑开挖形成的边坡。开挖边坡对边坡坡度、开挖机械、开挖程序等提出了要求。

2. 各类边坡的坡度允许值需根据具体情况或采取计算设计或采取经验数值，结合当地实践经验确定。

3. 土方施工机械的选择应根据工程规模（开挖断面、范围大小和土方量）、地质情况、地下水情况、运距、工期要求、土方机械的特点（技术性能、适应性）以及施工现场条件等而定。

对放坡挖土，针对场地、边坡、基坑提出了不同的要求和注意事项。

4. 黏性土坡稳定性分析多用圆弧滑动条分法，一般可借助计算机软件完成计算。不同安全等级边坡的稳定安全系数有所不同。

5. 基坑工程控制地下水位的方法有：降低地下水位、隔离地下水两类。

降低地下水位方法有重力式降水和强制式降水。重力式降水即排水沟及集水井降水，强制式降水的方法即井点降水。井点降水根据井点系统的形式及抽水设备的不同又分为真空（轻型）井点、喷射井点、管井井点、电渗井点和深井井点等。应重点掌握不同降水方法的特点和适用条件。

隔离地下水位的方法一般为防渗帷幕，如连续搭接的水泥土搅拌桩、地下连续墙、水泥和化学灌浆帷幕等。

6. 井点抽水，在井点周围形成漏斗状的弯曲水面，即所谓"降落漏斗"。

预估井点降水对周围环境的影响范围和造成的地面的沉降，可借鉴已有的同类工程实例，也可用一些简易的方法进行估算。关于基坑降水的影响范围，目前尚无可靠的计算公式可用。工程上常用影响半径来估算影响范围。降水影响半径 R 宜通过试验确定。缺少试验时，可通过计算并结合当地经验取值。

降水引起的地层变形计算方法尚不成熟，只能在今后积累大量工程实测数据及进行充分研究后，再加以改进充实。现阶段，宜根据地区基坑降水工程的经验，结合计算与工程类比综合确定降水引起的地层变形量和分析降水对周边建筑物的影响。

7. 可通过合理使用井点降水、降水场地外侧设置挡土帷幕、降水场地外缘设置回灌水系统等措施减轻降水对周围环境的影响。同时应在降水前认真做好对周围环境的调研工作，注意降水工程的监测与维护，加强工程环境影响的预测、监测，做好水土资源保护。

练　习　题

14.1　名词解释

1. 砂土的自然休止角；2. 水位降落漏斗；3. 重力式降水；4. 强制式降水。

14.2　单项选择题

1. 无黏性土坡的稳定性主要取决于（　　）。

A. 坡高　　　　　　　B. 坡角　　　　　　　C. 内摩擦角　　　　　D. B 和 C

2. 砂性土坡稳定性分析中假定滑动面是（　　）。

A. 平面　　　　　　　B. 折线　　　　　　　C. 不规则面　　　　　D. 曲面

3. 砂性土坡的稳定安全系数与坡高（　　）。

A. 无关　　　　　　　B. 有关　　　　　　　C. 不能确定　　　　　D. 成正比例关系

4. 均质黏土土坡稳定性分析中假定滑动面是（　　）。

A. 平面　　　　　　　B. 圆弧　　　　　　　C. 复合滑动面　　　　D. 不规则曲面

5. 某基坑宽度小于 6m，降水轻型井点在平面上宜采用（　　）形式。

A. 单排　　　　　　　B. 双排　　　　　　　C. 环形　　　　　　　D. U 形

14.3　简答题

1. 地下水控制的方法有哪些？

2. 影响边坡稳定性的主要因素有哪些？

3. 防范井点降水不利影响的工程措施有哪些？

4. 井点降水对周围环境有哪些影响？

单元 15

排桩、地下连续墙的受力与设计概要

知识目标

1. 能理解三种土压力产生的条件。

2. 能描述朗肯和库仑土压力理论的基本假设，比较两种理论的计算结果。

3. 能比较经典土压力与支护结构上土压力的区别。

4. 能描述和理解支护结构的水平荷载计算；能描述支撑体系和锚杆系统的构成和布置；能描述排桩、地下连续墙支护结构的设计内容和构造要求；能描述和解释基坑稳定性分析的内容。

5. 了解各种构件的结构分析方法及受力。

能力目标

能初步进行挡土墙后土压力的计算。

思政目标

通过对经典土压力理论和支挡结构稳定性分析理论不足的认识，激发学生敬畏专业、探索未知的科学精神。通过超级工程土层锚杆试验研究案例，增强学生创新意识、担当精神和使命感。感悟党的二十大关于"实施科教兴国战略，强化现代化建设人才支撑"的精神，弘扬科学家精神，涵养优良学风。通过对设计概要的学习，培养学生遵守法规的专业精神和严谨、认真、负责的职业素养。

15.1 概　　述

排桩、地下连续墙作为挡土（挡水）结构物会受到基坑内外土体（水体）的水平推力，由内支撑、锚杆形成的支点则会对其产生水平抗力。因此，首先应当了解挡土结构物上的土压力分布情况，进而通过稳定性分析进行挡土结构物及水平支撑的设计。而学习土压力理论是计算分析挡土结构物上的土压力分布的前提。

15.2   土压力理论

15.2.1   土压力分类

在土木工程中，为了防止土体坍塌，通常采用各种构筑物支挡土体，这些构筑物称为挡土墙，如支撑建筑物周围填土的挡土墙、地下室的外墙、支撑基坑的板桩墙、堆放散粒材料的挡墙等。另一些构筑物如桥台则受到土体的支撑，土体起到提供反力的作用，也称为挡土墙，如图 15.1 所示。

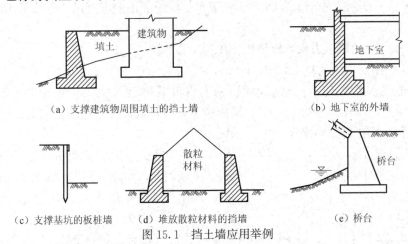

（a）支撑建筑物周围填土的挡土墙   （b）地下室的外墙

（c）支撑基坑的板桩墙   （d）堆放散粒材料的挡墙   （e）桥台

图 15.1   挡土墙应用举例

由于土体的自重或外荷载作用，墙背作用有侧向的压力，这种侧向压力即为土压力。土压力是挡土墙所受到的主要外荷载，其计算十分复杂，它与填土的性质、挡土墙的形状和位移方向以及地基土质等因素有关。

在影响挡土墙后土压力大小及分布规律的众多因素中，挡土墙的位移方向和位移量是最重要的因素。根据挡土墙的位移情况和墙后土体所处的应力状态，可将土压力分为以下三种。

（1）主动土压力

当挡土墙向离开土体方向偏移至墙后土体达到极限平衡状态时，作用在墙背上的土压力称为主动土压力，用 E_a 表示，如图 15.2（a）所示。

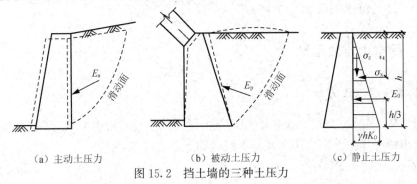

（a）主动土压力   （b）被动土压力   （c）静止土压力

图 15.2   挡土墙的三种土压力

（2）被动土压力

当挡土墙在外力作用下向土体方向偏移至墙后土体达到极限平衡状态时，作用在墙背上的土压力称为被动土压力，用 E_p 表示，如图 15.2（b）所示。拱桥桥台在桥上荷载作用下挤压土体并产生一定量的位移，则作用在台背上的侧压力属于被动土压力。

（3）静止土压力

当挡土墙静止不动，墙后土体处于弹性平衡状态时，作用在墙背上的土压力称为静止土压力，用 E_0 表示，如图 15.2（c）所示。地下室外墙、地下水池侧壁、涵洞的侧壁以及其他不产生位移的挡土构筑物均可按静力土压力计算。

静止土压力犹如半空间弹性变形体在土的自重作用下无侧向变形时的水平侧压力，如图 15.2（c）所示。故填土表面下任意深度 z 处的静止土压力强度可按下式计算：

$$\sigma_0 = K_0 \gamma z \qquad\qquad (15.1)$$

式中：K_0——土的侧压力系数或静止土压力系数；

　　　　γ——墙后填土的重度，kN/m^3。

静止土压力系数 K_0 与土的性质、密实程度等因素有关，一般砂土可取 $0.35 \sim 0.50$，黏性土可取 $0.50 \sim 0.70$。对正常固结土，也可近似按半经验公式 $K_0 = 1 - \sin\varphi'$ 计算，φ' 为土的有效内摩擦角。

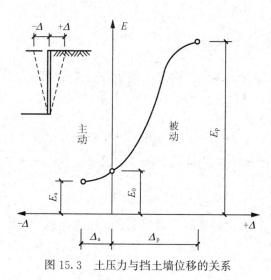

图 15.3　土压力与挡土墙位移的关系

由式（15.1）可知，静止土压力沿墙高呈三角形分布，如图 15.2（c）所示。如取单位墙长，则作用在墙上的静止土压力为

$$E_0 = \frac{1}{2}\gamma h^2 K_0 \qquad (15.2)$$

式中：h——挡土墙墙高，m。

E_0 的作用点在距离墙底 $h/3$ 处，即静止土压力强度分布图形的形心处。

上述三种土压力与挡土墙位移的关系如图 15.3 所示。实验研究表明，产生被动土压力所需的位移量 Δ_p 比产生主动土压力所需的位移量 Δ_a 要大得多。在相同的条件下，主动土压力小于静止土压力，而静止土压力小于被动土压力，即 $E_a < E_0 < E_p$。

15.2.2　朗肯土压力理论

1. 基本原理与假设

朗肯（RanKine，1857）土压力理论是根据弹性半空间的应力状态和土的极限平衡条件而得出的土压力计算方法，其基本假设如下：

1）墙背竖直光滑，与填土间无摩擦力。

2）墙后填土表面水平。

由于墙背与填土间无摩擦力，故剪应力为零，墙背为主应力面，这样，若挡土墙不出现位移，则墙后土体处于弹性平衡状态，作用在墙背上的应力状态与弹性半空间土体的应力状态相同。此时，墙后任意深度 z 处的单元微体所处的应力状态可用图 15.4（d）中的莫尔应力圆 Ⅰ 表示。其中大主应力 $\sigma_1 = \sigma_z = \gamma z$，小主应力 $\sigma_3 = \sigma_x = K_0 \gamma z$。

当挡土墙离开土体运动时，如图 15.4（b）所示，墙后土体有伸张的趋势。此时竖向应力 σ_z 不变，法向应力 σ_x 减小，当挡土墙位移使墙后土体达到极限平衡状态时，σ_x 达最小值 σ_a，其莫尔应力圆与抗剪强度包线相切［图 15.4（d）中圆 Ⅱ］。土体形成一系列滑裂面，面上各点都处于极限平衡状态，此时墙背法向应力 σ_x 为最小主应力，即朗肯主动土压力。滑裂面的方向与大主应力作用面（即水平面）成 $\alpha = 45° + \varphi/2$ 角。

同理，若挡土墙在外力作用下挤压土体，如图 15.4（c）所示，σ_z 仍不变，但 σ_x 增大，当 σ_x 超过 σ_z 时，σ_x 成为大主应力，σ_z 为小主应力。当挡土墙位移使墙后土体达到极限平衡状态时，σ_x 达最大值 σ_p，莫尔应力圆与抗剪强度包线相切［图 15.4（d）中圆 Ⅲ］，土体形成一系列滑裂面，此时墙背法向应力 σ_x 为最大主应力，即朗肯被动土压力。滑裂面与水平面成 $\alpha' = 45° - \varphi/2$ 角。

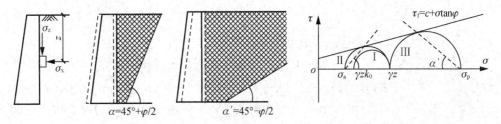

（a）墙背单元微体　（b）主动朗肯状态　　（c）被动朗肯状态　　（d）莫尔应力圆表示的朗肯状态

图 15.4　半空间体的极限平衡状态

2. 土压力计算

（1）主动土压力

根据土的强度理论，当土体中某点处于极限平衡状态时，大、小主应力 σ_1 和 σ_3 应满足以下关系式。

黏性土：

$$\sigma_1 = \sigma_3 \tan^2\left(45° + \frac{\varphi}{2}\right) + 2c \tan\left(45° + \frac{\varphi}{2}\right) \tag{15.3a}$$

或

$$\sigma_3 = \sigma_1 \tan^2\left(45° - \frac{\varphi}{2}\right) - 2c \tan\left(45° - \frac{\varphi}{2}\right) \tag{15.3b}$$

无黏性土：

$$\sigma_1 = \sigma_3 \tan^2\left(45° + \frac{\varphi}{2}\right) \tag{15.4a}$$

或

$$\sigma_3 = \sigma_1 \tan^2\left(45° - \frac{\varphi}{2}\right) \tag{15.4b}$$

按照朗肯假设，当挡土墙离开土体运动至极限平衡状态时，墙背土体中离地表任意深度 z 处竖向应力 σ_z 为大主应力 σ_1，σ_x 为小主应力 σ_3，故可得朗肯主动土压力强度 σ_a 为

黏性土：

$$\sigma_a = \sigma_x = \gamma z \tan^2\left(45° - \frac{\varphi}{2}\right) - 2c \tan\left(45° - \frac{\varphi}{2}\right) = \gamma z K_a - 2c\sqrt{K_a} \tag{15.5}$$

无黏性土：

$$\sigma_a = \gamma z K_a \tag{15.6}$$

式中：K_a——主动土压力系数，$K_a = \tan^2(45° - \varphi/2)$；

　　　c——填土的黏聚力，kPa。

由式（15.6）可知，无黏性土的主动土压力强度与 z 成正比，沿墙高的压力呈三角形分布，如图 15.5（b）所示，如取单位墙长计算，则主动土压力为

$$E_a = \frac{1}{2}\gamma h^2 K_a \tag{15.7}$$

且 E_a 通过三角形形心，即作用在离墙底 $h/3$ 处。

而由式（15.5）可知，黏性土的主动土压力强度还受到黏聚力 c 的影响，产生负侧压力 $2c\sqrt{K_a}$，土压力分布如图 15.5（c）所示，图中 ade 部分为负值，对墙背是拉力，实际上在很小的拉力作用下墙与土就会分离，故在计算土压力时，该部分略去不计，黏性土的土压力分布实际上仅为 abc 部分。

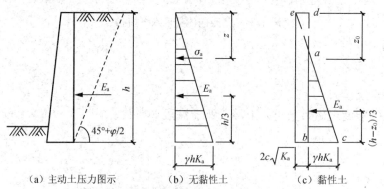

（a）主动土压力图示　　　（b）无黏性土　　　（c）黏性土

图 15.5　朗肯主动土压力分布

a 点离填土面的深度 z_0 称为临界深度，当填土面无荷载时，令式（15.5）为零，则

$$\sigma_a = \gamma z K_a - 2c\sqrt{K_a} = 0$$

故临界深度：

$$z_0 = \frac{2c}{\gamma \sqrt{K_a}} \tag{15.8}$$

取单位墙长计算，则主动土压力为

$$E_a = \frac{1}{2}(h - z_0)(\gamma h K_a - 2c\sqrt{K_a})$$

$$= \frac{1}{2}\gamma h^2 K_a - 2ch\sqrt{K_a} + \frac{2c^2}{\gamma} \tag{15.9}$$

主动土压力 E_a 通过三角形压力分布图 abc 的形心，即作用在离墙底 $(h - z_0)$ / 3 处。

（2）被动土压力

当挡土墙在外力作用下挤压土体达到极限平衡状态时，墙背土体中离地表任意深度 z 处竖向应力 σ_z 变为小主应力 σ_3，而水平应力 σ_x 为大主应力 σ_1。同理，可由式（15.3a）、式（15.4a）导出朗肯被动土压力强度 σ_p 为

黏性土：

$$\sigma_p = \gamma z K_p + 2c\sqrt{K_p} \tag{15.10}$$

无黏性土：

$$\sigma_p = \gamma z K_p \tag{15.11}$$

式中：K_p——被动土压力系数，$K_p = \tan^2(45° + \varphi/2)$。

被动土压力分布如图 15.6 所示，如取单位墙长计算，则总被动土压力为

黏性土：

$$E_P = \frac{1}{2}\gamma h^2 K_p + 2ch\sqrt{K_p} \tag{15.12}$$

无黏性土：

$$E_P = \frac{1}{2}\gamma h^2 K_p \tag{15.13}$$

被动土压力 E_p 通过三角形或梯形压力分布图的形心，形心位置可通过一次求矩得到。

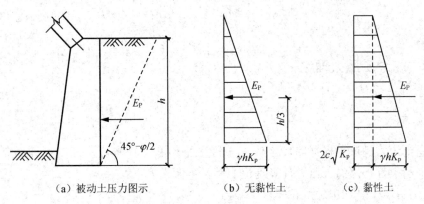

（a）被动土压力图示　　　（b）无黏性土　　　（c）黏性土

图 15.6　朗肯被动土压力分布

【例 15.1】 某挡土墙，高度为 5m，墙背垂直光滑，填土面水平。填土为黏性土，其物理力学性质指标如下：$c=8$kPa，$\varphi=18°$，$\gamma=18$kN/m³。试计算该挡土墙主动土压力及其作用点位置，并绘出主动土压力强度分布图。

解 1）主动土压力系数 $K_a = \tan^2\left(45° - \dfrac{\varphi}{2}\right) = \tan^2\left(45° - \dfrac{18°}{2}\right) = 0.528$

2）墙底处的主动土压力强度

$$\sigma_a = \gamma z K_a - 2c\sqrt{K_a}$$
$$= 18 \times 5 \times 0.528 - 2 \times 8 \times \sqrt{0.528} = 35.89(\text{kPa})$$

3）临界深度

$$z_0 = \frac{2c}{\gamma\sqrt{K_a}} = \frac{2 \times 8}{18 \times \sqrt{0.528}} = 1.223(\text{m})$$

4）主动土压力

主动土压力强度分布如图 15.7 所示。

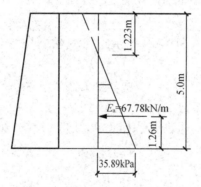

图 15.7　例 15.1 主动土压力分布

总主动土压力

$$E_a = 35.89 \times (5 - 1.223) \times \frac{1}{2} = 67.78(\text{kN/m})$$

主动土压力 E_a 作用点距墙底的距离为

$$\frac{(h - z_0)}{3} = \frac{5 - 1.223}{3} = 1.26(\text{m})$$

几种常见情况下
土压力的计算
（文本）

15.2.3　库仑土压力理论

1. 基本假设

库仑土压力理论是根据墙后土体处于极限平衡状态并形成一滑动楔体时，从楔体的静力平衡条件得出的土压力计算理论。其基本假设如下：

1）墙后填土是理想的散粒体（黏聚力 $c=0$）。

2）滑动破裂面为通过墙踵的平面。

库仑土压力理论适用于砂土或碎石填料的挡土墙，可考虑墙背倾斜、填土面倾斜以及墙背与填土的摩擦等多种因素的影响。分析时按平面问题考虑，一般沿长度方向取 1m 考虑。

2. 土压力计算

（1）主动土压力

如图 15.8 所示，设挡土墙高为 h，墙背俯斜，墙背与垂线的夹角为 α，墙后土体为无黏性土（$c=0$），填土表面与水平线夹角为 β，墙背与填土的摩擦角（外摩擦角）为 δ。当挡土墙向远离主体的方向移动或转动而使墙后土体处于主动极限平衡状态时，墙后土体形成一滑动土楔 ABC，其滑裂面为平面 BC，滑裂面与水平面成 θ 角。

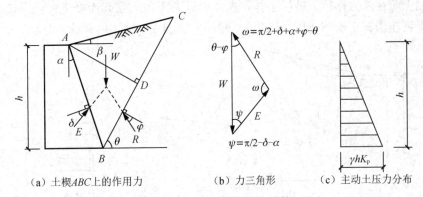

（a）土楔 ABC 上的作用力　　　（b）力三角形　　　（c）主动土压力分布

图 15.8　库仑主动土压力计算

取滑动土楔 ABC 为隔离体，作用在滑动土楔上的力有土楔体的自重 W，滑裂面 BC 上的反力 R 和墙背对土楔的反力 E（土体作用在墙背上的土压力与 E 大小相等，方向相反），R 和 E 均在滑动面法线的下侧，滑动土楔 ABC 在 W、R、E 三力的作用下处于静力平衡状态，因此三力构成一个封闭的力三角形，如图 15.8（b）所示。根据正弦定理得

$$E = W \frac{\sin(\theta - \varphi)}{\sin\omega} \tag{15.14}$$

即 E 是滑裂面倾角 θ 的函数，而主动土压力 E_a 是 E 的最大值 E_{max}，其对应的滑裂面是土楔最危险的滑裂面。由 $dE/d\theta = 0$ 可求得与 E_{max} 相对应的破裂角 θ_{cr}，将 θ_{cr} 代回式（15.14）即可得库仑主动土压力公式，即

$$E_a = \frac{1}{2} \gamma h^2 K_a \tag{15.15}$$

其中

$$K_a = \frac{\cos^2(\varphi - \alpha)}{\cos^2\alpha \cos(\alpha + \delta) \left[1 + \sqrt{\dfrac{\sin(\varphi + \delta)\sin(\varphi - \beta)}{\cos(\alpha + \delta)\cos(\alpha - \beta)}}\right]^2} \tag{15.16}$$

式中：K_a——库仑主动土压力系数，按式（15.16）计算或有关书中查表；

α——墙背与垂直线的夹角，（°），俯斜时取正号，仰斜时取负号；

β——填土表面与水平面的夹角，（°）；

δ——填土与墙背的外摩擦角，（°）；

φ——填土的内摩擦角，（°）。

当墙背垂直（$\alpha=0$）、光滑（$\delta=0$）、填土面水平（$\beta=0$）时，式（15.16）变为

$$K_a = \tan^2\left(45° - \frac{\varphi}{2}\right)$$

可见，在上述条件下，库仑公式和朗肯公式完全相同，可将朗肯理论看作库仑理论的特殊情况。库仑主动土压力强度沿墙高呈三角形分布，E_a 的作用方向与墙背法线逆时针成 δ 角，作用点在距墙底 $h/3$ 处。

（2）被动土压力

当挡土墙在外力作用下挤压土体，楔体沿滑裂面向上隆起而处于极限平衡状态时，同理可得到作用在土楔体 ABC 上的力三角形，如图 15.9（b）所示。

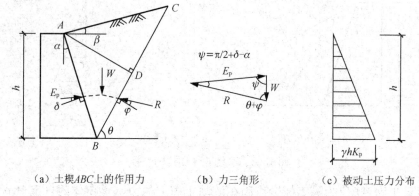

（a）土楔 ABC 上的作用力　　　（b）力三角形　　　（c）被动土压力分布

图 15.9　库仑被动土压力计算

由于楔体上隆，E 和 R 均位于法线的上侧，按求主动土压力相同的方法，可求得被动土压力的计算公式为

$$E_p = \frac{1}{2}\gamma h^2 K_p \tag{15.17}$$

其中

$$K_p = \frac{\cos^2(\varphi+\alpha)}{\cos^2\alpha\cos(\alpha-\delta)\left[1 - \sqrt{\dfrac{\sin(\varphi+\delta)\sin(\varphi+\beta)}{\cos(\alpha-\delta)\cos(\alpha-\beta)}}\right]^2} \tag{15.18}$$

式中：K_p——库仑被动土压力系数。

其他符号同前。

当墙背垂直（$\alpha=0$）、光滑（$\delta=0$）、填土面水平（$\beta=0$）时，式（15.18）变为

$$K_p = \tan^2\left(45° + \frac{\varphi}{2}\right)$$

即与朗肯公式相同。

库仑被动土压力强度沿墙高也为三角形分布，E_p 的作用方向与墙背法线顺时针成 δ 角，作用点在距墙底 $h/3$ 处。

15.2.4　朗肯理论与库仑理论的比较

朗肯土压力理论概念比较明确，公式简单，适用于黏性土和无黏性土，在工程中应用广泛。但必须假定墙背垂直光滑，墙后填土面水平，故应用范围受到了限制，又由于该理论忽略了墙背与填土之间摩擦的影响，因而使计算的主动土压力值偏大，被动土压力值偏小。

库仑压力理论考虑了墙背与土之间的摩擦力，并可用于墙背倾斜、填土面倾斜的情况。但由于该理论假设填土是无黏性土，因而，不能直接应用库仑公式计算黏性土的土压力。此外，库仑理论假设填土滑裂面为通过墙踵的平面，而实际上却是曲面，实验证明，在计算主动土压力时，只有当墙背倾角 α 和墙背与填土之间的外摩擦角 δ 较小时，滑裂面才接近于平面，因此，计算结果与实践有出入。通常情况下，在计算主动土压力时偏差值为 2%～10%，可认为已满足实际工程精度要求；但在计算被动土压力时，误差较大，有时可达 2～3 倍，甚至更大。

15.2.5　经典土压力与支护结构上土压力的区别

基坑支护的受力随基坑开挖不断发生变化，支护结构后的土体也处于动态平衡状态。经典土压力与支护结构上土压力的区别如表 15.1 所示。

表 15.1　经典土压力与支护结构上土压力的区别

项目	库仑、朗肯土压力	支护结构上的土压力
土性	各向同性，均质	土类复杂
应力状态	先筑墙后填土，填土过程是土应力增加的过程	先设桩（墙），后开挖，开挖过程是土体应力释放的过程
土压力特性	挡土墙建成后，视土压力为定值	土压力的大小和分布随结构类型、刚度、支点而异，且随开挖过程动态变化
结构特性	挡土墙为刚体	支护结构多数为柔性结构
墙土间摩擦力	朗肯假设无摩擦	存在摩擦力
空间效应	平面问题	呈现空间效应
时间效应	静态平衡	动态平衡
施工效应	计算参数采用定值	降水及打桩的挤土效应引起土的力学参数变化

因此，经典土压力理论需根据具体情况做必要的修正后才能用于支护结构上。实际应用中需借助现场测试和室内模型试验，提出简单实用而尽可能合理的土压力计算模型。

15.3　水平荷载的计算

15.3.1　概述

挡土结构按刚度及位移方式不同可分为刚性挡土结构（墙）与柔性挡土结构（墙）。

1. 刚性挡土结构（墙）

由砖、石、混凝土或水泥土等形成的断面较大的刚性挡土结构（墙）刚度大，结构的挠曲可忽略，其墙背受到的土压力呈三角形分布，即如上节经典土压力理论计算所得。

2. 柔性挡土结构（墙）

当挡土结构在土压力作用下发生挠曲变形时，结构的变形将影响土压力的大小和分布，这种类型的挡土结构称为柔性挡土结构。实践表明，不同结构变形情况下支护结构上的土压力分布如图 15.10 所示。工程中土压力的计算方法如下：

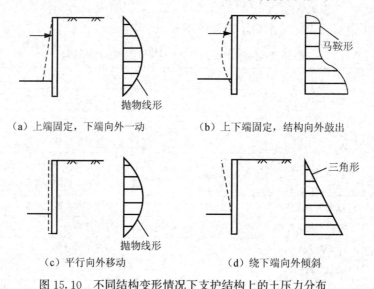

图 15.10　不同结构变形情况下支护结构上的土压力分布

（1）悬臂式支护结构的土压力

可按朗肯理论公式进行估算，再根据实践经验进行适当的修正。对一般黏性土，是偏于安全的。

（2）单支点支护结构的土压力

可按朗肯、库伦理论公式进行计算。所得到的锚杆型单支点支护结构的计算弯矩值偏于安全，而锚杆拉力偏小。

（3）多支点支护结构的土压力

基坑深度较大时，随着开挖深度的增加，需从上至下逐层设置多道锚杆或多道支撑，土层开挖与设置锚杆或支撑交替进行。因此，在锚杆或支撑设置以前，挡土结构已经产生了一定量的位移，而用锚杆或支撑将已经移位（变形）的挡土结构恢复到原来的位置，则需要很大的锚固力或支撑力，这样将引起土压力的增加，因此土压力的大小受设计采用的每道锚杆的锚固力或每道支撑的支撑力以及挡土结构的实际变形大小影响。由此可见，多支点柔性挡土支护结构的土压力的计算是十分复杂和困难的，目前均采用经验方法。

由土压力计等测定换算的实测值为基础的土压力分布模型（图示法）或侧压系数法，亦称用表观土压力系数计算的土压力，图示法中采用较多的是 Terzaghi-Peck（太沙基-皮克）所建议的土压力分布模型法，如图 15.11 所示。

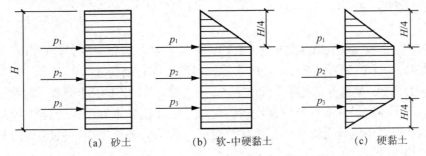

图 15.11 Terzaghi-Peck 所建议的土压力分布模型

重要说明

需要说明的是，图 15.11 中的土压力分布并非某一工况时分布，而是实测资料中最大土压力的包络线图，按这些土压力分布模式，对于多支点支护结构的支撑或锚杆设计是过于安全的。试图用一个对各类支护结构、各类土体都适用的统一的土压力分布图是不现实的，对不同刚度、不同变形条件和不同土类的支护结构应采用各自相应的土压力分布模式。

在基坑开挖深度以上的水平荷载作用下，支护结构总要产生转动或基坑内侧的移动，这些微小的转动或位移尽管可能无法达到使水平荷载从静止土压力下降到主动土压力所需要的位移量，但是足以接近，所以在设计计算时按主动土压力计算。根据现有基坑开挖面上土压力实测结果或是按主动土压力计算结构内力的实践均证明，以主动土压力系数作为自重应力下的侧压力系数计算开挖面以上的水平荷载是偏于安全的。

15.3.2 水平荷载标准值的计算

1. 引起水平荷载的因素

计算作用在支护结构上的水平荷载时，应考虑下列因素：

1）基坑内外土的自重（包括地下水）；

2）基坑周边既有和在建的建（构）筑物荷载；

支护结构上水平荷载标准值的计算及算例（文本）

3）基坑周边施工材料和设备荷载；

4）基坑周边道路车辆荷载；

5）冻胀、温度变化及其他因素产生的作用。

2. 计算公式与规定

详见二维码中"支护结构上水平荷载标准值的计算及算例"。

15.4　排桩、地下连续墙设计概要

15.4.1　概述

排桩、地下连续墙支挡方式有悬臂支挡、单层支点支挡和多层支点支挡等，支点指的是内支撑、锚杆或两者的组合。按内支撑材料的不同有钢筋混凝土支撑、钢管支撑和型钢（如工字钢、槽钢等）支撑及组合支撑，按支撑方式的不同又有角撑、对撑等。

当地基土质较好、基坑开挖深度较浅时，往往使用施工方便、受力简单的悬臂式支挡结构，但对于地基土质较差、基坑开挖深度较深的基坑支挡，采用单层或多层支点支挡结构更合理。

对于排桩、地下连续墙支挡方式，其设计内容主要有：

1）支挡结构的结构分析。

2）支挡结构的稳定性验算。

3）排桩设计或地下连续墙设计。

4）锚杆设计或内支撑结构设计。

5）构造要求及施工和检测要求。

6）绘制施工图。

15.4.2　支挡结构的稳定性验算

支挡结构的嵌固深度需满足抗倾覆稳定性、支挡结构踢脚稳定性、整体滑动稳定性、基坑抗隆起稳定性、圆弧滑动稳定性、地下水渗透稳定性等要求。除此之外，对悬臂式结构，尚不宜小于 $0.8h$；对单支点支挡式结构，尚不宜小于 $0.3h$；对多支点支挡式结构，尚不宜小于 $0.2h$。其中，h 为基坑深度。

支挡结构的稳定性分析（文本）

关于悬臂式支挡结构的抗倾覆稳定性分析、单层锚杆和单层支撑的支挡结构的踢脚稳定性分析、整体滑动稳定性分析、坑底抗隆起稳定性分析、以最下层支点为转动轴心的圆弧滑动稳定性分析、基坑底部土体突涌稳定性分析、基坑渗流稳定性分析，详见二维码中"支挡结构的稳定性分析"文本。

15.4.3　桩(墙)结构分析

支挡式结构应对下列设计工况进行结构分析，并应按其中最不利作用效应进行支护结构设计：

1）基坑开挖至坑底时的状况。

2）对锚拉式和支撑式支挡结构，基坑开挖至各层锚杆或支撑施工面时的状况。

3）在主体地下结构施工过程中需要以主体结构构件替换支撑或锚杆的状况。此时，主体结构构件应满足替换后各设计工况下的承载力、变形及稳定性要求。

4）对水平内支撑式支挡结构，基坑各边水平荷载不对等的各种状况。

15.4.4　支撑体系的选型和结构分析

内支撑分为平面支撑体系和竖向斜撑体系两种。平面支撑体系包括钢筋混凝土（钢管和型钢）支撑、冠梁和腰梁以及立柱等；竖向斜撑体系包括斜撑、腰梁和斜撑基础等构件。

内支撑结构选型应符合下列原则：

1）宜采用受力明确、连接可靠、施工方便的结构形式。

2）宜采用对称平衡性、整体性强的结构形式。

3）应与主体地下结构的结构形式、施工顺序协调，应便于主体结构施工。

4）应利于基坑土方开挖和运输。

5）需要时，可考虑内支撑结构作为施工平台。

1. 平面支撑体系和竖向斜撑体系的构成和布置

（1）平面支撑体系的构成

根据工程具体情况，水平支撑可以用对撑、角撑、八字撑以及对撑桁架、斜撑桁架、边桁架等形式组成平面结构体系，如图 15.12 所示。

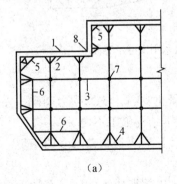
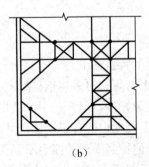

（a）　　　　　　　　　　　　　（b）

1. 围护墙；2. 腰梁；3. 对撑；4. 八字撑；5. 角撑；6. 系杆；7. 立柱；8. 阳角。

图 15.12　平面支撑体系

　　水平式支撑根据基坑平面形状及尺寸、开挖深度、周围环境条件、主体结构形式和施工要求等，可以设计成多种形状。常用的有井字形、角撑形、圆环形、连环形、水平桁架形及椭圆形等，如图 15.13 所示。狭窄的长条形基坑可采用对撑式支撑、十字形或分段桁架形。如图 15.14 所示。

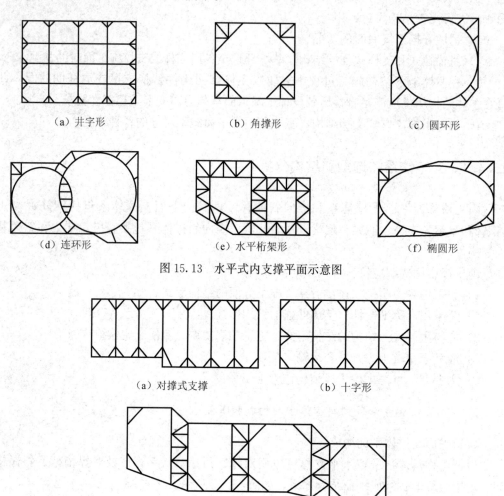

（a）井字形　　　　　　　　（b）角撑形　　　　　　　　（c）圆环形

（d）连环形　　　　　（e）水平桁架形　　　　　（f）椭圆形

图 15.13　水平式内支撑平面示意图

（a）对撑式支撑　　　　　　　　（b）十字形

（c）分段桁架形

图 15.14　长条形基坑水平支撑示意图

　　各种支撑的特点如下：

　　1）井字形布置，可采用钢支撑或钢筋混凝土支撑，支撑受力明确，安全稳定，有利于墙体的变形控制，但开挖土方较困难，地下结构施工不便。

　　2）角撑形布置，适合于平面尺寸不大，且长短边长相差不多的基坑。其开挖土方的空间较大，但控制变形的能力不是很高。

　　3）桁架形布置，多采用钢筋混凝土支撑，中部形成大空间，有利于土方开挖和地下结构施工。

4）圆环形布置，多采用钢筋混凝土支撑，支撑体系受力条件好，开挖空间大，有利于地下结构施工。

（2）竖向斜撑体系的构成

竖向斜撑体系包括竖向斜撑、腰梁和竖向斜撑基础等构件，如图 15.15 所示。竖向斜撑体系的特点是：适用于深度较浅、面积较大的基坑；在软弱土层中，不易控制基坑的稳定和变形。

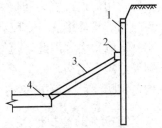

1. 挡土构件；2. 腰梁或冠梁；
3. 竖向斜撑；4. 竖向斜撑基础。

图 15.15 竖向斜撑体系

（3）内支撑的布置

对各类支撑形式，支撑结构的布置要重视支撑体系总体刚度的分布，避免突变，尽可能使水平力作用中心与支撑刚度中心保持一致。

1）内支撑的平面布置应符合下列规定：

① 内支撑的布置应满足主体结构的施工要求，宜避开地下主体结构的墙、柱。

② 相邻支撑的水平间距应满足土方开挖的施工要求；采用机械挖土时，应满足挖土机械作业的空间要求，且不宜小于 4m。

③ 基坑有阳角时，阳角处的支撑应在两边同时设置。

④ 当采用环形支撑时，环梁宜采用圆形、椭圆形等封闭曲线形式，并应按使环梁弯矩、剪力最小的原则布置辐射支撑；环形支撑宜采用与腰梁或冠梁相切的布置形式。

⑤ 水平支撑与挡土构件之间应设置连接腰梁；当支撑设置在挡土构件顶部时，水平支撑应与冠梁连接；在腰梁或冠梁上支撑点的间距，对钢腰梁不宜大于 4m，对混凝土梁不宜大于 9m。

⑥ 当需要采用较大水平间距的支撑时，宜根据支撑冠梁、腰梁的受力和承载力要求，在支撑端部两侧设置八字斜撑杆与冠梁、腰梁连接，八字斜撑杆宜在主撑两侧对称布置，且斜撑杆的长度不宜大于 9m，斜撑杆与冠梁、腰梁之间的夹角宜取 45°～60°。

⑦ 当设置支撑立柱时，临时立柱应避开主体结构的梁、柱及承重墙；对纵横双向交叉的支撑结构，立柱宜设置在支撑的交汇点处；对用作主体结构柱的立柱，立柱在基坑支护阶段的负荷不得超过主体结构的设计要求；立柱与支撑端部及立柱之间的间距应根据支撑构件的稳定要求和竖向荷载的大小确定，且对混凝土支撑不宜大于 15m，对钢支撑不宜大于 20m。

⑧ 当采用竖向斜撑时，应设置斜撑基础，且应考虑与主体结构底板施工的关系。

2）内支撑的竖向布置应符合下列规定：

① 支撑与挡土构件连接处不应出现拉力。

② 支撑应避开主体地下结构底板和楼板的位置，并应满足主体地下结构施工对墙、柱钢筋连接长度的要求；当支撑下方的主体结构楼板在支撑拆除前施工时，支撑底面与下方主体结构楼板间的净距不宜小于 700mm。

③ 支撑至坑底的净高不宜小于 3m。

④ 采用多层水平支撑时，各层水平支撑宜布置在同一竖向平面内，层间净高不宜

小于 3m。

　　3）冠梁、腰梁的布置。由基坑外侧水、土及地面荷载所产生的对竖向围护构件的水平作用力通过冠梁和腰梁传给支撑。同时设置了冠梁和腰梁后可使原来各自独立的竖向围护构件形成一个闭合的、连续的抵抗水平力的整体，其刚度对围护结构的整体刚度影响很大。因此，冠梁和腰梁是内撑式支护结构的必备构件。冠梁通常采用现浇钢筋混凝土结构，以保证有较好的连续性和整体性。腰梁可采用型钢或钢筋混凝土结构，钢腰梁可采用 H 型钢、槽钢或这类型钢的组合构件。

　　2. 构件结构分析

　　支撑通过冠梁或腰梁对排桩、地下连续墙施加支点力，而支点力的大小与排桩、地下连续墙及土体刚度，支撑体系布置形式、结构尺寸有关。因此，在一般情况下，应考虑支撑体系在平面上各点的不同变形与排桩、地下连续墙的变形协调作用而优先采用整体分析的空间分析方法。但是，支护结构的空间分析方法由于建立模型相对复杂、部分模型参数的确定也没有积累足够的经验，因此，目前将空间支护结构简化为平面结构的分析方法和平面有限元法应用较为广泛。

　　内支撑结构分析时，应同时考虑下列作用：

　　1）由挡土构件传至内支撑结构的水平荷载。

　　2）支撑结构自重；当支撑作为施工平台时，尚应考虑施工荷载。

　　3）当温度改变引起的支撑结构内力不可忽略不计时，应考虑温度应力。

　　4）当支撑立柱下沉或隆起量较大时，应考虑支撑立柱与挡土构件之间差异沉降产生的作用。

　　立柱的基础应满足抗压和抗拔的要求。

15.4.5　锚杆系统的设计计算方法

　　锚杆系统的主要设计内容有锚杆的构成与布置、锚杆的设计验算。

　　1. 锚杆系统的构成与布置

　　（1）锚杆的材料选用

　　基坑支护中的锚杆，通常是土层锚杆，锚固方式以钻孔灌浆为主。锚杆杆体材料可选用普通钢筋、钢管、钢丝束和钢绞线。施加预应力时宜选用钢绞线、高强钢丝或高强螺纹钢筋。当选用钢绞线或高强钢丝作为杆体材料时，也称作锚索。目前，常用的锚杆注浆工艺有一次常压注浆和二次压力注浆。一次常压注浆是浆液（水泥砂浆或水泥浆）在自重压力作用下充填锚杆孔。二次压力注浆则是在一次注浆液初凝后一定时间，再进行注浆。二次压力注浆可以大幅提高锚杆的极限抗拔力。二次压力注浆需要满足两个指标：一是第二次注浆时的注浆压力，一般需不小于 1.5MPa；二是第二次注浆时的注浆量。满足这两个指标的关键是控制浆液不从孔口流失。锚杆有临时性和永久性之分，用于基坑工程的一般为服务年限为 2 年以下的临时性锚杆。

锚杆技术的优点如下：

1）锚杆设置在围护结构以外，与内支撑相比，使基坑内有较大的空间，有利于基坑内施工。

2）锚杆施工机械及设备的作业空间不大，适用于各种地形及场地。

3）锚杆的设计拉力可由抗拔试验来获得，可保证设计有足够的安全度。

4）预应力锚杆可施加预加拉力，以控制挡土结构的变形量。

5）施工时噪声和振动均较小。

但设计前应进行场地调查和工程地质勘察；查明与锚固工程有关的地形与场地周边环境条件，如附近建筑物基础和地下室结构与范围，地上地下公共设施（各种管线、隧道、道路、河道等）的状况，应保证周围场地具有设置锚杆的环境和地质条件，以免发生意外。

基坑支护土层锚杆系统由外露的锚头（包括锚具、承压板、腰梁和台座）和埋在土体中的锚杆杆体组成，锚杆杆体由提供锚固力的锚固段和不提供锚固力的自由段组成。其剖面形状一般为圆柱形，如图 15.16 所示。对锚固于砂性土、硬黏性土层并要求较高承载力的锚杆，可采用端部扩大头型锚固体；对锚固于淤泥质土层并要求较高承载力的锚杆，可采用连续球体型锚固体。锚杆锚固段的形式如图 15.17 所示。

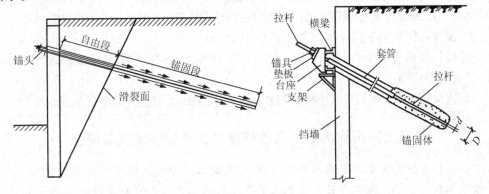

图 15.16　锚杆示意图

（2）锚杆的应用应符合的规定

锚杆的应用应符合下列规定：

1）锚杆结构宜采用钢绞线锚杆；承载力要求较低时，也可采用钢筋锚杆；当环境保护不允许在支护结构使用功能完成后锚杆杆体滞留在地层内时，应采用可拆芯钢绞线锚杆。

2）在易塌孔的松散或稍密的砂土、碎石土、粉土、填土层，高液性指数的饱和黏性土层，高水压力的各类土层中，钢绞线锚杆、钢筋锚杆宜采用套管护壁成孔工艺。

3）锚杆注浆宜采用二次压力注浆工艺。

4）锚杆锚固段不宜设置在淤泥、淤泥质土、泥炭、泥炭质土及松散填土层内。

5）在复杂地质条件下，应通过现场试验确定锚杆的适用性。

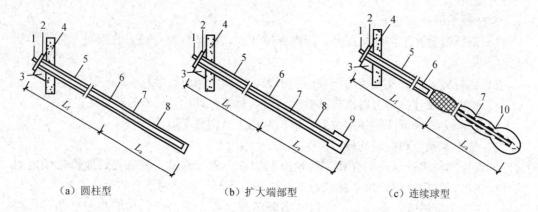

（a）圆柱型　　　　　（b）扩大端部型　　　　　（c）连续球型

1. 锚具；2. 承压板；3. 台座；4. 挡土结构；5. 钻孔；6. 灌浆；7. 拉杆；
8. 圆柱形锚固体；9. 端部扩大头；10. 连续球体；L_f. 自由段长度；L_a. 锚固段长度。

图 15.17　锚杆锚固段的形式

（3）锚杆的布置应符合的规定

锚杆的布置应符合下列规定：

1）锚杆的水平间距不宜小于 1.5m；对多层锚杆，其竖向间距不宜小于 2.0m；当锚杆的间距小于 1.5m 时，应根据群锚效应对锚杆抗拔承载力进行折减或改变相邻锚杆的倾角。

2）锚杆锚固段的上覆土层厚度不宜小于 4.0m。

3）锚杆倾角宜取 15°～25°，不应大于 45°，不应小于 10°；锚杆的锚固段宜设置在强度较高的土层内。

4）当锚杆上方存在天然地基的建筑物或地下构筑物时，宜避开易塌孔、变形的土层。

北京大兴国际机场土层锚杆施工工艺的现场试验研究

航站楼基坑外土层中含有有机质和泥炭质黏土，为验证泥炭质土层内护坡桩锚杆极限承载力，确定施工方案，技术人员在正式施工前分别安排了螺旋钻压浆钻进、套管跟进钻进两种钻孔工艺和普通注浆及二次压力注浆两种注浆工艺。将钻进工艺和注浆工艺组合，现场在不同部位共进行了 12 组锚杆基本试验。通过基本试验结果判断，最终确定了"螺旋钻压浆钻进成孔＋二次压力注浆"施工工艺，较"套管跟进钻进成孔＋一次压力注浆"可提高锚杆承载力 50％以上。这凸显了面对复杂现场状况，技术人员应具备的严谨、负责的职业素养和探索创新的科学精神。

拓展知识　"群锚效应"

锚杆布置是以排和列的群体形式出现的，如果其间距太小，会引起锚杆周围的高应力区叠加，从而影响锚杆抗拔力和增加锚杆位移，即产生"群锚效应"。

2. 锚杆的设计验算

锚杆的设计验算包括锚杆的极限抗拔承载力验算和锚杆杆体的受拉承载力验算。

（1）锚杆的极限抗拔承载力验算

锚杆的极限抗拔承载力应符合下式要求：

$$\frac{R_k}{N_k} \geqslant K_t \tag{15.19}$$

式中：K_t——锚杆抗拔安全系数；安全等级为一级、二级、三级的支护结构，K_t 分别不应小于 1.8、1.6、1.4；

N_k——锚杆轴向拉力标准值，kN，按《建筑基坑支护技术规程》（JGJ 120—2012）第 4.7.3 条的规定计算；

R_k——锚杆极限抗拔承载力标准值，kN；应按《建筑基坑支护技术规程》(JGJ 120—2012) 第 4.7.4 条的规定通过抗拔试验确定。

（2）锚杆杆体的受拉承载力验算

锚杆杆体的受拉承载力应符合下式规定：

$$N \leqslant f_{py}A_p \tag{15.20}$$

式中：N——锚杆轴向拉力设计值，kN，按式（15.21）计算；

f_{py}——预应力筋抗拉强度设计值，kPa；当锚杆杆体采用普通钢筋时，取普通钢筋的抗拉强度设计值；

A_p——预应力筋的截面面积，m^2。

锚杆的轴向拉力设计值应按下式计算：

$$N = \gamma_0 \gamma_F N_k \tag{15.21}$$

式中：γ_0——支护结构重要性系数。对安全等级为一级、二级、三级的支护结构，其结构重要性系数分别不应小于 1.1、1.0、0.9；

γ_F——作用基本组合的综合分项系数，不应小于 1.25。

N_k——锚杆作用标准组合的轴向拉力，kN。

锚杆预加力值（锁定值）应根据地层条件及支护结构变形要求确定，宜取为锚杆轴向拉力标准值的 75%～90%。

15.4.6 构造要求

1. 排桩

1）支护桩桩径的选取主要还是应按弯矩大小与变形要求确定，以达到受力与桩承载力匹配，同时还要满足经济合理和施工条件的要求。采用混凝土灌注桩时，对悬臂式排桩，支护桩的桩径宜大于或等于 600mm；对锚拉式排桩或支撑式排桩，支护桩的桩径宜大于或等于 400mm。

2）桩间距应根据排桩受力及桩间土稳定条件确定。排桩的中心距不宜大于桩直径的 2.0 倍。

3）采用混凝土灌注桩时，支护桩的桩身混凝土强度等级不宜低于 C25；纵向受力钢筋宜选用 HRB400、HRB500 钢筋，单桩的纵向受力钢筋不宜少于 8 根，其净间距不应小于 60mm；支护桩顶部设置钢筋混凝土构造冠梁时，纵向钢筋伸入冠梁的长度宜取冠梁厚度；冠梁按结构受力构件设置时，桩身纵向受力钢筋伸入冠梁的锚固长度应符合现行国家标准《混凝土结构设计规范》（GB 50010—2010）（2015 年版）对钢筋锚固的有关规定；当不能满足锚固长度的要求时，其钢筋末端可采取机械锚固措施。

4）箍筋可采用螺旋式箍筋；箍筋直径不应小于纵向受力钢筋最大直径的 1/4，且不应小于 6mm；箍筋间距宜取 100～200mm，且不应大于 400mm 及桩的直径。

5）沿桩身配置的加强箍筋应满足钢筋笼起吊安装要求，宜选用 HPB300、HRB400 钢筋，其间距宜取 1000～2000mm。

6）纵向受力钢筋的保护层厚度不应小于 35mm；采用水下灌注混凝土工艺时，不应小于 50mm。

7）当采用沿截面周边非均匀配置纵向钢筋时，受压区的纵向钢筋根数不应少于 5 根；当施工方法不能保证钢筋的方向时，不应采用沿截面周边非均匀配置纵向钢筋的形式。

8）当沿桩身分段配置纵向受力主筋时，纵向受力钢筋的搭接应符合现行国家标准《混凝土结构设计规范》（GB 50010—2010）（2015 年版）的相关规定。

9）支护桩顶部应设置混凝土冠梁。冠梁的宽度不宜小于桩径，高度不宜小于桩径的 0.6 倍。冠梁钢筋应符合现行国家标准《混凝土结构设计规范》（GB 50010—2010）（2015 年版）对梁的构造配筋要求。冠梁用作支撑或锚杆的传力构件或按空间结构设计时，尚应按受力构件进行截面设计。

10）在有主体建筑地下管线的部位，冠梁宜低于地下管线。

11）排桩桩间土应采取防护措施。桩间土防护措施宜采用内置钢筋网或钢丝网的喷射混凝土面层。喷射混凝土面层的厚度不宜小于 50mm，混凝土强度等级不宜低于 C20，混凝土面层内配置的钢筋网的纵横向间距不宜大于 200mm。钢筋网或钢丝网宜采用横向拉筋与两侧桩体连接，拉筋直径不宜小于 12mm，拉筋锚固在桩内的长度不宜小于 100mm。钢筋网宜采用桩间土内打入直径不小于 12mm 的钢筋钉固定，钢筋钉打入桩间土中的长度不宜小于排桩净间距的 1.5 倍且不应小于 500mm。

12）采用降水的基坑，在有可能出现渗水的部位应设置泄水管，泄水管应采取防止土颗粒流失的反滤措施。

排桩采用素混凝土桩与钢筋混凝土桩间隔布置的钻孔咬合桩形式时，支护桩的桩径可取 800～1500mm，相邻咬合长度不宜小于 200mm。素混凝土桩应采用塑性混凝土或强度等级不低于 C15 的超缓凝混凝土，其初凝时间宜控制在 40～70h，坍落度宜取 12～14mm。

2. 地下连续墙

1）地下连续墙的厚度应根据成槽机的规格、墙体的抗渗要求、墙体的受力和变形计算等综合确定。地下连续墙的常用墙厚为 600mm、800mm、1000mm 和 1200mm。

2）一字形槽段长度宜取 4～6m。当成槽施工可能对周边环境产生不利影响或槽壁稳定性较差时，应取较小的槽段长度。必要时，宜采用搅拌桩对槽壁进行加固。

3）地下连续墙的转角处或有特殊要求时，单元槽段的平面形状可采用 L 形、T 形等。

4）地下连续墙的混凝土设计强度等级宜取 C30～C40。地下连续墙用于截水时，墙体混凝土抗渗等级不宜小于 P6。当地下连续墙同时作为主体地下结构构件时，墙体混凝土抗渗等级应满足现行国家标准《地下工程防水技术规范》（GB 50108—2008）等相关标准的要求。

5）地下连续墙的纵向受力钢筋应沿墙身两侧均匀配置，可按内力大小沿墙体纵向分段配置，但通长配置的纵向钢筋不应小于总数的 50%；纵向受力钢筋宜选用 HRB400、HRB500 钢筋，直径不宜小于 16mm，净间距不宜小于 75mm。水平钢筋及构造钢筋宜选用 HPB300 或 HRB400 钢筋，直径不宜小于 12mm，水平钢筋间距宜取 200～400mm。冠梁按构造设置时，纵向钢筋伸入冠梁的长度宜取冠梁厚度。冠梁按结构受力构件设置时，墙身纵向受力钢筋伸入冠梁的锚固长度应符合现行国家标准《混凝土结构设计规范》（GB 50010—2010）（2015 年版）对钢筋锚固的有关规定。当不能满足锚固长度的要求时，其钢筋末端可采取机械锚固措施。

6）地下连续墙纵向受力钢筋的保护层厚度，在基坑内侧不宜小于 50mm，在基坑外侧不宜小于 70mm。

7）钢筋笼端部与槽段接头之间、钢筋笼端部与相邻墙段混凝土面之间的间隙不应大于 150mm，纵向钢筋下端 500mm 长度范围内宜按 1:10 的斜度向内收口。

8）地下连续墙的槽段接头应按下列原则选用：①地下连续墙宜采用圆形锁扣管接头、波纹管接头、楔形接头、工字形型钢接头或混凝土预制接头等柔性接头，如图 15.18 所示；②当地下连续墙作为主体地下结构外墙，且需要形成整体墙体时，宜采用刚性接头；刚性接头可采用一字形或十字形穿孔钢板刚性接头、钢筋承插式接头等，如图 15.19 所示；当采取地下连续墙顶设置通长冠梁、墙壁内侧槽段接缝位置设置结构壁柱、基础底板与地下连续墙刚性连接等措施时，也可采用柔性接头。

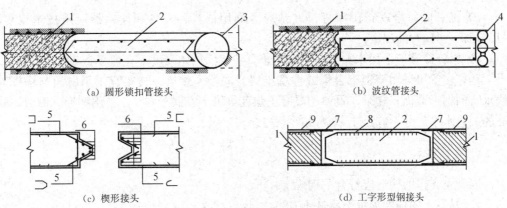

(a) 圆形锁扣管接头　　　　　　　　　　(b) 波纹管接头

(c) 楔形接头　　　　　　　　　　(d) 工字形型钢接头

1. 先行槽段；2. 后续槽段；3. 圆形锁扣管；4. 波纹管；5. 水平钢筋；
6. 端头纵筋；7. 工字形型钢接头；8. 地下连续墙钢筋；9. 止浆板。

图 15.18　地下连续墙柔性接头

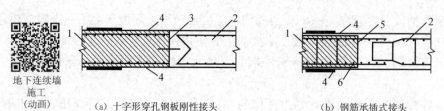

（a）十字形穿孔钢板刚性接头　　　　　　（b）钢筋承插式接头

1. 先行槽段；2. 后续槽段；3. 十字钢板；4. 止浆片；5. 加强筋；6. 隔板。

图 15.19　地下连续墙刚性接头

9）地下连续墙墙顶应设置混凝土冠梁。冠梁宽度不宜小于墙厚，高度不宜小于墙厚的 0.6 倍。冠梁钢筋应符合现行国家标准《混凝土结构设计规范》（GB 50010—2010）（2015 年版）对梁的构造配筋要求。冠梁用作支撑或锚杆的传力构件或按空间结构设计时，尚应按受力构件进行截面设计。

3. 锚杆系统

钢绞线锚杆、钢筋锚杆的构造应符合下列规定：

1）锚杆成孔直径宜取 100～150mm。

2）锚杆自由段的长度不应小于 5m，且应穿过潜在滑动面并进入稳定土层不小于 1.5m；钢绞线、钢筋杆体在自由段应设置隔离套管。

3）锚杆锚固段长度，对土层不宜小于 6.0m，对中等风化、微风化的岩层不宜小于 3.0m。

4）锚杆杆体的外露长度应满足腰梁、台座尺寸及张拉锁定的要求。

5）锚杆杆体用钢绞线应符合现行国家标准《预应力混凝土用钢绞线》（GB/T 5224—2014）的有关规定。

6）钢筋锚杆的杆体宜选用预应力螺纹钢筋、HRB400、HRB500 螺纹钢筋。

7）应沿锚杆杆体全长设置定位支架；定位支架应能使相邻定位支架中点处锚杆杆体的注浆固结体保护层厚度不小于 10mm，定位支架的间距宜根据锚杆杆体的组装刚度确定，对自由段宜取 1.5～2.0m；对锚固段宜取 1.0～1.5m；定位支架应能使各根钢绞线相互分离。

8）锚具应符合现行国家标准《预应力筋用锚具、夹具和连接器应用技术规程》（JGJ 85—2010）的规定。

9）锚杆注浆应采用水泥浆或水泥砂浆，注浆固结体强度不宜低于 20MPa。

锚杆腰梁可采用型钢组合梁或混凝土梁。混凝土腰梁、冠梁宜采用斜面与锚杆轴线垂直的梯形截面；腰梁、冠梁的混凝土强度等级不宜低于 C25。采用梯形截面时，截面的上边水平尺寸不宜小于 250mm。

4. 支撑体系

混凝土支撑的构造应符合下列规定：

1）混凝土的强度等级不应低于 C25。

2）支撑构件的截面高度不宜小于其竖向平面内计算长度的 1/20；腰梁的截面高度（水平尺寸）不宜小于其水平方向计算跨度的 1/10，截面宽度（竖向尺寸）不应小于支撑的截面高度。

3）支撑构件的纵向钢筋直径不宜小于 16mm，沿截面周边的间距不宜大于 200mm；箍筋的直径不宜小于 8mm，间距不宜大于 250mm。

钢支撑的构造应符合下列规定：

1）钢支撑构件可采用钢管、型钢及其组合截面。

2）钢支撑受压杆件的长细比不应大于 150，受拉杆件长细比不应大于 200。

3）钢支撑连接宜采用螺栓连接，必要时可采用焊接连接。

4）当水平支撑与腰梁斜交时，腰梁上应设置牛腿或采用其他能够承受剪力的连接措施。

5）采用竖向斜撑时，腰梁和支撑基础上应设置牛腿或采用其他能够承受剪力的连接措施；腰梁与挡土构件之间应采用能够承受剪力的连接措施；斜撑基础应满足竖向承载力和水平承载力要求。

立柱的构造应符合下列规定：

1）立柱可采用钢格构、钢管、型钢或钢管混凝土等形式。

2）当采用灌注桩作为立柱基础时，钢立柱锚入桩内的长度不宜小于立柱长边或直径的 4 倍。

3）立柱长细比不宜大于 25。

4）立柱与水平支撑的连接可采用铰接。

5）立柱穿过主体结构底板的部位，应有有效的止水措施。

混凝土支撑构件的构造，应符合现行国家标准《混凝土结构设计规范》（GB 50010—2010）（2015 年版）的有关规定。钢支撑构件的构造，应符合现行国家标准《钢结构设计标准》（GB 50017—2017）的有关规定。

15.5　降水对排桩、地下连续墙和周围环境的影响及防范措施

有关降排水设计、降水的影响及防范措施参见第 14 单元 14.3 节、14.4 节相关内容。

对于采用排桩或地下连续墙支护的基坑，通常采取在降水场地外侧设置截水帷幕的措施，以减小降水影响范围。此时降水有可能导致基坑底部土体的突涌或流土、管涌现象。因此，对采用悬挂式截水帷幕或坑底以下存在水头高于坑底的承压水含水层时，应进行地下水渗透稳定性验算，包括基坑底部土体突涌稳定性验算和基坑渗流稳定性验算。详见 15.4 节相关内容。

小　　结

该单元主要介绍了土压力的形成过程、土压力计算的朗肯理论和库仑理论、水平荷载的计算、排桩及地下连续墙支护结构的设计内容和构造要求。

1. 土压力的性质和大小与支挡结构位移方向和位移量直接相关，并由此形成了三种土压力——静止土压力、主动土压力和被动土压力。

2. 静止土压力的计算方法由水平向自重应力计算公式演变而来；朗肯土压力计算

公式由土的极限平衡条件推导而来；库仑土压力公式则是由滑动土楔的静力平衡条件推导获得。各种土压力公式都有其适用条件，应用中应引起注意。同时应注意刚性挡土结构和柔性挡土结构上土压力的差别及计算方法的不同。

3. 排桩、地下连续墙的支护方式有悬臂支护、单层支点支护和多层支点支护等。其设计内容主要有：

1）支挡结构的结构分析；

2）支挡结构的稳定性验算；

3）排桩设计或地下连续墙设计；

4）锚杆设计或内支撑结构设计；

5）构造要求及施工和检测要求；

6）绘制施工图。

支挡结构的嵌固深度需满足整体稳定性、抗倾覆稳定性、支挡结构踢脚稳定性、基坑抗隆起稳定性、基坑渗流稳定性等要求。

4. 对于排桩、地下连续墙支护的基坑，应防止降水导致的基坑底部土体的突涌或流土、管涌现象。

练 习 题

15.1 名词解释

1. 挡土墙；2. 土压力；3. 主动土压力；4. 被动土压力；5. 静止土压力。

15.2 单项选择题

1. 地下室外墙面上的土压力应按（　　）进行计算。

A. 静止土压力　　　　B. 主动土压力　　　　C. 被动土压力

2. 库仑土压力理论通常适用于（　　）土类。

A. 黏性土　　　　　　B. 砂性土　　　　　　C. 各类土

3. 挡土墙的墙背与填土的摩擦角对按库仑主动压力计算的结果有何影响？（　　）

A. 外摩擦角越大，土压力越小　　　　　　B. 外摩擦角越大，土压力越大

C. 与土压力大小无关，仅影响土压力作用方向

4. 影响土压力大小及分布的最重要因素为（　　）。

A. 挡土墙的位移方向和位移量　　　　　　B. 墙背倾斜情况

C. 墙后填土土类别　　　　　　　　　　　D. 地基土质

15.3 简答题

1. 经典土压力理论存在不足，这需要我们贯彻党的二十大提出的"加强基础研究，突出原创，鼓励自由探索"的精神，加强创新研究。试述基坑支护结构上的土压力不同于经典土压力的原因。

2. 水平式内支撑有哪些形式？

3. 土层锚杆是如何构成的？

4. 锚杆布置有哪些规定？

5. 什么是基坑隆起？如何验算基坑坑底抗隆起稳定性？

单元 16

土钉墙的工作机理与设计概要

教学目标

知识目标

1. 能描述土钉墙的构成和施工工艺流程。

2. 能叙述和理解土钉墙的工作机理；知晓土钉墙的特点和适用范围。

3. 能描述土钉墙的设计内容，解释整体稳定性分析的计算公式；知晓复合土钉墙的概念和类型。

4. 能描述和解释各类复合土钉墙的适用条件；能描述土钉墙和各类复合土钉墙的构造要求。

能力目标

能描述和解释各类复合土钉墙的适用条件；能描述土钉墙和各类复合土钉墙的构造要求。

思政目标

通过对土钉墙工作机理与设计概要的学习，激发学生敬畏专业、探索未知的科学精神和创新意识。感悟党的二十大关于"深入实施科教兴国战略、人才强国战略、创新驱动发展战略"的精神，弘扬科学家精神，涵养优良学风。培养学生遵守法规的专业精神和严谨、认真、负责的职业素养。

16.1 土钉墙及工作机理

16.1.1 土钉墙的概念

土钉支护是 20 世纪 70 年代发展起来用于土体开挖和边坡稳定的一种新型挡土结构。

它以土钉作为主要受力构件，由被加固的原位土体、放置于原位土体中密集的土钉群、附着于坡面的混凝土面层和必要的防水系统组成，形成一个类似重力式挡土墙的支护结构，称为土钉墙，见图 16.1。

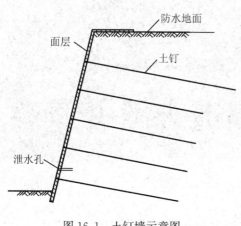

图 16.1　土钉墙示意图

所谓土钉，是指用来加固或同时锚固现场原位土体的细长杆件，通常采取土中钻孔、置入变形钢筋（即带肋钢筋）并沿孔全长注浆的方法做成。土钉也可用钢管、角钢等作为钉体，采取直接击入的方法置入土中。土钉依靠于土体之间的界面黏结力或摩擦力，在土体发生变形的条件下被动受力，承受拉力和剪力并主要承受拉力作用。

土钉墙采用从上到下、分段分层施工，每层先挖土，后作土钉，即边开挖边支护。土钉墙的施工工艺流程如下：

1）开挖工作面、修整边坡。

2）设置土钉（包括钻孔、清孔、插筋、注浆等）。

3）铺设、固定钢筋网。

上述顺序可根据不同的土性特点和支护构造方法进行变化。对易坍塌的土体可在修整后的边壁上喷一层薄的混凝土，待凝结后再进行钻孔；也可待钻孔放置土钉后再清坡。支护的内排水应按整个支护从上到下的施工过程穿插放置。

16. 1. 2　土钉墙的工作机理

土体的抗剪强度较低，抗拉强度很小。在基坑边壁土体内放置一定长度和分布密集的土钉，与土共同作用，形成复合体，有效地提高了土体的整体刚度，弥补了土体自身强度的不足，改变了边坡变形和破坏状态，显著提高了整体稳定性。

当土体发生微小位移时，土体将在与土钉的接触面上产生摩擦力，促使两者共同工作，并使土钉中产生拉应力。同时，接触面上的摩擦力可以阻止、减小土体的进一步位移和开裂。当土体进入塑性状态后，土中原本在素土中应向周围土体传递的应力会通过摩擦力直接向土钉传递，避免和减少塑性变形区域的进一步扩大。特别是土体开裂以后，开裂面处的土体退出工作，土钉会承受更大的拉力。土钉通过锚固于稳定土体的部分避免被拔出，并将滑裂面内的土应力传递给稳定土体，进而阻止、延缓土体的继续开裂，使土体的破坏表现为渐进型变形、开裂、裂缝扩展，直至丧失承载能力的逐步缓慢发展过程，具有明显的延性特征。

如上所述，土钉墙的工作机理有以下几个方面：

（1）土钉对复合体起骨架约束作用

土钉本身的刚度和强度较大，密集的土钉群组成复合体骨架，有约束土体变形的作用。

（2）土钉对复合体起分担作用

在复合体内，土钉与土体共同承担外荷载和自重应力，土钉起着分担作用。由于土钉有很高的抗拉、抗剪强度和抗弯刚度，所以在土体进入塑性状态后，应力逐渐向土钉转移。当土体开裂时，土钉分担作用更为突出。复合体之所以塑性变形延迟，渐进性开裂，与土钉的分担作用是密切相关的。而分担的比例取决于：①土钉与土体相对刚度比；②土钉所处的空间位置；③复合土体的应力水平。

（3）土钉起着应力传递与扩散作用

当土体开裂时，土钉伸入到滑裂域外稳定土体中的部分仍能提供较大的抗拉力。土钉通过其应力传递作用，将滑裂域内部分应力传递到后边稳定土体中，并分散在较大范围的土体内，降低应力集中程度。

（4）坡面变形的约束作用

在坡面上设置与土钉连在一起的钢筋网喷射混凝土面板，是发挥土钉有效作用的重要组成部分。喷射混凝土面板起到坡面变形的约束作用，面板约束力取决于土钉表面与土的摩阻力，当复合土体开裂面区域扩大并连成片时，摩阻力主要来自开裂区域后的稳定复合土体。

拓展知识　土钉与锚杆的区别

　　土钉与锚杆从表面上看有类似之处，但二者的工作机理却不同。锚杆作为桩、墙等挡土构件的支点，将作用在桩、墙上的侧向土压力通过自由段、锚固段传递到深部土体上。锚杆在自由段长度上受到同样大小的拉力。但土钉所受到的拉力沿其整个长度都是变化的，一般是中间大、两头小。土钉墙支护中的喷射混凝土面层不属于主要挡土部件，在土体自重作用下，它的主要作用只是稳定开挖面上的局部土体，防止其崩落和受到侵蚀。土钉墙支护是以土钉和它周围加固了的土体一起作为挡土结构，类似重力式挡土墙。另外，锚杆一般都在设置时预加拉应力，给土体以主动约束；而土钉一般是不加预应力的，土钉只有在土体发生变形以后才能使它被动受力，土钉对土体的约束需要以土体的变形作为补偿，所以不能认为土钉这样的筋体具有主动约束机制。还有，锚杆的设置数量通常有限，长度较长，而土钉则排列较密，长度较短，在施工精度和质量要求上都没有锚杆那样严格。

16.1.3　土钉墙的特点与适用范围

1. 土钉墙的特点

1）土钉与土体形成整体，共同作用，提高了基坑侧壁土体的自稳定，同时混凝土护面的协同作用也强化了土体的自稳定。

2）土钉墙增强了土体破坏的延性，土钉墙破坏一般是从一个土钉处破坏开始，随后周围土体破坏，最后导致基坑失稳，破坏前有变形发展过程，有利于安全施工。

3）土钉墙体位移小，对相邻建筑影响小。但由于施工是分段分层进行，易产生施工阶段的不稳定性，因而必须在施工开始就进行土钉墙位移监测，以便于采取必要的措施。

4）施工设备轻便，操作方法简单，施工方便灵活，占用场地小，对环境的干扰也很小。

5）和其他支护结构相比，可缩短基坑施工工期。土钉墙随土方开挖实行平行流水作业，不需单独占用施工工期，可缩短工期。

6）经济效益好。一般来说，材料用量少，成本低于排桩及地下连续墙支护，可节约造价 1/5～1/3。

2. 适用范围

当基坑支护结构的安全等级为二、三级，周围不具备放坡条件，地下水位较低或坑外有降水条件，基坑潜在滑动面内无建筑物或重要地下管线，基坑外地下空间允许土钉占用，且土层是地下水位以上或经人工降水后的坚硬、硬塑、可塑黏性土，胶结或弱胶结（包括毛细水黏结）的粉土、砂土和角砾，填土，风化岩层等具有一定临时自稳能力的土层，开挖深度在 12m 以内时，宜考虑采用土钉墙支护方式。

土钉墙不宜用于没有临时自稳能力的淤泥、淤泥质土、饱和黏性土、软土、含水丰富的粉细砂层和砂卵石层。在松散砂土、软塑、流塑黏性土以及有丰富地下水源的情况下不能单独使用土钉墙支护，必须与其他的土体加固支护方法相结合。当与有限放坡、护坡桩、预应力锚杆联合支护形成复合土钉墙时，深度可适当增加。

土钉墙支护结构使用期限不宜超过 18 个月。如果作为永久性结构，需要专门考虑锈蚀等耐久性问题。

16.2　土钉墙设计概要

16.2.1　土钉墙的设计内容

土钉墙的设计内容主要有：

1）确定基坑侧壁的平面和剖面尺寸以及分段施工高度。

2）设计土钉的布置方式和间距以及直径、长度、倾角及在空间的方向。

3）设计土钉内钢筋的类型、直径及构造。

4）注浆配方设计、注浆方式、浆体强度指标。

5）喷射混凝土面层设计。

6）坡顶预防措施。

7）土钉抗拔力验算及整体稳定性分析计算，通过计算验证上述设计参数。

8）现场监测和反馈设计。

9）施工图及说明书。

16.2.2　土钉墙分析内容与方法

上述土钉墙设计内容当中的前六项是结合基坑的实际情况，根据工程类比和工程经验进行设计的。

设计参数必须经过土钉抗拔承载力验算及整体稳定性分析计算，整体稳定性分析计算又包括墙体内部整体稳定计算及墙体外部整体稳定计算两个方面。

墙体内部整体稳定分析是指基坑侧壁土体中可能出现的破裂面发生在墙体内部并穿过全部或部分土钉，采用圆弧滑动条分法进行整体滑动稳定性验算。由于土钉墙是分段施工的，墙体是自上而下分段形成的，当某步开挖完成而土钉尚未设置或已设置但浆体强度未达到设计应有的强度，此时应根据施工期间不同开挖深度进行内部整体稳定分析，如图 16.2 所示。当支护内有薄弱土层时，还应验算上部土体在背面土压力作用下沿薄弱层面滑动的可能性，如图 16.3 所示。

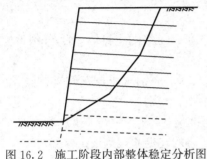
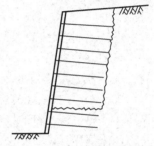

图 16.2　施工阶段内部整体稳定分析图　　　　图 16.3　沿薄弱层面滑动失稳

墙体外部整体稳定分析是将土钉墙视为重力式挡土墙，墙体宽度等于最下一道土钉的水平投影长度，验算挡土墙的抗滑移稳定、抗倾覆稳定、墙体底部的地基承载力以及整个支护连同外部土体沿深部的圆弧破坏面的整体滑动稳定性。如图 16.4 所示。

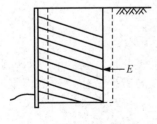
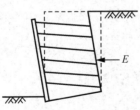
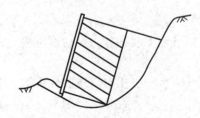

（a）支护沿底面水平滑动　　（b）支护绕基坑底角倾覆　　（c）支护连同外部土体的整体滑动

图 16.4　墙体外部整体稳定性分析

土钉墙的实际计算一般取单位长度按平面应变问题进行，对基坑平面上靠近凹角的区段，可考虑三维空间作用的有利影响，对该处的设计参数（如土钉长度、设置密度等）做部分调整，对基坑平面上靠近凸角的区段，应局部加强。对重要的工程，可采用有限单元法进行分析计算。

> **拓展知识**
>
> 　　土钉墙的抗滑移和抗倾覆稳定验算以及墙体底部的地基承载力验算，可参照《规范》中有关重力式挡土墙的规定进行验算。取作用在支护背面（整个加固了的土体背部）的土压力为主动土压力（有地下水时考虑水压），墙体宽度等于最下一道土钉的水平投影长度，要求抗滑移稳定性系数不小于 1.3，抗倾覆稳定性系数不小于 1.6，基底边缘最大竖向压力（相应于作用的标准组合）小于修正后的地基承载力特征值 f_a 的 1.2 倍。

土钉墙稳定性
验算（文本）

　　　　　　　　　土钉墙整体滑动稳定性验算和坑底隆起稳定性验算公式扫描左侧二维码查看。

1. 土钉极限抗拔承载力验算

单根土钉的极限抗拔承载力应符合下式规定：

$$\frac{R_{k,j}}{N_{k,j}} \geqslant K_t \qquad (16.1)$$

式中：K_t——土钉抗拔安全系数；安全等级为二级、三级的土钉墙，K_t 分别不应小于 1.6、1.4；

　　　$N_{k,j}$——第 j 层土钉的轴向拉力标准值，kN，应按《建筑基坑支护技术规程》（JGJ 120—2012）第 5.2.2 条的规定计算；

　　　$R_{k,j}$——第 j 层土钉的极限抗拔承载力标准值，kN；应按《建筑基坑支护技术规程》（JGJ 120—2012）第 5.2.5 条的规定通过抗拔试验确定。

2. 土钉杆体的受拉承载力验算

土钉杆体的受拉承载力应符合下列规定：

$$N_j \leqslant f_y A_s \qquad (16.2)$$

式中：N_j——第 j 层土钉的轴向拉力设计值，kN，按式（16.3）计算；

　　　f_y——土钉杆体的抗拉强度设计值，kPa；

　　　A_s——土钉杆体的截面面积，m^2。

土钉的轴向拉力设计值应按下式计算：

$$N_j = \gamma_0 \gamma_F N_{k,j} \qquad (16.3)$$

式中：γ_0——土钉墙重要性系数。对安全等级为二级、三级的支护结构，其结构重要性系数分别不应小于 1.0、0.9；

　　　γ_F——作用基本组合的综合分项系数，不应小于 1.25；

　　　$N_{k,j}$——第 j 层土钉作用标准组合的轴向拉力，kN。

16.2.3　土钉墙构造要求

1. 剖面尺寸和分段施工高度

1）土钉墙的坡比（墙面垂直高度与水平宽度的比值）不宜大于 1 : 0.2；当基坑较

深、土的抗剪强度较低时，宜取较小坡比。对砂土、碎石土、松散填土，确定土钉墙坡度时应考虑开挖时坡面的局部自稳能力。

2）分段施工高度主要由设计的土钉竖向间距确定，但由于混凝土面层内上下段钢筋网的搭接长度要求大于 300mm，因此，分段施工高度必须大于土钉竖向间距。一般分段底端低于土钉 300～500mm，如土钉竖向间距为 1500mm 时，则分段施工高度为 1800～2000mm。

2. 土钉的施工方式

土钉墙宜采用洛阳铲成孔的钢筋土钉。对易塌孔的松散或稍密的砂土、稍密的粉土、填土，或易缩径的软土宜采用打入式钢管土钉。对洛阳铲成孔或钢管土钉打入困难的土层，宜采用机械成孔的钢筋土钉。

3. 土钉的布置和规格

1）土钉呈矩形或梅花形布置；土钉水平间距和竖向间距宜为 1～2m；当基坑较深、土的抗剪强度较低时，土钉间距应取小值。土钉倾角（与水平面夹角）宜为 5°～20°。土钉与水平面的夹角越小，对控制边坡的水平位移越有利，对土钉墙整体稳定越有利，但角度过小，成孔过于水平，注浆质量不易保证；角度太大，人工成孔比较困难。另外，当上层土质软弱时，可适当加大向下倾角，使土钉插入强度较高的下层土中。

2）土钉长度应按各层土钉受力均匀、各土钉拉力与相应土钉极限承载力的比值相近的原则确定。对非饱和土，土钉长度 l 与基坑深度 H 之比宜为 0.6～1.2，密实砂土和坚硬黏土中可取低值；对软塑黏性土，l/H 不应小于 1.0。为了减少支护变形，控制地面开裂，顶部土钉的长度宜适当增加。非饱和土中的底部土钉长度可适当减少，但不宜小于 $0.5H$；含水量高的黏性土中的底部土钉长度则不应缩减。

3）成孔注浆型钢筋土钉的构造应符合下列要求：①成孔直径宜取 70～120mm；②土钉钢筋宜选用 HRB400、HRB500 钢筋，钢筋直径宜取 16～32mm；③应沿土钉全长设置对中定位支架，其间距宜取 1.5～2.5m，土钉钢筋保护层厚度不宜小于 20mm。

4）钢管土钉的构造应符合下列要求：①钢管的外径不宜小于 48mm，壁厚不宜小于 3mm；钢管的注浆孔应设置在钢管末端 $l/2～2l/3$ 范围内（l 为钢管土钉的总长度）；每个注浆截面的注浆孔宜取 2 个，且应对称布置，注浆孔的孔径宜取 5～8mm，注浆孔外应设置保护倒刺；②钢管的连接采用焊接时，接头强度不应低于钢管强度；钢管焊接可采用数量不少于 3 根、直径不小于 16mm 的钢筋沿截面均匀分布拼焊，双面焊接时钢筋长度不应小于钢管直径的 2 倍。

4. 注浆材料和注浆方式

注浆材料可采用水泥浆或水泥砂浆，其强度不宜低于 20MPa；水泥浆的水灰比宜取 0.5～0.55；水泥砂浆的水灰比宜取 0.4～0.45，同时，灰砂比宜取 0.5～1.0，拌和用砂宜选用中粗砂，按重量计的含泥量不得大于 3%。

视土质的不同和土钉倾角大小的不同，注浆方式可采用重力无压注浆、低压（0.4～0.6MPa）注浆、高压（1～2MPa）注浆、二次注浆等；当采用重力无压注浆时，土钉倾角宜大于 15°；当土质较差，土钉倾角水平或较小时，可采用低压注浆或高压注浆，此时应配有排气管；当必须提供较大的土钉抗拔力时，还可采用二次注浆。

5. 喷射混凝土层面及土钉和面层的连接

土钉墙高度不大于 12m 时，喷射混凝土面层的构造应符合下列要求：

1）喷射混凝土面层厚度宜取 80～100mm。

2）喷射混凝土设计强度等级不宜低于 C20。

3）喷射混凝土面层中应配置钢筋网和通长的加强钢筋，钢筋网宜采用 HPB300 级钢筋，钢筋直径宜取 6～10mm，钢筋间距宜取 150～250mm；钢筋网间的搭接长度应大于 300mm；加强钢筋的直径宜取 14～20mm；当充分利用土钉杆体的抗拉强度时，加强钢筋的截面面积不应小于土钉杆体截面面积的 1/2。

土钉必须和面层有效连接，当在土钉拉力作用下喷射混凝土面层的局部受冲切承载力不足时，应采用设置承压钢板等加强措施。承压板应与土钉螺栓连接。土钉与加强钢筋宜采用焊接连接，其连接应满足承受土钉拉力的要求。加强钢筋一般采用长度不小于 400mm 的 HRB335、HRB400 钢筋焊成井字架，如图 16.5 所示。

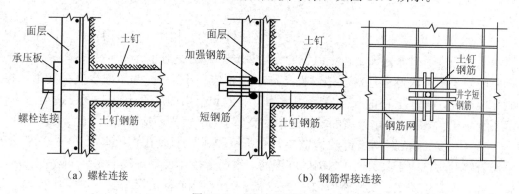

（a）螺栓连接　　　　　　　　　（b）钢筋焊接连接

图 16.5　土钉与面层连接

6. 坡顶防护和防水

喷射混凝土面层宜插入基坑底部以下，插入深度不小于 0.2m；在基坑顶部也宜设置宽度为 1～2m 的喷射混凝土护面。坡顶护面自坡顶 1000mm 内应配置与墙面内相同的钢筋，1000mm 外在地表做防水处理即可。

当地下水位高于基坑底面时，应采取降水或截水措施。坡顶和坡脚应设排水措施。排水措施主要是设置排水沟。

当土钉墙后存在滞水时，应在含水层部位的墙面设置泄水孔或采取其他疏水措施。

16.3　复合土钉墙

16.3.1　复合土钉墙的概念和类型

复合土钉墙，是将土钉墙与其他的一种或几种支护技术（如有限放坡、止水帷幕、微型桩、水泥土墙、锚杆等）有机组合成的复合支护体系。它是一种改进或加强型土钉墙，能限制基坑上部的变形，阻止边坡土体内水的渗出，解决开挖面的自立性或阻止基坑地面隆起等，扩大土钉墙的使用范围。在很多情况下，它可以取代排桩或地下连续墙支护方式，使支护工期显著缩短，费用显著降低。

常用的复合土钉墙有以下三种基本类型，如图 16.6 所示。

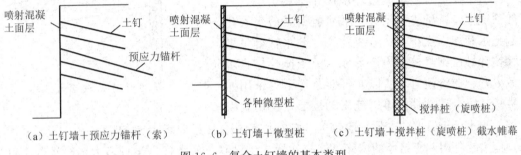

图 16.6　复合土钉墙的基本类型

（1）土钉墙＋预应力锚杆（索）

当对基坑顶面的水平位移和沉降有严格要求时，可采用土钉与锚杆组合式支护技术，如图 16.6（a）所示。预应力锚杆宜布置在土钉墙的较上部位，对主动区土体施加初始拉力，约束边坡土体的变形，适用于一般的地层条件，可满足不同实际工程的需要。

这种组合方式要求面层和自由段的土体应有足够的局部抗压强度，使锚杆得到设计的预应力。但在软土、砂土等不良地质土层中，局部抗压强度不能满足要求，使预应力达不到设计值，这样就限制了预应力锚杆的使用。

（2）土钉墙＋微型桩

基坑开挖前，在开挖线外侧施打各类微型桩进行超前支护，在基坑开挖过程中，再施作土钉墙，并与微型桩连接成整体，如图 16.6（b）所示。

这种方式适用于土质松散、自立性较差、对基坑没有止水隔水要求或地下水位较低，不必要进行防渗处理的地层情况，对限制基坑的变形、增加边坡稳定性十分有利。

微型桩常采用钻孔灌注桩、型钢桩、钢管桩以及木桩等。

（3）土钉墙＋搅拌桩（旋喷桩）截水帷幕

当对基坑有防渗要求时，为防止因基坑外地下水位下降而引起地面沉降，可以采用土钉与截水帷幕复合支护技术，如图 16.6（c）所示。即在基坑开挖前，沿基坑开挖线用水泥与土体充分搅拌形成一定强度的水泥土桩（搅拌桩或旋喷桩等桩型），在基坑开挖过程中，再施作土钉墙。

采用该支护形式时，水泥土桩作为临时挡墙和隔截水帷幕，阻止基坑开挖后土体渗水、保证开挖面土体局部的自立性、减少基坑底部隆起等问题。在该支护形式中，土钉的做法与普通土钉支护相同，即将钢管、角钢等构件通过钻孔注浆或击入等施工措施置入需要加固的土层中。但由于所加固的土体一般成孔困难，甚至会引起流沙，所以为了减少对地表的影响，通常是用钢管直接打入土中，然后进行压力注浆，形成土钉。

有时还可以采用多种形式联合的复合土钉墙，如土钉墙＋截水帷幕＋预应力锚杆、土钉墙＋微型桩＋截水帷幕＋预应力锚杆等。如图 16.7 所示。采用微型桩时，宜同时采用预应力锚杆。

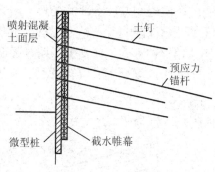

图 16.7　多种形式联合复合土钉墙

由于降水对基坑周边环境产生不良影响，一般情况下，基坑支护均设置截水帷幕。截水帷幕起止水和加固支护面的双重作用。截水帷幕可采用搅拌桩、旋喷桩等方法形成。由于搅拌桩止水效果好、造价便宜，所以在可能条件下均采用搅拌桩，只有在搅拌桩难以施工的地层才使用旋喷桩。止水后土钉墙的变形一般较大，在基坑较深、变形要求严格的情况下，需要采用预应力锚杆限制土钉墙的位移，这样就形成土钉墙＋截水帷幕＋预应力锚杆复合土钉墙。它能够满足大多数实际工程的需要。

土钉墙＋截水帷幕＋微型桩＋预应力锚杆复合土钉墙适用于基坑深度较大、变形要求高、地质条件和环境条件复杂的情况。这种方式常可代替排桩加锚杆或地下连续墙支护方式。在这种支护中，预应力锚杆一般 2～3 排，截水帷幕一般为旋喷桩或搅拌桩，而微型桩桩径较大。

> **重要说明**
>
> 复合土钉墙的工作机理与一般土钉墙有所不同，不同形式的复合土钉墙的工作机理也不相同。目前对各类复合土钉墙的工作机理的认识还不十分清楚，如土钉和预应力锚杆如何协同工作，水泥土桩、微型桩对总抗滑力矩的贡献尚不能定量确定等。因此，需要"深入实施科教兴国战略、人才强国战略、创新驱动发展战略"，坚持"培育创新文化、弘扬科学家精神、涵养优良学风、营造创新氛围""加强基础研究，突出原创，鼓励自由探索"。这样才能取得突破性成果，促进复合土钉墙技术的发展。

16.3.2　复合土钉墙的分析内容

复合土钉墙的分析内容与土钉墙类似，内容包括整体稳定分析、土钉抗拔力验算以及混凝土面层的设计等。其中，土钉抗拔力验算以及混凝土面层的设计与土钉墙相同；整体稳定分析中，除考虑土体、土钉的作用外，还需考虑水泥土桩、微型桩及预应力锚杆对整体稳定的有利作用，具体详见《建筑基坑支护技术规程》(JGJ 120—2012)第 5.1.1 条。

另外，土钉墙与截水帷幕结合时，应进行地下水渗透稳定性验算。参见单元 15 的 15.4 节相关内容。

16.4 降水对土钉墙和周围环境的影响及防范措施

有关降排水设计、降水的影响及防范措施参见单元 14 中 14.3 节、14.4 节相关内容。

对单一土钉墙、预应力锚杆复合土钉墙和微型桩复合土钉墙，如果地下水位较高，必须将地下水位降低至坑底以下才能使用。此时，为减小降水对基坑周边环境产生的不良影响，可设置水泥土桩作为截水帷幕，形成水泥土桩复合土钉墙。此时降水有可能导致基坑底部土体的突涌或流土、管涌现象。因此对采用悬挂式截水帷幕或坑底以下存在水头高于坑底的承压水含水层时，应进行地下水渗透稳定性验算，包括基坑底部土体突涌稳定性验算和基坑渗流稳定性验算。详见单元 15 的 15.4 节相关内容。

小 结

1. 土钉墙以土钉作为主要受力构件，由被加固的原位土体、放置原位土体中密集的土钉群、附着于坡面的混凝土面层和必要的防水系统组成，形成一个类似重力式的挡土墙的支护结构。

2. 复合土钉墙，是将土钉墙与其他的一种或几种支护技术（如有限放坡、止水帷幕、微型桩、水泥土墙、锚杆等）有机组合成的复合支护体系，它是一种改进或加强型土钉墙。

3. 对于设置截水帷幕的复合土钉墙支护的基坑，应防止降水导致的基坑底部土体的突涌或流土、管涌现象。

练 习 题

16.1 名词解释

1. 土钉墙；2. 复合土钉墙。

16.2 简答题

1. 土钉墙有哪些特点？土钉墙与土层锚杆有哪些相似和不同？

2. 土钉墙的工作机理是什么？进行土钉墙设计时，应进行什么验算？

3. 水泥土桩复合土钉墙中水泥土桩的作用是什么？

单元 17

水泥土墙的受力与设计概要

知识目标

1. 知晓水泥土墙的概念和适用范围。
2. 能描述水泥土墙的破坏类型。
3. 能对水泥土墙的构造要求进行分类总结。

能力目标

能初步对水泥土墙的受力进行分析。

思政目标

通过对水泥土墙的受力与设计概要的学习，培养学生遵守法规的专业精神和严谨、认真、负责的职业素养。

17.1 概　　述

17.1.1 水泥土墙概念

水泥土墙是指由水泥土桩相互搭接形成的格栅状、壁状等形式的重力式结构。它利用墙体自重和嵌入基坑底面下的嵌固深度对基坑侧壁土体进行支护，既可单独作为一种支护方式使用，也可与混凝土灌注桩、预制桩、钢板桩等相结合，形成组合式支护结构，同时还可作为其他支护方式的止水帷幕。

水泥土墙主要的组成构件是水泥土桩。而水泥土桩有两种，分别是采用水泥土搅拌法形成的搅拌桩和高压喷射注浆法形成的旋喷桩。出于成本考虑，在基坑支护结构中，搅拌桩使用较多，当搅拌桩难以施工时可采用旋喷桩。

目前常用的施工机械包括双轴水泥土搅拌机、三轴水泥土搅拌机、高压旋喷注浆机（包含单管、双管和三管法）。根据搅拌轴数的不同，搅拌桩的截面又分为双轴、三轴等类别。常用的水泥土墙平面形式如图 17.1 所示。其中，壁状布桩形式是沿纵向将相邻桩体重叠搭接而成；格栅状布桩形式是间隔布桩形成格栅，并沿纵横两个方向将相邻桩体重叠搭接而成；块状布桩形式是满布桩体，并将纵横两个方向相邻的桩体全部重叠搭接而成。

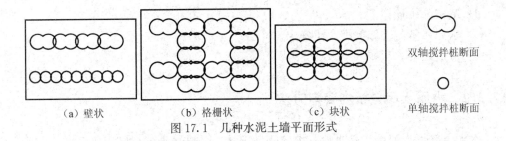

（a）壁状　　　　　（b）格栅状　　　　　（c）块状

图 17.1　几种水泥土墙平面形式

双轴搅拌桩断面

单轴搅拌桩断面

17.1.2　水泥土墙的特点和适用范围

1. 水泥土墙的特点

1）墙体占地面积大。在软土地区，当基坑开挖深度 $h \leqslant 5m$ 时，水泥搅拌桩按格栅形布置，墙宽约为 0.6～0.8 倍开挖深度，桩插入基坑底深度约为 0.8～1.2 倍开挖深度。

2）施工操作简便、成桩工期较短，基坑深度在 7m 以下时，造价较低。

3）坑内无支撑，便于机械化快速挖土。

4）水泥土加固体渗透系数小，隔水防渗性能良好，具有挡土、挡水的双重功能。基坑内外可以有水位差。

5）位移相对较大，尤其是在基坑长度大时。此时可采取中间加墩、起拱等措施对位移加以限制。

2. 水泥土墙的适用范围

1）基坑深度。采用水泥土重力式围护墙，基坑深度不宜大于 7m。

2）土质条件。水泥土搅拌桩和高压喷射注浆均适用于加固淤泥质土、淤泥、含水率较高而地基承载力小于 120kPa 的黏土、粉土、砂土等软土地基。对地基承载力较高、黏性较大或较密实的黏土或砂土，可采用先行钻孔套打，添加外加剂或其他辅助方法施工。当土中含高岭石、多水高岭石、蒙脱石等矿物时，加固效果较好；对有机质含量高、pH 值低（pH＜7）、初始抗剪强度很低（2～3kPa）的土，或土中含伊利石、氯化物、水铝石英等矿物及地下水具有侵蚀性时，加固效果差。当地表杂填土层厚度大或土层中含直径大于 100mm 的石块时，宜慎重采用搅拌桩。

3）环境条件。基坑开挖阶段围护墙体的侧向位移较大，会使坑外一定范围的土体产生沉降和变位，因此在基坑周边距离 1～2 倍开挖深度范围内存在对沉降和变形较敏感的建（构）筑物时，应慎重选用水泥土重力式围护墙。

17.2　水泥土墙设计概要

17.2.1　水泥土墙的设计内容

水泥土墙设计内容主要有：

1）结构布置。

2）结构分析计算。

3）水泥掺量与外加剂配合比确定。

4）构造处理。

17.2.2　水泥土墙分析内容与方法

水泥土墙可近似看作软土地基中的刚性墙体，其破坏形式包括以下几类：

1）墙整体倾覆。

2）墙整体滑移。

3）沿墙体以外土中某一滑动面的土体整体滑动。

4）墙下地基承载力不足而使墙体下沉并伴随基坑隆起。

5）墙身材料的应力超过抗拉、抗压或抗剪强度而使墙体断裂。

6）地下水渗流造成土体渗透破坏。

水泥土墙作为无支撑自立式挡土墙，依靠墙体自重、墙底摩阻力和墙前基坑开挖面以下土体的被动土压力稳定墙体，以满足围护墙的整体稳定、抗倾覆稳定、抗滑移稳定和控制墙体变形等要求。

水泥土墙可按重力式挡土墙进行设计，即先根据墙体所处的条件拟定截面尺寸（指墙体高度、宽度和墙体插入坑底深度等），然后对墙体进行抗倾覆、抗滑移、墙身强度和变形验算；对于基坑，还要作墙底地基承载力验算，基坑坑底隆起、整体稳定性验算及抗渗流（抗管涌）的计算。

在实际分析中，由于土体整体滑动稳定性、基坑隆起稳定性与嵌固深度密切相关，基本与墙宽无关；而墙的倾覆稳定性、墙的滑移稳定性与嵌固深度和墙宽都有关。且分析研究结果表明，一般情况下，当墙的嵌固深度满足整体稳定性条件时，抗隆起条件也会满足，即常常是整体稳定性条件决定嵌固深度下限。因此，宜按整体稳定性条件确定嵌固深度，再按墙的抗倾覆条件计算墙宽。此墙宽一般自然能够同时满足抗滑移条件。

当地下水位高于坑底时，尚应进行地下水渗透稳定性验算。参见单元 15 的 15.4 节相关内容。

水泥土墙稳
定性验算
（文本）

重力式水泥土墙的嵌固深度，对淤泥质土不宜小于 $1.2h$，对淤泥不宜小于 $1.3h$；重力式水泥土墙的宽度，对淤泥质土不宜小于 $0.7h$，对淤泥不宜小于 $0.8h$。其中 h 为基坑深度。

在较深的软土中，应注意由于墙趾地基产生过大塑性变形导致墙体变形过大或失稳。

重力式水泥土墙的正截面应力（包括拉应力、压应力、剪应力）验算应包括下列部位：

1）基坑面以下主动、被动土压力强度相等处。

2）基坑底面处。

3）水泥土墙的截面突变处。

重力式水泥土墙的正截面应力验算参见《建筑基坑支护技术规程》(JGJ 120—2012)第 6.1.5 条。

17.2.3　水泥土墙构造要求

1) 重力式水泥土墙宜采用水泥土搅拌桩相互搭接成格栅状的结构形式，也可采用水泥土搅拌桩相互搭接成实体的结构形式。搅拌桩的施工工艺宜采用喷浆搅拌法。

2) 重力式水泥土墙采用格栅形式时，格栅的面积置换率，对淤泥质土不宜小于0.7，对淤泥不宜小于 0.8，对一般黏性土及砂土不宜小于 0.6。格栅内侧的长宽比不宜大于 2。每个格栅内的土体面积应符合下式要求：

$$A \leqslant \delta \frac{cu}{\gamma_m} \tag{17.1}$$

式中：A——格栅内的土体面积，m^2；

　　　δ——计算系数；对黏性土，取 $\delta = 0.5$；对砂土、粉土，取 $\delta = 0.7$；

　　　c——格栅内土的黏聚力，kPa，按《建筑基坑支护技术规程》(JGJ 120—2012)第 3.1.14 条的规定取值；

　　　u——计算周长，m，按图 17.2 计算；

　　　γ_m——格栅内土的天然重度，kN/m^3；对多层土，取水泥土墙深度范围内各层土按厚度加权的平均天然重度。

3) 水泥土搅拌桩的搭接宽度不宜小于 150mm。

4) 采用水泥土搅拌桩兼作截水帷幕时，搅拌桩直径宜取 450~800mm，搅拌桩的搭接宽度应符合下列规定：①单排搅拌桩帷幕的搭接宽度，当搅拌深度不大于 10m 时，不应小于 150mm；当搅拌深度为 10~15m 时，不应小于 200mm；当搅拌深度大于 15m 时，不应小于 250mm；②对地下水位较高、渗透性较强的地层，宜采用双排搅拌桩截水帷幕；搅拌桩的搭接宽度，当搅拌深度不大于 10m 时，不应小于 100mm；当搅拌深度为 10~15m 时，不应小于 150mm；当搅拌深度大于 15m 时，不应小于 200mm。

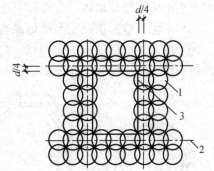

1. 水泥土桩；2. 水泥土桩中心线；3. 计算周长。

图 17.2　格栅式水泥土墙

5) 采用高压旋喷、摆喷注浆帷幕时，水泥土固结体的搭接宽度，当注浆孔深度不大于 10m 时，不应小于 150mm；当注浆孔深度为 10~20m 时，不应小于 250mm；当注浆孔深度为 20~30m 时，不应小于 350mm。对地下水位较高、渗透性较强的地层，可采用双排高压喷射注浆截水帷幕。

6) 搅拌桩水泥浆液的水灰比宜取 0.6~0.8，搅拌桩的水泥掺量宜取土的天然质量的 15%~20%；高压喷射注浆水泥浆液的水灰比宜取 0.9~1.1，水泥掺量宜取土的天

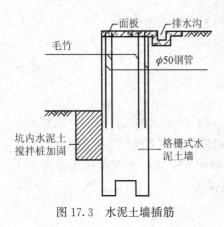

图 17.3　水泥土墙插筋

然质量的 25%～40%。

7）当变形不能满足要求时，宜采用基坑内侧土体加固、水泥土墙插筋加混凝土面板或加大嵌固深度等措施。

8）水泥土墙的 28d 无侧限抗压强度不宜小于 0.8MPa。当需要增强墙体的抗拉性能时，可在水泥土桩内插入杆筋。杆筋可采用钢筋、钢管或毛竹。杆筋的插入深度宜大于基坑深度。杆筋应锚入面板内。水泥土墙插筋如图 17.3 所示。

9）水泥土墙顶部宜设置现浇钢筋混凝土连接面板，面板厚度不宜小于 150mm，混凝土强度等级不宜低于 C15。面板应设置双向配筋，配筋百分率不宜小于 0.15，钢筋直径不小于 8mm，间距不大于 200mm。为减小位移，将面板加厚并加强配筋，或增设较宽的冠梁，只要面板或压顶梁与水泥土墙顶面之间能承受足够的剪力，则对于减少位移的作用是十分显著的。在这种情况下，面板或宽冠梁的配筋应将其作为卧梁来考虑，承受水泥土墙传来的水平荷载。为增强面板或冠梁与水泥土墙之间的抗剪强度，在水泥土墙与压顶面板之间应设置连接钢筋，连接钢筋上端应锚入面板，下端应插入水泥墙中 1～2m。

面板不但有利于加强墙体整体性，减少变形，而且可防止因坑外地表水从墙顶渗入水泥土格栅而损坏墙体，也有利于施工场地的利用，便利后期施工。

10）水泥土墙起拱也能有效地减少水泥土墙位移。一是利用地下结构外形尽可能将水泥土墙设计成向外起拱的形状；二是对于较长的直线段水泥土墙，将其设计成起拱的折线。水泥土墙起拱如图 17.4 所示。

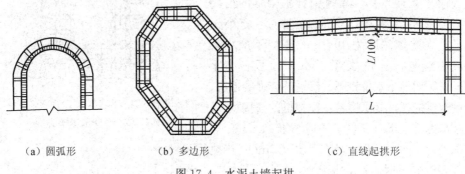

（a）圆弧形　　　　　　（b）多边形　　　　　　（c）直线起拱形

图 17.4　水泥土墙起拱

11）水泥土墙转角及两侧剪力较大的部位应采用搅拌桩满打、加宽或加深墙体等措施对围护墙进行加强。

12）对基坑开挖深度有变化，围护墙体宽度和深度变化较大的断面附近，应当对墙体进行加强。

17.3 降水对水泥土墙和周围环境的影响及防范措施

有关降排水设计、降水的影响及防范措施参见单元 14 中 14.3 节、14.4 节相关内容。

水泥土墙具有截水帷幕的作用，降水同样有可能导致基坑底部土体的突涌或流土、管涌现象。因此当地下水位高于坑底时，尚应进行地下水渗透稳定性验算，包括基坑底部土体突涌稳定性验算和基坑渗流稳定性验算。参见单元 15 的 15.4 节相关内容。

小 结

本单元主要介绍了水泥土墙的概念、设计内容和构造要求。

1. 水泥土墙利用水泥材料为固化剂，采用特殊机械（如深层搅拌机和高压旋喷机）将其与原状土强制拌和，形成具有一定强度、整体性和水稳定性的圆柱体（柔性桩），将其相互搭接，形成具有一定强度和整体结构的水泥土墙，以保证基坑边坡的稳定。

2. 出于成本考虑，在基坑支护结构中，搅拌桩使用较多，当搅拌桩难以施工时可采用旋喷桩。

3. 水泥土墙可按重力式挡土墙进行设计，即先根据墙体所处的条件拟定截面尺寸（指墙体高度、宽度和墙体插入坑底深度等），然后对墙体进行抗倾覆、抗滑移、墙身强度和变形验算；对于基坑，还要作墙底地基承载力验算、基坑坑底隆起验算、整体稳定性验算及抗渗流的计算。

4. 水泥土墙构造要求包括格栅的面积置换率、水泥土固结体的搭接宽度、水灰比及水泥掺量、水泥土桩内杆筋、面板等方面。

思 考 题

简答题

1. 重力式水泥土墙设计时，需进行哪些基本验算？

2. 减少水泥土墙位移的措施有哪些？

3. 水泥土墙的抗倾覆稳定和抗滑移稳定与哪些因素有关？哪个验算更容易满足？

单元 18

基坑工程监测

教学目标

知识目标

1. 能够描述基坑监测的对象和项目，知晓监测项目选择的依据。

2. 了解监测点布置、监测频率的规定；知晓哪些情况下需要进行危险报警。

能力目标

能初步进行基坑工程的监测。

思政目标

基坑工程属于风险性较大工程。通过对工程监测目的意义的学习，激发学生树立对国家和人民负责的职业操守和工程伦理。通过对监测项目、实施要点等的学习，培养学生对待工作严谨、严格的工匠精神和遵守法规的专业精神。通过对在线自动化监测的学习，领悟党的二十大关于"着力推动高质量发展"的精神，加深对"推进新型工业化，加快建设制造强国、质量强国、航天强国、交通强国、网络强国、数字中国""推动制造业高端化、智能化、绿色化发展"等论述的理解。

18.1　监测的意义与目的

18.1.1　工程监测的意义

由于工程地质情况的不确定性、设计理论的不完善性、施工因素的多变性，在基坑施工过程中，土体与支护结构的受力和变形无法准确预测。然而支护结构的变形会引起包括基坑周围既有建（构）筑物、设施、管道、道路、岩土体及水系等在内的环境发生变化，造成各种不利影响，乃至造成重大安全事故。因此，对基坑支护结构及周边环境进行全面、系统的监测，才能对基坑工程的安全性和对周围环境的影响程度有全面的了解，在出现异常情况时及时反馈，并采取必要的工程应急措施，甚至调整施工工艺或修改设计参数，以确保工程的顺利进行。

18.1.2 工程监测的目的

基坑工程监测是在工程施工和使用过程中，通过科学、合理和有效的观测手段，获取监测对象用实测数据表达的有关信息，用以对工程本体和相邻环境的安全和稳定状态做出评价和控制，供指导施工、设计优化、维修养护决策、积累资料和进行科学研究之用。

基坑监测的目的主要有以下三个方面：

1）检测设计假设和参数的正确性，判断前一步施工工艺与参数是否符合预期要求，以确定和优化下一步施工参数，指导开展基坑开挖和支护结构的信息化施工。

基坑支护结构设计尚处于半理论半经验的状态，支护结构的受力和变形以及基坑周围土体的变形尚不能准确计算。因此，按照从点到面、从上到下分工况施工，可以根据由局部和前一工况产生的应力和变形实测值与预估值的分析，验证原设计和施工方案的正确性，同时可对基坑开挖到下一个施工工况时的受力变形的数值和趋势进行预测，并根据预测结果与设计时采用的值进行比较，必要时对设计方案和施工工艺进行修正。

2）确保基坑支护结构和相邻建筑、设施的安全。在深基坑工程施工和使用期间，必须避免产生过大的变形而引起邻近建（构）筑物的损坏，防止邻近管线的渗漏等。当建（构）筑物和管线的变形接近警戒值时，需及时采取对建筑物和管线本体进行保护的技术应急措施，避免或减轻破坏的后果。

3）积累工程经验，通过反分析法研究和完善现有理论，为提高基坑工程的设计和施工的水平提供依据。

现场监测不仅确保了基坑工程的安全，在某种意义上也是一次现场原位实体试验，所取得的数据是结构和土层在工程施工过程中力学行为的真实反应，是各种复杂因素影响和作用下基坑系统力学行为的综合体现，因而也为该领域的科学和技术发展积累了第一手资料。

18.2 监测的基本规定

1）开挖深度不小于5m或开挖深度小于5m但现场地质情况和周围环境较复杂的基坑工程以及其他需要监测的基坑工程应实施基坑工程监测。

2）基坑的监测应当在设计阶段根据工程的具体情况提出要求。设计单位有责任在设计文件中提出监测的具体技术要求，如监测项目、测点布置、观测精度、监测频率、报警值等。

3）基坑工程施工前，应由建设方委托具备相应资质的第三方对基坑工程实施现场监测。监测单位应编制监测方案，监测方案需经建设方、设计方、监理方等认可，必要时还需与基坑周边环境涉及的有关管理单位协商一致后方可实施。

设计单位应是对施工单位或监测单位制定的"监测方案"的责任审批人，设计还应关心监测的所有结果并主持对监测结果的分析使用。

4）监测方案应包括下列内容：①工程概况；②建设场地岩土工程条件及基坑周边环境状况；③监测目的和依据；④监测内容及项目；⑤基准点、监测点的布设与保护；⑥监测方法及精度；⑦监测期和监测频率；⑧监测报警及异常情况下的监测措施；⑨监测数据处理与信息反馈；⑩监测人员的配备；⑪监测仪器设备及检定要求；⑫作业安全及其他管理制度。

5）下列基坑工程的监测方案应进行专门论证：①地质和环境条件复杂的基坑工程；②临近重要建筑和管线，以及历史文物、优秀近现代建筑、地铁、隧道等破坏后果很严重的基坑工程；③已发生严重事故，重新组织施工的基坑工程；④采用新技术、新工艺、新材料、新设备的一、二级基坑工程；⑤其他需要论证的基坑工程。

6）监测单位应严格实施监测方案。当基坑工程设计或施工有重大变更时，监测单位应与建设方及相关单位研究并及时调整监测方案。

7）监测单位应及时处理、分析监测数据，并将监测结果和评价及时向建设方及相关单位做信息反馈，当监测数据达到监测报警值时必须立即通报建设方及相关单位。

8）基坑工程监测期间建设方及施工方应协助监测单位保护监测设施。

9）监测结束阶段，监测单位应向建设方提供以下资料，并按档案管理规定，组卷归档。①基坑工程监测方案；②测点布设、验收记录；③阶段性监测报告；④监测总结报告。

18.3　监　测　项　目

18.3.1　一般规定

1）基坑工程的现场监测应采用仪器监测与巡视检查相结合的方法。

2）基坑工程现场监测的对象应包括：①支护结构；②地下水状况；③基坑底部及周边土体；④周边建筑；⑤周边管线及设施；⑥周边重要的道路；⑦其他应监测的对象。

3）基坑工程的监测项目应与基坑工程设计、施工方案相匹配。应针对监测对象的关键部位，做到重点观测、项目配套并形成有效的、完整的监测系统。

18.3.2　仪器监测

基坑监测项目应根据支护结构类型、地下水控制方法、支护结构的安全等级等进行确定。按《建筑基坑支护技术规程》（JGJ 120—2012），监测项目见表18.1。并应根据支护结构的具体形式、基坑周边环境的重要性及地质条件的复杂性确定监测点部位及数量。选用的监测项目及其监测部位应能够反映支护结构的安全状态和基坑周边环境受影响的程度。

表 18.1　基坑监测项目选择

监测项目	支护结构的安全等级		
	一级	二级	三级
支护结构顶部水平位移	应测	应测	应测
基坑周边建（构）筑物、地下管线、道路沉降	应测	应测	应测
坑边地面沉降	应测	应测	宜测
支护结构深部水平位移	应测	应测	选测
锚杆拉力	应测	应测	选测
支撑轴力	应测	应测	选测
挡土构件内力	应测	宜测	选测
支撑立柱沉降	应测	宜测	选测
挡土构件、水泥土墙沉降	应测	宜测	选测
地下水位	应测	应测	选测
土压力	宜测	选测	选测
孔隙水压力	宜测	选测	选测

注：表内各监测项目中，仅选择实际基坑支护形式所含有的内容。

从表 18.1 可知，基坑的监测除对基坑支护结构本身进行外，还应视支护结构的安全等级，对基坑周边环境（如建筑物、构筑物、地下管线、道路等）进行监测。

另外，因支护结构水平位移和基坑周边建筑物沉降能直观、快速反应支护结构的受力、变形状态及对环境的影响程度，《建筑基坑支护技术规程》（JGJ 120—2012）以强制性条文的方式规定，安全等级为一级、二级的支护结构，在基坑开挖过程与支护结构使用期内，必须进行支护结构的水平位移监测和基坑开挖影响范围内建（构）筑物、地面的沉降监测。

18.3.3　巡视检查

基坑工程施工和使用期内，每天均应由专人进行巡视检查。基坑工程巡视检查宜包括以下内容：

（1）支护结构

1）支护结构成型质量。

2）冠梁、围檩、支撑有无裂缝出现。

3）支撑、立柱有无较大变形。

4）锚杆锚头松动，锚具夹片滑动，腰梁和支座变形，连接破损等。

5）土钉墙土钉滑脱，土钉墙面层开裂和错动。

6）止水帷幕有无开裂、渗漏。

7）墙后土体有无裂缝、沉陷及滑移。

8）基坑有无涌土、流沙、管涌。

（2）施工工况

1）开挖后暴露的土质情况与岩土勘察报告有无差异。

2）基坑开挖分段长度、分层厚度及支锚设置是否与设计要求一致。

3）场地地表水、地下水排放状况是否正常，基坑降水、回灌设施是否运转正常。

4）基坑周边地面有无超载。

（3）周边环境

1）周边管道有无破损、泄漏情况。

2）周边建筑有无新增裂缝出现。

3）周边道路（地面）有无裂缝、沉陷。

4）邻近基坑及建筑的施工变化情况。

（4）监测设施

1）基准点、监测点完好状况。

2）监测元件的完好及保护情况。

3）有无影响观测工作的障碍物。

（5）根据设计要求或当地经验确定的其他巡视检查内容

巡视检查宜以目测为主，可辅以锤、钎、量尺、放大镜等工器具以及摄像、摄影等设备进行。对自然条件、支护结构、施工工况、周边环境、监测设施等的巡视检查情况应做好记录。检查记录应及时整理，并与仪器监测数据进行综合分析。

巡视检查如发现异常和危险情况，应及时通知建设方及其他相关单位。

18.4 监测点布置

监测点布置应遵循以下规定：

1）基坑工程监测点的布置应能反映监测对象的实际状态及其变化趋势，监测点应布置在内力及变形关键特征点上，并应满足监控要求。

2）基坑工程监测点的布置应不妨碍监测对象的正常工作，并应减少对施工作业的不利影响。

3）监测标志应稳固、明显、结构合理，监测点的位置应避开障碍物，便于观测。

监测点布置在基坑内、支护结构以及基坑周边环境中，具体规定详见《建筑基坑工程监测技术规范》(GB 50497—2009)第5.2、5.3节。另外，《建筑基坑支护技术规程》(JGJ 120—2012)第8.2节也作出规定。

18.5 监测实施要点

18.5.1 一般规定

1）监测方法的选择应根据支护结构安全等级、设计要求、场地条件、当地经验和方法适用性等因素综合确定，监测方法应合理易行。

2）变形监测网的基准点、工作基点布设应符合下列要求：①每个基坑工程至少应有 3 个稳定、可靠的点作为基准点；②工作基点应选在相对稳定和方便使用的位置。在通视条件良好、距离较近、观测项目较少的情况下，可直接将基准点作为工作基点；③监测期间，应定期检查工作基点和基准点的稳定性。

3）监测仪器、设备和元件应符合下列规定：①满足观测精度和量程的要求，且应具有良好的稳定性和可靠性；②应经过校准或标定，且校核记录和标定资料齐全，并应在规定的校准有效期内使用；③监测过程中应定期进行监测仪器、设备的维护保养、检测以及监测元件的检查。

4）对同一监测项目，监测时宜符合下列要求：①采用相同的观测方法和观测路线；②使用同一监测仪器和设备；③固定观测人员；④在基本相同的环境和条件下工作。

5）监测项目初始值应在相关施工工序之前测定，并取至少连续观测 3 次的稳定值的平均值。

6）地铁、隧道等其他基坑周边环境的监测方法和监测精度应符合相关标准的规定以及主管部门的要求。

18.5.2　精度要求

基坑各监测项目采用的监测仪器的精度、分辨率及测量精度应能反映监测对象的实际状况，并应满足基坑监控的要求。《建筑基坑工程监测技术规范》（GB 50497—2009）对各监测项目的精度提出了要求。

18.5.3　监测频率

基坑工程监测频率的确定应满足能系统反映监测对象所测项目的重要变化过程而又不遗漏其变化时刻的要求。基坑工程监测工作应贯穿于基坑工程和地下工程施工全过程。监测期应从基坑工程施工前开始，直至地下工程完成为止。对有特殊要求的基坑周边环境的监测应根据需要延续至变形趋于稳定后结束。

监测项目的监测频率应综合考虑支护结构安全等级、基坑及地下工程的不同施工阶段以及周边环境、自然条件的变化和当地经验而确定。当监测值相对稳定时，可适当降低监测频率。

1）支护结构顶部水平位移的监测频率应符合下列要求：

①基坑向下开挖期间，监测不应少于每天一次，直至开挖停止后连续三天的监测数值稳定。

②当地面、支护结构或周边建筑物出现裂缝、沉降，遇到降雨、降雪、气温骤变，基坑出现异常的渗水或漏水，坑外地面荷载增加等各种环境条件变化或异常情况时，应立即进行连续监测，直至连续三天的监测数值稳定。

③当位移速率大于前次监测的位移速率时，则应进行连续监测。

④在监测数值稳定期间，应根据水平位移稳定值的大小及工程实际情况定期进行监测。

2）支护结构顶部水平位移之外的其他监测项目，除应根据支护结构施工和基坑开挖情况进行定期监测外，尚应在出现下列情况时进行监测，直至连续三天的监测数值稳定：

① 出现 1）中第②～③款的情况时。

② 锚杆、土钉或挡土构件施工时，或降水井抽水等引起地下水位下降时，应进行相邻建筑物、地下管线、道路的沉降观测。

3）当出现下列情况之一时，应提高监测频率：

① 监测数据达到报警值。

② 监测数据变化较大或者速率加快。

③ 存在勘察未发现的不良地质。

④ 超深、超长开挖或未及时加撑等违反设计工况施工。

⑤ 基坑及周边大量积水、长时间连续降雨、市政管道出现泄漏。

⑥ 基坑附近地面荷载突然增大或超过设计限值。

⑦ 支护结构出现开裂。

⑧ 周边地面突发较大沉降或出现严重开裂。

⑨ 邻近建筑突发较大沉降、不均匀沉降或出现严重开裂。

⑩ 基坑底部、侧壁出现管涌、渗漏或流砂等现象。

⑪ 基坑工程发生事故后重新组织施工。

⑫ 出现其他影响基坑及周边环境安全的异常情况。

该条为《建筑基坑工程监测技术规范》（GB 50497—2009）规定的强制性条文。另外，当有危险事故征兆时，应实时跟踪监测。

对基坑监测有特殊要求时，各监测项目的测点布置、量测精度、监测频度等应根据实际情况确定。

18.5.4 监测报警

基坑工程监测必须确定监测报警值，监测报警值应满足基坑工程设计、地下结构设计以及周边环境中被保护对象的控制要求。监测报警值应由基坑工程设计方确定。

基坑工程监测报警值应由监测项目的累计变化量和变化速率值共同控制。

基坑及支护结构监测报警值应根据土质特征、设计结果及当地经验等因素确定；当无当地经验时，可根据土质特征、设计结果，参照有关国家或地方规范规定确定。

基坑周边环境监测报警值应根据主管部门的要求确定，如主管部门无具体规定，可参照有关国家或地方规范规定确定。

基坑周边建筑、管线的报警值除考虑基坑开挖造成的变形外，尚应考虑其原有变形的影响。

《建筑基坑工程监测技术规范》（GB 50497—2009）以强制性条文的形式规定，当出现下列情况之一时。必须立即进行危险报警，并应对基坑支护结构和周边环境中的保护对象采取应急措施。

1）监测数据达到监测报警值的累计值。

2）基坑支护结构或周边土体的位移值突然明显增大或基坑出现流砂、管涌、隆起、陷落或较严重的渗漏等。

3）基坑支护结构的支撑或锚杆体系出现过大变形、压屈、断裂、松弛或拔出的迹象。

4）周边建筑的结构部分、周边地面出现较严重的突发裂缝或危害结构的变形裂缝。

5）周边管线变形突然明显增长或出现裂缝、泄漏等。

6）根据当地工程经验判断，出现其他必须进行危险报警的情况。

18.6　在线自动化监测

18.6.1　在线自动化监测的概念

传统人工监测工作量大，受天气、人员、现场条件等因素的影响，存在一定的系统误差和人为误差，各项技术参数不能实时监测，汇总分析滞后，难以及时掌握工程中存在的问题与风险，这些都影响到工程的安全生产和管理水平。在我国推动高质量发展的背景下，建筑业必然要走向高端化、智能化、绿色化、工业化、数字化，以"数字建筑"推动"数字中国"的建设。由此，将传感器、物联网、云计算、大数据等新技术相结合，开发出的智能化综合在线基坑监测系统，实现了基坑监测工程管理的科学化、信息化、自动化和可视化。在线监测不受恶劣天气的影响，提供不间断的数据支持，实时查看，避免了人为造成的误差，真正做到数据稳定可靠，有利于及时掌握工程的运行状况和安全状况，大大减少事故发生。

传统人工监测与在线自动监测的优缺点对比见表 18.2。

表 18.2　传统人工监测与在线自动监测的优缺点对比

对比项	传统人工监测	在线自动监测
实效性	很难保证数据稳定，尤其在恶劣天气下	不受天气影响实时监测，在恶劣环境下仍保证数据稳定
连续性	进行定期（比如一年或两年一次）的检验	进行长期不间断的 24h 在线测试，能够反映细微的变化趋势
准确性	系统误差和随机误差比较大	基本上克服了人的主观造成的误差
可量化	以观察为主，数据量化困难	以科学的数据来监测，以量化为基础，提供海量的数据
便捷性	非常烦琐，人工记录再输入电脑	随时查看，后台操作，实现自动化、远程化、可回查、可复制性强
安全性	需要人工监测，恶劣环境下对于人的安全很难保证	保障人员安全

18.6.2　监测系统的组成及数据处理

　　监测系统的设计应满足一定的原则，尽量做到可靠、经济、合理。系统由感知层、传输层和运用层组成，具体为传感器系统、数据采集和传输系统、数据处理与控制系统、安全预警和评估决策系统、用户界面系统，通过各个层相互协调，实现系统的各种功能。现对系统组成及功能进行介绍。

　　1) 传感器系统。自动化监测传感器子系统作为感知层，是整个监测系统的基础部分，能在恶劣条件下，对监测结构物的各监测项提供真实、实时和可靠的安全监测数据。传感器子系统把结构等的变化转换成信号的方式（例如声、光、电、磁等），将结构的变化定量转换成人们比较熟悉的数值等，从而了解结构的受力及其他参数等。

　　2) 数据采集和传输系统。监测项均实时采集，采集频率可以根据需求进行设置。通过无线方式进行传输。通过成熟的网络和灵活控制设备的采集制度，进行远程控制。现场可不需要额外部署采集前置机和通信线路，直接通过无线传输模块实现对现场设备数据的采集和控制，简单方便。无线数据传输模块由无线数据传输终端和无线数据传输主机组成，在网络覆盖区域内可以快速组建数据通信，实现实时远程数据传输。

　　3) 数据处理与控制系统。对于数据采集和传输子系统采集传输过来的大量原始数据资料，需要通过数据处理与控制子系统，进行深一步的处理和分析。通过软件、硬件系统的处理，进行数据校对检验、总体数据初步分析、响应后续子系统功能模块的指令等。数据处理和控制子系统实现了数据查询、存储、可视化等结构化处理。

　　成果最终通过手机应用程序或电脑端，以原始数据或者曲线的形式等进行展示。

　　网络系统部署过程中，要综合考虑传输距离、通信质量、低功耗、现场复杂施工环境等因素，设计合理经济的组网系统，并通过规范化的安装工艺保证系统的稳定性、可靠性。

　　基坑在线自动化监测系统构成如图 18.1 所示。

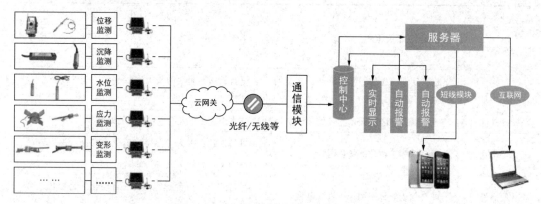

图 18.1　基坑在线自动化监测系统构成

18.6.3　监测系统的工程应用

基坑现场传感器的布置与数据采集参见图 18.2。

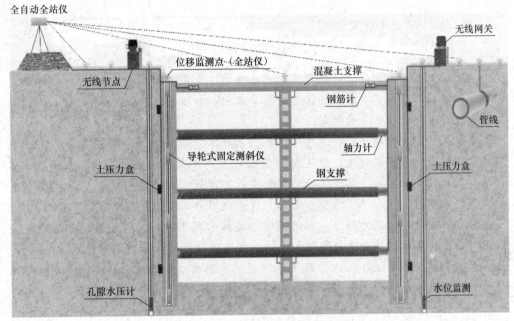

图 18.2　现场传感器布置与数据采集

基坑在线自动化监测能够实现的功能可归纳为以下几点。

1）能够对硬件系统进行远程控制。综合管理系统结合智能仪器，可远程调整测试参数，避免传统仪器以及系统因为进行参数改变而必须进入现场的问题。

2）对数据采集方式进行控制，可以根据不同需求及状况进行实时监控、定时间采集、特殊状况采集等自动测试方式（当达到一定条件时进行采集），也可进行人工干预控制采集。

3）能够对测试数据进行预处理。主要功能有数据的过滤、数据压缩、数据分类等功能，为后续的自动分析和人工分析提供良好的信息源。

4）数据的显示。可以显示实时监控的数据，也可将历史数据调出进行显示，或对几种参数同时进行显示分析。

5）数据分析功能。主要对数据进行各类分析处理，主要有数据的统计分析、结构参数识别（索力识别、结构固有特性识别等）、结构的安全评估（趋势分析、养护管理评定等）等功能。

6）自动报表功能。可根据系统自动或者人工分析的结果，自由选择自动生成各类型报表。

7）可进行设备的自诊断。对故障设备元件以报表形式提出，提示进行检查或维修。

8）可进行结构安全状况的预报警。当判断出结构存在安全隐患时，系统进行预报警，报警可通过实时界面提示、报表、电子邮件和短信形式进行。

9）系统管理的安全保障。为保障工程项目健康与安全监测系统的安全运行，对不同管理者提供不同的权限，对用户身份进行验证，所提供的功能有查看、检索、修改、增加和删除等不同操作。

现代科技赋能智能建造

党的二十大指出，要"加快构建新发展格局，着力推动高质量发展"。这对新时代建筑业新征程提出了要求。要推进新型工业化，加强新一代信息技术、人工智能、新材料、绿色环保技术等的研发应用。

新技术的出现推动全球加速迈向以万物互联、数据驱动、软件定义、平台支撑、智能主导的数字经济新时代，数字化转型已成为产业变革的主旋律和产业发展的必然选择。目前迫切需要通过加快推动智能建造与建筑工业化协同发展，集成 BIM 和云计算、大数据、5G、人工智能、物联网等新技术，以大力发展建筑工业化为载体，以数字化、智能化升级为动力，创新突破相关核心技术，加大智能建造在工程建设各环节应用，形成涵盖全产业链融合一体的智能建造产业体系，实现建筑的全过程、全要素、全参与方的数字化、在线化、智能化，推动以新设计、新建造、新运维为代表的产业升级，走出一条内涵集约式高质量发展新路。

小　结

基坑工程属于风险性较大工程，必须实施适时动态监测和信息化施工，确保工程的安全可靠性。在基坑开挖前、开挖过程中作出系统的监测方案。监测方案应包括监测目的、监测项目、监测报警值、监测方法及精度、监测点的布置、监测周期、工序管理和记录制度以及信息反馈系统等。根据支护结构形式、安全等级可对支护结构水平位移、周围建筑物和地下管线变形、地下水位、桩墙内力、锚杆拉力、支撑轴力、立柱变形、土体分层竖向位移、支护结构侧压力等按规范要求进行观测。

监测报警值应满足基坑工程设计、地下结构设计以及周边环境中被保护对象的控制要求。基坑及支护结构监测报警值应由基坑工程设计方根据土质特征、设计结果及当地经验等因素确定。监测报警值应由监测项目的累计变化量和变化速率值共同控制。

思　考　题

简答题

1. 基坑监测的目的是什么？
2. 基坑工程仪器监测有哪些主要的项目？
3. 基坑监测点的布置有哪些原则？
4. 监测报警值一般包含哪两个参数？
5. 基坑工程现场监测的对象包括哪些？

主要参考文献

陈希哲，1996. 地基事故与预防［M］. 北京：清华大学出版社.

陈希哲，1998. 土力学地基基础［M］. 2 版. 北京：清华大学出版社.

华南理工大学，东南大学，浙江大学，等. 1998. 地基及基础［M］. 北京：中国建筑工业出版社.

建筑施工手册（第五版）编委会，2012. 建筑施工手册［M］. 5 版. 北京：中国建筑工业出版社.

刘宗仁，2008. 基坑工程［M］. 哈尔滨：哈尔滨工业大学出版社.

上海市勘察设计行业协会，上海现代建筑设计（集团）有限公司，上海建工（集团）总公司，2010. 基坑工程技术规范：DG/TJ 08-61—2010［S］. 上海：上海市建筑建材业市场管理总站.

上海市建设工程安全质量监督总站，2011. 中心城区深基坑工程建设周边环境风险控制指南［M］. 北京：中国建筑工业出版社.

熊智彪，2008. 建筑基坑支护［M］. 北京：中国建筑工业出版社.

周景星，李广信，张建红，等. 2015. 基础工程［M］. 3 版. 北京：清华大学出版社.

桩基工程手册编写委员会，1995. 桩基工程手册［M］. 北京：中国建筑工业出版社.

中国建筑标准设计研究院，2011. 建筑基坑支护结构构造：11SG814［J］. 北京：中国计划出版社.

中国建筑标准设计研究院，2013. 建筑结构设计规范应用图示（地基基础）：13SG108-1［J］. 北京：中国计划出版社.

中华人民共和国住房和城乡建设部，2015. 建筑地基检测技术规范：JGJ 340—2015［J］. 北京：中国建筑工业出版社.

中华人民共和国住房和城乡建设部，中华人民共和国国家质量监督检检疫总局，2015. 建筑地基基础工程施工规范：GB 51004—2015［J］. 北京：中国建筑工业出版社.

中华人民共和国住房和城乡建设部，国家市场监督管理总局，2019. 建筑边坡工程施工质量验收标准：GB/T 51351—2019［J］. 北京：中国建筑工业出版社.

中华人民共和国住房和城乡建设部，2011. 高层建筑筏形与箱形基础技术规范：JGJ 6—2011［J］. 北京：中国建筑工业出版社.

中华人民共和国住房和城乡建设部，2018. 高层建筑岩土工程勘察标准：JGJ/T 72—2017［J］. 北京：中国建筑工业出版社.

中华人民共和国住房和城乡建设部，中华人民共和国国家质量监督检验检疫总局，2012. 建筑地基基础设计规范：GB 50007—2011［S］. 北京：中国建筑工业出版社.

中华人民共和国住房和城乡建设部，国家市场监督管理总局，2019. 土工试验方法标准：GB/T 50123—2019［S］. 北京：中国计划出版社.

中华人民共和国住房和城乡建设部，中华人民共和国国家质量监督检验检疫总局，2007. 岩土的工程分类标准：GB/T 50145—2007［S］. 北京：中国计划出版社.

中华人民共和国住房和城乡建设部，中华人民共和国国家质量监督检验检疫总局，2001. 岩土工程勘察规范（2009年版）：GB 50021—2001［S］. 北京：中国建筑工业出版社.

中华人民共和国住房和城乡建设部，国家市场监督管理总局，2019. 建筑基坑工程监测技术标准：GB 50497—2019［S］. 北京：中国建筑工业出版社.

中华人民共和国住房和城乡建设部，中华人民共和国国家质量监督检验检疫总局，2018. 建筑地基基础工程施工质量验收标准：GB 50202—2018［S］. 北京：中国计划出版社.

中华人民共和国住房和城乡建设部，中华人民共和国国家质量监督检验检疫总局，2014. 建筑边坡工程技术规范：GB 50330—2013［S］. 北京：中国建筑工业出版社.

中华人民共和国住房和城乡建设部，2008. 建筑桩基技术规范：JGJ 94—2008［S］. 北京：中国建筑工业出版社.

中华人民共和国住房和城乡建设部，2013. 建筑地基处理技术规范：JGJ 79—2012［S］. 北京：中国建筑工业出版社.

中华人民共和国住房和城乡建设部，2014. 建筑基桩检测技术规范：JGJ 106—2014［S］. 北京：中国建筑工业出版社.

中华人民共和国住房和城乡建设部，2012. 建筑基坑支护技术规程：JGJ 120—2012 [S]. 北京：中国建筑工业出版社.

中华人民共和国住房和城乡建设部，2016. 建筑与市政工程地下水控制技术规范：JGJ 111—2016 [S]. 北京：中国建筑工业出版社.

中华人民共和国住房和城乡建设部，2017. 建筑变形测量规范：JGJ 8—2016 [S]. 北京：中国建筑工业出版社.

"十四五"职业教育国家规划教材

住房和城乡建设部"十四五"规划教材

建筑地基与基础
项目指导书与工作册

（第二版·增订版）

马　宁　主编

钟芳林　主审

科学出版社
北　京

内 容 简 介

本书是《建筑地基与基础》（第二版）配套用书，包括 7 个项目，这 7 个项目又分为试验项目和实训项目两类。试验项目有钻孔土样土性指标 w、ρ、a_{1-2} 的测定与土压缩性的判定，钻孔土样物理状态指标（w_P、w_L）的测定及土的定名，钻孔土样抗剪强度指标 c、φ 的测定（快剪法），某工程回填土最大干密度的测定（击实法）；实训项目有岩土工程勘察报告的阅读训练、某工程墙下条形基础的设计、某工程基坑边坡方案的制定。要求学生在项目工作前完成引导文任务，随后对小组工作完成项目进行成果展示和检查评价。

本书可作为高等职业教育建筑工程技术类专业及相关专业的教学用书，也可供工程技术人员参考。

图书在版编目（CIP）数据

建筑地基与基础：含项目指导书与工作册 / 马宁主编 . —2 版 . —北京：科学出版社，2019.11

（"十四五"职业教育国家规划教材·住房和城乡建设部"十四五"规划教材）

ISBN 978-7-03-063417-7

Ⅰ.①建⋯ Ⅱ.①马⋯ Ⅲ.①地基-高等职业教育-教材 ②基础（工程）-高等职业教育-教材 Ⅳ.①TU47 ②TU753

中国版本图书馆 CIP 数据核字（2019）第 255086 号

责任编辑：万瑞达 李 雪 / 责任校对：赵丽杰
责任印制：吕春珉 / 封面设计：曹 来

科学出版社 出版
北京东黄城根北街 16 号
邮政编码：100717
http://www.sciencep.com

三河市骏杰印刷有限公司印刷
科学出版社发行　各地新华书店经销

*

2016 年 10 月第 一 版　2025 年 2 月第五次印刷
2019 年 11 月第 二 版　开本：787×1092　1/16
2023 年 8 月第二版增订版　印张：27 1/2
字数：642 000

定价：69.00 元（共两册）
（如有印装质量问题，我社负责调换）
销售部电话 010-62136230　编辑部电话 010-62130874（VA03）

第二版增订版前言

本书依据新修订的《土工试验方法标准》(GB/T50123—2019)，对试验项目（项1～项目4）内容进行了修订。同时，增补了试验项目教学演示和试验指导微课视频，以二维码的方式嵌入教材。

按照项目教学、小组工作的模式，参照"资讯—计划—决策—实施—检查—评估"的引导文教学法编写项目工作册。项目工作册为表格形式，包含任务书、引导文和项目工作单。要求学生以小组工作的方式完成项目任务，强调教师为主导、学生为主体，通过自主学习和评价构建知识和能力体系，提升职业核心能力。项目指导书则是在项目的关键点和难点处给出提示，避免学生出现错误方向上的理解而带来的问题，同时养成良好的工作习惯。

建议教师挑选多个实际工程项目作为实训项目的工程资料，以满足学生进行小组工作的需求。同时，根据所选用的边坡分析软件的不同准备软件操作手册。

本书为校企双元合作开发合作企业为河北金地工程勘察设计有限责任公司，由马宁主编。参编人员有刘素娟、马彩霞、鲍艳卫、张建军，全书由马宁统稿。邯郸职业技术学院钟芳林担任主审。

本书所涉及的标准、规范、规程均采用现行最新版本。

限于编者的理论和实践水平，书中不妥之处，恳请读者批评指正。

第二版前言

本书依据新修订的《土工试验方法标准》（GB/T 50123—2019），对原书试验项目（项1～项目4）内容进行了修订和补充；根据技术的发展和工程实际，对原书实训项目进行了调整，对实训项目内容进行了修订；同时结合教学的实际情况，对教学目标和任务要求也进行了修改。目的仍是以项目为载体开展教学，通过试验项目（项目1～项目4）和实训项目（项目5～项目7）的训练加深对主教材内容的理解，培养与地基基础相关的职业岗位技能和职业核心能力。

建议教师挑选多个实际工程项目作为实训项目的工程资料，以满足学生进行小组工作的需求。同时，根据所选用的边坡分析软件的不同准备软件操作手册。

本书为校企双元合作开发，合作企业为河北金地工程勘察设计有限责任公司，由马宁主编。参编人员有刘素娟、马彩霞、鲍艳卫、张建军，全书由马宁统稿。邯郸职业技术学院钟芳林担任主审。

本书所涉及的标准、规范、规程均采用现行最新版本。

限于编者的理论和实践水平，书中不妥之处，恳请读者批评指正。

目　录

项目1　钻孔土样土性指标 w、ρ、a_{1-2} 的测定与土压缩性的判定

任务 1.1　含水率测定（烘干法）

1. 指标含义与试验目的

土的含水率是试样在 105～110℃下烘至恒重时所失去的水质量和达恒重后干土质量的比值，以百分数表示。

测定土的含水率，可以了解土的含水情况。土的含水率是计算土的孔隙比、液性指数、饱和度和其他物理力学性质指标不可缺少的一个基本指标，也是检测土工构筑物施工质量的重要指标。

2. 试验方法

测定含水率的方法有烘干法、酒精燃烧法、炒干法、微波法等。

本试验采用烘干法，这是室内试验的标准方法。

3. 仪器设备

1）烘箱：可采用电热烘箱或温度能保持在 105～110℃的其他能源烘箱。

2）电子天平：称量 200g，最小分度值 0.01g。

3）电子台秤：称量 5000g，分度值 1g。

4）干燥器：通常用附有氯化钙干燥剂的玻璃干燥缸。

5）其他：称量盒、削土刀、盛土容器等。

含水率试验
（烘干法）
操作演示

4. 操作步骤

（1）湿土称量

取有代表性试样：细粒土 15～30g，砂类土 50～100g，砂砾石 2～5kg。将试样放入称量盒内，立即盖好盒盖，称出称量盒与湿土的总质量，细粒土、砂类土称量应准确至 0.01g，砂砾石称量应准确至 1g。当使用恒质量盒时，可先将其放置在电子天平或电子台秤上清零，再称量装有试样的恒质量盒，称量结果即湿土质量。

含水率试验
（烘干法）
指导学生

（2）烘干

揭开盒盖，将试样和称量盒放入烘箱。在 105～110℃下烘至恒量。烘干时间，对

黏质土不得少于 8h；对砂类土，不得少于 6h；对有机质含量为 5%～10% 的土，应将烘干温度控制在 65～70℃ 的恒温下烘至恒量。

（3）冷却称重

将烘干后的试样和称量盒从烘箱中取出，盖上盒盖，放入干燥容器内冷却至室温，称出称量盒加干土质量。

5. 注意事项

1）刚刚烘干的土样要等冷却后方可称重。

2）含水率应在打开试验用的土样包装后立即测定，以免水分改变，影响结果。

3）本试验应进行两次平行测定，取两个算数平均值作为最后结果，以百分数表示。最大允许平行差值应符合表 1.1 的规定。

表 1.1　最大允许平行差值

含水率 w/%	最大允许平行差值/%
<10	±0.5
10～40	±1.0
>40	±2.0

4）称量盒中的湿试样在质量称量以后由实验室负责烘干。

6. 计算公式

按下式计算土样的含水率，即

$$w=\left(\frac{m_0}{m_d}-1\right)\times100\%=\left(\frac{m_1-m_3}{m_2-m_3}-1\right)\times100\%$$

式中：w——含水率，准确至 0.1%；

m_3——称量盒质量（g），可根据盒号由实验室提供的表格查得；

m_1——称量盒加湿土质量（g）；

m_2——称量盒加干土质量（g）；

m_d——干土质量（g）；

m_0——湿土质量（g）。

7. 试验记录

试验记录见表 1.2。

表 1.2　含水率试验记录（烘干法）

任务单号_____　　　　　　　　　　　　　　试验者_____

天平编号_____　　烘箱编号_____　　　　计算者_____

试验日期_____　　　　　　　　　　　　　　校核者_____

试样编号	盒号	称量盒质量/g	称量盒加湿土质量/g	称量盒加干土质量/g	水分质量/g	干土质量 m_{d}/g	含水率 w/%	平均含水率 $\overline{w}$/%
		(1)	(2)	(3)	(4) = (2) − (3)	(5) = (3) − (1)	(6) = (4) / (5) ×100	(7)

任务 1.2　密度测定（环刀法）

1. 指标含义与试验目的

单位体积土的质量称为土的密度。它是土的基本物理性质指标之一，其单位为 $\mathrm{g/cm^3}$。

测定土的湿密度，以了解土的疏密和干湿状态，用于土的其他物理性质指标换算和工程设计，以及控制施工质量。

2. 试验方法与原理

环刀法是采用一定体积环刀切取土样并称土质量的方法，环刀内土的质量与体积之比即为土的密度。密度测定试验方法有环刀法、蜡封法、灌水法和灌砂法等。对于细粒土，宜采用环刀法；试样易碎裂、难以切削时，可用蜡封法；现场测定粗粒土的密度，可用灌水法或灌砂法。

密度试验（环刀法）操作演示

3. 仪器设备

1) 环刀：内径 61.8mm 或 79.8mm，高度 20mm。

2) 天平：称量 500g，分度值 0.1g；称量 200g，分度值 0.01g。

3) 其他：切土刀、钢丝锯、玻璃板、凡士林等。

密度试验（环刀法）指导学生

4. 操作步骤

1) 按工程需要取原状土试样或制备成所需状态的扰动土样，土样的高度和直径应大于环刀，整平其两端，放在玻璃板上。

2) 量测环刀。取出环刀，称出环刀的质量，并在环刀内壁涂一薄层凡士林，刃口向下放在试样上。

3）切取土样。用切土刀（或钢丝锯）将土样削成略大于环刀直径的土柱。然后将环刀垂直下压，边压边削，至土样伸出环刀为止。将环刀两端余土削去修平。取剩余的代表性土样测定含水率。

4）土样称量。擦净环刀外壁，称出环刀和土的总质量，准确至0.1g。

5. 注意事项

1）用环刀切试样时，环刀应垂直均匀下压，防止环刀内试样结构被扰动。

2）夏天室温很高，为了防止称质量时试样中水分蒸发，影响试验结果，宜用两块玻璃片盖住上下口称取质量，但计算时必须扣除玻璃片的质量。

3）称取环刀前，把土样削平并擦净环刀外壁。

4）如果使用电子天平称重则必须预热，待稳定后方可使用，称重时精确至小数点后两位。

5）本试验应进行两次平行测定，其最大允许平行差值应为±0.03g/cm³，取其算术平均值作为最后结果。

6. 计算公式

按下式计算土的湿密度，即

$$\rho = \frac{m_0}{V} = \frac{m_1 - m_2}{V}$$

式中：ρ——密度，计算至0.01g/cm³；

m_0——湿土质量（g）；

m_1——环刀加湿土质量（g）；

m_2——环刀质量（g）；

V——环刀体积（cm³）。

7. 试验记录

试验记录见表1.3。

表 1.3 密度试验记录（环刀法）

任务单号＿＿＿＿＿＿＿＿　　　　　　　　　　　　试验者＿＿＿＿＿＿＿＿

天平编号＿＿＿＿＿＿＿＿　　烘箱编号＿＿＿＿＿＿＿＿　　计算者＿＿＿＿＿＿＿＿

试验日期＿＿＿＿＿＿＿＿　　　　　　　　　　　　校核者＿＿＿＿＿＿＿＿

土样编号	环刀号	环刀加湿土质量 m_1/g	环刀质量 m_2/g	湿土质量 m_0/g	环刀体积 V/cm³	密度/（g/cm³）	
						单值	平均值

任务 1.3　压缩系数测定（固结法）

1. 指标含义与试验目的

压缩系数为土在完全侧限条件下，孔隙比变化与压力变化的比值。

压缩模量为土在完全侧限条件下，土的竖向附加应力与竖向应变增量的比值。

测定试样在侧限与轴向排水条件下的压缩变形 Δh 和荷载 p 的关系，以便计算土的单位沉降量 S_i、压缩系数 a 和压缩模量 E_s 等。用于判断土的压缩性和计算基础沉降。

2. 试验方法与原理

土的压缩性主要是由于孔隙体积减小而引起的。在饱和土中，水具有流动性，在外力作用下沿着土中孔隙排出，从而引起土体积减小而发生压缩；试验时，由于金属环刀及刚性护环所限，土样在压力作用下只能在竖向产生压缩，而不可能产生侧向变形，故称为侧限压缩。

3. 仪器设备

1）固结仪：固结容器如图 1.1 所示，试样面积 30cm^2，高 2cm。

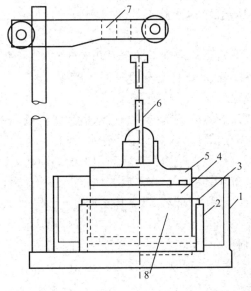

1—水槽；2—护环；3—环刀；4—透水板；5—加压上盖；
6—位移计导杆；7—位移计架；8—试样。

图 1.1　固结容器示意图

2）变形测量设备：百分表如图 1.2 所示，量程为 10mm，分度值为 0.01mm。

3）其他：刮土刀、钢丝锯、电子天平、秒表。

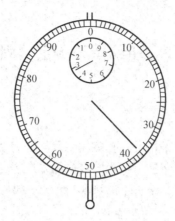

图 1.2　百分表示意图

短针：一小格＝1.0mm；长针：一小格＝0.01mm，此图所示相应读数为 3.37mm。

固结试验
操作演示

固结试验
指导学生

4. 操作步骤

1）制备试样。按工程需要，切取原状土试样或制备给定密度与含水率的扰动土样。制备方法同任务 1.2 操作步骤。

注意：

① 刮平环刀两端时，不得用力反复涂抹，以免土面孔隙堵塞，或使土面析水。

② 切得土样的四周应与环刀密合，且保持完整，如不合要求时应重取。

2）测定试样密度与含水率。取削下的余土测定含水率，密度与含水率测定方法见任务 1.1 和任务 1.2。对于扰动试样需要饱和时，应按《土工试验方法标准》（GB/T 50123—2019）规定的方法将试样进行饱和。

3）安放试样。在固结容器内放置护环、透水板和薄滤纸，将带有环刀的试样刃口向下小心装入护环，然后在试样上放薄滤纸、透水板和加压盖板，置于加压框架下。

4）检查设备。检查加压设备是否灵敏，利用平衡砣调整杠杆至水平位置。

5）安装量表。将装好试样的固结容器放在加压框架的正中，将传压钢珠与加压横梁的凹穴相连接。然后装上量表，调节量表杆头使其可伸长的长度不小于 8mm，并检查量表是否灵敏和垂直（在教学试验中，学生应先练习量表读数）。

6）施加预压。为确保试样与仪器上下各部件之间接触良好，施加 1kPa 的预压压力，然后调整量表读数至零处（或某一整数处）。

7）加压观测。

① 记下百分表读数并加第一级压力，在加上砝码的同时，开动秒表。加荷重时，将砝码轻放在砝码盘上避免冲击和摇晃。第一级压力的大小根据土的软硬程度而定，一般可采用 12.5kPa、25kPa 或 50kPa。最后一级压力应大于上覆土层的计算压力 100～200kPa。只需测定压缩系数时，最大压力不小于 400kPa。

注意：原状土的第一级压力，除软黏土外，也可按天然荷重施加，压力等级一般为 50kPa、100kPa、200kPa、400kPa。

② 如是饱和试样，应在施加第一级压力后，立即向水槽中注水至满。对非饱和试样，需用湿棉纱围住加压盖板四周，避免水分蒸发。

③ 当不需要测定沉降速率时，稳定时间标准规定为每级压力下固结 24h 或试样变形每小时变化不大于 0.01mm（教学试验可另行假定稳定时间）。测记压缩稳定后量表读数，再施加第二级压力。依次逐级加载至试验结束。

④ 试验结束后，迅速拆除仪器各部件，取出带环刀的试样。需测定试验后含水率时，则用干滤纸吸土试样两端表面上的水，测定其含水率。

5. 注意事项

1）首先装好试样，再安装量表。在安装量表的过程中，小指针需调至整数位，大指针调至零，量表杆头要有一定的伸缩范围，固定在位移计（量表）架上。

2）加荷重时，应按顺序加砝码；试验中不要振动试验台，以免指针产生移动。

6. 计算与制图

（1）按下式计算试样的初始孔隙比

$$e_0 = \frac{d_s \rho_w (1 + w_0)}{\rho_0} - 1$$

（2）按下式计算各级压力下固结稳定后的孔隙比 e_i

$$e_i = e_0 - (1 + e_0) \frac{\sum \Delta h_i}{h_0}$$

式中：d_s——土粒相对密度（教学实验可结合当地经验由实验室提供）；

　　　ρ_w——水的密度（g/cm³）；

　　　w_0——试样起始含水率（%）；

　　　ρ_0——试样起始密度（g/cm³）；

　　　$\sum \Delta h_i$——在某级压力下试样固结稳定后的总变形量（mm），其值等于该级压力下压缩稳定后的量表读数减去仪器变形量（仪器变形量由实验室提供资料）；

　　　h_0——试样起始高度，即环刀高度（mm）。

（3）绘制压缩曲线

以孔隙比 e 为纵坐标，压力 p 为横坐标，绘制孔隙比与压力的关系曲线，如图 1.3 所示。

（4）按下式计算压缩系数 a_{1-2} 与压缩模量 E_s

$$a_{1-2} = \frac{e_1 - e_2}{p_2 - p_1} \times 1000$$

$$E_s = \frac{1 + e_0}{a_{1-2}}$$

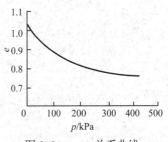

图 1.3　$e\text{-}p$ 关系曲线

7. 试验记录

试验记录见表 1.4。

表 1.4　固结试验记录

任务单号 _____　　　　试样面积 _____ cm²　　　　试验者 _____

试样编号 _____　　　　土粒相对密度 _____　　　　计算者 _____

仪器编号 _____　　　　试验前试样高度 $h_0 = $ _____ mm　　　　校核者 _____

试验日期 _____　　　　试验前孔隙比 $e_0 = $ _____

加压历时/h	压力 p/kPa	量表读数/mm	仪器变形量 λ/mm	试样变形量 $\sum \Delta h_i$/mm	单位沉降量 S_i $S_i = \sum \dfrac{\Delta h_i}{h_0}$	孔隙比 e_i $e_i = e_0 - (1 + e_0) \dfrac{\sum \Delta h_i}{h_0}$
0	0					
	50					
	100					
	200					
	400					

8. 任务单、引导文、考核标准与项目工作单（表 1.5）

表 1.5　任务单、引导文、考核标准与项目工作单

任务单	
任务	采用环刀法、烘干法、固结法测定工程项目钻孔土样的土性指标 w、ρ、a_{1-2}，并确定土的压缩性
设备	环刀、切土刀、凡士林、玻璃板、电子天平、恒温烘箱、中压固结仪等
任务要求	1. 小组学习、讨论，制定工作方案，完成项目工作单中引导问题的回答。 2. 小组操作，记录和分析数据。 3. 清洁和整理操作台与实训设备，清洁水池，按规定倾倒土样废料，打扫环境卫生。 4. 整理完成项目工作单。 5. 小组展示、答辩。 6. 要求每位学生均需完成并上交项目工作单
工作流程	知识学习→制定工作方案→小组操作（按步骤操作、记录和分析数据，完成项目工作单）→决定主答、辅答同学→演讲答辩
参考资料	主教材、项目指导书、实训演示视频
注意事项	1. 控制实训关键步骤，预防安全事故和设备损坏。 2. 注重小组成员间的交流和协作。 3. 答辩时要注重条理、语言简洁。

续表

引导文

任务描述	采用环刀法、烘干法、固结法测定工程项目钻孔土样的土性指标 w、ρ、a_{1-2}，并确定土的压缩性	
学习目标描述	知识目标	1. 能叙述土性指标 w、ρ、a_{1-2} 的概念，理解其含义，建立土性与土性指标之间定性和定量的联系。 2. 能描述固结仪的构造。 3. 能描述土性指标的测定方法和注意事项。 4. 能描述土性指标 w、ρ、a_{1-2} 的计算公式及公式中各参数的含义
	能力目标	1. 能动手完成土性指标的测定并根据土性指标数值分析确定土的压缩性。 2. 锻炼自学能力、团队沟通协作能力和表述能力。 3. 通过项目任务的完成，培养环保、文明的职业素养
引导问题	1. 环刀法、烘干法、固结法的操作步骤是什么？应注意什么？（工作方案） 2. 环刀法、烘干法、固结法各需要制备几个土样，做几次平行测定？ 3. 环刀法制备土样的注意事项有哪些？ 4. 如何保证土样的含水率不发生变化？ 5. 进行室内密度试验时，一般选用环刀直径和高度各为多少？ 6. 百分表如何读数，单位是什么？量表读数是土的沉降量吗？ 7. 土性指标 w、ρ 测定结果的平行误差应控制在什么范围？ 8. 实训结束后，应做哪些清洁整理工作？ 9. 你觉得你的工作还有哪些不清楚的地方？可能还会有什么问题？	
参考资料	主教材、项目指导书、实训演示视频	

考核标准

评分内容	优	良	中	及格	不及格	成绩评定
工作方案的正确性和指导性	9～10	8～9	7～8	6～7	＜6	
操作的规范性	18～20	16～18	14～16	12～14	＜12	
任务是否按时完成	9～10	8～9	7～8	6～7	＜6	
数据的合理性	9～10	8～9	7～8	6～7	＜6	
数据分析的正确性	18～20	16～18	14～16	12～14	＜12	
项目工作单完成质量	9～10	8～9	7～8	6～7	＜6	
设备与环境清洁	9～10	8～9	7～8	6～7	＜6	
表述能力	9～10	8～9	7～8	6～7	＜6	
合计						

注：对于栏中数值 $x\sim y$（x 为各栏数字范围中的第一个数，y 为数字范围中的第二个数，如 9～10 中 x 为 9，y 为 10），"及格""中""良"各栏指大于或等于 x 而小于 y，"优"栏指大于或等于 x 而小于或等于 y，余下不一一说明。

续表

项目工作单							
专业		班级		姓名		学号	
引导问题回答	1. 环刀法、烘干法、固结法的操作步骤是什么？应注意什么？（工作方案）						

专业		班级			姓名		学号	
引导 问题 回答	2. 环刀法、烘干法、固结法各需要制备几个土样，做几次平行测定？ 3. 环刀法制备土样的注意事项有哪些？ 4. 如何保证土样的含水率不发生变化？ 5. 进行室内密度试验时，一般选用环刀直径和高度各为多少？ 6. 百分表如何读数，单位是什么？量表读数是土的沉降量吗？ 7. 土性指标 w、ρ 测定结果的平行误差应控制在什么范围？ 8. 实训结束后，应做哪些清洁整理工作？							

| 专业 | | 班级 | | 姓名 | | 学号 | |

密度测定（环刀法）

试样编号＿＿＿＿＿＿＿＿　　　　　　　班组＿＿＿＿＿＿＿

测定日期＿＿＿＿＿＿＿＿　　　　　　　姓名＿＿＿＿＿＿＿

环刀号	环刀加湿土质量 m_1/g	环刀质量 m_2/g	湿土质量 m_0/g	环刀体积 V/cm³	密度/(g/cm³)		备注
					单值	平均值	

含水率测定（烘干法）

试样编号＿＿＿＿＿＿＿＿　　　　　　　班组＿＿＿＿＿＿＿

测定日期＿＿＿＿＿＿＿＿　　　　　　　姓名＿＿＿＿＿＿＿

盒号	称量盒质量 (1)	称量盒加湿土质量 (2)	称量盒加干土质量 (3)	水分质量 (4)＝(2)－(3)	干土质量 m_d (5)＝(3)－(1)	含水率 w/%	平均含水率 $\bar{w}$/%	备注

压缩系数测定（固结法）

试样编号＿＿＿＿＿＿＿＿　　　密度＿＿＿＿＿＿＿＿　　　班组＿＿＿＿＿＿

测定前土样高度 H_0＿＿＿＿＿　　含水率＿＿＿＿＿＿＿　　姓名＿＿＿＿＿＿

初始孔隙比 e_0＿＿＿＿＿＿　　土粒相对密度＿＿＿＿＿＿　测定日期＿＿＿＿＿＿

加压历时	压力 p/kPa	量表读数/0.01mm	总变形量/mm	仪器变形量/mm	试样变形量 $\sum \Delta h_i$/mm	单位沉降量 S_i $\left(S_i=\dfrac{\sum \Delta h_i}{h_0}\right)$	压缩后孔隙比 e_i $\left[\begin{array}{l}e_i=e_0-\\ S_i(1+e_0)\end{array}\right]$

测定数据记录分析

续表

专业		班级		姓名		学号	

<table>
<tr><td rowspan="2">测定
数据
记录
分析</td><td>

e

0 p/kPa

$e\text{-}p$ 关系曲线
</td><td>

压缩系数

$a_{1-2}=$ _____ MPa^{-1}

属 _____ 压缩性土
</td></tr>
</table>

思考问题

1. 测定密度的常用方法有哪几种?

2. 环刀法适用于什么类土?

3. 加载等级是否按双倍数增长?

4. 你觉得你的工作还有哪些不清楚的地方? 可能还会有什么问题?

5. 你对本项目教学的意见和建议。

项目 2　钻孔土样物理状态指标 (w_P、w_L) 的测定及土的定名

任务 2.1　塑 限 测 定

1. 指标含义与试验目的

塑限是指土的可塑状态与半固体状态的界限含水率。

测定土的塑限，并与碟式仪测定液限试验相结合计算土的塑性指数和液性指数，作为黏性土分类的一个依据。

2. 试验方法

采用搓条法（搓滚法），本试验方法适用于粒径小于 0.5mm 以及有机质含量大于干土质量的 5% 的土。

3. 仪器设备

1）毛玻璃板：尺寸宜为 200mm×300mm。

2）卡尺：分度值 0.02mm（或直径 3mm 的金属丝）。

3）筛：孔径 0.5mm。

4）其他：同含水率试验。

塑限试验（搓滚法）操作演示　　塑限试验（搓滚法）指导学生

4. 操作步骤

1）取过孔径 0.5mm 筛的代表性试样 100g，加纯水拌和，湿润静置过夜。

2）将试样在手中揉捏至不黏手，捏扁，当出现裂缝时，表示含水率已接近塑限。

3）取接近塑限的试样一小块，先用手捏成橄榄形，然后用手掌在毛玻璃板上轻轻搓滚。搓滚时手掌均匀施加压力于土条上，不得使土条在毛玻璃板上无力滚动，土条不得有空心现象，土条长度不宜大于手掌宽度（制备好的土样含水率一般大于塑限，搓滚的目的一方面促使试样中的水分逐渐蒸发，另一方面将试样缓慢塑成规定的 3mm 直径的土条）。

4）当土条搓至 3mm 直径时，产生裂缝，并开始断裂，表示试样的含水率达到塑限含水率（每组有一直径 3mm 的金属丝进行比较）。将已达到塑限的断裂土条立即放入称量盒中，盖紧盒盖；再取试样用同样的方法继续试验，待称量盒中合格的断土条累积有 3～5g 时，即可测定其含水率，此时含水率即为塑限。

若土条搓至 3mm 直径时，不产生裂缝及断裂现象，表示此时试样的含水率高于塑限；若土条直径大于 3mm 时即断裂，则表示试样的含水率低于塑限。遇此两种情况，均应重新取试样进行试验。当土条在任何含水率下始终搓不到 3mm 即开始断裂，则该土无塑性。

5. 注意事项

1）搓条法测塑限需要一定的操作经验，特别是塑性低的土较难搓成形。初次操作时，必须耐心地反复实践，才能达到试验标准。下列经验可供参考：先取一部分试样，用两手反复揉搓成球（大小似乒乓球），然后放在毛玻璃板上压成厚 4～5mm 的土饼。如土饼四周边缘上出现辐射状短裂缝时，表示搓条的起始水分合适，然后用小刀将土饼切一小条搓滚，一次不成再切第二条，如第一次搓成 3mm 直径而未断裂，则第二条可切宽一些，反之则切窄一些。搓条前切成的土饼示意图如图 2.1 所示。

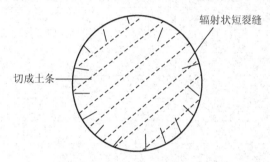

图 2.1　搓条前切成的土饼示意图

2）本试验应进行两次平行测定，取其算术平均值作为最后结果，其平行差值不得大于表 2.1 的规定。

表 2.1　最大允许平行差值

含水率 w/%	允许平行差值/%
<10	±0.5
10～40	±1.0
>40	±2.0

6. 计算公式

按下式计算塑限，即

$$w_P = \frac{m_1 - m_2}{m_2 - m_3} \times 100\% \quad（准确至 0.1\%）$$

式中：m_1——称量盒加湿土的质量（g）；

m_2——称量盒加干土的质量（g）；

m_3——称量盒的质量（g）。

7. 试验记录

试验记录见表2.2。

表 2.2　液限、塑限试验记录

任务单号＿＿＿＿＿＿　　　　　　　　　　　　　　　　　　试验者＿＿＿＿＿＿

天平编号＿＿＿＿＿＿　　烘箱编号＿＿＿＿＿＿　　　　　　计算者＿＿＿＿＿＿

试验日期＿＿＿＿＿＿　　　　　　　　　　　　　　　　　　校核者＿＿＿＿＿＿

试验项目		液限试验		塑限试验	
试验次数		1	2	1	2
称量盒号					
称量盒质量/g	m_3				
称量盒加湿土质量/g	m_1				
称量盒加干土质量/g	m_2				
水分质量/g	m_1-m_2				
干土质量/g	m_2-m_3				
含水率/%	w_L或w_P				
平均含水率/%	w_L或w_P				
塑性指数	$I_P=w_L-w_P$				
按规范判定土的类别					
备注					

根据试验结果确定该黏性土的分类名称。

任务 2.2　液 限 测 定

1. 指标含义与试验目的

液限是指黏性土的可塑状态和流动状态的界限含水率。

测定土的液限，用以计算土的塑性指数和液性指数，作为黏性土分类及确定黏性土软硬状态的依据。

2. 试验方法

有电动落锥法、手提落锥法和碟式仪法等。本试验介绍手提落锥法。

3. 仪器设备

1）锥式液限仪（圆锥仪）：该仪器的主要部分是用不锈钢制成的精密圆锥体，顶角30°，高约25mm，距锥尖10mm、17mm处各有一环状刻线；有两个金属键通过一

半圆形钢丝固定在圆锥体上部，作为平衡装置。圆锥的标准质量是 76g（精度为 ±0.2g），另外还配备有试杯和台座各一个，如图 2.2 所示。

2）其他：同含水率试验。

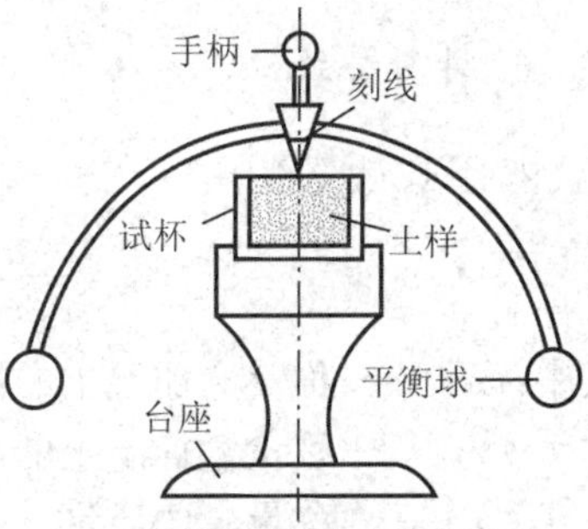

图 2.2　锥式液限仪

4. 操作步骤

1）应尽可能选用具有代表性的天然含水率的土样来测定。当土样不均匀时，采用风干试样，若试样中含有粒径大于 0.5mm 的土粒和杂物时，应将土样过 0.5mm 筛，方可试验。

2）当采用天然含水率土样时，取代表性土样 250g；采用风干试样时，取过 0.5mm 筛的代表性土样 200g，将试样放在橡皮板上用纯水将土样调成均匀膏状，放入调土皿，浸润过夜。

3）用调土刀将制备好的试样放在调土板上充分调拌均匀，然后将拌匀的土样分层装入试杯中，并注意土中不能留有空隙，对较干的试样应充分搓揉，密实地填入试样杯中，填满后刮平表面。将试杯放在台座上，刮去多余土时，不得用刀在土面上反复涂抹。

4）在液限仪锥尖上抹一薄层凡士林，提住锥体上端手柄，使锥尖正好接触试样表面中部；然后松开手指，使锥体在其自重作用下沉入土中。此时，应避免冲击和摇晃。

5）若锥体经 5s 沉入土中深度恰好到锥尖环状刻线 10mm 处，此时土的含水率即为液限。取出锥体，用调土刀取锥孔附近的土样 10～15g 放入称量盒中（粘有凡士林的部分需除去），测定其含水率。

6）如果沉入土中的深度超过或低于 10mm，则表示试样的含水率高于或低于液限，应先挖去有凡士林的部分，再将土样全部取出，放在调土皿中，调拌风干或适当加水重新拌和，并重复上述 3）～5）步骤，直到当锥体经 5s 沉入土中深度恰为 10mm 为止。

液限试验
（手提落锥法）
操作演示

液限实验
（手提落锥法）
指导学生

5. 注意事项

1）在制备好的试样中加水时，不能一次加太多，特别是初次加水宜少。

2）试验前应先校验液限仪的平衡性能，即液限仪的中心轴必须是竖直的。沉放液限仪时，两手应自然放松，放锥体时要平稳。

3）每组做两次平行测定，取其算术平均值作为最后结果，其平行差值不得大于表 2.3 的规定。

表 2.3　最大允许平行差值

含水率 w/%	最大允许平行差值/%
<10	±0.5
10～40	±1.0
>40	±2.0

6. 计算公式

按下式计算液限

$$w_L = \frac{m_1 - m_2}{m_2 - m_3} \times 100\% \quad （准确至 0.1\%）$$

式中：m_1——称量盒加湿土的质量（g）；

m_2——称量盒加干土的质量（g）；

m_3——称量盒的质量（g）。

7. 试验记录

试验记录见表 2.4。

表 2.4　液限、塑限试验记录

任务单号＿＿＿＿＿＿　　　　　　　　　　　　　试验者＿＿＿＿＿＿

天平编号＿＿＿＿＿＿　　烘箱编号＿＿＿＿＿＿　计算者＿＿＿＿＿＿

试验日期＿＿＿＿＿＿　　　　　　　　　　　　　校核者＿＿＿＿＿＿

试验项目		液限试验		塑限试验	
试验次数		1	2	1	2
称量盒号					
称量盒质量/g	m_3				
称量盒加湿土质量/g	m_1				
称量盒加干土质量/g	m_2				
水分质量/g	$m_1 - m_2$				
干土质量/g	$m_2 - m_3$				
含水率/%	w_L 或 w_P				
平均含水率/%	$\overline{w_L}$ 或 $\overline{w_P}$				
塑性指数	$I_P = w_L - w_P$				
按规范判定土的类别					
备注					

根据试验结果确定该黏性土的分类名称。

任务 2.3　界限含水率测定
（液限、塑限联合测定法）

1. 指标含义与试验目的

塑限是指黏性土的可塑状态与半固体状态的界限含水率。

液限是指黏性土的可塑状态和流动状态的界限含水率。

测定黏性土的液限 w_L 和塑限 w_P，并由此计算塑性指数 I_P、液性指数 I_L，进行黏性土的定名及判别黏性土的软硬程度。

2. 试验方法与原理

液限、塑限联合测定法是根据圆锥仪的圆锥入土深度与其相应的含水率在双对数坐标上具有线性关系的特性来进行的。利用质量为 76g 的圆锥液限、塑限联合测定仪测得土在不同含水率时的圆锥入土深度，并绘制其关系直线图，在图上查得圆锥下沉深度为 10mm（或 17mm）所对应的含水率即为 10mm 液限，查得圆锥下沉深度为 2mm 所对应的含水率即为塑限。

3. 试验设备

1）液限、塑限联合测定仪：如图 2.3 所示，应包括带标尺的圆锥仪、电磁铁、显示屏、控制开关和试样杯。圆锥质量 76g，锥角 30°；读数显示宜采用光电式、游标式和百分表式。

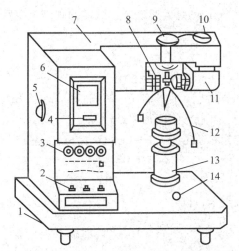

1—水平调节螺丝；2—控制开关；3—指示灯；4—零线调节螺丝；5—反光镜调节螺丝；
6—屏幕；7—机壳；8—物镜调节螺丝；9—电磁装置；10—光源调节螺丝；
11—光源；12—圆锥仪；13—升降台；14—水平泡。
图 2.3 光电式液限、塑限联合测定仪结构示意图

2）天平：称量 200g，分度值 0.01g。

3）筛：孔径 0.5mm。

4）其他：调土刀、凡士林、称量盒、烘箱、干燥器等。

4. 操作步骤

1）宜采用天然含水率的土样制备试样，也可用风干土制备试样。

2）当采用天然含水率的土样时，应过筛剔除粒径大于 0.5mm 的颗粒，再分别按

接近液限、塑限和二者的中间状态制备不同稠度的土膏，静置湿润。静置时间可视原含水率的大小而定。

3）当采用风干土样时，取过 0.5 mm 筛的代表性土样约 200g，分成 3 份，分别放入 3 个盛土皿中，加入不同数量的纯水，使其分别达到上一步骤所述的含水率，调成均匀土膏，放入密封的保湿缸中，静置 24h。

4）将制备好的土膏用调土刀充分调拌均匀，密实地填入试样杯中，应使空气逸出。高出试样杯的余土用刮土刀刮平，将试样杯放在仪器底座上。刮去多余土时，不得用刀在土面上反复涂抹。

5）取圆锥仪，在锥体上涂以薄层润滑油脂，接通电源，使电磁铁吸稳圆锥仪。当使用游标式或百分表式时，提起锥杆，用旋钮固定。

6）调节屏幕准线，使初读数为零。调节升降座，使圆锥仪锥角接触试样面，指标灯亮时圆锥在自重下沉入试样内，当使用游标式或百分表式时用手扭动旋扭，松开锥杆，经 5s 后测读圆锥下沉深度。然后取出试样杯，挖去锥尖入土处的润滑油脂，取锥体附近的试样不得少于 10g，放入称量盒内称量，准确至 0.01g，测定含水率。

7）按上述 4）～6）规定，测试其余 2 个试样的圆锥下沉深度和含水率。

5. 注意事项

1）土样分层装杯时，注意土中不能留有空隙。

2）每种含水率设三个测点，取平均值作为这种含水率所对应土的圆锥下沉深度，如三点下沉深度相差太大，则必须重新调试土样。

3）圆锥入土深度宜为 3～4mm，7～9mm，15～17mm。

6. 计算公式

1）计算各试样的含水率，即

$$w = \frac{m_1 - m_2}{m_2 - m_3} \times 100\% \text{（准确至 0.1\%）}$$

式中：m_1——称量盒加湿土的质量（g）；

　　　m_2——称量盒加干土的质量（g）；

　　　m_3——称量盒的质量（g）。

2）以含水率为横坐标，圆锥入土深度为纵坐标，在双对数坐标纸上绘制关系曲线，三点连一直线（如图 2.4 中的 A 线）。当三点不在一直线上，可通过高含水率的一点与另两点连成两条直线，在圆锥下沉深度为 2mm 处查得相应的含水率。当两个含水率的差值≥2%时，应重做试验；当两个含水率的差值＜2%时，用这两个含水率的平均值与高含水率的点连成一条直线（如图 2.4 中的 B 线）。

3）在圆锥下沉深度与含水率的关系图上，查得下沉深度为 10mm（17mm）所对应的含水率为液限；查得下沉深度为 2mm 所对应的含水率为塑限，取值以百分数表示，准确至 0.1%。

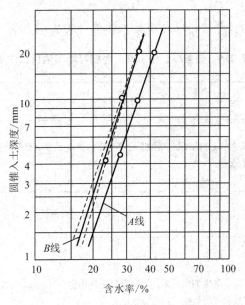

图 2.4　圆锥入土深度与含水率关系

7. 试验记录

试验记录见表 2.5。

表 2.5　液限、塑限联合试验记录

任务单号＿＿＿＿＿＿＿　　　　　　　　　　　　　　　　试验者＿＿＿＿＿＿

天平编号＿＿＿＿＿＿　　烘箱编号＿＿＿＿＿＿　　　　　计算者＿＿＿＿＿＿

试验日期＿＿＿＿＿＿　　　　　　　　　　　　　　　　　校核者＿＿＿＿＿＿

试样编号	圆锥下沉深度/mm	盒号	盒质量 m_3/g	称量盒加湿土质量 m_1/g	称量盒加干土质量 m_2/g	水分质量 m_w/g	干土质量 m_s/g	含水率 $w/\%$	液限 $w_L/\%$	塑限 $w_P/\%$

8. 任务单、引导文、考核标准与项目工作单（表 2.6）

表 2.6　任务单、引导文、考核标准与项目工作单

任务单	
任务	采用搓滚法、手提落锥法及液限、塑限联合测定法，测定工程项目钻孔土样的物理状态指标（w_P 和 w_L），并确定土的名称
设备	切土刀、凡士林、玻璃板、电子天平、恒温烘箱、锥式液限仪或液限、塑限联合测定仪
任务要求	1. 小组学习、讨论，制定工作方案，填写项目工作单中引导问题的回答。 2. 小组操作，记录和分析数据。 3. 清洁和整理操作台与实训设备，清洁水池，按规定倾倒土样废料，打扫环境卫生。 4. 整理完成项目工作单。 5. 小组展示、答辩。 6. 要求每位学生均需完成并上交项目工作单
工作流程	知识学习→制定工作方案→小组操作（按步骤操作、记录和分析数据，完成项目工作单）→决定主答、辅答同学→演讲答辩
参考资料	主教材、项目指导书、实训演示视频
注意事项	1. 控制实训关键步骤，预防安全事故和设备损坏。 2. 注重小组成员间的交流和协作。 3. 答辩时要注重条理、语言简洁

引导文		

任务描述	采用搓滚法、手提落锥法及液限、塑限联合测定法测定工程项目钻孔土样的物理状态指标（塑限和液限），并确定土的名称	
学习目标描述	知识目标	1. 能叙述土的状态指标塑限和液限（w_P、w_L）的概念，理解其含义，建立土的状态与其指标间定性和定量的联系。 2. 能描述土的状态指标 w_P、w_L 的测定方法和注意事项。 3. 能描述塑性指数计算公式，理解塑性指数的含义
	能力目标	1. 能动手完成指标 w_P、w_L 的测定并根据指标数值分析确定土的名称。 2. 锻炼自学能力、团队沟通协作能力和表述能力。 3. 通过项目任务的完成，培养环保、文明的职业素养
引导问题	1. 搓滚法，手提落锥法，液限、塑限联合测定法的操作步骤是什么？应注意什么事项？（工作方案） 2. 测定塑限和液限各需要制备几个土样，做几次平行测定？ 3. 搓滚法，手提落锥法，液限、塑限联合测定法制备土样的注意事项有哪些？ 4. 测定过程中如何保证土样的含水率不发生变化以保障结果的准确性？ 5. 测定结果的平行误差应控制在什么范围？ 6. 实训结束后，需要对哪些设备进行清洁整理工作？ 7. 你觉得你的工作还有哪些不清楚的地方？可能还会有什么问题？	
参考资料	主教材、项目指导书、实训演示视频	

考核标准						
评分内容	优	良	中	及格	不及格	成绩评定
工作方案的正确性和指导性	9～10	8～9	7～8	6～7	<6	
操作的规范性	18～20	16～18	14～16	12～14	<12	
任务是否按时完成	9～10	8～9	7～8	6～7	<6	
数据的合理性	9～10	8～9	7～8	6～7	<6	
数据分析的正确性	18～20	16～18	14～16	12～14	<12	
项目工作单完成质量	9～10	8～9	7～8	6～7	<6	
设备与环境清洁	9～10	8～9	7～8	6～7	<6	
表述能力	9～10	8～9	7～8	6～7	<6	
合计						

续表

项目工作单

专业		班级		姓名		学号	
引导问题回答	1. 搓滚法，手提落锥法，液限、塑限联合测定法的操作步骤是什么？应注意什么事项？（工作方案）						

专业		班级		姓名		学号	
引导问题回答	2. 测定塑限和液限各需要制备几个土样，做几次平行测定？						
	3. 搓滚法，手提落锥法，液限、塑限联合测定法制备土样的注意事项有哪些？						
	4. 测定过程中如何保证土样的含水率不发生变化以保障结果的准确性？						
	5. 测定结果的平行误差应控制在什么范围？						
	6. 实训结束后，需要对哪些设备进行清洁整理工作？						

塑限、液限测定（液限、塑限联合测定法）

试样编号_____　　　　　　　　　　　　　　班组_____

测定日期_____　　　　　　　　　　　　　　姓名_____

圆锥下沉深度/mm	盒号	称量盒质量 m_3/g	称量盒加湿土质量 m_1/g	称量盒加干土质量 m_2/g	水分质量 m_w/g	干土质量 m_s/g	含水率 $w/\%$	液限 $w_L/\%$	塑限 $w_P/\%$
塑性指数（$I_P = w_L - w_P$）									
按规范判定土的类别									
备注									

数据分析：绘制圆锥下沉深度与含水率关系图如下。

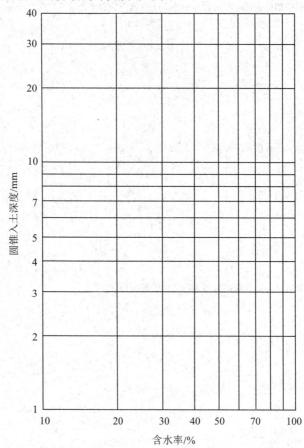

测定数据记录分析

续表

专业		班级		姓名		学号	

塑限、液限测定（搓滚法、手提落锥法）

试样编号_____　　　　　　　　班组_____
测定日期_____　　　　　　　　姓名_____

	项目		液限测定		塑限测定	
测定 数据 记录 分析	测定次数		1	2	1	2
	称量盒号					
	称量盒质量/g	m_3				
	称量盒加湿土质量/g	m_1				
	称量盒加干土质量/g	m_2				
	水分质量/g	m_1-m_2				
	干土质量/g	m_2-m_3				
	含水率/%	w_L 或 w_P				
	平均含水率/%	$\overline{w_L}$ 或 $\overline{w_P}$				
	塑性指数	$I_P=w_L-w_P$				
	按规范判定土的类别					
	备注					

思考 问题	1. 测定塑限、液限还有什么方法？ 2. 塑限、液限测定适用于什么类型的土？ 3. 液限、塑限联合测定法中，除了图解法外，还有哪些确定液限和塑限的数据处理方法？ 4. 你觉得你的工作还有哪些不清楚的地方？可能还会有什么问题？ 5. 你对本项目教学的意见和建议。

项目3 钻孔土样抗剪强度指标中 c、φ 的测定（快剪法）

1. 指标含义与试验目的

土的抗剪强度是土在外力作用下，其一部分土体对于另一部分土体滑动时所具有的抵抗剪切的极限强度。

直接剪切试验是测定土的抗剪强度的一种常用方法。通常采用四个试样为一组，分别在不同的垂直压力 σ 下，施加水平剪应力进行剪切，求得破坏时的剪应力 τ，然后根据库仑定律确定土的抗剪强度参数内摩擦角 φ 和黏聚力 c。在确定地基土的承载力、挡土墙的土压力，以及验算土坡的稳定性等参数时，都要用到抗剪强度指标。

2. 试验方法与原理

直接剪切试验分为快剪（Q）、固结快剪（CQ）和慢剪（S）三种试验方法。在教学中可采用快剪试验（即快剪法）。

快剪试验是在试样上施加垂直压力后立即快速施加水平剪应力，以 0.8~1.2mm/min 的速率剪切，试样在 3~5min 内剪破。快剪法适用于渗透系数小于 10^{-6} cm/s 的细粒土，以测定黏性土的天然强度。

3. 仪器设备

1）应变控制式直接剪切仪：如图 3.1 所示，包括剪切盒、垂直加压框架、负荷传感器或测力计及推动机构等。

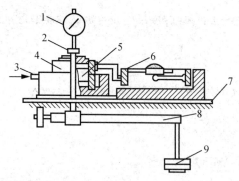

1—垂直变形指示表；2—垂直加压框架；3—推动座；4—剪切盒；
5—试样；6—测力计；7—台板；8—杠杆；9—砝码。

图 3.1 应变控制式直接剪切仪结构示意图

2）位移传感器或位移计（百分表）：量程 5～10mm，分度值 0.01mm。

3）天平：称量 500g，分度值 0.1g。

4）环刀：内径 61.8mm，高度 20mm。

5）其他设备：饱和器、削土刀或钢丝锯、秒表等。

直接剪切试验
操作演示
（现场）

4. 试验步骤

（1）切取试样

根据工程需要，从原状土或制备成所需状态的扰动土中用环刀切四个试样，如是原状土样，切试样方向应与土在天然地层中的方向一致。

测定试样的密度及含水率。如试样需要饱和，可对试样进行抽气饱和。以上做法要求与固结试验相同。

（2）安装试样

对准剪切容器中的上、下盒，插入固定销钉，在下盒内放入不透水板，将装有试样的环刀平口向下，对准剪切盒口，在试样顶面放不透水板，然后将试样徐徐推入剪切盒内，移去环刀。

（3）施加垂直压力

转动手轮，使上剪切盒前端钢珠刚好与负荷传感器或测力计接触。调整负荷传感器或测力计读数为零。顺次加上盖板、钢珠、加压框架。每组四个试样，分别在四种不同的垂直压力下进行剪切。可根据工程实际和土的软硬程度施加各级垂直压力，垂直压力的各级差值要大致相等。在教学上，可取四个分别为 100kPa、200kPa、300kPa、400kPa 垂直压力。各个垂直压力可一次轻轻施加。若土质松软，也可分级施加以防试样挤出。

（4）进行剪切

施加垂直压力后，立即拔去固定销钉。开动秒表，宜采用 0.8～1.2mm/min 的速率剪切，以 4～6r/min 的均匀速度旋转手轮（在教学中可采用 6r/min），使试样在 3～5min 内剪损。当剪应力的读数达到稳定或有显著后退时，表示试样已剪损。宜剪至剪切变形达到 4mm 为止。当剪应力读数继续增加时，剪切变形应达到 6mm，手轮每转一转，同时测记负荷传感器或测力计读数，直至剪损为止。

（5）拆卸试样

剪切结束后，吸去剪切盒中的积水，倒转手轮，移去垂直加压框架、钢珠、加压盖板等。

5. 注意事项

1）先安装试样，再装量表。安装试样时要用透水石把土样从环刀推进剪切盒里，试验前将量表中的大指针调至零。

2）加荷重时，应将砝码上的缺口彼此错开，防止砝码一起倒下。不要摇晃砝码。

3）开始剪切之前，切记拔去插销，否则仪器极易损坏。

6. 计算与制图

（1）按下式计算各级垂直压力下所测的抗剪强度

$$\tau_f = CR$$

式中：τ_f——土的抗剪强度（kPa）。

C——测力计率定系数（kPa/0.01mm）。

R——测力计量表读数（分度值 0.01mm）。选取出现剪应力峰值或稳定值时对应的测力计量表读数，或无明显峰值点时，剪切位移为 4mm 时对应的测力计量表读数。

需要说明的是，手轮每转一转，推动座将剪切容器下盒推动位移 0.2mm，故手轮转动 n 转时，如测力计量表读数为 R，则试样剪切位移 $\Delta l =（20n - R）\times 0.01$，单位为 mm。

（2）绘制 τ_f-σ 曲线

1）人工绘图。把试验数据点绘在以抗剪强度 τ_f 为纵坐标、垂直压力 σ 为横坐标的坐标系中（纵、横坐标必须同一比例），将数据点连成一条直线（在画这条直线时，根据最小二乘法原理尽量让落在直线两边的点大致相等就可以了），该直线在纵轴上的截距就是黏聚力 c，该直线的倾角就是土的内摩擦角 φ，如图 3.2 所示。

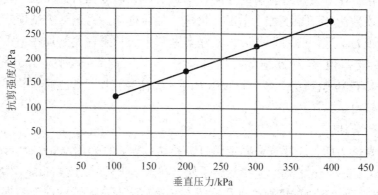

图 3.2 抗剪强度与垂直压力关系曲线

2）利用 WPS 表格软件确定土的抗剪强度指标。例如，按照表 3.1 建立工作表，在 C2 单元格输入测力计率定系数，C3：F3 输入不同的垂直压力值，C4：F4 输入与不同垂直压力相对应的破坏时测力计百分表读数，C5 单元格输入公式"＝＄C＄2＊C4"，选定 C5 单元格应用鼠标拖动复制功能拉至 F5，C6 单元格输入公式"＝INTERCEPT（C5：F5，C3：F3）"以求粘聚力，E6 单元格输入公式"＝ATAN（SLOPE（C5：F5，C3：F3））＊180/PI（ ）"以求内摩擦角，G6 单元格输入公式"＝CORREL（C5：F5，C3：F3）"以求相关系数。注意，输入公式时不带双引号。

单击"插入"中的"全部图表"，在图表类型中选择"XY 散点图"，创建散点图。之后右击已创建的散点图，点击"选择数据"选项，打开"编辑数据源"表，在"图例项（系列）"选项中点击"＋"（添加），在打开的"编辑数据系列"表中，"X 轴系列值（X）"中输入公式"＝Sheet1！＄C＄3：＄F＄3"或用鼠标选定工作表中的 4 个压力值，"Y 轴系列值（Y）"中输入公式"＝Sheet1！＄C＄5：＄F＄5"或用鼠标选定工作表中的 4 个剪力值，然后点击"确定"。注意，公式中的 Sheet1 要与所创建表格名称一致。在"编辑数据源"表中仅勾选新添加的数据系列，然后点击"确定"。然后，点击散点图，点击"图标工具"中的"添加元素"按钮，点击"趋势线"，选择"线性"，在"添加趋势线"选项中选择新添加数据系列。最后点击"确定"。图表标题和坐标轴标题等可在"添加元素"中设置。

注：相关系数或称线性相关系数、皮氏积矩相关系数（Pearson product-moment correlation coefficient，PPCC）等，是衡量两个随机变量之间线性相关程度的指标。它由卡尔·皮尔森（Karl Pearson）在 1880 年代提出。样本相关系数常用 r 表示，取值范围为 ［－1，1］，$r>0$ 表示正相关，$r<0$ 表示负相关，｜r｜表示了变量之间相关程度的高低。特殊地，$r=1$ 称为完全正相关，$r=-1$ 称为完全负相关，$r=0$ 称为不相关。通常｜r｜大于 0.8 时，认为两个变量有很强的线性相关性。

表 3.1　抗剪强度指标工作表

序号	B	C	D	E	F	G
2	测力计率定系数/（kPa/0.01mm）	2.01	试验方法		快剪	
3	压力/kPa	100	200	300	400	
4	破坏时百分表读数/0.01mm	37.5	62.8	88.5	112.5	
5	剪应力/kPa	75.375	126.228	177.885	226.125	
6	黏聚力/kPa	25.427	内摩擦角/（°）	26.7	相关系数 r	0.9999

注：在本表单元格中输入公式时，公式中单元格所在行列是按 WPS 表格软件界面中的行列序号定位的，故本表行序号从"2"起始、列序号从"B"起始，其目的是为了与 WPS 表格软件界面中的行列序号保持一致。

7. 试验记录

试验记录见表 3.2。

表 3.2　直接剪切试验记录

任务单号＿＿＿＿＿＿＿　　　　　　　　　　　　　试验者＿＿＿＿＿＿＿

试样编号＿＿＿＿＿＿＿　　　仪器编号＿＿＿＿＿＿＿　　计算者＿＿＿＿＿＿＿

试样说明＿＿＿＿＿＿＿　　　测力计率定系数＿＿＿＿＿＿＿　　校核者＿＿＿＿＿＿＿

试验方法　快剪法　　　　　　手轮转数　6r/min　　　　　试验日期＿＿＿＿＿＿＿

垂直压力/ kPa	手轮转数 n	测力计读数/ 0.01mm	剪切位移/ mm	剪切历时 t	抗剪强度/ kPa
100					
200					
300					
400					
内摩擦角 $\varphi=$			黏聚力 $c=$		kPa

8. 任务单、引导文、考核标准与项目工作单（表3.3）

表 3.3　任务单、引导文、考核标准与项目工作单

任务单

任务	采用快剪法测定工程项目钻孔土样的抗剪强度指标 c、φ
设备	环刀、凡士林、削土刀、钢丝锯、秒表、直接剪切仪
任务要求	1. 小组学习、讨论，制定工作方案，填写项目工作单中引导问题的回答。 2. 小组操作，记录和分析数据。 3. 清洁和整理操作台与实训设备，清洁水池，按规定倾倒土样废料，打扫环境卫生。 4. 整理完成项目工作单。 5. 小组展示、答辩。 6. 要求每位学生均需完成并上交项目工作单
工作流程	知识学习→制定工作方案→小组操作（按步骤操作、记录和分析数据，完成项目工作单）→决定主答、辅答同学→演讲答辩
参考资料	主教材、项目指导书、实训演示视频
注意事项	1. 控制实训关键步骤，预防安全事故和设备损坏。 2. 注重小组成员间的交流和协作。 3. 答辩时要注重条理、语言简洁

引导文

任务描述	采用快剪法测定工程项目钻孔土样的抗剪强度指标黏聚力和内摩擦角	
学习目标描述	知识目标	1. 能叙述土的强度指标黏聚力和内摩擦角（c、φ）的概念，理解其含义，建立土的状态与其指标间定性和定量的联系。 2. 能描述土的抗剪强度指标黏聚力和内摩擦角的测定方法与注意事项。 3. 能描述库仑公式，建立库仑公式与 τ_f-σ 曲线的关系。 4. 能比较黏性土在不同排水条件下的试验结果。 5. 能根据工程特点进行抗剪强度指标测定方法的选择
	能力目标	1. 能动手完成操作并经过数据计算整理，绘制出土的 τ_f-σ 曲线，确定土的 c、φ 值。 2. 锻炼自学能力、团队沟通协作能力和表述能力。 3. 通过项目任务的完成，培养环保、文明的职业素养
引导问题	1. 快剪法的操作步骤是什么？应注意什么事项？（工作方案） 2. 需要制备几个土样，做几次测定？ 3. 制备土样需注意哪些问题？ 4. 试样在备用时应如何处理？ 5. 测力计率定系数的单位是什么？ 6. 试样剪切破坏的标准是什么？ 7. 实训结束后，需要对哪些设备进行清洁整理工作？ 8. 你觉得你的工作还有哪些不清楚的地方？可能还会有什么问题？	
参考资料	教材、项目指导书、实训演示视频	

考核标准

评分内容	优	良	中	及格	不及格	成绩评定
工作方案的正确性和指导性	9~10	8~9	7~8	6~7	<6	
操作的规范性	18~20	16~18	14~16	12~14	<12	
任务是否按时完成	9~10	8~9	7~8	6~7	<6	
数据的合理性	9~10	8~9	7~8	6~7	<6	
数据分析的正确性	18~20	16~18	14~16	12~14	<12	
项目工作单完成质量	9~10	8~9	7~8	6~7	<6	
设备与环境清洁	9~10	8~9	7~8	6~7	<6	
表述能力	9~10	8~9	7~8	6~7	<6	
合计						

项目工作单

专业		班级		姓名		学号	

	1. 快剪法的操作步骤是什么？应注意什么事项？（工作方案）
引导 问题 回答	

续表

专业		班级		姓名		学号	
引导 问题 回答	2. 需要制备几个试样，做几次测定？ 3. 制备土样需注意哪些问题？ 4. 试样在备用时应如何处理？ 5. 测力计率定系数的单位是什么？ 6. 试样剪切破坏的标准是什么？ 7. 实训结束后，需要对哪些设备进行清洁整理工作？						

专业		班级		姓名		学号	

强度指标 c、φ 测定（一）

试样编号_____   仪器编号_____   班组_____

试样说明_____   测力计率定系数_____   姓名_____

测定方法___快剪法___   手轮转速___6r/min___   测定日期_____

垂直压力_____kPa   抗剪强度_____kPa

测定数据记录分析	手轮转数（n）	测力计读数/0.01mm	剪切位移/0.01mm	剪应力/kPa
	(1)	(2)	(3)＝(1)×20－(2)	(2)×c
	1			
	2			
	3			
	4			
	5			
	6			
	7			
	8			
	9			
	10			
	11			
	12			
	13			
	14			
	15			
	16			
	17			
	18			
	19			
	20			
	21			
	22			
	23			
	24			
	25			
	26			
	27			
	28			
	29			
	30			

续表

| 专业 | | 班级 | | 姓名 | | 学号 | |

强度指标 c、φ 测定（二）

试样编号_____　　仪器编号_____　　　　班组_____
试样说明_____　　测力计率定系数_____　　姓名_____
测定方法___快剪法___　　手轮转速___6r/min___　　测定日期_____

垂直压力_____kPa　抗剪强度_____kPa

手轮转数（n）	测力计读数/0.01mm	剪切位移/0.01mm	剪应力/kPa
(1)	(2)	(3)＝(1)×20－(2)	(2)×c
1			
2			
3			
4			
5			
6			
7			
8			
9			
10			
11			
12			
13			
14			
15			
16			
17			
18			
19			
20			
21			
22			
23			
24			
25			
26			
27			
28			
29			
30			

测定数据记录分析

专业		班级		姓名		学号	

强度指标 c、φ 测定（三）

试样编号＿＿＿＿＿　　　　仪器编号＿＿＿＿＿　　　　　　班组＿＿＿＿＿

试样说明＿＿＿＿＿　　　　测力计率定系数＿＿＿＿＿　　　姓名＿＿＿＿＿

测定方法　快剪法　　　　　手轮转速　6r/min　　　　　　测定日期＿＿＿＿＿

垂直压力＿＿＿kPa　抗剪强度＿＿＿kPa

手轮转数（n）	测力计读数/ 0.01mm	剪切位移/0.01mm	剪应力/kPa
(1)	(2)	(3)＝(1)×20−(2)	(2)×c
1			
2			
3			
4			
5			
6			
7			
8			
9			
10			
11			
12			
13			
14			
15			
16			
17			
18			
19			
20			
21			
22			
23			
24			
25			
26			
27			
28			
29			
30			

测定数据记录分析

专业		班级		姓名		学号	

强度指标 c、φ 测定（四）

试样编号＿＿＿＿＿　　仪器编号＿＿＿＿＿　　　　　　班组＿＿＿＿＿

试样说明＿＿＿＿＿　　测力计率定系数＿＿＿＿＿　　　姓名＿＿＿＿＿

测定方法　快剪法　　　手轮转速　6r/min　　　　　　　测定日期＿＿＿＿＿

垂直压力＿＿＿＿kPa　抗剪强度＿＿＿＿kPa

测定数据记录分析	手轮转数（n）	测力计读数/0.01mm	剪切位移/0.01mm	剪应力/kPa
	(1)	(2)	(3)＝(1)×20－(2)	(2)×c
	1			
	2			
	3			
	4			
	5			
	6			
	7			
	8			
	9			
	10			
	11			
	12			
	13			
	14			
	15			
	16			
	17			
	18			
	19			
	20			
	21			
	22			
	23			
	24			
	25			
	26			
	27			
	28			
	29			
	30			

续表

专业		班级		姓名		学号	

强度指标 c、φ 测定（五）

试样编号_____ 　　仪器编号_____ 　　　　班组_____

试样说明_____ 　　测力计率定系数_____ 　姓名_____

测定方法___快剪法___ 　手轮转速___6r/min___ 　　测定日期_____

垂直压力/ kPa	手轮转数（n）	测力计读数/ 0.01mm	剪切位移/ mm	剪切历时/ min	抗剪强度/ kPa
100					
200					
300					
400					
内摩擦角 $\varphi=$			黏聚力 $c=$		kPa

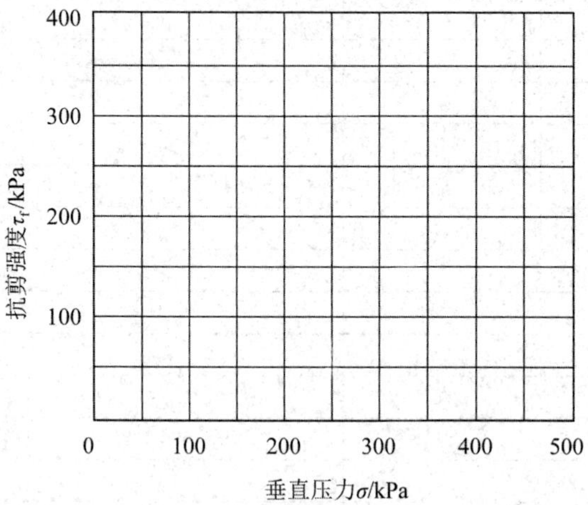

抗剪强度与垂直压力关系曲线

1. 根据什么定律确定土的抗剪强度指标？简述该定律。

2. 快剪法适用于什么土质？

续表

专业		班级		姓名		学号	

| 思考问题 | 3. 土的强度是定值吗？说明原因。

4. 影响土的抗剪强度指标 c、φ 的因素是什么？

5. 你觉得你的工作还有哪些不清楚的地方？可能还会有什么问题？

6. 你对本项目教学的意见和建议。 |

项目4 某工程回填土最大干密度的测定（击实法）

1. 指标含义与试验目的

在一定的压实功作用下，使土最容易被压实，并能达到最大密实度时的含水率，称为土的最优含水率 w_{op}，相应的干密度则称为最大干密度 ρ_{dmax}。

本试验的目的是用标准的击实方法，测定土的密度与含水率的关系，从而确定土的最大干密度与最优含水率。它们是控制路堤、土坝和填土地基等密实度的重要指标。

击实试验适用于粒径小于20mm的土。

2. 试验方法与原理

本试验采用轻型击实仪进行击实试验。土的压实程度与含水率、压实功和压实方法有密切的关系。当压实功和压实方法不变时，土的干密度随含水率增加而增加，但当含水率增加到一定程度时，干密度将达到最大值，此时如含水率继续增加，干密度反而减小。

3. 仪器设备

1）轻型击实仪：由击实筒、击实锤和导筒等组成。锤质量2.5kg，锤底直径51mm，落高305mm，击实筒内径102mm，筒高116mm，容积947.4cm³，护筒高度50mm，如图4.1所示。

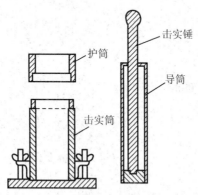

图4.1 轻型击实仪示意图

2）天平：称量200g，分度值0.01g。

3）台称：称量10kg，分度值1g。

4）标准筛：孔径25mm、5mm。

5）其他：烘箱、喷水设备、碾土器、盛土器、推土器、修土刀等。

4. 操作步骤

（1）试样制备

分为干法制备和湿法制备两种。

1）干法制备方法如下：

① 用四点分法取约 20kg 代表性风干土样，放在橡皮板上用木碾碾散，也可用碾土器碾散。

② 过 5mm 筛或 20mm 筛，将筛下土样拌匀，并测定土样的风干含水率。

③ 根据土的塑限预估最优含水率，并制备 5 个不同含水率的一组试样，相邻 2 个含水率的差值宜为 2%。其中 2 个试样的含水率大于塑限，2 个试样的含水率小于塑限，1 个试样的含水率接近塑限。

制备试样所需加水量应按下式计算，即

$$m_{\text{w}} = \frac{m_0}{1 + 0.01 w_0} \times 0.01 \, (w_1 - w_0)$$

式中：m_{w}——土样所需加水量（g）；

m_0——风干土（或湿土）质量（g）；

w_0——风干土（或湿土）含水率（%）；

w_1——制备要求的含水率（%）。

按预定含水率制备试样时，将约 2.5kg 试样平铺于不吸水的盛土盘内，按预定含水率用喷水设备往土样上均匀喷洒所需加水量，拌匀并装入塑料袋内或密封于盛土容器内静置备用。静置时间分别为：高液限黏土不得少于 24h，低液限黏土可酌情缩短，但不应少于 12h。

2）湿法制备方法如下：

① 取天然含水率的代表性土样约 20kg，碾散。

② 过 5mm 筛或 20mm 筛，将筛下土样拌匀，并测定土样的天然含水率。

③ 根据土的塑限预估最优含水率，同干法制备一样，制备 5 个不同含水率的一组试样。制备时分别风干或加水到所要求的不同含水率。制备好的土样水分应均匀分布。

（2）分层击实

1）将击实仪平稳置于刚性地面基础上，击实筒内壁和底板涂一薄层润滑油，连接好击实筒与底板，安装好护筒。检查仪器各部件及配套设备的性能是否正常，并做好记录。

2）从制备好的一份试样中称取一定量土料（2～5kg），分 3 层或 5 层倒入击实筒内并将土面整平，分层击实。手工击实时，应保证使击锤自由铅直下落，锤击点必须均匀分布于土面上；机械击实时，可将定数器拨到所需的击数处，按动电钮进行击实。每层击数为 25 击，击实后的每层试样高度应大致相等，两层交接面的土面应刨毛。击实完成后，超出击实筒顶的试样高度应小于 6mm。

（3）称土质量

用修土刀沿护筒内壁削挖后，扭动开取下护筒，测出超高数据，应取多个测值取平均数，准确至0.1mm。沿击实筒顶细心修平试样，拆除底板。试样底面超出筒外时，应修平。擦净筒外壁，称量，准确至1g，用以计算试样的湿密度。

（4）测定含水率

用推土器从击实筒内推出试样，从试样中心处取2个一定量的土料，细粒土为15～30g，含粗粒土为50～100g。平行测定土的含水率，称量准确至0.01g，两个含水率的最大允许差值应为±1%。

（5）不同含水率试样试验

按上述（2）～（4）步骤对其他不同含水率的试样进行击实，一般不重复使用土样。

5. 注意事项

1）试验前，击实筒内壁和底板需涂一层润滑油。

2）两层交界处的土面应刨毛，以使层与层之间压密。

6. 计算与制图

（1）计算击实后各试样的干密度（计算至0.01g/cm³）

$$\rho_d = \frac{\rho}{1+0.01w}$$

式中：ρ——试样的湿密度（g/cm³）；

　　　w——试样的含水率（%）。

（2）计算土的饱和含水率

$$w_{sat} = \left(\frac{\rho_w}{\rho_d} - \frac{1}{G_s}\right) \times 100$$

式中：w_{sat}——试样的饱和含水率（%）；

　　　ρ_w——温度4℃时水的密度（g/cm³）；

　　　ρ_d——试样的干密度（g/cm³）；

　　　G_s——土颗粒相对密度。

（3）绘制击实曲线

以干密度为纵坐标，含水率为横坐标，绘制干密度与含水率的关系曲线，即为击实曲线。曲线峰值点的纵、横坐标分别为击实试样的最大干密度和最优含水率。当曲线不能绘出峰值点时，应进行补点，土样不宜重复使用。

计算各个干密度下的饱和含水率。以干密度为纵坐标，含水率为横坐标，在击实曲线的图中绘制出饱和曲线，用以校正击实曲线，如图4.2所示。

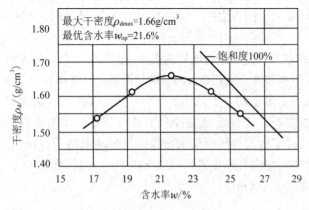

图4.2　黏性土的击实曲线

7. 试验记录

试验记录见表 4.1。

表 4.1 击实试验记录

任务单号_____   土粒相对密度_____   试验者_____
试样编号_____   风干含水率_____   计算者_____
试验日期_____   击实筒体积_____   校核者_____

试验序号	筒加试样质量/g	筒质量/g	试样质量/g	湿密度/(g/cm³)	干密度/(g/cm³)	盒号	称量盒加湿土质量/g	称量盒加干土质量/g	称量盒质量/g	水分质量/g	干土质量/g	含水率/%	平均含水率/%	超高/mm
	(1)	(2)	(3)	(4)	(5)		(6)	(7)	(8)	(9)	(10)	(11)	(12)	
			$(1)-(2)$	$\dfrac{(3)}{V}$	$\dfrac{(4)}{1+0.01(12)}$					$(6)-(7)$	$(7)-(8)$	$\dfrac{(9)}{(10)}\times100$		
1														
2														
3														
4														
5														

最大干密度 $\rho_{dmax}=$ g/cm³   最优含水率 $w_{op}=$ %

8. 任务单、引导文、考核标准与项目工作单（表 4.2）

表 4.2　任务单、引导文、考核标准与项目工作单

	任务单
任务	采用轻型击实仪测定工程项目填方土样的土性指标最大干密度 ρ_{dmax}
设备	轻型击实仪、天平、台称、标准筛、烘箱、喷水设备、碾土器、盛土器、推土器、修土刀等
任务要求	1. 小组学习、讨论，制定工作方案，完成项目工作单中引导问题的回答。 2. 小组操作，记录和分析数据。 3. 清洁和整理操作台与实训设备，清洁水池，按规定倾倒土样废料，打扫环境卫生。 4. 整理完成项目工作单。 5. 小组展示、答辩。 6. 要求每位学生均需完成并上交项目工作单
工作流程	知识学习→制定工作方案→小组操作（按步骤操作、记录和分析数据，完成项目工作单）→决定主答、辅答同学→演讲答辩
参考资料	主教材、项目指导书、实训演示视频
注意事项	1. 控制实训关键步骤，预防安全事故和设备损坏。 2. 注重小组成员间的交流和协作。 3. 答辩时要注重条理、语言简洁

引导文		
任务描述		采用轻型击实仪测定工程项目填方土样的土性指标最大干密度 ρ_{dmax}
学习目标描述	知识目标	1. 能叙述和解释最优含水率与最大干密度的概念，建立填土密实度与土的干密度之间的定性和定量的联系。 2. 能描述轻型击实仪的构造。 3. 能描述最大干密度测定的方法和注意事项
	能力目标	1. 能动手完成最大干密度的测定并找到相应的最优含水率。 2. 锻炼自学能力、团队沟通协作能力和表述能力。 3. 通过项目任务的完成，培养环保、文明的职业素养
引导问题		1. 轻型击实仪的操作步骤是什么？应注意什么？（工作方案） 2. 需要制备几个土样，做几次测定？ 3. 土样的含水率如何控制？ 4. 制备土样需注意的事项有哪些？ 5. 击实筒的容积是多少？ 6. 实训结束后，应对哪些设备进行清洁整理工作？ 7. 你觉得你的工作还有哪些不清楚的地方？可能还会有什么问题？
参考资料		教材、项目指导书、实训演示视频

考核标准						
评分内容	优	良	中	及格	不及格	成绩评定
工作方案的正确性和指导性	9～10	8～9	7～8	6～7	<6	
操作的规范性	18～20	16～18	14～16	12～14	<12	
任务是否按时完成	9～10	8～9	7～8	6～7	<6	
数据的合理性	9～10	8～9	7～8	6～7	<6	
数据分析的正确性	18～20	16～18	14～16	12～14	<12	
项目工作单完成质量	9～10	8～9	7～8	6～7	<6	
设备与环境清洁	9～10	8～9	7～8	6～7	<6	
表述能力	9～10	8～9	7～8	6～7	<6	
合计						

续表

项目工作单

专业		班级		姓名		学号	

1. 轻型击实仪的操作步骤是什么？应注意什么？（工作方案）

引导
问题
回答

专业		班级		姓名		学号	

引导
问题
回答

2. 需要制备几个土样，做几次测定？

3. 土样的含水率如何控制？

4. 制备土样需注意的事项有哪些？

5. 击实筒的容积是多少？

6. 实训结束后，应对哪些设备进行清洁整理工作？

续表

专业		班级		姓名		学号	

最大干密度测定（击实法）

试样编号_____　　　土粒相对密度_____　　　班组_____

试样类别_____　　　风干含水率_____　　　姓名_____

击实筒容积_____　　　每层击数_____　　　测定日期_____

	试验点号	1	2	3	4	5	6	7
干密度	筒加湿土质量/g							
	筒质量/g							
	试样质量/g							
	湿密度/(g/cm³)							
	干密度/(g/cm³)							
含水率	盒号							
	称量盒加湿土质量/g							
	称量盒加干土质量/g							
	称量盒质量/g							
	水分质量/g							
	干土质量/g							
	含水率/%							
	平均含水率/%							
	超高/mm							

最大干密度 $\rho_{dmax}=$ _____ g/cm³　　　最优含水率 $w_{op}=$ _____ %

（测定数据记录分析）

含水率 $w/\%$

干密度 $\rho_d/(g/cm^3)$

最大干密度 ρ_{dmax} _____ g/cm³　　　最优含水率 $w_{op}=$ _____ %

干密度与含水率关系曲线

专业		班级		姓名		学号	

| 思考
问题 | 1. 为什么击实完成后，超出击实筒顶的试样高度应小于 6mm?

2. 为什么要在击实曲线图中绘制饱和曲线?

3. 你觉得你的工作还有哪些不清楚的地方? 可能还会有什么问题?

4. 你对本项目教学的意见和建议。 |

项目5 岩土工程勘察报告的阅读训练

任务单、考核标准与项目工作单见表 5.1。

表 5.1 任务单、考核标准与项目工作单

任务单	
任务	通过对拟建工程岩土工程勘察报告（详勘报告）的阅读，获得工程施工所需相关地基土的信息
工程状况	详见教师提供的工程图纸、岩土工程勘察报告及相关文件
任务要求	1. 小组讨论任务单所提问题及要求，判断应从哪里查找相关信息，并通过查找信息、分析信息后得出结论，填写项目工作单。 2. 小组展示、答辩。 3. 整理完成项目工作单。 4. 要求每位学生均需完成并上交项目工作单
工作流程	知识学习→小组操作（查阅资料，讨论得出结论，梳理思路、整理依据）→决定主答、辅答同学→演讲答辩
参考资料	主教材、岩土工程勘察报告及相关文件
注意事项	1. 注重小组成员间的交流和协作。 2. 答辩时要注重条理、语言简洁
需获得的岩土工程信息	1. 本工程基底以上土层分几层？自上而下分别为何种土质？厚度为多少？ 2. 基坑稳定性分析需要土的强度指标，本工程基底以上各土层的黏聚力和内摩擦角分别是多少？ 3. 基础设计时，需要知道持力层的承载力和主要受力层的压缩性指标，本工程持力层的地基承载力特征值是多少？基底以下 15m 范围内各层土的压缩模量是多少？ 4. 本工程地下水是什么种类？建筑场地地下水的水位是什么状况？ 5. 基坑降水计算需要土层的渗透系数，请问第 2 层、第 3 层、第 4 层土的渗透系数分别是多少？ 6. 本工程地下水对建筑材料是否有腐蚀性？ 7. 土方开挖需了解土层的软硬状态，描述本工程基底以上各黏性土层的软硬状态（稠度状态）和各无黏性土层密实状况。 8. 对照勘察报告附件图表，用所给参数验证第 2 层、第 3 层土的软硬状态是否正确。 9. 场地土是否为可液化土？ 10. 描述场地和地基的稳定性评价。 注：1. 各小组训练采用不同的工程。 　　2. 针对工程特殊性，可提出相应有针对性的训练问题，如膨胀土的胀缩性等级

续表

考核标准

评分内容	优	良	中	及格	不及格	成绩评定
工程信息搜集的准确性	27~30	24~27	21~24	18~21	<18	
理由论述的充分性	27~30	24~27	21~24	18~21	<18	
表述能力	18~20	16~18	14~16	12~14	<12	
项目工作单完成质量	18~20	16~18	14~16	12~14	<12	

合计

项目工作单

专业		班级		姓名		学号	

问题回答

1. 本工程基底以上土层分几层？自上而下分别为何种土质？厚度为多少？

2. 基坑稳定性分析需要土的强度指标，本工程基底以上各土层的黏聚力和内摩擦角分别是多少？

3. 基础设计时，需要知道持力层的承载力和主要受力层的压缩性指标，本工程持力层的地基承载力特征值是多少？基底以下 15m 范围内各层土的压缩模量是多少？

4. 本工程地下水是什么种类？建筑场地地下水的水位是什么状况？

专业		班级		姓名		学号	
问题回答		5. 基坑降水计算需要土层的渗透系数，请问第2层、第3层、第4层土的渗透系数分别是多少？					
		6. 本工程地下水对建筑材料是否有腐蚀性？					
		7. 土方开挖需了解土层的软硬状态，描述本工程基底以上各黏性土层的软硬状态（稠度状态）和各无黏性土层密实状况。					
		8. 对照勘察报告附件图表，用所给参数验证第2层、第3层土的软硬状态是否正确。					

专业		班级		姓名		学号	
问题 回答	9. 场地土是否为可液化土？ 10. 描述场地和地基的稳定性评价。						
思考 问题	1. 你觉得你的工作还有哪些不清楚的地方？可能还会有什么问题？ 2. 你对本项目教学的意见和建议。						

项目6 某工程墙下条形基础的设计

1. 天然地基上浅基础的设计内容及一般步骤

1) 在充分掌握拟建场地工程地质条件的基础上，结合建筑特点，综合考虑选择基础类型、平面布置及埋深。

2) 按地基承载力确定基础底面尺寸。

3) 进行必要的地基变形和稳定性验算。

4) 进行基础结构的内力分析和截面设计，并绘制基础施工图。

2. 无筋扩展基础构造

无筋扩展基础又称刚性基础，是指由砖、毛石、混凝土或毛石混凝土、灰土和三合土等材料组成的不配置钢筋的墙下条形基础或柱下独立基础，适用于多层民用建筑和轻型厂房。详见教材 5.2 节。

需注意以下问题：

1) 山区或有毛石的地区可采用毛石基础，但平原地区多采用灰土基础；

2) 注意基础所用砌体材料的种类和最低强度等级要求，不能采用混合砂浆；

3) 灰土厚度多采用 2~3 步，太厚则不经济，并有可能存在不容易满足埋深要求的问题；

4) 灰土早期强度低、抗水性差、抗冻性也较差，尤其在水中硬化很慢，故常用于地下水位以上、冰冻线以下的土层；

5) 有关基础埋深选择的要求详见教材 5.3 节。需认真分析地基勘察报告中各土层特点与分布，以及地下水情况，再结合建筑特点、拟选基础类型，综合确定基础埋深。

3. 墙下钢筋混凝土条形基础构造

这类基础的抗弯和抗剪性能好，不受台阶宽高比的限制，因此可以做到"宽基浅埋"。构造要求详见教材 7.3 节。

需注意以下问题：

1) 基础宽度为钢筋混凝土底板尺寸，不包括垫层挑出宽度；

2) 在满足安全和使用的前提下，尽量浅埋，以方便施工、降低造价。

4. 荷载统计及作用效应代表值的取值

荷载统计包括恒荷载和活荷载。将楼板和屋面板的荷载分解到承重墙上并扩散至基础顶面，以均布线荷载计算，单位为 kN/m。

需注意以下问题：

1) 荷载统计要全，不能丢项。楼板和墙体抹灰、外墙保温、屋面分层做法等均应统计在内。

2) 常用材料和构件单位体积的自重可按《建筑结构荷载规范》(GB 50009—2012) 附录 A 要求采用；楼 (屋) 面上活荷载按《建筑结构荷载规范》(GB 50009—2012) 中 "5 楼面和屋面活荷载" 取值；雪荷载按《建筑结构荷载规范》(GB 50009—2012) 中 "7 雪荷载" 取值。

3) 不同情况下需采用不同的作用效应代表值。按地基承载力确定基础底面积及埋深时，传至基础底面上的作用效应应按正常使用极限状态下作用的标准组合确定；计算地基变形时，传至基础底面上的作用效应应按正常使用极限状态下作用的准永久组合确定，不应计入风荷载和地震作用；在确定基础高度、计算基础内力、确定配筋和验算材料强度时，上部结构传来的作用效应和相应的基底反力，应按承载能力极限状态下作用的基本组合确定，采用相应的分项系数。

① 正常使用极限状态下，标准组合的作用效应设计值 S_k 应按下式确定，即

$$S_k = S_{Gk} + S_{Q1k} + \Psi_{c2} S_{Q2k} + \cdots + \Psi_{ci} S_{Qik} \tag{6.1}$$

式中：S_{Gk}——永久作用标准值 G_k 的效应；

　　　S_{Qik}——第 i 个可变作用标准值 Q_{ik} 的效应；

　　　Ψ_{ci}——第 i 个可变作用 Q_i 的组合值系数，按《建筑结构荷载规范》(GB 50009—2012) 表 5.1.1、表 5.3.1 取值。

② 准永久组合的作用效应设计值 S_k 应按下式确定，即

$$S_k = S_{Gk} + \Psi_{q1} S_{Q1k} + \Psi_{q2} S_{Q2k} + \cdots + \Psi_{qi} S_{Qik} \tag{6.2}$$

式中：Ψ_{qi}——第 i 个可变作用 Q_i 的准永久值系数，按《建筑结构荷载规范》(GB 50009—2012) 表 5.1.1、表 5.3.1 取值。

③ 承载能力极限状态下，由可变作用控制的基本组合的作用效应设计值 S_d，应按下式确定，即

$$S_d = \gamma_G S_{Gk} + \gamma_{Q1} S_{Q1k} + \gamma_{Q2} \Psi_{c2} S_{Q2k} + \cdots + \gamma_{Qi} \Psi_{ci} S_{Qik} \tag{6.3}$$

式中：γ_G——永久作用的分项系数，按《建筑结构荷载规范》(GB 50009—2012) 的规定取值，规范规定：a. 当永久荷载效应对结构不利时，对由可变荷载效应控制的组合应取 1.2，对由永久荷载效应控制的组合应取 1.35；b. 当永久荷载效应对结构有利时，不应大于 1.0。

　　　γ_{Qi}——第 i 个可变作用的分项系数，按《建筑结构荷载规范》(GB 50009—2012) 的规定取值，规范规定：a. 对标准值大于 $4 kN/m^2$ 的工业房屋楼面结构的活荷载，应取 1.3；b. 其他情况，应取 1.4。

④ 承载能力极限状态下，对由永久作用控制的基本组合，也可采用简化规则，基本组合的效应设计值 S_d 可按下式确定，即

$$S_d = 1.35 S_k \tag{6.4}$$

5. 基础底面尺寸的确定

确定基础底面尺寸时，首先应满足地基承载力要求，包括持力层土的承载力计算

和软弱下卧层的验算；其次，对部分建（构）筑物，仍需考虑地基变形的影响，验算建（构）筑物的变形特征值，并对基础底面尺寸做必要的调整。该部分详见教材7.1节。

需注意以下问题：

1）计算基础自重和基础上的土重G_k时，基础埋深取基础两侧平均埋深值；此时，基础埋深与地基承载力特征值修正公式中的基础埋深取值不同，需注意区分。

2）如出现软弱下卧层，下卧层地基承载力特征值仅需进行深度修正，而不进行宽度修正。

6. 墙下刚性条形基础剖面设计

详见教材7.2节。

需注意以下问题：

1）基础刚性角是指用基础台阶的宽高比控制的应力在基础材料中扩散的最大角度限值。实际设计的基础台阶宽高比不能大于所用材料的台阶宽高比允许值。需要强调的是，它是台阶的"宽高比"而不是"高宽比"。

2）基础大放脚砌筑方法应满足所用砌体材料的构造要求，以达到安全和经济的目的。

7. 墙下钢筋混凝土条形基础剖面设计

墙下钢筋混凝土条形基础剖面设计计算内容主要包括基础底板厚度和基础底板配筋。基础底板厚度和配筋是通过基础斜截面剪切破坏验算和弯曲破坏验算来确定的。计算方法详见教材7.3节。

需注意以下问题：

1）计算基础内力时，墙下钢筋混凝土条形基础的受力情况如同一个倒置的悬臂板。此时，施加在基础底板上的反力p_n是相应于承载能力极限状态，在上部结构荷载效应基本组合F（kN/m）作用下，在基底产生的净反力（不包括基础自重和基础台阶上回填土重所引起的反力）。

2）墙体材料不同时，验算截面的位置也不同。当墙体材料为混凝土时，验算截面取至墙体放脚外边缘处，即底板悬挑长度b_1处；如为砖墙，且放脚不大于1/4砖长时，验算截面（I—I截面）取至底板悬挑长度$b_1 + 1/4$砖长处，如图6.1所示。

8. 纵、横向基础交接处基础底板重叠面积的处理

纵、横向基础交接处基础底板重叠面积需通过加宽纵、横向基础宽度的方法加以补充。对墙下条形基础一般是将重叠面积按照纵向和横向基底面积的比例对应分配至纵、横向基础上。

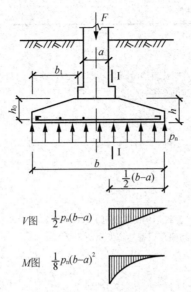

图 6.1　砖墙下钢筋混凝土基础受力分析

9. 任务单、引导文、考核标准与项目工作单（表 6.1）

表 6.1　任务单、引导文、考核标准与项目工作单

任务单	
任务	针对 2 层砖混结构办公楼，设计拟建建筑工程项目的墙下条形基础（灰土基础和钢筋混凝土基础），并绘制基础剖面图。基础轴线由教师指定
工程状况	详见教师提供的工程图纸、岩土工程勘察报告及相关文件
任务要求	1. 学生阅读并学习工程资料，搜集相关信息，回答项目工作单中引导问题，小组讨论形成设计方案。 2. 计算、设计、绘制基础剖面图，填写项目工作单。 3. 小组展示、答辩。 4. 整理完成项目工作单。 5. 要求每位学生均需完成并上交项目工作单

续表

工作流程	知识学习→小组操作（查阅资料，讨论得出设计方案，计算、设计、绘图，梳理思路、整理依据）→决定主答、辅答同学→演讲答辩
参考资料	主教材、项目指导书、《建筑结构荷载规范》（GB 50009—2012）、相关国家建筑标准设计图集。有条件的可参观基础实物模型或基础施工现场
注意事项	1. 注重小组成员间的交流和协作。 2. 答辩时要注重条理、语言简洁

引导文		
任务描述		针对 2 层砖混结构办公楼，设计拟建建筑工程项目的墙下条形基础（灰土基础和钢筋混凝土基础），并绘制基础剖面图。基础轴线由教师指定
学习目标描述	知识目标	1. 能描述基础设计的步骤和地基、基础的受力状况。 2. 能描述灰土基础、钢筋混凝土墙下条形基础的构造。 3. 能描述荷载代表值的类型和地基承载力特征值修正公式中各参数的含义。 4. 能描述基础底面积计算公式中各参数的含义。 5. 能描述影响基础埋深的因素。 6. 能理解刚性角的含义，知晓基础对砌体材料的要求。 7. 能描述钢筋混凝土墙下条形基础设计内容和计算公式中各参数的含义
	能力目标	1. 具备初步的基础方案选择能力。 2. 能独立完成墙下条形基础的设计，绘制基础剖面图。 3. 通过项目任务的完成，培养学生的自学能力、团队协作精神。 4. 锻炼团队沟通协作能力和表述能力

续表

引导问题	1. 基础埋深初定为多少？ 2. 持力层是第几层土？地基承载力特征值是多少？ 3. 拟设计的墙基础是轴心受压还是偏心受压？ 4. 计算公式中哪些地方用到了基础埋深？应该分别如何确定？ 5. 根据计算出的基础宽度，如何确定该基础是采用灰土基础还是采用钢筋混凝土基础？ 6. 基础的构造措施有哪些？ 7. 你能有条理地叙述基础设计的过程和理由吗？ 8. 你觉得你的工作还有哪些不清楚的地方？可能还会有什么问题？
参考资料	教材、项目指导书、《建筑结构荷载规范》（GB 50009—2012）、相关国家建筑标准设计图集。 有条件的可利用基础实物模型或基础施工现场

考核标准

评分内容	优	良	中	及格	不及格	成绩评定
工程信息搜集的准确性	18~20	16~18	14~16	12~14	<12	
设计的合理性	27~30	24~27	21~24	18~21	<18	
基础剖面图的规范性	27~30	24~27	21~24	18~21	<18	
表述能力	9~10	8~9	7~8	6~7	<6	
项目工作单完成质量	9~10	8~9	7~8	6~7	<6	
合　计						

项目工作单

专业		班级		姓名		学号	
引导 问题 回答	1. 基础埋深初定为多少？						

专业		班级		姓名		学号	

引导问题回答	2. 持力层是第几层土？地基承载力特征值是多少？ 3. 拟设计的墙基础是轴心受压还是偏心受压？

续表

专业		班级		姓名		学号	
引导问题回答	4. 计算公式中哪些地方用到了基础埋深？应该分别如何确定？ 5. 根据计算出的基础宽度，如何确定该基础是采用灰土基础还是采用钢筋混凝土基础？						

专业		班级		姓名		学号	

引导 问题 回答	6. 基础的构造措施有哪些？
基础 设计 过程	

专业		班级		姓名		学号	

基础设计过程	
思考问题	1. 你能有条理地叙述基础设计的过程和理由吗？

专业		班级		姓名		学号	
思考问题	2. 你觉得你的工作还有哪些不清楚的地方？可能还会有什么问题？ 3. 你对本项目教学的意见和建议。						

10. 参考工程相关设计条件及说明

（1）工程概况

1）本工程为砖混结构住宅建筑，共两层，建筑面积为 262.46m^2。

2）楼面与屋面为全现浇钢筋混凝土结构，除了③～⑤轴间起居厅部位楼（屋）面板厚度为 110mm 外，其他部位楼（屋）面板厚度均为 90mm，楼梯板厚度为 110mm；±0.000 标高以上墙体采用 MU10 煤矸石烧结多孔砖、M5.0 混合砂浆砌筑，±0.000 标高以下墙体采用 MU10 实心煤矸石砖、M7.5 水泥砂浆砌筑；钢筋采用 HRB400 钢筋；基础底板采用 C30 混凝土，其他钢筋混凝土构件采用 C20 混凝土。

3）施工图中所标注尺寸均以毫米为单位，标高均以米为单位，地面、楼面、楼梯平台所标注标高均为建筑标高，屋面标高为结构板面标高。

（2）工程做法

1）围护结构。外墙均做 40mm 厚 FTC 保温砂浆，外墙面层刷涂料。FTC 保温砂浆密度为 320kg/m^3。外窗为中空玻璃铝合金窗。

2）楼地面、墙面、顶棚、屋面做法可参照国家或当地建设标准设计图集，由学生或教师选定。

（3）建筑施工图

门窗表见表 6.2，一层平面图如图 6.2 所示，二层平面图如图 6.3 所示，立面图如图 6.4 所示，1—1 剖面图如图 6.5 所示。

表 6.2　门窗表

类型	设计编号	洞口尺寸/mm	数量		
			一层	二层	合计
门	M0924	900×2400	6	6	12
	M2427	2400×2700	1		1
窗	C1508	1500×800	4	4	8
	C1818	1800×1800	2	2	4
	C2418	2400×1800		1	1

（4）地质状况

建议采用由教师选定的真实的岩土工程详细勘察报告，由学生自主查找需要的地质参数。以下给出两个地质状况参考样本。

1）样本一。第一层杂填土，厚度为 0.5m，重度为 17.5kN/m^3；第二层粉土，厚度为 4.8m，重度为 19.6kN/m^3，孔隙比 $e=0.75$，液性指数 $I_L=0.89$，承载力特征值 $f_{ak}=100$kPa。

场地地下水稳定水位埋深 3.0m，属上层滞水。

2）样本二。第一层杂填土，厚度为 0.5m，重度为 18kN/m^3；第二层粉质黏土，厚度为 4.2m，重度为 19.8kN/m^3，孔隙比 $e=0.635$，液性指数 $I_L=0.18$，承载力特征值 $f_{ak}=110$kPa。

场地地下水稳定水位埋深 7.8m，属上层滞水。

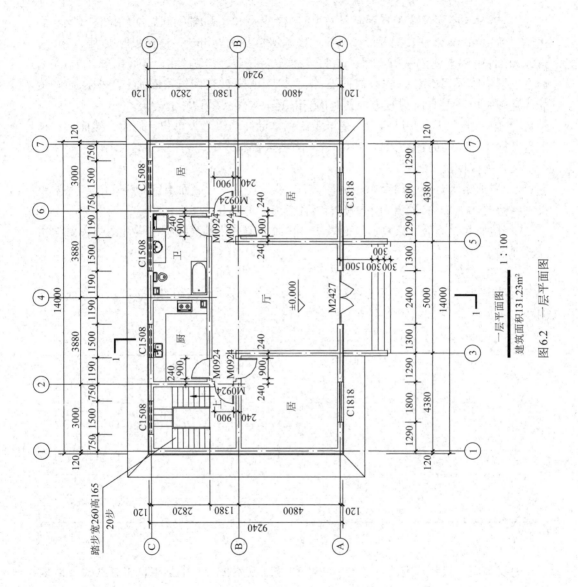

一层平面图　1 : 100
建筑面积131.23m²

图6.2　一层平面图

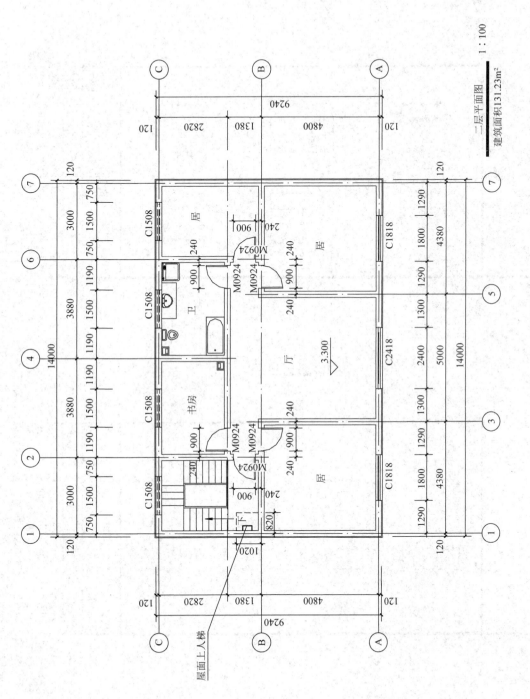

图6.3 二层平面图

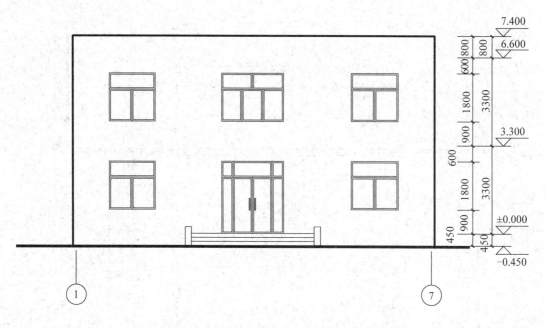

南立面　1∶100

北立面　1∶100

图 6.4　立面图

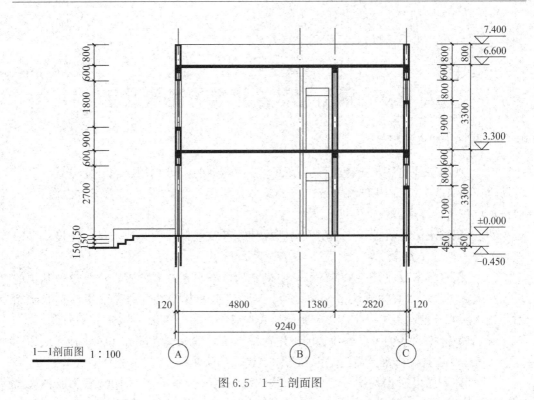

1—1剖面图 1:100

图 6.5 1—1 剖面图

项目7 某工程基坑边坡方案的制定

1. 基坑边坡设计规定

1）当场地条件允许，并经验算能保证边坡稳定性时，可采用放坡开挖方式。多级放坡时应同时验算各级边坡和多级边坡的整体稳定性，坡脚附近有局部坑内深坑时，应按深坑深度验算边坡稳定性。

2）应根据土层性质、开挖深度、荷载等计算确定坡体坡度、放坡平台宽度；多级放坡开挖的基坑，坡间放坡平台宽度不宜小于 3.0m。

3）无截水帷幕放坡开挖基坑采取降水措施的，降水系统宜设置在单级放坡基坑的坡顶，或多级放坡基坑的放坡平台和坡顶。当设置截水帷幕时，帷幕底部应进入到相对不透水层或开挖面以下一定深度。地下水位应降至基底下 0.5～1.0m。

4）放坡开挖的基坑应在坡顶和坡脚设置排水沟，排水沟宜设置在距坡脚和坡顶不小于 0.5m 的位置，排水沟需设置内部防水，沟内的明水需及时排出。

5）坡体表面可根据基坑开挖深度、基坑暴露时间、土质条件等情况采取护坡措施，护坡宜采用现浇钢筋混凝土，也可采用钢筋网喷射混凝土或钢筋网水泥砂浆等方式。护坡面层宜扩展至坡顶和坡脚一定的距离，坡顶可与施工道路相连，坡脚可与垫层相连。

6）现浇钢筋混凝土和钢筋网喷射混凝土护坡面层的厚度不宜小于 50mm，混凝土强度等级不应低于 C20，面层钢筋应双向设置，钢筋直径不宜小于 6mm，间距不宜大于 250mm。钢筋网水泥砂浆护坡面层的厚度不宜小于 30mm，砂浆强度等级不宜低于 M5，垂直于坡面的插筋间距不宜大于 1.0m。

7）边坡位于浜填土区域，应采用土体加固等措施后方可进行放坡开挖。

8）放坡开挖基坑的坡顶及放坡平台的施工荷载应符合设计要求。坑顶不宜堆土或存有堆载（材料或设备），遇有不可避免的附加荷载时，在进行边坡稳定性验算时应计入附加荷载的影响。基坑边缘堆置土方和建筑材料，或沿挖方边缘移动运输工具和机械时，一般应距基坑上部边缘不少于 2m，堆置高度不应超过 1.5m。在垂直的坑壁边，此安全距离还应适当加大。

2. 基坑边坡坡度规定

挖方边坡坡度应根据使用时间（临时或永久性）、土的种类、物理力学性质（内摩擦角、黏聚力、密度、湿度）、水文情况等确定。对使用时间较长的临时性挖方边坡坡度，应根据工程地质和边坡高度，结合当地实践经验确定。

土质边坡的坡度允许值应根据工程经验，按工程类比的原则并结合已有稳定边坡的坡率值分析确定。当无工程经验且土质均匀良好、地下水不丰富、无不良地质作用和地质环境条件简单时，边坡坡度允许值可按表 7.1 确定。

表 7.1　土质边坡坡度允许值

土的类别	密实度或状态	坡度允许值（高宽比）	
		坡高在 5m 以内	坡高为 5～10m
碎石土	密实	(1∶0.50) ～ (1∶0.35)	(1∶0.75) ～ (1∶0.50)
	中密	(1∶0.75) ～ (1∶0.50)	(1∶1.00) ～ (1∶0.75)
	稍密	(1∶1.00) ～ (1∶0.75)	(1∶1.25) ～ (1∶1.00)
黏性土	坚硬	(1∶1.00) ～ (1∶0.75)	(1∶1.25) ～ (1∶1.00)
	硬塑	(1∶1.25) ～ (1∶1.00)	(1∶1.50) ～ (1∶1.25)

注：1. 表中碎石土的充填物为坚硬或硬塑状态的黏性土。
　　2. 对于砂土或充填物为砂土的碎石土，其边坡坡度允许值均按自然休止角确定。

对浅基坑、槽和管沟开挖，当土质为天然湿度、构造均匀、水文地质条件良好（即不会发生塌滑、移动、松散或不均匀下沉），且无地下水时，开挖基坑也可不必放坡，采取直立开挖不加支护，但挖方深度应按表 7.2 的规定。如超过表 7.2 规定的深度，应根据土质和施工具体情况进行放坡，以保证不塌方。其临时性挖方的边坡值可按表 7.3 采用。

表 7.2　基坑（槽）和管沟不加支撑时的允许深度

项次	土的种类	允许深度/m
1	密实、中密的砂子和碎石类土（充填物为砂土）	1.00
2	硬塑、可塑的粉质黏土及粉土	1.25
3	硬塑、可塑的黏土和碎石类土（充填物为黏性土）	1.50
4	坚硬的黏土	2.00

表 7.3　临时性挖方边坡值

土的类别		边坡值（高宽比）
砂土（不包括细砂、粉砂）		(1∶1.50) ～ (1∶1.25)
一般性黏土	坚硬	(1∶1.00) ～ (1∶0.75)
	硬塑	(1∶1.25) ～ (1∶1.00)
碎石类土	充填坚硬、硬塑黏性土	(1∶1.00) ～ (1∶0.50)
	充填砂土	(1∶1.50) ～ (1∶1.00)

3. 简单土坡的稳定性分析

（1）无黏性土土坡稳定性分析

由于无黏性土颗粒之间无黏聚力，只有摩擦力，因此只要坡面不滑动，土坡就能保持稳定。

如图 7.1 所示，斜坡上的某土颗粒 M 所受重力为

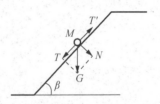

图 7.1　无黏性土土坡稳定性分析

G，砂土内摩擦角为 φ，则土颗粒的重力 G 在坡面切向和法向的分量分别为

$$T = G\sin\beta$$

$$N = G\cos\beta$$

而法向应力 N 在坡面上引起的摩擦力为

$$T' = N\tan\varphi = G\cos\beta\tan\varphi$$

其中，T 为土颗粒 M 的滑动力，T' 为土颗粒 M 的抗滑力。抗滑力和滑动力的比值称为稳定性系数，用 k 表示，即

$$k = \frac{T'}{T} = \frac{G\cos\beta\tan\varphi}{G\sin\beta} = \frac{\tan\varphi}{\tan\beta} \tag{7.1}$$

由式（7.1）可知，当 $\beta = \varphi$ 时，$k = 1$，即抗滑力与滑动力相等，土坡达到极限状态。可知，土坡稳定的极限坡角等于砂土的内摩擦角 φ，此坡角被称作自然休止角。由式（7.1）可知，无黏性土坡的稳定性只与坡角有关，而与坡高无关，只要 $\beta < \varphi$，土坡就是稳定的。为了保证土坡有足够的安全储备，可取 $k = 1.1 \sim 1.5$。

（2）黏性土土坡稳定性分析

条分法是一种刚体极限平衡分析法。其基本思路是：假定边坡的岩土体破坏是由于边坡内产生了滑面，部分坡体沿滑面滑动造成的。假设滑面已知，通过考虑滑面形成的隔离体的静力平衡，确定沿滑面发生滑动时的破坏荷载，或者说判断滑面上的滑体的稳定状态或稳定程度。该滑面是人为确定的，其形状可以是平面、圆弧面、对数螺旋面或其他不规则曲面。隔离体的静力平衡可以是滑面上力的平衡或力矩的平衡。隔离体可以是一个整体，也可由若干人为分隔的竖向土条组成。由于滑面是人为假定的，所以需要系统地求出一系列滑面发生滑动时的破坏荷载，并从中找到可能存在的最危险滑面。

均质黏性土土坡失稳时，滑面呈近似圆弧面的曲面，为了简化，可假设滑面为圆柱面，在横断面上则呈现圆弧面，并按平面问题进行分析。

《建筑边坡工程技术规范》（GB 50330—2013）规定，计算土质边坡、极软岩边坡、破碎或极破碎岩质边坡的稳定性时，可采用圆弧形滑面。对于圆弧形滑面，该规范建议采用简化毕肖普法进行计算，通过多种方法的比较证明，该方法有很高的准确性，已得到国内外的公认。

边坡稳定性计算时，对基本地震烈度为 7 度及 7 度以上地区的永久性边坡，应进行地震工况下边坡稳定性校核。当边坡可能存在多个滑面时，对各个可能的滑面均应进行稳定性计算。

采用圆弧滑动法时，边坡稳定性系数可按下式计算（图 7.2）。

$$F_s = \frac{\sum_{i=1}^{n} \frac{1}{m_{\theta i}}[c_i l_i \cos\theta_i + (G_i + G_{bi} - U_i \cos\theta_i)\tan\varphi_i]}{\sum_{i=1}^{n}[(G_i + G_{bi})\sin\theta_i + Q_i \cos\theta_i]} \tag{7.2}$$

$$m_{\theta i} = \cos\theta_i + \frac{\tan\varphi_i \sin\theta_i}{F_s} \tag{7.3}$$

$$U_i = \frac{1}{2} \gamma_w (h_{wi} + h_{w,i-1}) l_i \tag{7.4}$$

式中：F_s——边坡稳定性系数；

$\quad\quad c_i$——第 i 计算条块滑面黏聚力（kPa）；

$\quad\quad \varphi_i$——第 i 计算条块滑面内摩擦角（°）；

$\quad\quad l_i$——第 i 计算条块滑面长度（m）；

$\quad\quad \theta_i$——第 i 计算条块滑面倾角（°），滑面倾向与滑动方向相同时取正值，滑面倾向与滑动方向相反时取负值；

$\quad\quad U_i$——第 i 计算条块滑面单位宽度总水压力（kN/m）；

$\quad\quad G_i$——第 i 计算条块单位宽度自重（kN/m）；

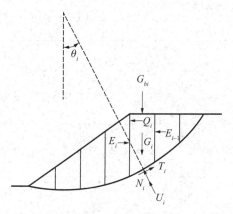

图 7.2　圆弧形滑面边坡计算示意图

$\quad\quad G_{bi}$——第 i 计算条块单位宽度竖向附加荷载（kN/m），方向指向下方时取正值，指向上方时取负值；

$\quad\quad Q_i$——第 i 计算条块单位宽度水平荷载（kN/m），方向指向坡外时取正值，指向坡内时取负值；

$\quad\quad h_{wi}, h_{w,i-1}$——第 i 及第 $i-1$ 计算条块滑面前端水头高度（m）；

$\quad\quad \gamma_w$——水重度，取 10kN/m³；

$\quad\quad n$——条块数量；

$\quad\quad i$——从后方起的编号。

边坡稳定性系数应不小于表 7.4 规定的稳定安全系数的要求，否则应对边坡进行处理。

表 7.4　边坡稳定安全系数 F_{st}

边坡类型		不同安全等级的边坡工程对应的稳定安全系数		
		一级边坡	二级边坡	三级边坡
永久边坡	一般工况	1.35	1.30	1.25
	地震工况	1.15	1.10	1.05
临时边坡		1.25	1.20	1.15

注：1. 地震工况时，安全系数仅适用于塌滑区内无重要建（构）筑物的边坡；

　　2. 对地质条件很复杂或破坏后果极严重的边坡工程，其稳定安全系数应适当提高。

4. 任务单、引导文、考核标准与项目工作单（表 7.5）

表 7.5　任务单、引导文、考核标准与项目工作单

任务单	
任务	依据规范规定，利用软件分析，设计确定拟建建筑工程项目的基坑边坡方案
工程状况	详见教师提供的工程图纸、岩土工程勘察报告及相关文件
任务要求	1. 阅读工程资料并学习资料，搜集相关信息，回答项目工作单引导问题。 2. 小组讨论初步确定边坡的放坡坡度，确定分析方案。 3. 小组上机，用软件建模分析土坡稳定性，最终确定放坡方案。 4. 小组展示、答辩。 5. 整理完成项目工作单。 6. 要求每位学生均需完成并上交项目工作单
工作流程	知识学习→小组操作（查阅资料、讨论，软件建模分析、得出结论，梳理思路、整理依据）→决定主答、辅答同学→演讲答辩
参考资料	主教材、项目指导书、相关软件操作手册、工程案例资料
注意事项	1. 注重小组成员间的交流和协作。 2. 答辩时要注重条理、语言简洁

续表

		引导文
任务描述		考虑规范规定，利用软件分析，确定拟建建筑工程项目的基坑边坡方案
学习目标描述	知识目标	1. 能描述和解释基坑边坡稳定性分析的内容。 2. 知晓基坑边坡设计的规定。 3. 能描述和理解黏性土土坡稳定性的分析方法——条分法。 4. 能描述软件工作步骤和需要考虑的问题
	能力目标	1. 能应用软件分析黏性土土坡的稳定性。 2. 通过项目任务的完成，锻炼学生阅读和使用岩土工程勘察报告的能力。 3. 锻炼自学能力、团队沟通协作能力和表述能力
引导问题		1. 结合本工程基坑情况，规范对其边坡坡度的规定是什么？ 2. 土坡稳定性系数和稳定安全系数的含义是什么？ 3. 软件分析时，选择的是什么土坡稳定性理论分析方法？ 4. 本工程的基坑边坡包含几层土，各土层厚度及相关参数是什么？ 5. 土坡施工时需要采取哪些措施？注意哪些问题？ 6. 你觉得你的工作还有哪些不清楚的地方？可能还会有什么问题？
参考资料		教材、项目指导书、相关软件操作手册、工程案例资料

			考核标准			
评分内容	优	良	中	及格	不及格	成绩评定
工程信息搜集的准确性	27～30	24～27	21～24	18～21	＜18	
软件建模分析的合理性	27～30	24～27	21～24	18～21	＜18	
方案考虑因素的全面性	18～20	16～18	14～16	12～14	＜12	
表述能力	9～10	8～9	7～8	6～7	＜6	
项目工作单完成质量	9～10	8～9	7～8	6～7	＜6	
合计						

续表

项目工作单

专业		班级		姓名		学号	

| 引导
问题
回答 | 1. 结合本工程基坑情况，规范对其边坡坡度的规定是什么？

2. 土坡稳定性系数和稳定安全系数的含义是什么？

3. 软件分析时，选择的是什么土坡稳定性理论分析方法？

4. 本工程的基坑边坡包含几层土，各土层厚度及相关参数是什么？ |

续表

专业		班级		姓名		学号	
边坡方案及稳定性分析过程	1. 确定过程及依据（附软件建模图及输出结果与图形）。						

专业		班级		姓名		学号	

边坡方案及稳定性分析过程	2. 该工程边坡施工时需要采取的措施和注意的问题。
思考问题	1. 你觉得你的工作还有哪些不清楚的地方？可能还会有什么问题？ 2. 你对本项目教学的意见和建议。

主要参考文献

建筑施工手册（第五版）编委会，2012. 建筑施工手册 [M]. 5 版. 北京：中国建筑工业出版社.

中华人民共和国建设部，中华人民共和国国家质量监督检验检疫总局，2002. 岩土工程勘察规范：GB 50021—2001 [S]. 北京：中国建筑工业出版社.

中华人民共和国住房和城乡建设部，2018. 高层建筑岩土工程勘察标准：JGJ/T 72—2017 [S]. 北京：中国建筑工业出版社.

中华人民共和国住房和城乡建设部，国家市场监督管理总局，2019. 土工试验方法标准：GB/T 50123—2019 [S]. 北京：中国计划出版社.

中华人民共和国住房和城乡建设部，中华人民共和国国家质量监督检验检疫总局，2012. 建筑地基基础设计规范（2009 年版）：GB 50007—2011 [S]. 北京：中国计划出版社.

中华人民共和国住房和城乡建设部，中华人民共和国国家质量监督检验检疫总局，2014. 建筑边坡工程技术规范：GB 50330—2013 [S]. 北京：中国建筑工业出版社.